Chemie und Biochemie der Aminosäuren,
Peptide und Proteine I

Thieme Taschenlehrbuch
der organischen Chemie

B Spezielle Gebiete

2 Chemie und Biochemie
der Aminosäuren,
Peptide und Proteine I

Klaus Lübke · Eberhard Schröder · Gerhard Kloss
Chemie und Biochemie der Aminosäuren, Peptide und Proteine I

38 Tabellen, 374 Schemas

Georg Thieme Verlag Stuttgart 1975

Dipl.-Chem. Dr. KLAUS LÜBKE
Department Allgemeine Biochemie

Dipl.-Chem. Dr. EBERHARD SCHRÖDER
Hauptdepartment Arzneimittelchemie

GERHARD KLOSS, Chemotechniker
Department Allgemeine Biochemie

Pharma-Forschung der SCHERING AG Berlin/Bergkamen

Geschützte Warennamen (Warenzeichen) werden *nicht* besonders kenntlich gemacht. Aus dem Fehlen eines solchen Hinweises kann also nicht geschlossen werden, daß es sich um einen freien Warennamen handele.

Alle Rechte, insbesondere das Recht der Vervielfältigung und Verbreitung sowie der Übersetzung, vorbehalten. Kein Teil des Werkes darf in irgendeiner Form (durch Photokopie, Mikrofilm oder ein anderes Verfahren) ohne schriftliche Genehmigung des Verlages reproduziert oder unter Verwendung elektronischer Systeme verarbeitet, vervielfältigt oder verbreitet werden.

© 1975 Georg Thieme Verlag, D-7000 Stuttgart 1, Herdweg 63, Postfach 732 – Printed in Germany – Satz und Druck: Allgäuer Zeitungsverlag GmbH, Kempten.

ISBN 3 13 515101 8

Vorwort

Das Vorhaben des Verlages, ein Lehrbuch der Organischen Chemie einschließlich zahlreicher Spezialgebiete in einer Taschenbuchreihe herauszugeben, entspricht der rasch fortschreitenden Entwicklung, die es einem einzelnen Autor bei der Fülle des Stoffes unmöglich macht, alle Detailgebiete im Umfang abgewogen darzustellen. Bisher war zur Einarbeitung in ein spezielles Arbeitsgebiet nach dem Standard-Lehrbuch das Studium sehr ausführlicher Monographien oder zahlreicher und unzusammenhängender Übersichts-Artikel erforderlich. Das vorliegende, in zwei Bänden erscheinende Taschenbuch „Chemie und Biochemie der Aminosäuren, Peptide und Proteine" soll die dazwischen liegende Lücke schließen helfen. Dabei sind wir uns bewußt, daß in der Grundkonzeption schon nicht mehr ein eigentlicher Lehrbuchcharakter, sondern bereits ein Übergang zur einführenden Monographie vorliegt.

Die drei „Stoffklassen" Aminosäuren, Peptide und Proteine nehmen neben den Nucleinsäuren, Kohlenhydraten und Lipiden innerhalb der Biochemie eine zentrale Stellung ein. Obwohl ihre grundlegende Bedeutung schon lange bekannt ist, hat sich die Chemie und Biochemie der Aminosäuren, Peptide und Proteine erst in den letzten 20 Jahren sehr entscheidend durch neue Methoden auf den Gebieten der Isolierung, der Struktur- und Konformationsaufklärung und der Chemie sowie durch eingehende Bearbeitung biochemischer und biologischer Fragestellungen zu dem heute vorliegenden Wissensstand entwickelt.

Der erste Band des Taschenbuches behandelt in drei Kapiteln die Chemie und Biochemie der Aminosäuren, die Peptidsynthese als eine spezielle Chemie der Aminosäuren, sowie die Peptid- und Proteohormone. Im zweiten Band werden die biologisch aktiven Peptide und Proteine ohne Hormoncharakter besprochen sowie erstmals in dem Kapitel „Isolierung, Reinigung und Analytik" eine zusammenfassende Darstellung der speziell auf dem Gebiet der Peptid- und Proteinchemie üblichen Techniken gegeben.

Neben der Chemie der verschiedenen Struktur- und Wirkstofftypen soll dem Leser auch ein Einblick in ihre biologische Bedeutung vermittelt werden, wobei eine Wichtung der verschiedenen Teilgebiete nicht zu vermeiden war. So wird die Chemie der Aminosäuren, die in wesentlichen Teilen eine allgemeine organische Chemie ist, weit weniger im Detail beschrieben, als die sehr spezielle Chemie der Peptidsynthese. Eine sehr starke Beschränkung war im Kapitel der Peptid- und Proteinwirkstoffe ohne Hormoncharakter erforderlich, wo jedes der Teilgebiete wie z. B. Enzyme, Plasmaproteine, Peptid-Toxine,

Peptid-Antibiotika als selbständige Spezialdisziplin eine weitaus detailliertere Darstellung verlangen könnte.

Wir hoffen jedoch, daß es trotz vielfacher sachlicher Beschränkungen und teilweise subjektiver Wichtung gelungen ist, der Konzeption eines Lehrbuches weitgehend zu entsprechen.

Für die unermüdliche Mithilfe bei der Abfassung des Manuskriptes und der Zusammenstellung der zahlreichen Abbildungen und Formeln und der Erstellung des Registers danken wir Frau M. Brennenstuhl, Frl. L. Neumeister und Frl. M. Möbus. Unser Dank gilt ferner Frau Dr. Ch. Feige, Frau U. Rohlfs und Frau D. Ruck vom Georg Thieme Verlag für angenehme und sehr erfreuliche Zusammenarbeit.

Berlin, im November 1974

K. LÜBKE
E. SCHRÖDER
G. KLOSS

Hinweis:

Bei Seitenverweisungen von Band 1 auf Band 2 wird der Seitenzahl eine römische II, bei Verweisungen von Band 2 auf Band 1 der Seitenzahl eine römische I vorangestellt. In gleicher Weise werden die Seitenzahlen im Sachregister beiden Bänden zugeordnet.

Inhaltsverzeichnis

Vorwort V

I Aminosäuren

1. Definition, Vorkommen und Nomenklatur 1
   1.1. Definition 1
   1.2. Vorkommen 2
   1.3. Nomenklatur 7

2. Biochemie 11
   2.1. Rolle der Aminosäuren bei der Ernährung 11
      2.1.1. Essentielle und nicht-essentielle Aminosäuren 12
      2.1.2. Bedeutung der Aminosäuren für die menschliche Ernährung 15
      2.1.3. Ersatz der L-Aminosäuren durch D- bzw. DL-Aminosäuren oder durch Biosynthese-Vorstufen 16
   2.2. Die Biosynthese 17
      2.2.1. Glutaminsäure und Asparaginsäure und aus diesen gebildete Aminosäuren 17
      2.2.2. Biosynthese von Aminosäuren ausgehend von Phosphoglycerinsäure 20
      2.2.3. von verzweigten Aminosäuren 22
      2.2.4. von Histidin 22
      2.2.5. von Tyrosin, Phenylalanin und Tryptophan 23
   2.3. Metabolismus 26
      2.3.1. der Amino-Gruppe 26
      2.3.2. der Carboxy-Gruppe 27
      2.3.3. spezieller Aminosäuren 28
         2.3.3.1. Tryptophan 28
         2.3.3.2. Phenylalanin und Tyrosin 31
         2.3.3.3. Histidin 31
         2.3.3.4. Arginin 33
         2.3.3.5. Methionin 33
      2.3.4. Biosynthese von Alkaloiden 36
   2.4. Aminosäure-Antagonisten 37

3. Chemie der Aminosäuren 43
   3.1. Aminosäuren als optisch aktive Verbindungen 43
      3.1.1. Die sterische Konfiguration und ihre Nomenklatur . 43
      3.1.2. Bestimmung der relativen und absoluten sterischen Konfiguration 45
         3.1.2.1. durch chemische Methoden 46
         3.1.2.2. durch optische Methoden 48
         3.1.2.3. durch biologische Methoden 49
      3.1.3. Racemisierung und Racemattrennung 49
         3.1.3.1. Die Racemisierung 49
         3.1.3.2. Die Racemattrennung 51

3.2. Aminosäuren als Zwitterionen 53
3.3. Die Synthese von Aminosäuren 56
    3.3.1. Die Totalsynthese 56
        3.3.1.1. ausgehend von der Seitenkette R und Einführung der Amino- und Carboxy-Gruppe . . . 56
        3.3.1.2. ausgehend von Amino- und Carboxy-Gruppe und Einführung der Seitenkette R 57
        3.3.1.3. ausgehend von der Carboxy-Gruppe und der Seitenkette R und Einführung der Amino-Gruppe 58
        3.3.1.4. ausgehend von der Carboxy-Gruppe und Einführung der Amino-Gruppe und der Seitenkette 60
    3.3.2. Die Überführung einer Aminosäure in eine andere . . 60
        3.3.2.1. von Prolin aus anderen optisch aktiven Aminosäuren 61
        3.3.2.2. von Diaminocarbonsäuren aus Aminodicarbonsäuren 62
        3.3.2.3. von Guanido-Aminosäuren 62
    3.3.3. Fermentative Synthese 64
3.4. Aminosäuren mit verändertem Back-bone 65
    3.4.1. Definition und Bedeutung 65
    3.4.2. Synthese 66
        3.4.2.1. von Prolin 66
        3.4.2.2. von Cα-substituierten Aminosäuren 66
        3.4.2.3. von α-, β-Dehydro-aminosäuren 68
        3.4.2.4. von α-Azaaminosäuren 68
        3.4.2.5. von N-Methyl-aminosäuren 69
        3.4.2.6. von β-Aminosäuren 71
3.5. Chemische Reaktionen der Aminosäuren 73
    3.5.1. an der Amino-Gruppe 73
    3.5.2. an der Carboxy-Gruppe 75
    3.5.3. am α-C-Atom 78
    3.5.4. an funktionellen Gruppen in der Seitenkette 79
    3.5.5. Cyclisierung 85
        3.5.5.1. unter Beteiligung von Amino- und Carboxy-Gruppe 85
        3.5.5.2. unter Beteiligung von Amino- und Seitenketten-Funktion 89
        3.5.5.3. unter Beteiligung von Carboxy- und Seitenketten-Funktion 91
    3.5.6. Umlagerungen von Aminosäure-Dervaten, die über cyclische Diacylimide verlaufen 93

II Die Peptid-Synthese als eine spezielle Chemie der Aminosäuren

1. Aminosäuren und Aminosäure-Derivate als Ausgangsstoffe zur Peptid-Synthese 99
1.1. Der Schutz saurer oder basischer funktioneller Gruppen durch Salzbildung 101
    1.1.1. an der Amino-Gruppe 101
    1.1.2. an der Carboxy-Gruppe 101
    1.1.3. an basischen oder sauren Funktionen in der Seitenkette 101

Inhaltsverzeichnis IX

1.2. Amino-Schutzgruppen 102
   1.2.1. Blockierung durch eine Acyl-Schutzgruppe 105
      1.2.1.1. vom Typ Carbonsäureamid 105
      1.2.1.2. vom Typ Säureamid einer substituierten anorganischen Säure 107
      1.2.1.3. vom Urethan-Typ 109
   1.2.2. Blockierung durch eine Alkyl-Schutzgruppe 112
   1.2.3. durch einen Aldehyd oder ein Keton 113
1.3. Schutzgruppen für weitere basische Funktionen 115
   1.3.1. der Guanido-Funktion 115
   1.3.2. des Imidazol-Stickstoffs 117
1.4. Carboxy-Schutzgruppen 118
   1.4.1. Amide 118
   1.4.2. Ester 118
      1.4.2.1. Aminosäureester 120
      1.4.2.2. Methyl- und Äthylester 122
      1.4.2.3. tert.-Butylester 122
      1.4.2.4. Benzyl- und 4-Nitro-benzylester 123
   1.4.3. Schutz bei gleichzeitig vorhandener oder vorbereiteter Aktivierung (Backing-off-Verfahren) 124
1.5. Schutz neutraler funktioneller Gruppen 127
   1.5.1. der Carbonsäureamid-Funktion 127
   1.5.2. der Hydroxy-Funktion 129
   1.5.3. der Thiol-Funktion 130

2. **Die Peptid-Synthese** 134
   2.1. Kupplungsmethoden 134
      2.1.1. Azid-Methode 135
      2.1.2. Gemischte Anhydride 141
      2.1.3. aktivierte Ester 143
      2.1.4. Carbodiimid-Methode 144
      2.1.5. N-Carbonsäureanhydrid-Methode 146
   2.2. Die Methode der Solid-Phase-Peptid-Synthese 147
   2.3. Polyaminosäuren und Sequenz-Polypeptide 152
      2.3.1. Synthese von homopolymeren und copolymeren Polyaminosäuren 152
      2.3.2. Synthese von sequenzpolymeren Polypeptiden 155
   2.4. Cyclische Peptide 157

3. **Peptide mit heterodeten Bindungen** 159
   3.1. Disulfid-Bindung 161
   3.2. Ester-Bindung (Depsipeptide) 165
      3.2.1. O-Peptide und Peptidlactone 166
      3.2.2. Peptolide 166

4. **Strategie und Taktik der Peptid-Synthese** 169
   4.1. Strategie der Peptid-Synthese 170
      4.1.1. Möglichkeiten und Grenzen der „Peptid-Synthese in homogener Lösung" 171
      4.1.2. Möglichkeiten und Grenzen der „Solid Phase Peptid-Synthese" 171
      4.1.3. Möglichkeiten und Grenzen der schrittweisen Methode 173
      4.1.4. Möglichkeiten und Grenzen der Fragmentkondensation 175

4.2. Taktik der Peptid-Synthese 177
    4.2.1. der Schutzgruppen 177
        4.2.1.1. des „nur unbedingt notwendigen" und „soviel wie irgend möglichen" Schutzes 177
        4.2.1.2. Intermediäre und konstante Schutzgruppen . . 178
        4.2.1.3. Taktiken der Schutzgruppenkombination . . . 179
    4.2.2. der Kupplungsmethoden 182

5. Biosynthese der Proteine 185
5.1. Die genetische Information 186
    5.1.1. Reduplikation und Transkription 186
    5.1.2. Genetischer Code 189
    5.1.3. Evolution und genetischer Code 191
5.2. Protein-Biosynthese 201
    5.2.1. Aktivierung der Aminosäuren 201
    5.2.2. Synthese des Proteins 204
    5.2.3. Steuerung der Protein-Biosynthese und ihre Hemmung 204

III Peptid- und Proteohormone

1. Glanduläre Peptid- und Proteohormone 213
1.1. der Hypophyse 214
    1.1.1. Thyreotropes Hormon 214
    1.1.2. Gonadotrope Hormone (Gonadotropine) 220
    1.1.3. Wachstumshormon 228
    1.1.4. Lipotropes Hormon (LPH, Lipotropin) 236
    1.1.5. Adrenocorticopes Hormon (ACTH) 238
    1.1.6. Melanocyten-stimulierende Hormone 245
    1.1.7. Oxytocin und Vasopressin 249
1.2. Hypothalamische Releasing und Releaseinhibiting-Faktoren . 260
1.3. Peptid-Hormone des Pankreas 262
    1.3.1. Insulin 262
    1.3.2. Glucagon 276
1.4. Schilddrüsen- und Nebenschilddrüsenhormone 281
    1.4.1. Parathormon 281
    1.4.2. Thyrocalcitonin 283

2. Aglanduläre Peptid-Hormone (Gewebshormone) 286
2.1. Peptid-Hormone des Magen-Darm-Traktes 287
    2.1.1. Gastrin 287
    2.1.2. Secretin 290
    2.1.3. Cholecystokinin-Pancreozymin 291
2.2. Angiotensine 291
2.3. Plasmakinine (Bradykinin-Gruppe) 294
2.4. Substanz P 298

3. Beziehungen zwischen Struktur der Peptid-Wirkstoffe und ihren biologischen Wirkungen 299
3.1. Veränderungen der Kettenlänge 301
    3.1.1. Verkürzung der Peptid-Kette am N- und C-Terminus . 301
    3.1.2. Verlängerung der Peptid-Kette am N- und C-Terminus 302
    3.1.3. Einfügung oder Entfernung spezieller Aminosäuren innerhalb der Peptid-Kette 303

3.2. Veränderungen an individuellen Aminosäuren 303
    3.2.1. Systematischer Aminosäure-Austausch 303
    3.2.2. Modifikation terminaler Amino- oder Carboxy-Gruppen 304
    3.2.3. Modifikation funktioneller Gruppen in Aminosäure-Seitenketten 304
    3.2.4. Modifikation nicht-funktioneller Aminosäure-Seitenketten 305
    3.2.5. Modifikation durch isofunktionellen oder isosteren Aminosäure-Austausch 306
    3.2.6. Modifikation der sterischen Konfiguration 310
3.3. Veränderungen am Peptid-„backbone" 310

Sachverzeichnis 317

Inhaltsübersicht von Band II

IV. Biologisch aktive Peptide und Proteine ohne Hormoncharakter . 1

1. Peptid-Wirkstoffe aus tierischem Material mit hormonähnlichen Wirkungen 1
2. Enzyme 13
3. Proteine des Plasmas und ihre biologischen Funktionen 60
4. Proteine der biologischen Oxidation und des Sauerstoff-Transportes 93
5. Peptid- und Protein-Toxine aus tierischen und pflanzlichen Giften 106
6. Peptid-Wirkstoffe aus Mikroorganismen (Peptid-Antibiotika) . . 119

V. Isolierung, Reinigung, und Analytik 148

1. Trennungsmethoden der Peptid- und Protein-Chemie 149
2. Analytische Methoden der Peptid- und Protein-Chemie 164
3. Sequenzanalyse 186
4. Struktur und Konformation der Proteine 218

I AMINOSÄUREN

1. Definition, Vorkommen und Nomenklatur der Aminosäuren

1.1. Definition der Aminosäuren

Aminosäuren sind im weitesten Sinne organische Verbindungen, die gleichzeitig eine Amino- und eine Säure-Funktion haben. Neben den aliphatischen linearen oder verzweigten Aminoalkansäuren gehören auch aromatische und heterocyclische Aminosäuren wie z. B. die 4-Amino-benzoesäure, die Sulfanilsäure und so komplizierte Verbindungen wie die Amino-penicillansäure dazu (Schema 1).

Schema 1. Aminosäuren

Aminoalkansäuren:

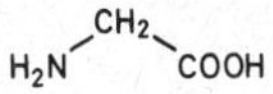

Amino - essigsäure
(Glycin)

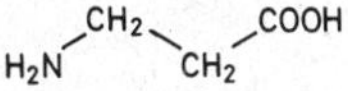

β - Amino - propionsäure
(β - Alanin)

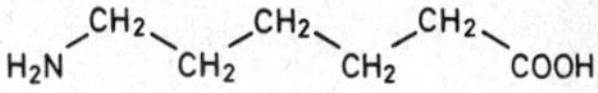

ε - Amino - capronsäure

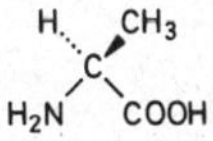

L - α - Amino - propionsäure
(L - Alanin)

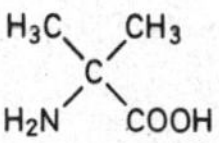

α - Amino - isobuttersäure

Aromatische Aminosäuren:

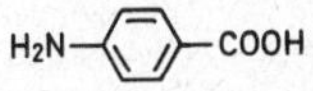

4 - Amino - benzoesäure

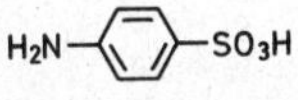

(4 - Amino - benzolsulfonsäure)
Sulfanilsäure

Heterocyclische Aminocarbonsäuren:

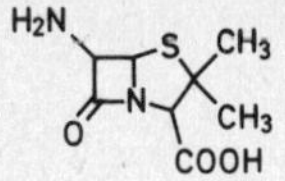

6-Amino-penicillansäure

Die im Zusammenhang mit Peptiden und Proteinen zu besprechenden Verbindungen sind bevorzugt α-Amino-carbonsäuren der allgemeinen Struktur:

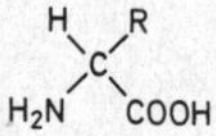

Sie unterscheiden sich nur durch den Rest R, der aliphatisch, aromatisch oder heterocyclisch sein kann. Mit Ausnahme des einfachsten Vertreters Amino-essigsäure (R = H) enthalten sie ein asymmetrisches Kohlenstoffatom und können in der D-, DL- oder L-Form vorliegen (s. S. 43 ff.) Dem allgemeinen, wenn auch nicht ganz exakten Sprachgebrauch folgend, soll auch hier mit dem Begriff „Aminosäure" im wesentlichen nur dieser Strukturtyp bezeichnet werden.

1.2. Vorkommen der Aminosäuren

Die in der Natur vorkommenden Aminosäuren werden nach ihrer Herkunft in „Aminosäuren als Bausteine der Proteine" und „nicht in Proteinen vorkommende Aminosäuren" unterteilt.

Im lebenden Organismus sind 90 % der Aminosäuren in Proteinen gebunden. Alle diese Aminosäuren, mit Ausnahme des optisch inaktiven Glycins, liegen in der L-Konfiguration vor. Nach einer Übereinkunft ist eine Aminosäure dann als Bestandteil eines Proteins anerkannt, wenn sie von zwei unabhängigen Arbeitsgruppen aus Proteinen (nicht z. B. aus Peptid-Wirkstoffen) isoliert worden ist und wenn ihre Struktur durch Synthese bestätigt wurde.

Wie wenig eindeutig diese historisch bedingte Definition ist, geht daraus hervor, daß in einschlägigen Monographien die Zahl der Aminosäuren häufig unterschiedlich angegeben wird. Es ist daher sinnvoller, als „Protein-Aminosäuren" nur die 20 Aminosäuren zu bezeichnen, für die im genetischen Code (s. S. 189 ff.) die Information zur Protein-Biosynthese vorhanden ist (Tab. 1).

Tabelle 1. Aminosäuren der Proteine

Name	Struktur	Nomenklatur	
		Drei-Buchstaben-Symbol	Ein-Buchstaben-Symbol

a) Aliphatische Aminosäuren ohne zusätzliche funktionelle Gruppen

Name	Struktur	Drei-Buchstaben-Symbol	Ein-Buchstaben-Symbol
Glycin	H_2N-CH_2-COOH	Gly	G
Alanin	$H_2N-CH(CH_3)-COOH$	Ala	A
Valin	$(CH_3)_2CH-CH(NH_2)-COOH$	Val	V
Leucin	$(CH_3)_2CH-CH_2-CH(NH_2)-COOH$	Leu	L
Isoleucin	$CH_3-CH(C_2H_5)-CH(NH_2)-COOH$	Ile	I

b) Hydroxyaminosäuren

Name	Struktur	Drei-Buchstaben-Symbol	Ein-Buchstaben-Symbol
Serin	$HO-CH_2-CH(NH_2)-COOH$	Ser	S
Threonin	$CH_3-CH(OH)-CH(NH_2)-COOH$	Thr	T

Vorkommen der Aminosäuren

Name	Struktur	Nomenklatur	
		Drei-Buchstaben-Symbol	Ein-Buchstaben-Symbol

c) Aminodicarbonsäuren und deren ω-Amide

Name	Struktur	Drei-Buchstaben-Symbol	Ein-Buchstaben-Symbol
Asparaginsäure	$\begin{array}{c} COOH \\ | \\ CH_2 \\ | \\ H_2N-CH-COOH \end{array}$	Asp	D
Asparagin	$\begin{array}{c} CONH_2 \\ | \\ CH_2 \\ | \\ H_2N-CH-COOH \end{array}$	Asn	N
Asparagin oder Asparaginsäure		Asx	B
Glutaminsäure	$\begin{array}{c} COOH \\ | \\ CH_2 \\ | \\ CH_2 \\ | \\ H_2N-CH-COOH \end{array}$	Glu	E
Glutamin	$\begin{array}{c} CONH_2 \\ | \\ CH_2 \\ | \\ CH_2 \\ | \\ H_2N-CH-COOH \end{array}$	Gln	Q
Glutamin oder Glutaminsäure		Glx	Z

d) Basische Aminosäuren

Name	Struktur	Drei-Buchstaben-Symbol	Ein-Buchstaben-Symbol
Lysin	$\begin{array}{c} CH_2-NH_2 \\ | \\ CH_2 \\ | \\ CH_2 \\ | \\ CH_2 \\ | \\ H_2N-CH-COOH \end{array}$	Lys	K

Vorkommen der Aminosäuren

Name	Struktur	Nomenklatur Drei-Buchstaben-Symbol	Ein-Buchstaben-Symbol
Arginin	$H_2N-CH(COOH)-CH_2-CH_2-CH_2-NH-C(=NH)-NH_2$	Arg	R
Histidin	(Imidazolyl-CH$_2$-CH(NH$_2$)-COOH)	His	H

e) Schwefelhaltige Aminosäuren

Name	Struktur	Drei-Buchstaben-Symbol	Ein-Buchstaben-Symbol
Cystein	$HS-CH_2-CH(NH_2)-COOH$	Cys	C
Methionin	$CH_3-S-CH_2-CH_2-CH(NH_2)-COOH$	Met	M

f) Cyclische Aminosäuren

Name	Struktur	Drei-Buchstaben-Symbol	Ein-Buchstaben-Symbol
Prolin	(Pyrrolidin-2-COOH)	Pro	P

Vorkommen der Aminosäuren

Name	Struktur	Nomenklatur Drei-Buchstaben-Symbol	Ein-Buchstaben-Symbol
g) Aromatische, heteroaromatische Aminosäuren			
Phenylalanin	(Struktur)	Phe	F
Tyrosin	(Struktur)	Tyr	Y
Tryptophan	(Struktur)	Trp	W
h) Weitere oder unbekannte Aminosäuren		–	X

Die weiteren „aus Proteinen isolierbaren Aminosäuren" sind durch Veränderung von Aminosäuren im Protein-Verband entstanden (3-Hydroxy-prolin und γ-Hydroxy-lysin im Collagen oder Thyroxin in Schilddrüsen-Proteinen, s. S. 31). Daneben sind ca. 150 weitere Aminosäuren in der Natur aufgefunden worden. Sie konnten vorzugsweise, aber nicht ausschließlich aus Pflanzen, Pilzen oder Mikroorganismen isoliert werden und sind zum Teil Bestandteile von mehr oder weniger kompliziert aufgebauten Peptid-Wirkstoffen (vgl. z. B. Toxine des Knollenblätterpilzes, S. II, 144 und Peptid-Antibiotika mit Lactonstruktur, S. II, 133 oder Peptolidstruktur, S. II, 140). Sie spielen auch als Aminosäure-Antagonisten eine Rolle.

Ihrer Struktur nach sind diese Aminosäuren häufig substituierte Protein-Aminosäuren, wie z. B. γ-Methyl-glutaminsäure, Nβ-Äthyl-asparagin, S-Methyl-cystein, β-Methyl-tryptophan, N$_{im}$-Methyl-histidin oder β-Hydroxy-asparaginsäure, γ-Hydroxy-glutaminsäure, γ-Hydroxy-arginin, γ-Hydroxy-valin, β-Hydroxy-leucin usw. Zum Teil sind diese Aminosäuren auch Homologe von Protein-Aminosäuren, wie Homoarginin, α,γ-Diamino-buttersäure, Homocystein, Homoserin oder Äthionin. Weiterhin sind N-methylierte Verbindungen (z. B. N-Methyl-valin, N-Methyl-leucin, N-Methyl-isoleucin) und einige ω-Amino-carbonsäuren (z. B. β-Aminopropionsäure [β-Alanin], β-Amino-isobuttersäure, γ-Amino-buttersäure) aus natürlichen Quellen bekannt. Da für alle diese Derivate keine Informationen im genetischen Code vorhanden sind, konnte für die entsprechenden Peptid-Wirkstoffe auch eine RNA unabhängige Biosynthese bewiesen werden.

Nicht-Protein-Aminosäuren werden auch als Metabolite oder Biosynthese-Vorstufen im tierischen Organismus gefunden, z. B. Ornithin und Citrullin, die bei der Metabolisierung von Ammoniak zum Harnstoff eine Rolle spielen, oder Homoserin, das eine Biosynthese-Vorstufe für Threonin und Methionin ist (s. S. 17 ff.).

Bevorzugt aus Mikroorganismen isolierte Peptide (z. B. Peptid-Antibiotika s. S. II, 119 ff oder Zellwand-Peptide s. S. 160) enthalten D-Aminosäuren. Erstaunlicherweise können Mikroorganismen diese D-Aminosäure-haltigen Peptide nicht aus D-Aminosäuren, wohl aber aus L-Aminosäuren aufbauen, die z. B. der Kulturlösung zugesetzt werden. In diesem Zusammenhang sind die Peptid-Antibiotica mit α,β-ungesättigten Aminosäuren von Interesse, da sie als Zwischenstufen der sterischen Umwandlung angesehen werden können:

L-Aminosäure → (−H$_2$) → α,β-Dehydroaminosäure → (+H$_2$) → D-Aminosäure

1.3. Nomenklatur der Aminosäuren

Alle Protein-Aminosäuren haben Trivialnamen und werden auch fast ausschließlich mit diesen bezeichnet (s. Tab. 1, S. 3). Die Trivialnamen sind von der Herkunft der Aminosäure oder einer hervorstechenden Eigenschaft abgeleitet. Zum Teil mutet dieser Ursprung heute etwas eigenartig an, wie z. B. im Falle des Leucins (leucos = weiß), das die erste in „weißer Form" vorliegende Aminosäure war, während alle anderen gelbe oder braune Verbindungen waren. Die nicht in Proteinen vorkommenden Aminosäuren werden, sofern sie

Derivate in Protein-Aminosäuren sind, auch als solche bezeichnet (δ-Hydroxy-lysin, 3-Hydroxy-prolin).

Für Formeln von Aminosäure-Derivaten und vor allem bei Verknüpfung von Aminosäuren zu Peptiden oder Proteinen werden in der Regel die ersten drei Buchstaben des Trivialnamens (z. B. Ala für Alanin oder Tyr für Tyrosin, s. Tab. 1, S. 3) verwendet. Es hat sich als praktisch erwiesen, auch für die nicht in Proteinen vorkommenden Aminosäuren entsprechende Abkürzungen zu bilden, speziell wenn sie z. B. in synthetischen Peptiden vorkommen. Dabei gelten nach den Vorschlägen der IUPAC die folgenden Regeln:

Existiert für die Aminosäure ein Trivialname, so werden wie bei den Protein-Aminosäuren die ersten drei Buchstaben dieses Trivialnamens verwendet: Cit = Citrullin, Orn = Ornithin. Für Aminosäuren ohne Trivialnamen wird die Abkürzung aus der chemischen Bezeichnung abgeleitet, wobei nach Möglichkeit das Drei-Buchstaben-Prinzip beibehalten werden soll. Man verwendet: A für Monoamino- und D für Diamino- und die weiteren zwei Buchstaben für den Trivialnamen der Carbonsäure, z. B. bu für Buttersäure oder ad für Adipinsäure. Bei Monoaminosäuren bedeutet eine fehlende Stellungsangabe stets die α-Aminosäure, bei Diaminosäuren stets die α,ω-Diaminosäure, z. B. Abu = α-Amino-buttersäure, Dbu = α,γ-Diamino-buttersäure.

Bei substituierten Aminosäuren läßt sich das Drei-Buchstaben-Prinzip nicht in jedem Falle verwirklichen, häufig werden fünf Buchstaben, zwei für den Substituenten und drei für die Aminosäure, verwendet, z. B. Hypro = Hydroxyprolin, Hylys = Hydroxylysin, MeGly = N-Methyl-glycin, MeVal = N-Methyl-valin. Eine unverzweigte Seitenkette, wenn die Protein-Aminosäure verzweigt ist (z. B. Valin, Leucin), wird durch den Buchstaben N und die ersten beiden Buchstaben des Trivialnamens wiedergegeben, z. B. Nle = Norleucin (α-Aminocapronsäure), Nva = Norvalin (α-Amino-valeriansäure). Nach den neuen Empfehlungen der IUPAC bezeichnet diese Abkürzung die ganze Aminosäure: Das aus drei Alanin-Resten bestehende Tripeptid Alanyl–alanyl–alanin wird als Ala–Ala–Ala geschrieben. In dieser Formel steht die Abkürzung Ala für drei strukturell unterschiedliche Reste. Daher ist es erforderlich, den Bindestrich als festen Bestandteil der Formel anzusehen:

Ala =
$$\begin{array}{c} CH_3 \\ | \\ CH \\ H_2N \quad COOH \end{array}$$
die freie Aminosäure

Ala– =
$$\begin{array}{c} CH_3 \\ | \\ CH \\ H_2N \quad CO- \end{array}$$
die am Amino-Ende einer Sequenz stehende Aminosäure mit freier Amino-Gruppe

−Ala− = (CH₃-CH, −NH, CO−)   die innerhalb einer Sequenz stehende Aminosäure mit substituierter Amino- und Carboxy-Funktion

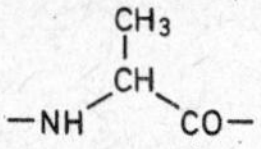

−Ala = (CH₃-CH, −NH, COOH)   die am Carboxy-Ende einer Sequenz stehende Aminosäure mit freier Carboxy-Gruppe

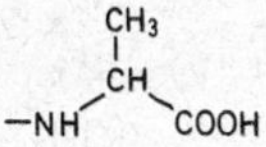

Rein formal bedeutet der Bindestrich den Fortfall eines Wasserstoffatoms an der Amino-Gruppe bzw. den Fortfall der Hydroxy-Gruppe der Carboxy-Funktion. Gelegentlich kann es wünschenswert sein, die unsubstituierte terminale Funktion besonders zum Ausdruck zu bringen. Dies ist in Übereinstimmung mit diesen Regeln durch die Schreibweise möglich:

H−Ala.... = (CH₃-CH, H₂N, CO....)   ....Ala−OH = (CH₃-CH, ...NH, COOH)   H−Ala−OH = (CH₃-CH, H₂N, COOH)

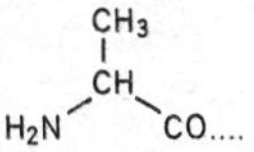

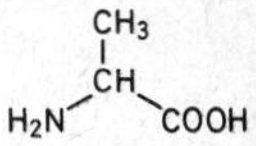

Auch für die Bezeichnung von Aminosäure-Derivaten können diese Regeln ohne Schwierigkeiten verwendet werden:

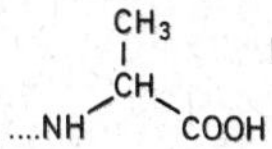

H₃C−CO−Ala od. H₃C−CO−Ala−OH = H₃C−CO−NH−CH(CH₃)−COOH

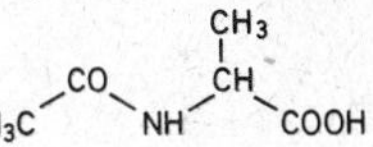

N − Acetyl − alanin

Ala−OCH₃ od. H−Ala−OCH₃ = H₂N−CH(CH₃)−COOCH₃

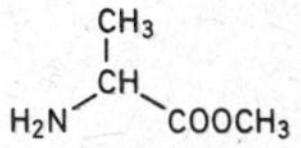

Alaninmethylester

H₅C₆−CO−Ala−NH₂ = H₅C₆−CO−NH−CH(CH₃)−CONH₂

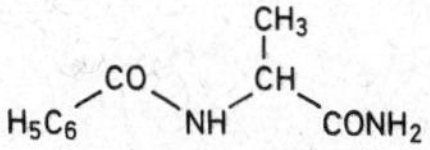

N$_\alpha$ − Benzoyl − alaninamid

Die Ionen-Form von Aminosäuren und Peptiden wird wie folgt geschrieben:

$\overset{\oplus}{H_2}$−Ala−O$^\ominus$ = $H_3\overset{\oplus}{N}$−CH(CH₃)−COO$^\ominus$

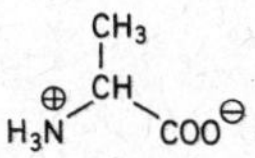

Zwitterionen-Form einer Aminosäure

$\overset{\oplus}{H_2}-Ala-OCH_3 \cdot Cl^{\ominus}$ =

$H_3\overset{\oplus}{N}\underset{COOCH_3}{\overset{CH_3}{\underset{|}{CH}}} \cdot Cl^{\ominus}$

Alaninmethylester · Hydrochlorid

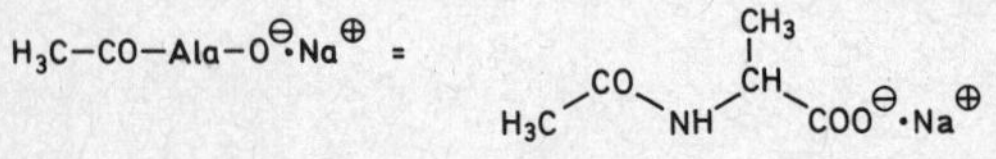

$H_3C-CO-Ala-O^{\ominus} \cdot Na^{\oplus}$ =

$H_3C-\underset{NH}{CO}-\underset{COO^{\ominus} \cdot Na^{\oplus}}{\overset{CH_3}{\underset{|}{CH}}}$

N - Acetyl - alanin · Natriumsalz

Bei Aminosäuren mit einer funktionellen Gruppe in der Seitenkette entspricht die Abkürzung der Aminosäure mit intakter funktioneller Gruppe:

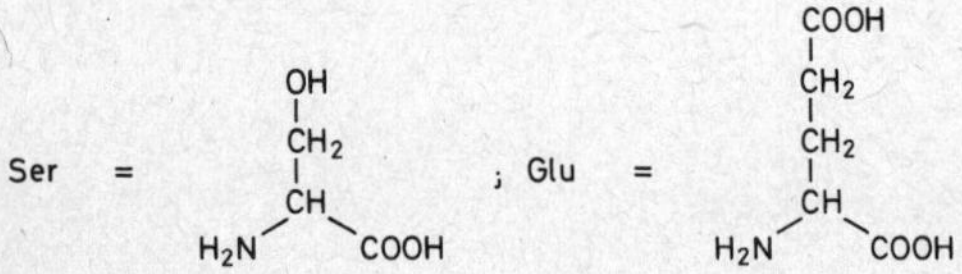

Ser = $\underset{H_2N \quad COOH}{\overset{OH}{\underset{|}{CH_2}}-CH}$; Glu = $\underset{H_2N \quad COOH}{\overset{COOH}{\underset{|}{\overset{CH_2}{\underset{|}{CH_2}}}}-CH}$

Ein senkrechter Strich bedeutet dann den Wegfall eines Wasserstoffatoms bei Hydroxy-, Thiol- oder Amino-Funktion bzw. den Wegfall einer Hydroxy-Gruppe bei einer Carboxy-Funktion:

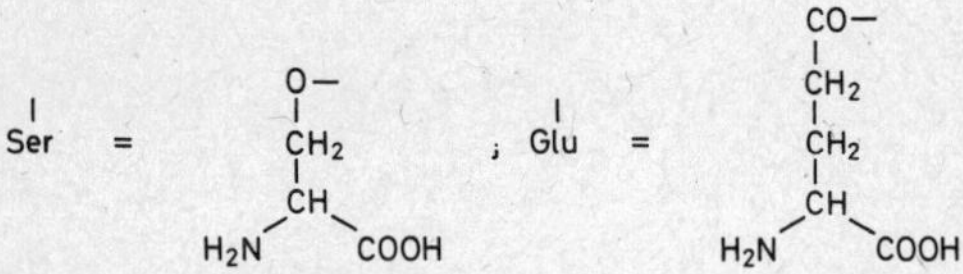

|
Ser = $\underset{H_2N \quad COOH}{\overset{O-}{\underset{|}{CH_2}}-CH}$; |Glu = $\underset{H_2N \quad COOH}{\overset{CO-}{\underset{|}{\overset{CH_2}{\underset{|}{CH_2}}}}-CH}$

Entsprechend werden Substitutionen dieser Seitenketten-Funktion

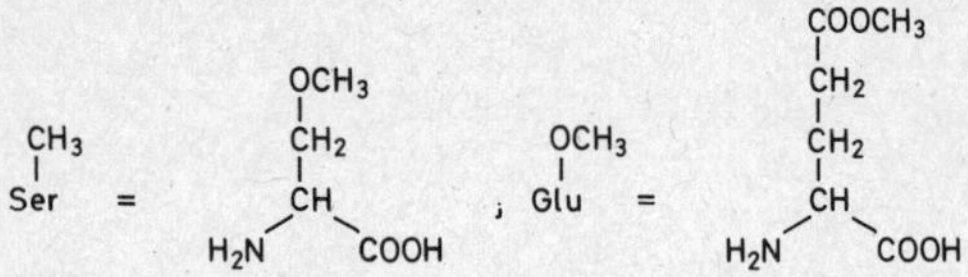

$\underset{Ser}{\overset{CH_3}{\underset{|}{}}}$ = $\underset{H_2N \quad COOH}{\overset{OCH_3}{\underset{|}{CH_2}}-CH}$; $\underset{Glu}{\overset{OCH_3}{\underset{|}{}}}$ = $\underset{H_2N \quad COOH}{\overset{COOCH_3}{\underset{|}{\overset{CH_2}{\underset{|}{CH_2}}}}-CH}$

oder auch eine Protonisierung z. B. der Guanido-Funktion des Arginins geschrieben:

$$
\text{Arg} = \begin{array}{c} \overset{\oplus}{H_2} \\ | \\ \text{CH}_2\text{—NH—}\overset{\overset{\text{NH}}{\|}}{\text{C}}\text{—}\overset{\oplus}{\text{NH}_3} \\ | \\ \text{CH}_2 \\ | \\ \text{CH}_2 \\ | \\ \underset{H_2N}{\text{CH}} \diagdown \text{COOH} \end{array}
$$

Im allgemeinen wird mit der Abkürzung die weitaus häufiger vorkommende L-Form der Aminosäure verstanden. Liegt die D- oder DL-Form vor, so wird die Konfiguration vor die Abkürzung geschrieben. Eine Angabe der L-Konfiguration kann, muß aber nicht erfolgen:

Ala–D–Ala–Ala = L–Ala–D–Ala–L–Ala = L–Alanyl–D–alanyl–L–alanin

In dem Maße, wie immer längere Protein-Sequenzen bekannt werden, wird die an sich schon kurze „Drei-Buchstaben"-Nomenklatur zu aufwendig. Für solche Zwecke setzt sich mehr und mehr eine „Ein-Buchstaben"-Nomenklatur durch (Tab. 1, S. 3). Diese Nomenklatur soll aber nach den Regeln der IUPAC ausschließlich für den Vergleich von Proteinen in Tabellen etc. oder zur Darstellung dreidimensionaler Protein-Modelle verwendet werden.

2. Biochemie der Aminosäuren

2.1. Rolle der Aminosäuren bei der Ernährung

Die Probleme der menschlichen Ernährung beanspruchen nicht nur ein wissenschaftliches Interesse. Die Weltbevölkerung betrug 1973 ca. 3 Milliarden bei einer täglichen Zuwachsrate von 130 000. Damit ist in ca. 40 Jahren mit einer Verdopplung der Weltbevölkerung zu rechnen. Während heute noch die Art der menschlichen Ernährung durch äußere Umstände wie Klima und Bodenverhältnisse sowie in starkem Maße auch durch Gewohnheit und Geschmack und nicht zuletzt durch den Lebensstandard bestimmt wird, werden in der Zukunft zur Sicherstellung der Ernährung der ständig wachsenden Weltbevölkerung immer mehr ernährungswissenschaftliche Erkenntnisse berücksichtigt werden müssen. Eine besonders wichtige Rolle spielen dabei die Aminosäuren, da sie zum Teil für die Ernährung essentiell sind.

Bereits Anfang des 19. Jahrhunderts konnte im Tierexperiment bewiesen werden, daß Tiere, die stickstofffrei ernährt werden, sterben und daß dieser Tod durch Zumischen der stickstoffhaltigen Proteine zur Nahrung verhindert werden kann. Die zunächst vertretene Ansicht, daß die mit der Nahrung aufgenommenen Proteine, ebenso wie die Kohlenhydrate und Fette, in unveränderter Form zum Aufbau des tierischen Organismus dienen, konnte aber sehr schnell widerlegt werden. Es ließ sich nachweisen, daß bestimmte pflanzliche Proteine, die mit Sicherheit im tierischen Organismus nicht vorkommen, trotzdem als Nahrung geeignet sind. Noch stichhaltiger waren die Befunde, daß Partialhydrolysate von Proteinen ebenfalls als Nahrung dienen können und daß ähnliche hydrolytische Vorgänge in Gegenwart der Verdauungssäfte in vitro und in vivo ablaufen. Bei dieser Verdauung werden über kürzere Bruchstücke, die Peptone, freie Aminosäuren gebildet, die dann nach Resorption zum Aufbau der körpereigenen Proteine dienen. Mit diesem Befund war erstmals die Frage nach der Protein-Biosynthese gestellt, die erst etwa ein Jahrhundert später beantwortet werden konnte (s. S. 185 ff).

2.1.1. Essentielle und nicht-essentielle Aminosäuren

Ende des 19. Jahrhunderts setzte die systematische Untersuchung der Bedeutung von Proteinen und Aminosäuren für die Ernährung ein. Der erste wesentliche Befund war, daß Proteine, die wenig oder kein Tyrosin, Tryptophan oder Lysin enthalten, zur Ernährung ungeeignet sind, daß sie jedoch durch Zumischen der fehlenden Aminosäuren zu vollwertigen Nahrungsmitteln gemacht werden konnten. Weitere Untersuchungen, die nicht mit Protein-Hydrolysaten, sondern mit Aminosäure-Gemischen durchgeführt wurden, führten zu der Erkenntnis, daß bestimmte Aminosäuren unbedingt in der Nahrung enthalten sein müssen, während andere fehlen können (essentielle und nicht-essentielle Aminosäuren). Frühzeitig wurde auch die Möglichkeit einer Umwandlung von Aminosäuren bewiesen. So gelang es, fehlendes Prolin durch Glutaminsäure und fehlendes Tyrosin durch Phenylalanin zu ersetzen. Die Umwandlung von Phenylalanin in Tyrosin konnte dann auch in der perfundierten Leber nachgewiesen werden.

Die entscheidenden Untersuchungen wurden etwa ab 1930 von W. C Rose et al. durchgeführt. Unter Verwendung einer künstlichen Nahrung, die neben den jeweils variierten Aminosäure-Mischungen noch Glucosamin, Natriumhydrogencarbonat, Dextrin, Saccharose, Agar, vitaminreiche Fette und Öle sowie Salze enthielt, konnte nicht nur geklärt werden, welche Aminosäuren, sondern auch welche Mengen der einzelnen Aminosäuren erforderlich sind (Tab. 2). Als Tiermodell für diese Untersuchungen diente die juvenile Ratte, gemessen wurde die Zunahme des Körpergewichtes.

Tabelle 2. Minimale Dosen der für die Ratte essentiellen Aminosäuren

Aminosäure	minimale Dosis pro Ratte pro Tag
DL-Valin	0,7 g
L-Leucin	0,8 g
DL-Isoleucin	0,5 g
DL-Methionin	0,6 g
DL-Threonin	0,5 g
DL-Phenylalanin	0,9 g
L-Tryptophan	0,2 g
L-Lysin	1,0 g
L-Histidin	0,4 g
L-Arginin	0,2 g

Bei Verwendung eines derartigen Gemisches essentieller Aminosäuren gelingt es, einen gewissen Zuwachs an Körpergewicht zu erzielen, jedoch wird damit keineswegs optimales Wachstum erreicht. Für dieses ist entweder die Zugabe von nicht-essentiellen Aminosäuren oder von anderen Stickstoff-Lieferanten wie Ammoniumcitrat oder Ammoniumacetat erforderlich.

Die Frage, ob eine Aminosäure essentiell oder nicht-essentiell ist, hängt auch von dem verwendeten Testmodell ab. Wird die Gewichtszunahme nicht an juvenilen Ratten gemessen, sondern an ausgewachsenen, die durch längeres Hungern an Gewicht verloren haben, so ist Arginin keine essentielle Aminosäure. Signifikante Unterschiede in der Bedeutung einzelner Aminosäuren können auch dann festgestellt werden, wenn die Regenerierung bestimmter Proteine als Meßgröße verwendet wird. So findet nach partiellem Ausbluten von Ratten auch in Abwesenheit einzelner essentieller Aminosäuren eine bemerkenswerte Regenerierung des Hämoglobins statt. Nicht oder nur in sehr geringem Maße werden die Serumproteine regeneriert, und für das Körpergewicht bedeutet das Fehlen einer essentiellen Aminosäure fast immer einen weiteren Gewichtsverlust (Tab. 3, S. 14). Der tierische Organismus ist also sehr wohl in der Lage, auch beim Fehlen bestimmter essentieller Aminosäuren, diese, zumindest für die Regenerierung eines so lebensnotwendigen Proteins wie Hämoglobin, aus anderen Quellen zu beschaffen.

Tabelle 3. Blutprotein-Regenerierung nach partieller Entblutung von Ratten

Ausgangswerte vor der Entblutung	Hämoglobin Gramm % 12,5		Serumproteine Gramm % 5,38		Körpergewicht Gramm 46,2	
Fehlende Aminosäure	Ausgangswert nach Entblutung	nach 10 Tagen Diät	Ausgangswert nach Entblutung	nach 10 Tagen Diät	Ausgangswert nach Entblutung	nach 10 Tagen Diät
Keine	3,9	13,8	4,15	5,20	35,1	44,6
Valin	4,3	9,2	4,10	3,70	36,4	29,0
Leucin	3,9	10,6	4,15	4,75	35,4	29,6
Tryptophan	4,1	11,6	4,15	3,80	38,3	34,5
Histidin	4,3	6,6	4,30	4,55	37,4	31,6
Isoleucin	3,8	10,6	4,10	4,25	35,8	28,3
Threonin	4,1	12,4	3,90	3,70	37,6	30,3
Methionin	4,1	13,0	4,10	4,35	36,6	28,9
Phenylalanin	3,9	11,4	3,95	4,20	34,5	27,9
Arginin	4,0	13,6	4,20	5,50	33,7	39,5
Lysin	4,0	10,1	4,10	4,05	35,8	33,0

Eine Ausdehnung dieser Untersuchungen auf andere Tierspezies hat zu keinen wesentlich neuen Gesichtspunkten geführt. Für fast alle bisher untersuchten Tiere (Tab. 4) sind mehr oder weniger dieselben Aminosäuren als essentiell anzusehen.

Tabelle 4. Essentielle (+) und nicht essentielle (−) Aminosäuren bei verschiedenen Spezies

Aminosäure	Wirbeltiere					Insekten				Protozoen Tetrahymena
	Mensch	Ratte	Maus	Huhn	Lachs	Moskito	Obstfliege	Teppichkäfer	Honigbiene	
Alanin	−	−	−	−	−	−	−	−	−	−
Arginin	−	±	±	+	+	+	+	+	+	−
Asparaginsäure	−	−	−	−	−	−	−	−	−	−
Cystin	−	−	−	−	−	−	−	−	−	−
Glutaminsäure	−	−	−	−	−	−	−	−	−	−
Glycin	−	−	−	±	−	+	−	−	−	−
Histidin	−	+	+	+	+	+	+	+	+	+
Isoleucin	+	+	+	+	+	+	+	+	+	+
Leucin	+	+	+	+	+	+	+	+	+	+
Lysin	+	+	+	+	+	+	+	+	+	+
Methionin	+	+	+	+	+	+	+	+	+	+
Phenylalanin	+	+	+	+	+	+	+	+	+	+
Prolin	−	−	−	−	−	−	−	−	−	−
Serin	−	−	−	−	−	−	−	−	−	−
Threonin	+	+	+	+	+	+	+	+	+	+
Tryptophan	+	+	+	+	+	+	+	+	+	+
Tyrosin	−	−	−	+	−	−	−	−	−	−
Valin	+	+	+	+	+		+	+	+	+

2.1.2. Bedeutung der Aminosäuren für die menschliche Ernährung

Alle biologischen oder biochemischen Untersuchungen, die an Tieren durchgeführt werden, dienen schließlich dem Zweck, die analogen Vorgänge am Menschen kennenzulernen. Der Mensch als biologisches Testmodell steht aus ethischen und gesetzlichen Gründen nur in wenigen Fällen – und auch da nur unter besonderen Voraussetzungen – zur Verfügung. Zur Untersuchung der Bedeutung von Aminosäuren und Proteinen für die Ernährung kommt praktisch nur die Bestimmung der *Stickstoff-Bilanz* (Differenz zwischen mit der Nahrung aufgenommenem und in Harn und Stuhl ausgeschiedenem Stickstoff) in Frage. Sie ergab, daß für den Menschen etwa die gleichen Aminosäuren essentiell oder nicht-essentiell sind wie für die bisher untersuchten Tierarten (Tab. 5). Im Gegensatz zur Ratte wurden jedoch Arginin und Histidin als nicht-essentielle Aminosäuren erkannt.

Tabelle 5. Essentielle und nicht essentielle Aminosäuren für die Erhaltung des Stickstoff-Gleichgewichtes in normalen erwachsenen Menschen

essentiell	nicht essentiell
Isoleucin	Alanin
Leucin	Asparaginsäure
Lysin	Arginin
Methionin	Cystin
Phenylalanin	Glutaminsäure
Threonin	Glycin
Tryptophan	Histidin
Valin	Hydroxyprolin
	Serin
	Prolin
	Tyrosin

Eine positive Stickstoffbilanz ist nicht nur von der Art und Menge der als Nahrung aufgenommenen Aminosäuren, sondern auch von der zur Verfügung stehenden Energie abhängig. Wird z. B. intaktes Casein in einer Menge, die 10,03 g Stickstoff pro Tag entspricht, verwendet, so genügen 35 Kcal pro Tag und kg Körpergewicht zur Erzielung einer positiven Stickstoffbilanz (+ 0,14 g N pro Tag). Wird anstelle des Caseins eine entsprechende Aminosäure-Mischung verwendet, so ist bei 35 Kcal pro Tag und kg die Bilanz negativ (– 0,91 g N pro Tag) und wird erst bei 45 Kcal pro Tag und kg positiv (+ 0,33 g N pro Tag).

2.1.3. Ersatz der L-Aminosäuren durch D- bzw. DL-Aminosäuren oder durch Biosynthese-Vorstufen

Inwieweit D- oder DL-Aminosäuren als Nahrung verwertet werden können, ist noch nicht in allen Punkten geklärt. Versuche an der Ratte haben gezeigt, daß einige Aminosäuren (z. B. Methionin) sehr gut, andere (z. B. Phenylalanin) partiell und wieder andere (z. B. Lysin) überhaupt nicht durch ihre D-Formen ersetzt werden können. Ein prinzipieller Nachteil bei der Verwendung von D-Aminosäuren ist ihre erschwerte Resorption im Magen-Darm-Trakt. Das Verhältnis der Resorptionsgeschwindigkeiten von L- und D-Form ist nur bei Methionin und Norleucin kleiner als 2, bei Alanin, Leucin, Valin, Isoleucin und Asparaginsäure bereits zwischen 2 und 3 und bei Glutaminsäure, Phenylalanin, Lysin und Histidin über 3, wobei Phenylalanin mit 5,6 und Histidin mit 6,0 am höchsten liegen. Die Verwertbarkeit von D-Aminosäuren scheint in einigen Fällen durch andere Aminosäuren gehemmt zu werden. D-Valin wird nur dann verwertet, wenn kein D-Leucin und D-Leucin nur dann, wenn kein Norleucin, gleichgültig in welcher sterischen Form, vorhanden ist.

D-Aminosäuren werden nach Umwandlung in die L-Form in Proteine eingebaut. Die Umwandlung verläuft, wie mit markierten Aminosäuren nachgewiesen werden konnte, über eine *oxidative Desaminierung* zur optisch inaktiven Oxo-carbonsäure und *stereospezifische Reaminierung*. Dieser Mechanismus erklärt auch das Vorkommen von D-Aminosäureoxidasen in der Niere. Mitunter kann eine essentielle Aminosäure auch durch eine Vorstufe im Biosyntheseschema dieser Aminosäure ersetzt werden. So kann bei der Ratte anstelle von Methionin Homocystein und ein geeigneter Methylgruppen-Donator verwertet werden. In fast allen Fällen ist es möglich, die essentielle Aminosäure durch die entsprechende Oxo-carbonsäure zu ersetzen, sofern ausreichende Mengen an Ammoniumverbindungen zur Aminierung oder an nicht-essentiellen Aminosäuren zur *Transaminierung* anwesend sind.

2.2. Die Biosynthese von Aminosäuren

Während der tierische Organismus nur eine beschränkte Befähigung zur Aminosäure-Biosynthese hat, sind *Mikroorganismen* und *Pflanzen* in der Lage, praktisch alle erforderlichen Aminosäuren selbst zu synthetisieren. Die Untersuchungen zur Biosynthese von Aminosäuren sind weitgehend an Mikroorganismen durchgeführt worden. Es ist zur Zeit noch nicht in jedem Falle geklärt, ob die Biosynthese nicht-essentieller Aminosäuren im tierischen Organismus über die gleichen Synthesestufen verläuft.

2.2.1. Glutaminsäure und Asparaginsäure und aus diesen gebildete Aminosäuren

Die der Glutaminsäure oder der Asparaginsäure entsprechenden α-Oxo-carbonsäuren, die Oxoglutarsäure und die Oxalessigsäure, sind Zwischenprodukte im *Citronensäurecyclus*. Die Biosynthese beider

Schema 2. Biosynthese der Glutaminsäure

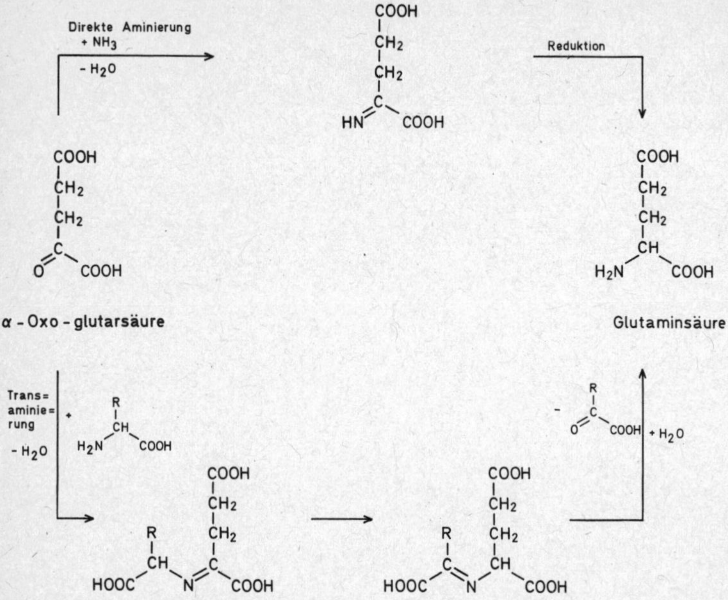

α-Oxo-glutarsäure

Glutaminsäure

Schema 3. Biosynthese von Aminosäuren ausgehend von Glutaminsäure

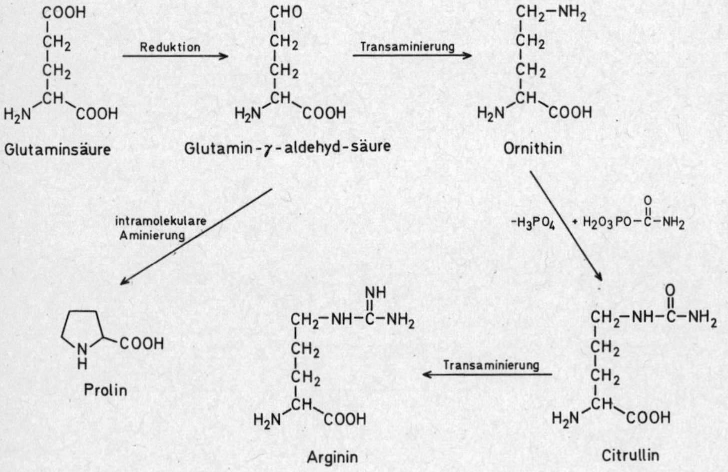

Glutaminsäure → Glutamin-γ-aldehyd-säure → Ornithin

Prolin

Arginin

Citrullin

Aminosäuren verläuft daher über eine direkte Aminierung dieser Oxo-carbonsäuren, wobei der erforderliche Ammoniak bei Mikroorganismen aus anorganischem Nitrat stammt, oder über eine Transaminierung, die das Vorhandensein einer anderen Aminosäure voraussetzt (Schema 2).

Asparaginsäure kann auch durch direkte Anlagerung von Ammoniak an Fumarsäure gebildet werden.

Prolin wird aus Glutaminsäure durch Reduktion der γ-Carboxy-Gruppe zum Aldehyd und anschließende reduktive Cyclisierung (intramolekulare Transaminierung) erhalten. Ebenfalls aus dem γ-Aldehyd wird durch Transaminierung *Ornithin* synthetisiert, das mit Aminocarbonyl-phosphat (Carbamoyl-phosphat) zunächst *Citrullin* und durch weitere Transaminierung *Arginin* liefert.

Ausgehend von der Asparaginsäure (Schema 4) entsteht durch Reduktion der β-Carboxy-Gruppe *Homoserin*, das seinerseits dann

Schema 4. Biosynthese von Aminosäuren ausgehend von Asparaginsäure

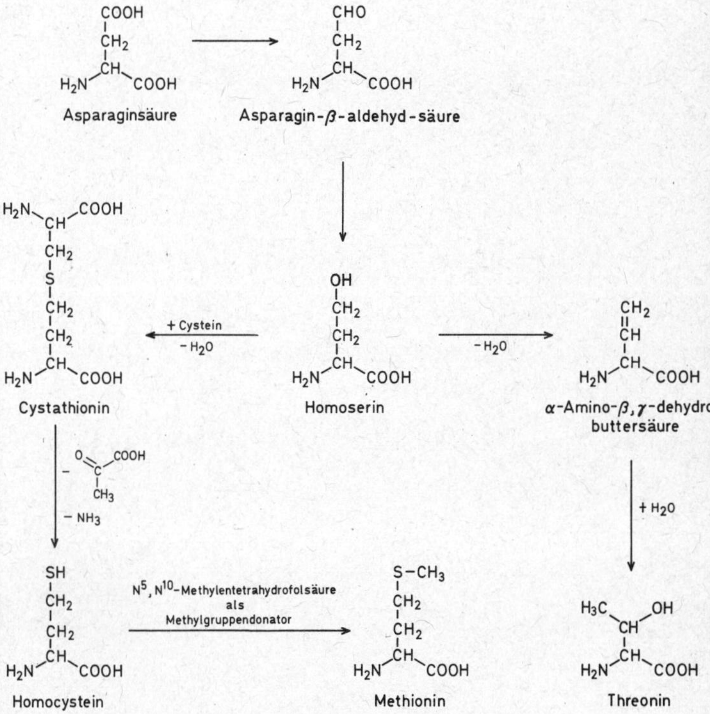

Ausgangspunkt für die Synthese von *Threonin* (über α-Amino-β,γ-dehydro-buttersäure) und *Methionin* (über Cystathionin und Homocystein) ist. Durch α-Decarboxylierung von Asparaginsäure wird β-Alanin, durch β-Decarboxylierung Alanin erhalten. Wichtiger ist jedoch die *Alanin*-Biosynthese aus Brenztraubensäure (Pyruvic acid) durch Transaminierung.

Asparagin-β-aldehyd-säure und Brenztraubensäure sind auch die Ausgangsstoffe für eine *Lysin*-Biosynthese, die über eine Dihydro-pyridincarbonsäure und α,ε-Diamino-pimelinsäure verläuft (Schema 5).

Schema 5. Biosynthese von Lysin

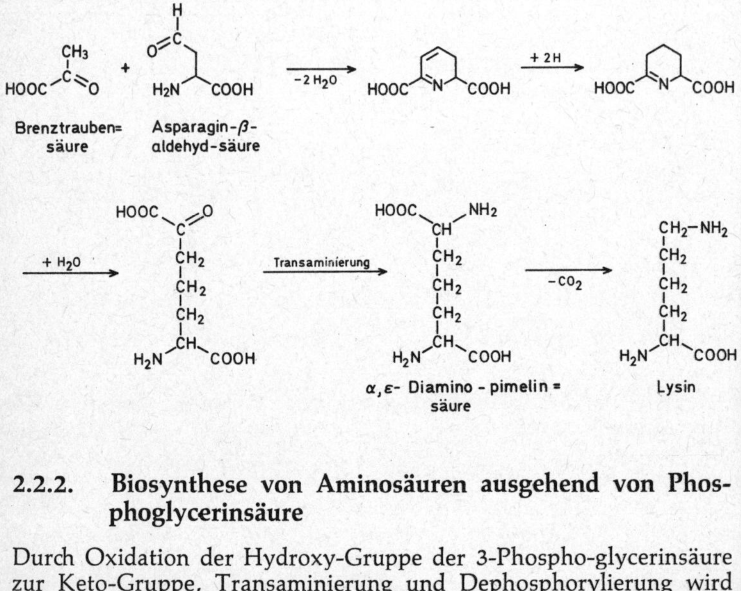

2.2.2. Biosynthese von Aminosäuren ausgehend von Phosphoglycerinsäure

Durch Oxidation der Hydroxy-Gruppe der 3-Phospho-glycerinsäure zur Keto-Gruppe, Transaminierung und Dephosphorylierung wird *Serin* synthetisiert, das durch Übertragung von Formaldehyd auf die Tetrahydrofolsäure *Glycin* oder mit Homocystein über Cystathionin *Cystein* bildet (Schema 6).

Im tierischen Organismus ist die essentielle Aminosäure Methionin der Ausgangsstoff für eine Cystein-Biosynthese, die im wesentlichen entgegengesetzt der mikrobiellen Methionin-Synthese verläuft (Schema 7).

Schema 6. Biosynthese von Serin, Glycin und Cystein

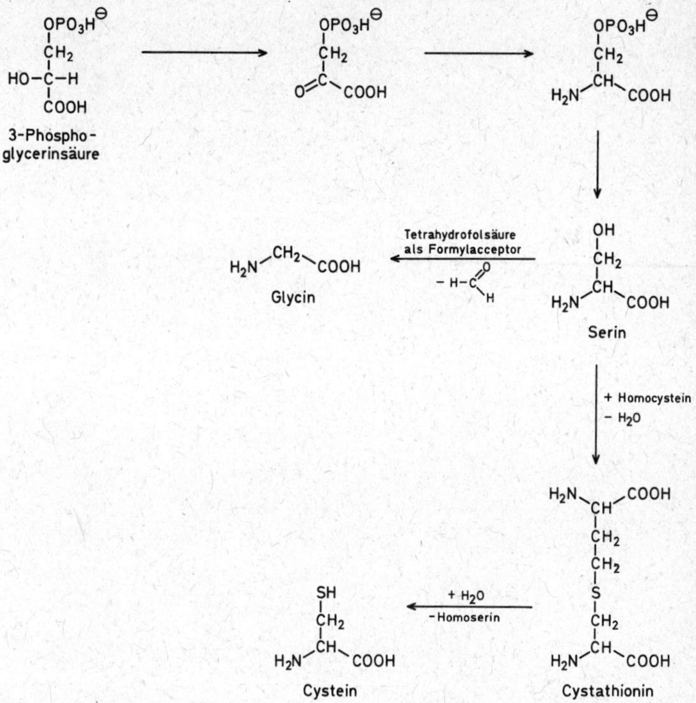

Schema 7. Biosynthese von Cystein im tierischen Organismus

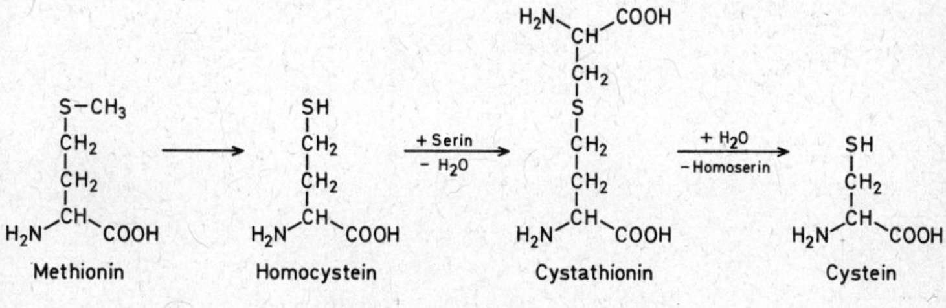

2.2.3. Die Biosynthese von verzweigten Aminosäuren

Die Biosynthese der aliphatischen Aminosäuren *Valin*, *Leucin* und *Isoleucin* erfordert die Umlagerung eines Alkyl-Restes unter Ausbildung der Verzweigung. Im tierischen Organismus ist diese Alkyl-Wanderung nicht möglich, wohl aber in Mikroorganismen (Schema 8). Mit der aus Threonin zugänglichen α-Oxobuttersäure anstelle der Brenztraubensäure als Ausgangsstoff entsteht auf gleichem Wege durch Umlagerung eines Äthyl-Restes das Isoleucin.

Schema 8. Biosynthese von Valin und Leucin

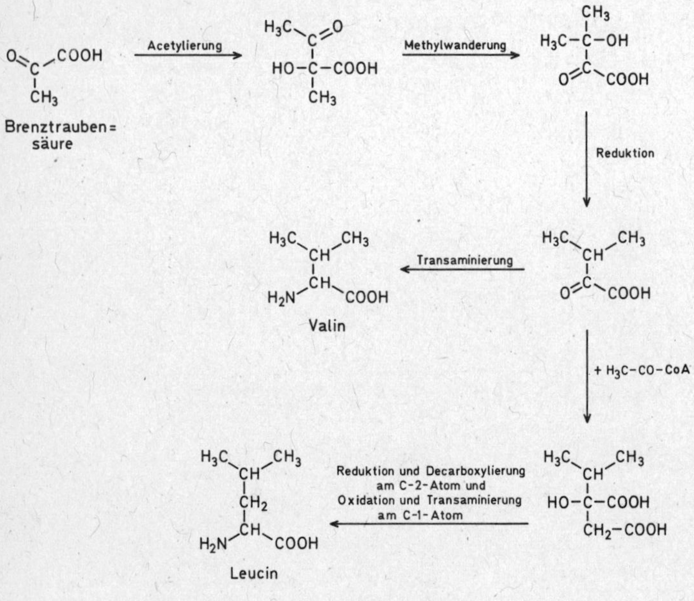

2.2.4. Die Biosynthese des Histidins

Die *Histidin*-Biosynthese beginnt beim N^1-(5'-Phospho-ribosyl)-adenosinmonophosphat. Von diesem Molekül bilden das C^1- und C^2-Atom des Ribosyl-Restes und das N^1- und C^2-Atom des Purins zusammen mit dem Amidstickstoff von Glutamin den Imidazol-Ring und das C^3-, C^4- und C^5-Atom der Ribose das C^β- und C^α-Atom und die Carboxy-Gruppe des Histidins (Schema 9).

Das zunächst gebildete Imidazolyl-glycerinphosphat wird dann entsprechend Schema 10 in Histidin übergeführt.

Schema 9. Biosynthese von Imidazolyl-glycerinphosphat

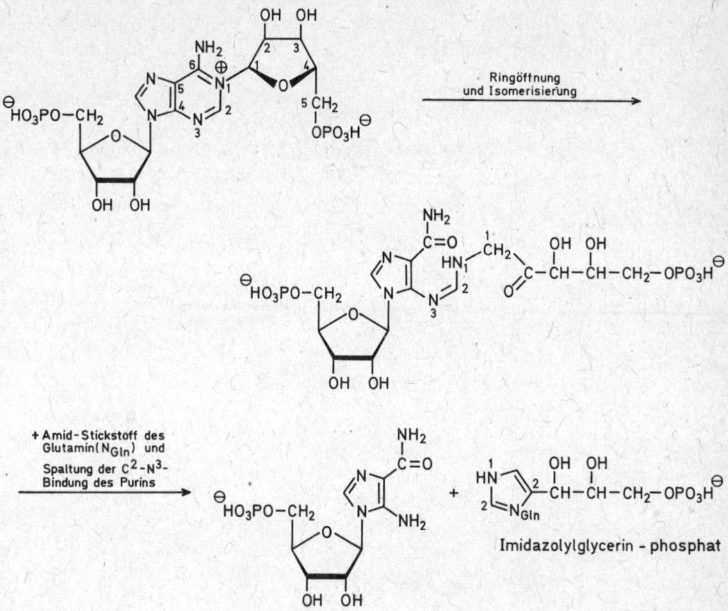

Schema 10. Biosynthese des Histidins

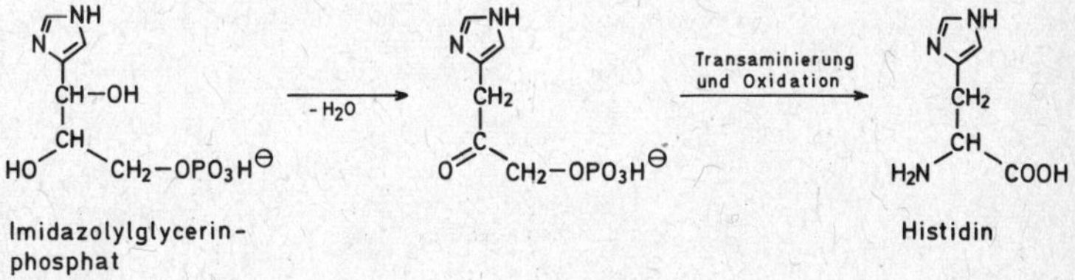

2.2.5. Die Biosynthese von Tyrosin, Phenylalanin und Tryptophan

Der weitaus komplizierteste Syntheseweg ist für die Biosynthese von *Tyrosin*, *Phenylalanin* und *Tryptophan* erforderlich. Aus Erythrose-4-phosphat und Phosphoenol-brenztraubensäure entsteht über eine

Heptulose die Shikimisäure (3,4,5-Trihydroxy-cyclohex-1-en-1-carbonsäure), die unter Ausbildung einer weiteren Doppelbindung und Addition eines Moleküls Brenztraubensäure die Chorisminsäure bildet. Diese führt dann weiter zur Anthranilsäure bzw. Prephensäure (Schema 11).

Schema 11. Biosynthese der Prephensäure und der Anthranilsäure

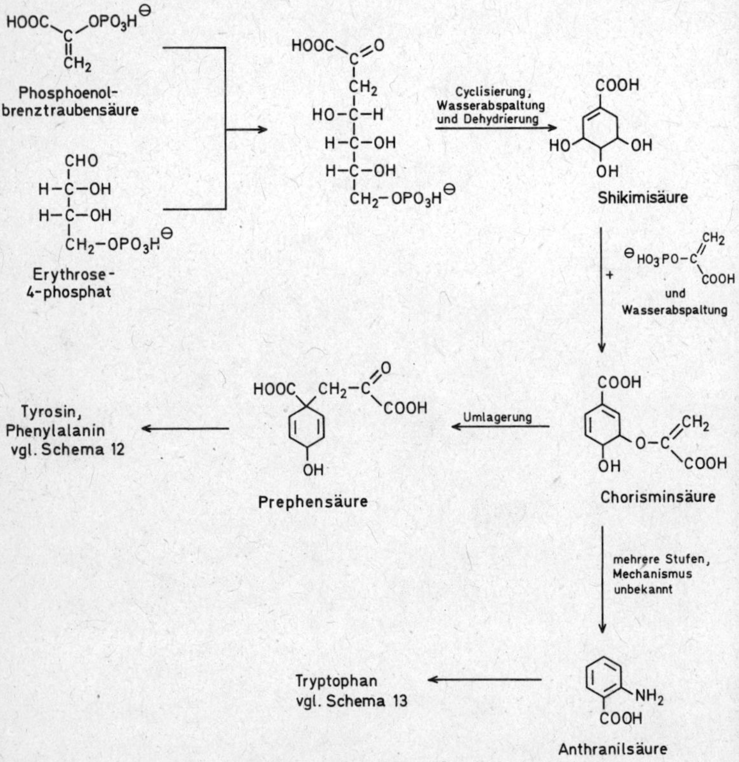

Die Prephensäure liefert nach Decarboxylierung und Aminierung *Tyrosin* bzw. nach Decarboxylierung, Reduktion und Aminierung *Phenylalanin* (Schema 12).

Für die Biosynthese des *Tryptophans* wird aus Ribose-5-phosphat unter Ringschluß mit Anthranilsäure (vgl. Schema 12) der Indol-Rest synthetisiert (Schema 13). Dabei werden die C-Atome der Ribose ähnlich wie bei der Histidin-Biosynthese zum Aufbau des heteroaromatischen Ringes und zur Kohlenstoff-Kette verwendet.

Schema 12. Biosynthese von Tyrosin und Phenylalanin

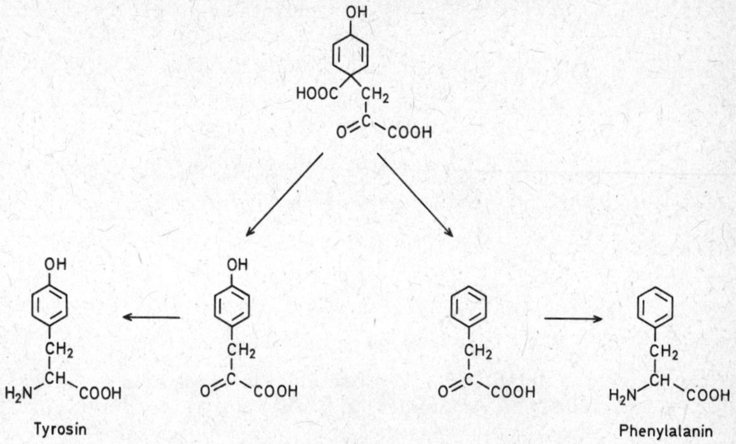

Schema 13. Biosynthese von Tryptophan

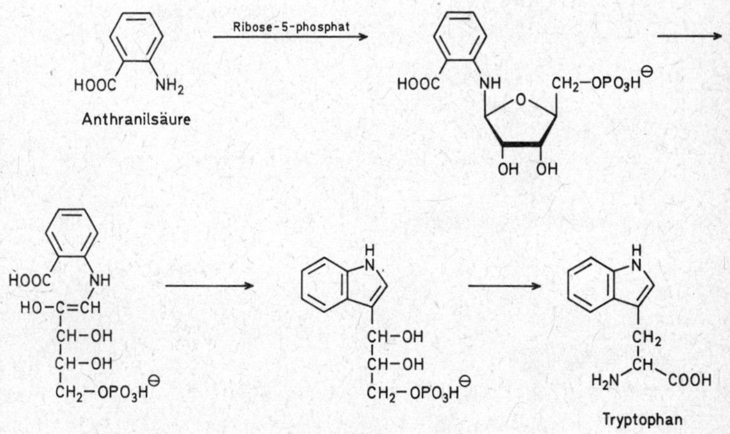

2.3. Metabolismus der Aminosäuren

Aminosäuren sind im Organismus nicht nur als Ausgangsstoffe für die Biosynthese von Proteinen wichtig, sondern werden in vielfältigen Reaktionen zu anderen biologisch wichtigen Stoffen metabolisiert. Der Metabolismus von Aminosäuren läßt sich je nach Art des ersten Reaktionsschrittes in einen Abbau der Amino-Gruppe, Abbau an der Carboxy-Gruppe sowie in einen spezifischen Abbau bestimmter Aminosäuren unterteilen.

2.3.1. Metabolismus der Amino-Gruppe

Die häufigste Stoffwechselreaktion der Amino-Gruppe ist die für die Aminosäure-Biosynthese wichtige *Transaminierung*:

$$\underset{H_2N}{\overset{R}{\underset{|}{CH}}}-COOH + \underset{O}{\overset{R^1}{\underset{\parallel}{C}}}-COOH \rightleftharpoons \underset{O}{\overset{R}{\underset{\parallel}{C}}}-COOH + \underset{H_2N}{\overset{R^1}{\underset{|}{CH}}}-COOH$$

Nur wenige Synthesen verlaufen über Aufnahme von anorganischem Stickstoff in Form von Ammoniak (z. B. Glutaminsäure oder Asparaginsäure), und nur wenige Aminosäuren werden durch Umwandlung der Seitenkette aus einer anderen gebildet (z. B. Prolin aus Glutaminsäure oder Cystein aus Serin). Bei den meisten Aminosäuren ist in der Biosynthese ein Transaminierungsschritt enthalten, bei dem leicht zugängliche Aminosäuren (vorzugsweise Glutaminsäure oder Asparaginsäure) als Aminogruppen-Donatoren dienen.

Je nach Art der bei Transaminierung entstehenden Ketosäuren werden die Aminosäuren in *glycogene* und *ketogene* (glucoplastische und

Tabelle 6. Glycogene und ketogene Aminosäuren

Glycogen:
Alanin, Arginin, Asparaginsäure, Cystein, Glutaminsäure, Glycin, Histidin, Methionin, Prolin, Serin, Threonin, Valin

Ketogen:
Leucin

Glycogen und ketogen:
Isoleucin, Lysin, Phenylalanin, Tyrosin

---

ketoplastische) Aminosäuren unterschieden. Glycogene Aminosäuren bilden nach Transaminierung Zwischenprodukte des Zitronensäurecyclus und können über eine Gluconeogenese in Glucose bzw. Glycogen übergeführt werden. Im Gegensatz dazu liefern ketogene Aminosäuren beim Abbau Acetyl-CoA oder nicht weiter verwendbare Ketone (Tab. 6).

Diese Klassifizierung spielt im Hungerzustand, bei dem Protein-Reserven zur Energieverwertung herangezogen werden, und bei Kohlenhydrat-Stoffwechselstörungen, wie z. B. beim Diabetes mellitus, eine Rolle. Nur glykogene Aminosäuren können der Energieverwertung dienen. Die Mehrzahl aller Protein-Aminosäuren ist glykogen, einige sind sowohl glykogen als auch ketogen, z. B. das Isoleucin, aus dem beim Abbau neben Acetyl-CoA auch Propionyl-CoA gebildet wird, das dann in Pyruvat oder durch Kohlendioxid-Addition in Succinyl-CoA übergehen kann.

Bei der Umwandlung einer Aminosäure in eine Oxo-carbonsäure durch oxidative Desaminierung wird die Amino-Gruppe nicht auf eine andere Verbindung übertragen, sondern als Ammoniak freigesetzt. Die an dieser Reaktion beteiligten Enzyme sind die L- und D-Aminosäureoxidasen. Die physiologische Bedeutung der D-Aminosäureoxidasen scheint darin zu liegen, daß mit der Nahrung zugeführte D-Aminosäuren metabolisiert werden können. Der bei der oxidativen Desaminierung freiwerdende Ammoniak kann direkt zu Harnstoff umgesetzt und in dieser Form ausgeschieden werden. Er kann aber auch durch Übertragung auf eine Oxo-carbonsäure wieder eine Aminosäure bilden (bevorzugt Übertragung auf Oxo-glutarsäure und Bildung von Glutaminsäure). Schließlich kann der Ammoniak zur Amidierung der γ-Carboxy-Gruppe der Glutaminsäure unter Bildung von Glutamin dienen.

2.3.2. Metabolismus der Carboxy-Gruppe

Die wichtigste Stoffwechselreaktion der Carboxy-Gruppe einer Aminosäure ist ihre Decarboxylierung zum primären Amin:

$$\underset{H_2N}{\overset{R}{\underset{|}{CH}}}-COOH \xrightarrow{-CO_2} \underset{H_2N}{\overset{R}{\underset{|}{CH_2}}}$$

Während Transaminierung oder Desaminierung eine vollständige Verstoffwechselung der Aminosäuren einleitet, führt die Decarboxylierung zu den hochwirksamen biogenen Aminen (Tab. 7).

Tabelle 7. Biogene Amine

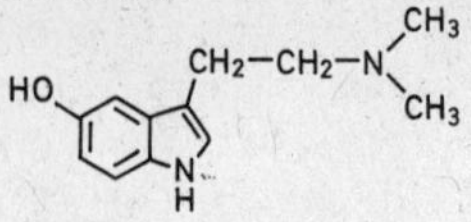

N,N-Dimethyl-serotonin
(Bufotenin)

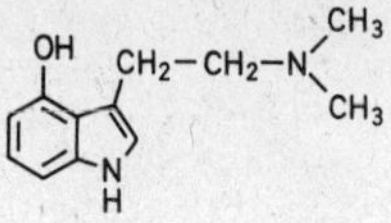

Psilocin

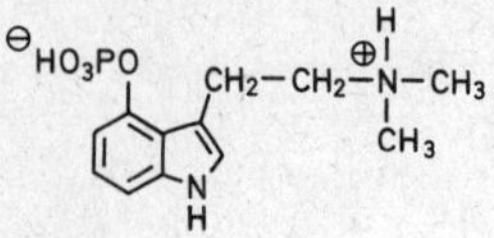

Psilocybin

<u>Histidin</u>:

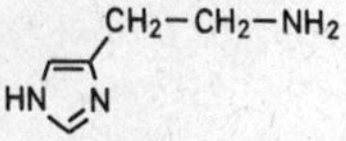

Histamin

<u>Cystein</u>:

$HS-CH_2-CH_2-NH_2$

Cysteamin

$HO_3S-CH_2-CH_2-NH_2$

Taurin
(2-Amino-äthansulfonsäure)

<u>Serin</u>:

$HO-CH_2-CH_2-NH_2$

Äthanolamin
(Cholamin;
2-Amino-äthanol)

$HO-CH_2-CH_2-\overset{\oplus}{N}(CH_3)_3$

Cholin

$H_3C-C(=O)-O-CH_2-CH_2-\overset{\oplus}{N}(CH_3)_3$

O-Acetyl-cholin

<u>Threonin</u>:

$HO-CH(CH_3)-CH_2-NH_2$

Propanolamin [1-Amino-propanol-(2)]

<u>Lysin</u>:

$H_2N-CH_2-(CH_2)_3-CH_2-NH_2$

Cadaverin [1,5-Diamino-pentan]

<u>Ornithin</u>:

$H_2N-CH_2-(CH_2)_2-CH_2-NH_2$

Putrescin [1,4-Diamino-butan]

Tyrosin:

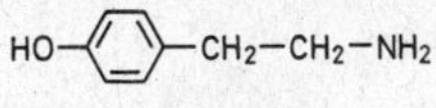

Tyramin

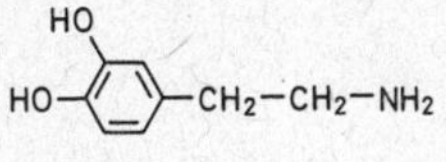

Dopamin

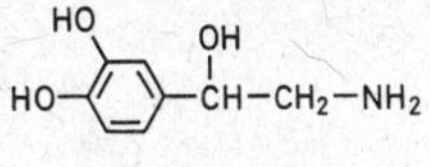

Noradrenalin
(engl.: norepinephrine)

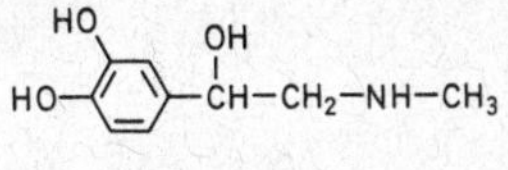

Adrenalin
(engl.: epinephrine)

Tryptophan:

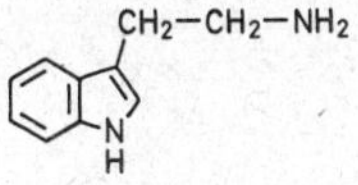

Tryptamin

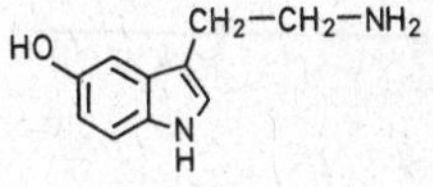

Serotonin

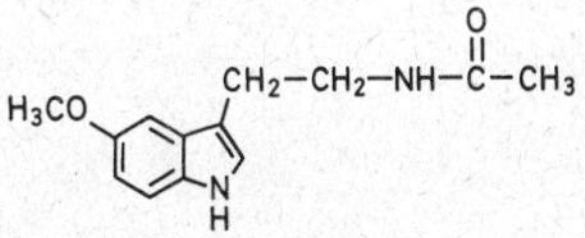

Melatonin

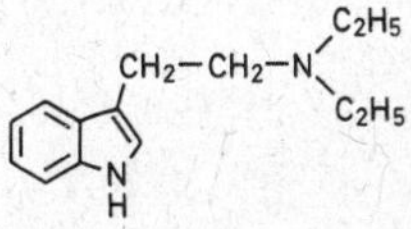

N,N- Diäthyl-tryptamin

2.3.3. Metabolismus spezieller Aminosäuren

2.3.3.1. Tryptophan

Der wichtigste Abbau des Tryptophans führt über Kynurenin zur 3-Hydroxy-anthranilsäure. Diese wird entweder zur α-Oxo-adipinsäure metabolisiert oder bildet über Chinolinsäure Nikotinsäure bzw. Nikotinsäure-amid (Schema 14). Durch einfache Decarboxylierung von Tryptophan entsteht das Tryptamin. Von diesem leiten sich das hormonähnliche Serotonin (5-Hydroxy-tryptamin) und das Epiphysenhormon Melatonin (N-Acetyl-5-methoxy-tryptamin) sowie die Halluzinogene Bufotenin (N,N-Dimethyl-serotonin), Psilocin (N,N-Dimethyl-4-hydroxy-tryptamin) und Psilocybin (N,N-Dimethyl-4-hydroxy-tryptammonium-5-phosphat) ab. Bereits N,N-Dialkyl-tryptamine haben abhängig von Alkyl-Resten halluzinogene Eigenschaften. Diese Rauschgifte sind bevorzugt parenteral wirksam. Sie sind weniger toxisch, aber stärker wirksam als Mescalin (vgl. Tab. 8, S. 39).

Schema 14. Metabolismus von Tryptophan

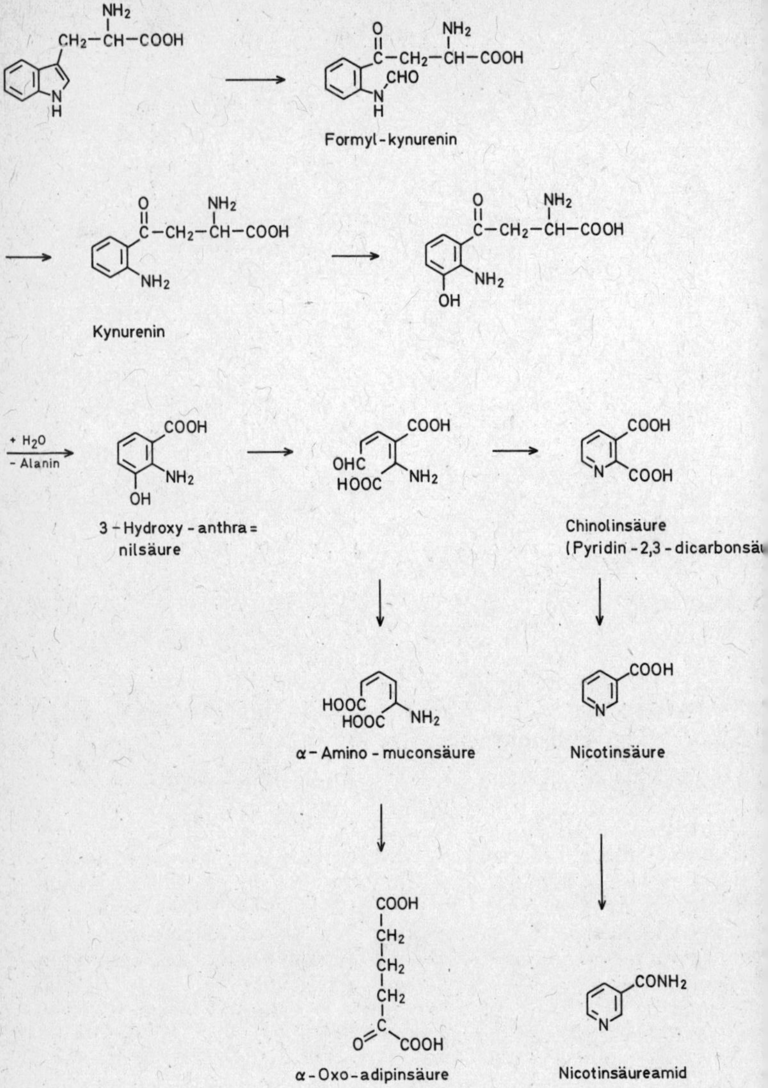

Formyl-kynurenin

Kynurenin

+ H₂O / − Alanin

3-Hydroxy-anthra=
nilsäure

Chinolinsäure
(Pyridin-2,3-dicarbonsäure)

α-Amino-muconsäure

Nicotinsäure

α-Oxo-adipinsäure

Nicotinsäureamid

Wird mit der Nahrung aufgenommenes Tryptophan nicht im Darm resorbiert, so wird es durch intestinale Mikroorganismen zu Skatol [1] und Indol [2] umgewandelt.

Skatol
1

Indol
2

2.3.3.2. Phenylalanin und Tyrosin

Die Verstoffwechselung von Phenylalanin und Tyrosin ist identisch, da der erste Reaktionsschritt beim Phenylalanin eine Überführung in Tyrosin ist. Daher ist für den tierischen Organismus auch nur Phenylalanin, aber nicht Tyrosin eine essentielle Aminosäure.

Aus Tyrosin entsteht durch Cyclisierung zum Indol-Ringsystem und Konjugation der Pigmentfarbstoff Melanin sowie durch Hydroxylierung und Decarboxylierung die Hormone des Nebennierenmarkes Noradrenalin und Adrenalin (Schema 15). Weitere wichtige Tyrosin-Derivate sind die Schilddrüsenhormone 3,5,3',5'-Tetrajod-thyronin (Thyroxin) und 3,5,3'-Trijod-thyronin. Die Biosynthese dieser Hormone geht jedoch nicht vom freien Tyrosin aus. Vielmehr erfolgt die Einführung der Jodreste im Thyreoglobulin an Protein-gebundenem Tyrosin. Durch Konjugation der Phenol-Reste entsteht dann Proteingebundenes Tetrajod-thyronin, das durch enzymatische Hydrolyse des Thyreoglobulins freigesetzt wird (Schema 16). Da die Jodierungsreaktion nicht vollständig verläuft, werden neben Thyroxin das ebenfalls wirksame 3,5,3'-Trijod-thyronin und die biologisch unwirksamen 3,3',5'-Trijod und 3,3'-Dijod-thyronine gebildet.

2.3.3.3. Histidin

Der erste Abbauschritt des Histidins ist eine nicht-oxidative Desaminierung zu einer α,β-ungesättigten Säure. Anlagerung von Wasser und Aufspaltung des Imidazol-Ringes führt dann zu Derivaten der Glutaminsäure bzw. der Oxo-glutarsäure (Schema 17, S. 34), wobei die Synthese der N-Iminomethyl-glutaminsäure als Hauptweg anzusehen ist. Durch Übertragung des Iminomethyl-Restes auf die Tetrahydrofolsäure wird ein wichtiger Formyl- bzw. Methyl-Gruppendonator gebildet.

Schema 15. Metabolismus von Tyrosin

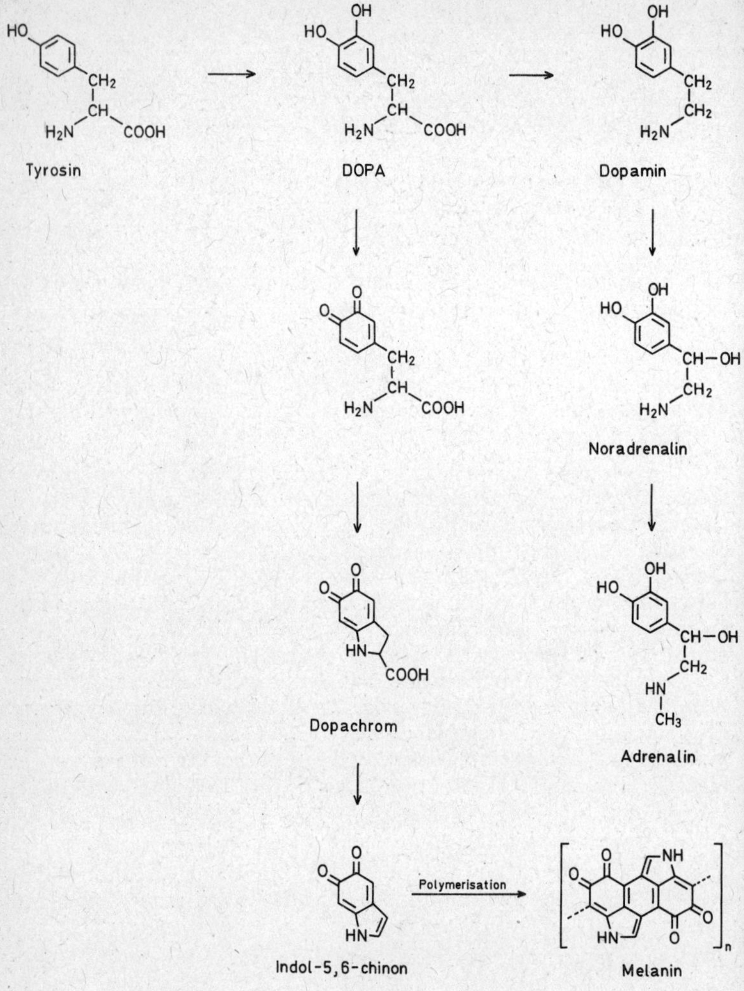

Tyrosin → DOPA → Dopamin

DOPA → (Dopachinon-Zwischenstufe) → Dopachrom → Indol-5,6-chinon →(Polymerisation)→ Melanin

Dopamin → Noradrenalin → Adrenalin

Schema 16. Biosynthese von Thyroxin

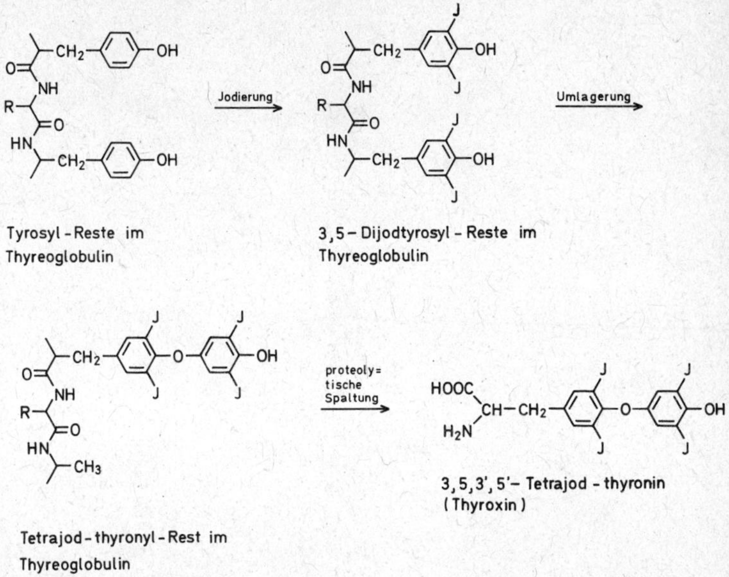

Tyrosyl-Reste im
Thyreoglobulin

→ Jodierung →

3,5-Dijodtyrosyl-Reste im
Thyreoglobulin

→ Umlagerung →

Tetrajod-thyronyl-Rest im
Thyreoglobulin

→ proteoly=
tische
Spaltung →

3,5,3',5'- Tetrajod - thyronin
(Thyroxin)

2.3.3.4. Arginin

Arginin ist an der Ausscheidung von Ammoniak in Form des Harnstoffs beteiligt, die über den *Ornithin-Citrullin-Arginin-Cyclus (Urea-Cyclus)* verläuft (Schema 18). Das erste Reaktionsprodukt ist Aminocarbonyl-phosphat, das mit Ornithin unter Abspaltung von Phosphat Citrullin liefert. Über eine Transaminierung mit Asparaginsäure entsteht Arginin, das in Ornithin und Harnstoff gespalten wird.

2.3.3.5. Methionin

Die wesentlichste Metabolisierung des Methionins [3] ist seine Umsetzung mit Adenosintriphosphat zum S-Adenosyl-methionin [4].

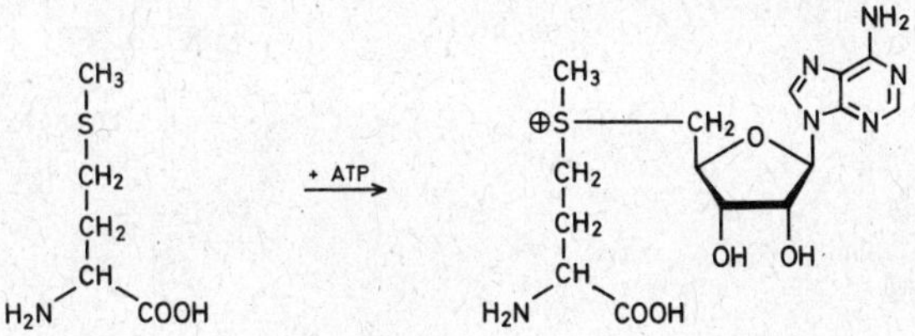

3   + ATP →   4

Schema 17. Metabolismus von Histidin

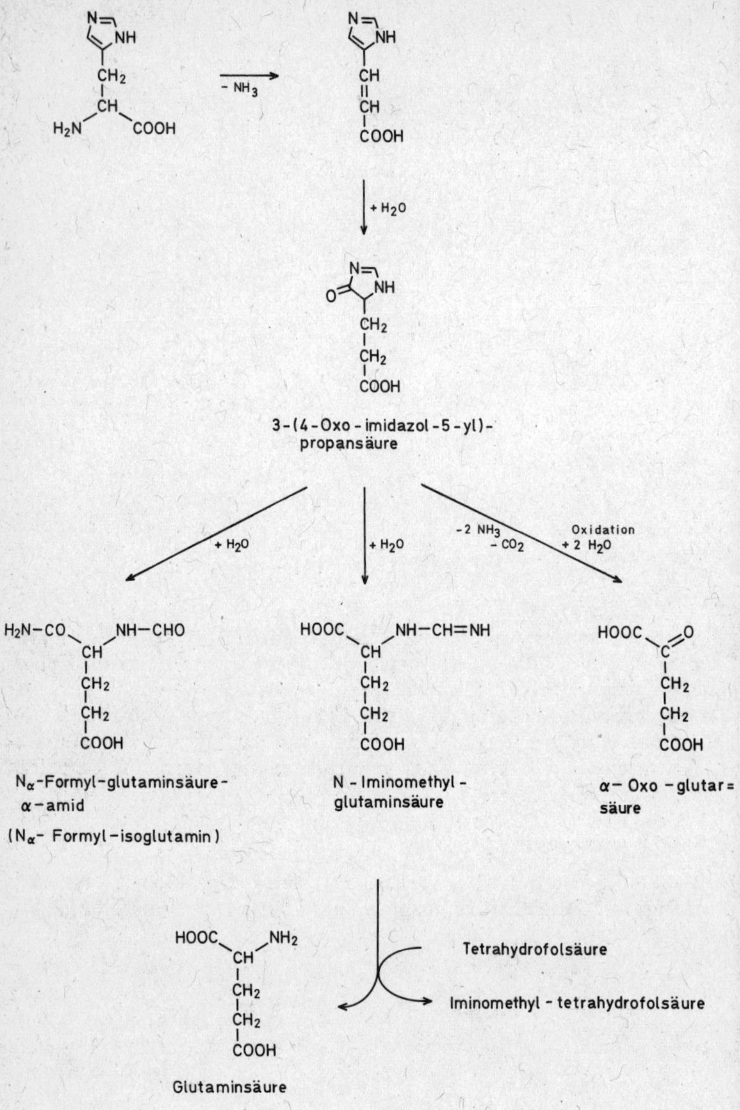

- NH3
+ H2O
3-(4-Oxo-imidazol-5-yl)-propansäure
+ H2O
+ H2O
-2 NH3
- CO2
Oxidation
+ 2 H2O
Nα-Formyl-glutaminsäure-α-amid
(Nα- Formyl-isoglutamin)
N-Iminomethyl-glutaminsäure
α-Oxo-glutar=säure
Tetrahydrofolsäure
Iminomethyl-tetrahydrofolsäure
Glutaminsäure

Schema 18. Harnstoff-Cyclus

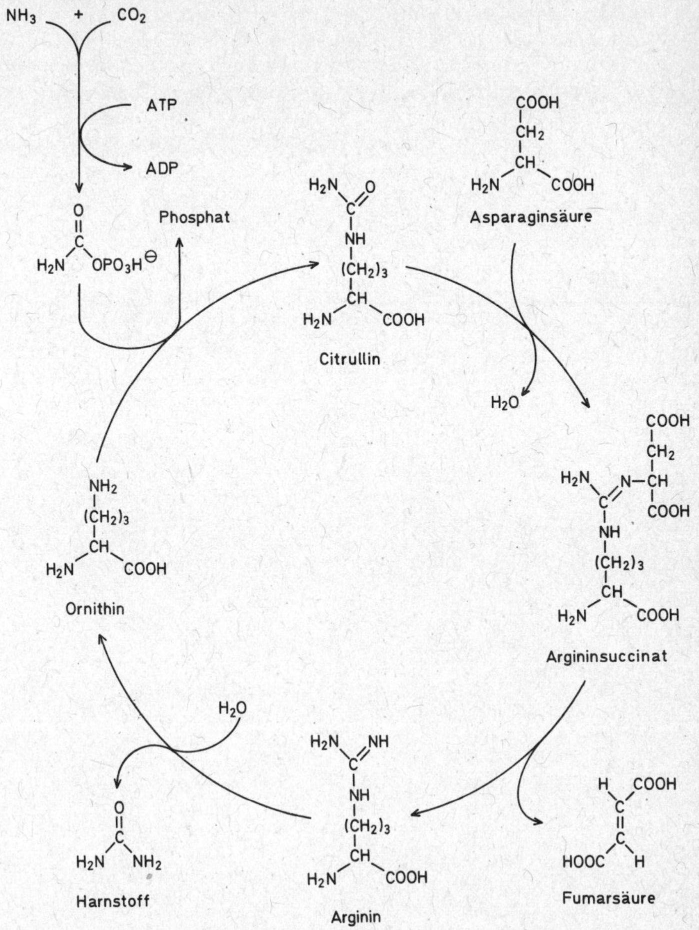

Diese Verbindung spielt als Methylgruppen-Donator bei Transmethylierungen eine Rolle, z. B. bei der Bildung von Adrenalin aus Noradrenalin, von Melatonin aus Acetyl-serotonin oder von Phosphatidylcholin aus Phosphatidyl-äthanolamin. Das bei dieser Reaktion freigesetzte S-Adenosyl-homocystein wird vorzugsweise mittels anderer Methylgruppen-Donatoren (z. B. Betaine oder N^5-Methyl-tetrahydrofolsäure) wieder in S-Adenosyl-methionin zurückverwandelt.

2.3.4. Biosynthese von Alkaloiden

Der Metabolismus von Aminosäuren ist in starkem Maße mit der Biosynthese der Alkaloide verbunden. So wird z. B. der *Pyrrol*-Ring im Nicotin aus Ornithin (Schema 19) und analog der Piperiden-Ring in den *Piperiden*-Alkaloiden Anabasin, Coniin oder Isopelletierin aus Lysin (Schema 20) synthetisiert. Tyrosin ist der Ausgangsstoff für die Biosynthese der *Isochinolin-Alkaloide* wie z. B. Mescalin, Pellotin, Papaverin und Berberin (Schema 21).

Schema 19. Biosynthese von Nicotin

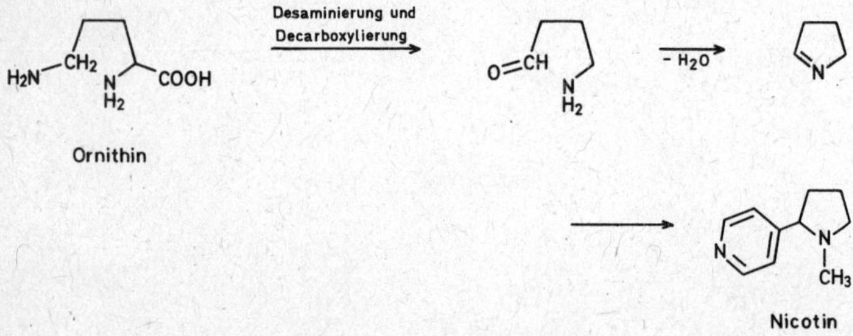

Schema 20. Biosynthese von Alkaloiden aus Lysin

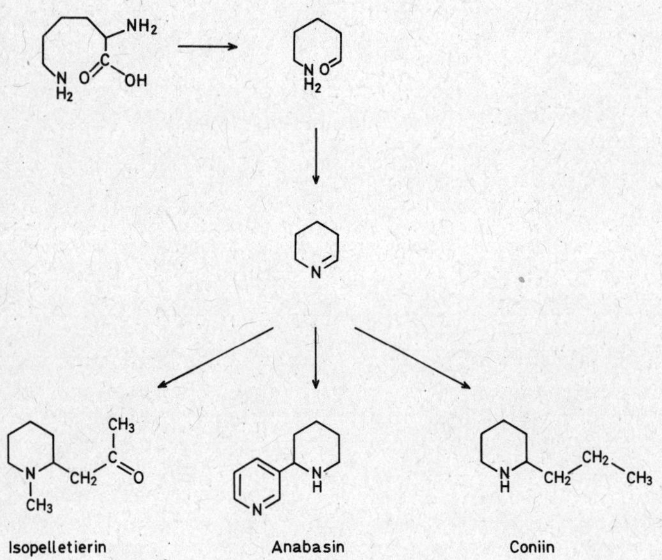

Schema 21. Biosynthese von Alkaloiden aus Tyrosin

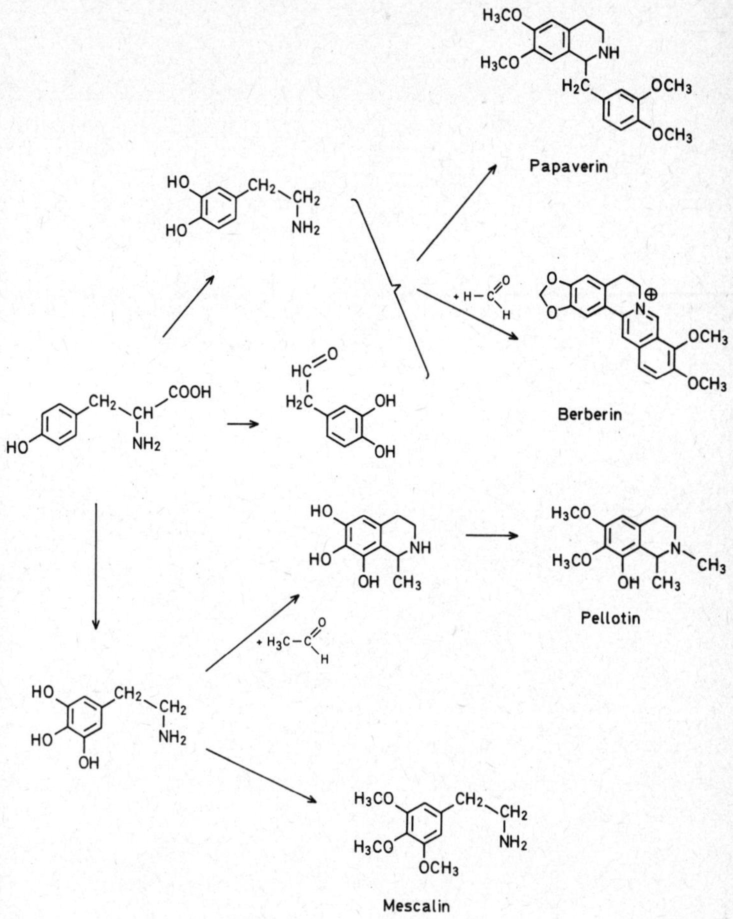

2.4. Aminosäure-Antagonisten

Da Aminosäuren an vielen Stoffwechselreaktionen als Zwischenprodukte beteiligt sind, haben Aminosäure-Antagonisten eine spezielle Bedeutung. Strukturelle Veränderungen an Aminosäuren können zu Analoga führen, die von den an bestimmten Stoffwechselreaktionen beteiligten Enzymen oder Receptoren zwar noch gebunden werden, aber nicht mehr die übliche Reaktion eingehen (*kompetitive* Inhibitoren). Derartige Aminosäure-Antagonisten kommen in der Natur als Stoffwechselprodukte von Mikroorganismen vor, wo sie häufig den Charakter von Antibiotica haben.

Aminosäure-Antagonisten sind fast immer Analoga der betreffenden Aminosäuren. Durch die Synthese verschiedener Derivate konnten die Beziehungen zwischen der Struktur des Antagonisten und seiner Inhibitorwirkung zum Teil erkannt werden. Elimination oder Hinzufügen einer Methyl-Gruppe (Tab. 8) führt in vielen Fällen zum Antagonisten, wobei die Stellung der Methyl-Gruppe von untergeordnetem Einfluß ist. So sind die drei Serin-Analoga mit einer zusätzlichen Methyl-Gruppe (Homoserin, Threonin und C_α-Methyl-serin) Serin-Antagonisten, ebenso die beiden Des-Methyl-leucine (Valin und Norvalin) Antagonisten des Leucins. Substitution durch eine Hydroxy-Gruppe bevorzugt in β-Stellung ergibt Derivate mit einer Inhibitorwirkung z. B. β-Hydroxy-alanin (Serin), β-Hydroxy-asparaginsäure, β-Hydroxy-glutaminsäure, β-Hydroxy-leucin und -valin sowie β-Hydroxy-phenylalanin (β-Phenyl-serin). Durch Substitution des aromatischen Ringes im Phenylalanin durch Halogen (4-Chlor, 4-Brom- oder 4-Fluor-Analoga), aber auch bei Ersatz oder Substitution einer Methyl-Gruppe einer aliphatischen Aminosäure durch Halogen entstehen ebenfalls Inhibitoren.

Durch vielfältige Modifikationen an Ringsystemen oder Austausch einer verzweigten Seitenkette durch ein Ringsystem und umgekehrt werden Aminosäure-Antagonisten erhalten (Tab. 9). Beispiele für Phenylalanin-Antagonisten sind Analoga mit verändertem aromatischen Charakter bei gleicher Ringgröße oder Beibehaltung des aromatischen Charakters bei reduzierter Ringgröße sowie Ersatz des Ringes durch ungesättigte aliphatische Seitenketten. Umgekehrt kann z. B. die Biosynthese von Isoleucin oder Leucin durch Analoga mit Cycloalkan- oder Cycloalken-Struktur mit gleicher Verzweigungsstelle inhibiert werden. Schließlich können Aminosäure-Antagonisten auch durch Ersatz von CH_2-Gruppen durch Sauerstoff, Schwefel oder die NH-Gruppe und umgekehrt gebildet werden (Tab. 10), ebenso wie der Ersatz der Carboxy-Gruppe durch die Sulfonsäure zu Inhibitoren führt (Tab. 11).

Für einige Antagonisten ist der molekularbiologische *Angriffspunkt*, nach dem *spezifisch* eine Stufe der Aminosäure-Biosynthese gehemmt wird, bekannt. So verhindert 2,5-Dihydro-phenylalanin die Umwandlung der Prephensäure in Phenylbrenztraubensäure (s. S. 25) und damit die Synthese des Phenylalanins, und α-Cyclohexen-4ly-glycin blockiert die Umwandlung von Threonin in α-Oxo-buttersäure, eine Vorstufe der Isoleucin-Biosynthese. Ein weiterer Angriffspunkt ist die Zellmembran. So hemmt Azetidincarbonsäure als Prolin-Antago-

Tabelle 8. Methyl- und Des-methyl-Analoga von Aminosäuren als Antagonisten

Aminosäure	Antagonist	Aminosäure	Antagonist
Alanin	Glycin (Des-methyl-alanin)	Asparaginsäure	α-Methyl-asparaginsäure
	α-Amino-isobuttersäure (α-Methyl-alanin)		β-Methyl-asparaginsäure
Leucin	Valin (Des-β-methylen-leucin)	Serin	Homoserin
	Norvalin (Des-δ-methyl-leucin)		Threonin (β-Methyl-serin)
			α-Methyl-serin
Arginin	Homoarginin	Methionin	Äthionin (ε-Methyl-methionin)

Tabelle 9. Aminosäure-Antagonisten mit modifizierten Ringstrukturen in der Seitenkette

Aminosäure	Antagonist	Aminosäure	Antagonist
Phenylalanin	2,5-Dihydro-phenylalanin	Leucin	Cyclopentyl-alanin
	β-(2-Thienyl)-alanin	Isoleucin	Cyclopentyl-glycin
	2-Amino-4-methyl-4-hexensäure		α-Cyclohexen-4-yl-glycin
	2-Amino-cis-5-heptensäure	Prolin	Azetidin-2-carbonsäure

nist die Aufnahme dieser Aminosäure durch die Zellmembran, ebenso wie Canavanin die von Arginin.

Weiterhin können Aminosäure-Antagonisten die Protein-Biosynthese dadurch beeinflussen, daß sie entweder die Aminoacyl-tRNA-Synthe-

Tabelle 10. Oxa-, Aza- und Thia-Analoga als Aminosäure-Antagonisten

Aminosäure	Antagonist	Aminosäure	Antagonist
Arginin	Canavanin (δ-Oxa-arginin)	Lysin	α-Amino-β-methyl-thio-buttersäure (γ-Thia-isoleucin)
Leucin	α-Amino-β-dimethylaminopropionsäure (γ-Aza-leucin)		O-(2-Amino-äthyl)-serin (γ-Oxa-lysin)
Glutamin	S-Aminocarbonylcystein (γ-Thia-glutamin)		α-Amino-β-(2-amino-äthylamino)-propionsäure (γ-Aza-lysin)
	O-Aminocarbonylserin (γ-Oxa-glutamin)		S-(2-Amino-äthyl)-cystein (γ-Thia-lysin)

42 Biochemie der Aminosäuren

Tabelle 10. (Fortsetzung)

Aminosäure	Antagonist	Aminosäure	Antagonist
Methionin	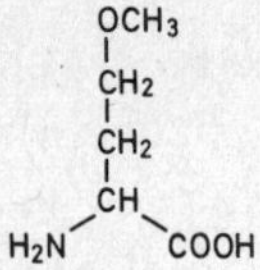 Methoxinin (δ-Oxa-methionin)	Phenylalanin	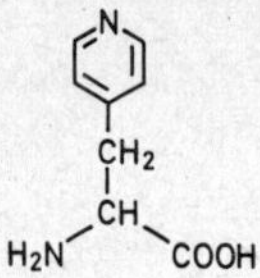 4-Pyridyl-alanin (4-Aza-phenylalanin)
	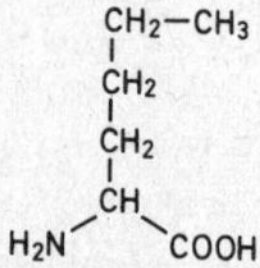 Norleucin (δ-Carbamethionin)	Isoleucin	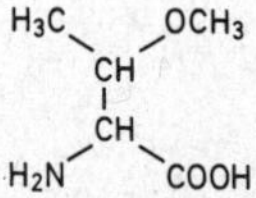 O-Methyl-threonin (γ-Oxa-isoleucin)

Tabelle 11. Sulfonsäure-Analoga als Aminosäure-Antagonisten

Aminosäure	Antagonist	Aminosäure	Antagonist
Glycin	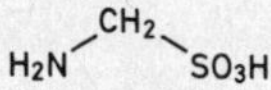 $H_2N-CH_2-SO_3H$		
Alanin	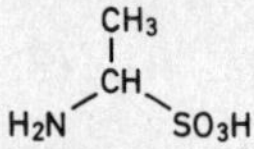 $CH_3-CH(NH_2)-SO_3H$	Phenylalanin	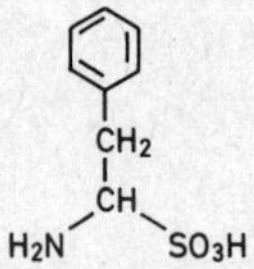 $C_6H_5-CH_2-CH(NH_2)-SO_3H$
Valin	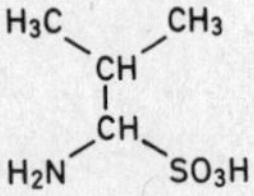 $(CH_3)_2CH-CH(NH_2)-SO_3H$		
Leucin	$(CH_3)_2CH-CH_2-CH(NH_2)-SO_3H$	Asparaginsäure	$HO_3S-CH_2-CH(NH_2)-COOH$

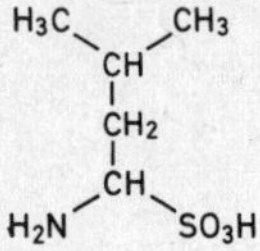

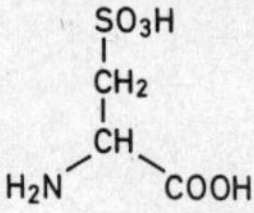

tase hemmen, ohne selbst mit der RNA verestert zu werden, oder daß sie fälschlicherweise als „richtige" Aminosäure zur Aminoacyl-tRNA umgesetzt werden und damit nach Einbau in die Peptid-Kette ein falsches Protein liefern. Ein Inhibitor der Aminoacyl-tRNA-Synthetase ist z. B. Furanomycin, das den Einbau von Isoleucin verhindert. Aminosäure-Antagonisten, die anstelle von Aminosäuren in Proteine eingebaut werden, sind L-Azetidin-2-carbonsäure (anstelle von Prolin) und Canavanin (anstelle von Arginin). Im Falle der Penicillinase konnte gezeigt werden, daß nach Einbau dieser Antagonisten die biologische Aktivität stark reduziert ist. Die antibiotische Wirkung der

D-Alanin-Antagonisten D-Cyclo-serin [5] oder O-Aminocarbonyl-D-serin [6] beruht auf einer Hemmung der Alanin-Racemase, wodurch das zur Synthese der Bakterienzellwand erforderliche D-Alanin nicht zur Verfügung gestellt wird.

3. Chemie der Aminosäuren

3.1. Aminosäuren als optisch aktive Verbindungen

3.1.1. Die sterische Konfiguration der Aminosäuren und ihre Nomenklatur

Fast alle α-Aminosäuren haben ein asymmetrisches α-C-Atom und kommen daher in zwei stereoisomeren Formen vor:

Chemie der Aminosäuren

Kein Asymmetriezentrum haben z. B.:

```
    COOH              COOH              COOH
     |                 |                 |
H2N–C–H           H2N–C–H           H2N–C–CH3
     |                 |                 |
     H                COOH              CH3

  Glycin           α-Amino-          α-Amino-iso=
                  malonsäure         buttersäure
```

Einige α-Aminosäuren haben ein zweites Asymmetriezentrum (z. B. Threonin, Isoleucin) und können demzufolge in vier Formen auftreten [1, 2, 3, 4]). Sind beim Vorliegen von zwei Asymmetriezentren

```
    COOH            COOH            COOH            COOH
     |               |               |               |
H2N–C–H         H–C–NH2         H2N–C–H         H–C–NH2
     |               |               |               |
H3C–C–H         H–C–CH3         H–C–CH3         H3C–C–H
     |               |               |               |
    C2H5            C2H5            C2H5            C2H5

 L-Isoleucin    D-Isoleucin    L-allo-Isoleucin  D-allo-Isoleucin
     1              2                3                4
```

beide identisch (z. B. Cystin, Lanthionin, α,ε-Diaminopimelinsäure), sind nur drei Formen möglich [5, 6, 7].

```
    COOH            COOH            COOH
     |               |               |
H2N–C–H         H2N–C–H         H–C–NH2
     |               |               |
    CH2             CH2             CH2
     |               |               |
     S               S               S
     |               |               |
     S               S               S
     |               |               |
    CH2             CH2             CH2
     |               |               |
H–C–NH2         H2N–C–H         H2N–C–H
     |               |               |
    COOH            COOH            COOH

  L-Cystin       meso-Cystin      D-Cystin
     5              6                7
```

Aufgrund einer internationalen Übereinkunft gelten die folgenden Regeln zur Nomenklatur optisch aktiver Aminosäuren:

Die absolute Konfiguration des asymmetrischen α-C-Atoms wird mit kleingeschriebenen großen Buchstaben L und D angegeben. Das Gemisch beider Formen, das Racemat, wird mit DL bezeichnet.

Die Angabe, in welcher Richtung die Ebene des polarisierten Lichtes gedreht wird, ist nicht erforderlich, kann aber mit (+) = rechtsdrehend oder (−) = linksdrehend angegeben werden. Dies kann von Interesse sein, da die Drehrichtung nicht identisch mit der Konfiguration ist

(z. B. L[+]-Alanin und L[−]Phenylalanin). Bei einigen Aminosäuren ist die Drehrichtung auch abhängig vom Lösungsmittel (z. B. in Wasser L[−]-Leucin und in Säure L[+]-Leucin).

Liegen zwei nicht identische Asymmetriezentren vor, so wird die Form, die am α-C-Atom die L-Konfiguration hat [1], mit L und die Form, bei der *beide* Asymmetriezentren die umgekehrte Konfiguration haben [2], mit D bezeichnet. Die diastereomeren Formen werden dann mit L-*allo* [3] und D-*allo* [4] bezeichnet, wobei D und L die absolute Konfiguration des α-C-Atoms angibt. Eine z. B. im Verlauf einer chemischen Reaktion auftretende Racemisierung am α-C-Atom von L-Isoleucin führt demnach zur Bildung von D-*allo*-Isoleucin, da das zweite Asymmetriezentrum nicht verändert wird.

Liegen zwei identische Asymmetriezentren vor, wird die Form, bei der beide Zentren absolute L- bzw. D-Konfiguration haben, als L-Form bzw. D-Form bezeichnet [5] [7]. In der *meso*-Form [6] liegen beide Zentren in unterschiedlicher Konfiguration vor. Die *meso*-Form ist aufgrund der intramolekularen Kompensation der optischen Drehung optisch inaktiv. Die DL-Form dagegen ist aufgrund einer intermolekularen Kompensation optisch inaktiv. Sie läßt sich im Gegensatz zur *meso*-Form in die optisch aktiven Komponenten auftrennen. Werden im Verlauf von Synthesen *meso*-Formen unsymmetrisch substituiert, so verlieren sie die intramolekulare Kompensationsmöglichkeit und können dann wie diastereomere Verbindungen in vier Formen auftreten. In solchen Fällen ist die Angabe, ob die Substitution an dem Molekülteil mit der D- oder mit der L-Konfiguration erfolgt, notwendig.

3.1.2. Bestimmung der relativen und absoluten sterischen Konfiguration der Aminosäure

Nach einem Vorschlag von E. Fischer wird die natürliche rechtsdrehende Glucose, bzw. nach einem Vorschlag von Rosanoff, der sich daraus ableitende rechtsdrehende Glycerinaldehyd [8] als Bezugssubstanz für die sterische Konfiguration gewählt. Ursprünglich willkürlich als D-Form bezeichnet, konnte später tatsächlich das Vorliegen der absoluten D-Konfiguration durch den chemischen Zusammenhang mit der durch Röntgenstrukturanalyse bestimmten Konfiguration von Weinsäure [9] bewiesen werden.

```
      CHO                    CN                    COOH
       |                     |                      |
   H-C-OH      HCN       HO-C-H                 HO-C-H
       |       ——>           |          ——>         |
     CH2OH                H-C-OH                 H-C-OH
                             |                      |
                           CH2OH                  COOH

  (+)-Glycerin-                                (−)-Weinsäure
   aldehyd

       8                                            9
```

Für die zweidimensionale Darstellung der sterischen Form der Aminosäuren gilt nach E. FISCHER die folgende Regel: Wird die Carboxy-Gruppe als Ligand mit der höchsten Oxidationsstufe nach oben geschrieben, so folgen bei der D-Form im Uhrzeigersinne die Liganden, Amino-Gruppe, Seitenkette, Wasserstoffatom. Die L-Form wird in der gleichen Reihenfolge, nur entgegengesetzt dem Uhrzeigersinn, wiedergegeben. (Über die verschiedenen Möglichkeiten der zweidimensionalen Darstellung optisch aktiver Verbindungen s. Lehrbücher der Stereochemie.)

3.1.2.1. Bestimmung der Konfiguration durch chemische Methoden

Bereits Anfang dieses Jahrhunderts konnten die relativen Konfigurationen der Aminosäuren durch eine chemische Korrelation von Glycerinaldehyd mit Serin bestimmt werden (Schema 22, die mit ⟶ bezeichneten Reaktionsschritte verlaufen als nucleophile Substitutionen unter Waldenscher Umkehr). Da das aus Proteinen isolierte „natürliche" Serin linksdrehend ist, hat es die L(−)-Konfiguration. Die Konfiguration der anderen Aminosäuren konnte durch chemische Umwandlung einer Aminosäure in eine andere oder durch Überführen von zwei Aminosäuren in ein gemeinsames identisches Derivat bewiesen werden.

Schema 22. Bestimmung der relativen Konfiguration von Serin

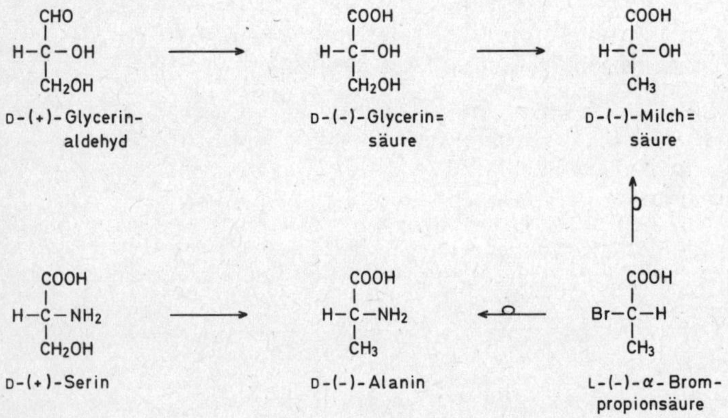

CHO		COOH		COOH
H—C—OH	⟶	H—C—OH	⟶	H—C—OH
CH₂OH		CH₂OH		CH₃
D-(+)-Glycerin- aldehyd		D-(−)-Glycerin- säure		D-(−)-Milch- säure

COOH		COOH		COOH
H—C—NH₂	⟶	H—C—NH₂	⟵	Br—C—H
CH₂OH		CH₃		CH₃
D-(+)-Serin		D-(−)-Alanin		L-(−)-α-Brom- propionsäure

Als Beispiele für derartige Umwandlungen ist in Schema 23 der Zusammenhang zwischen Cystein, Alanin, Serin und Asparagin schematisch wiedergegeben.

Aminosäuren als optisch aktive Verbindungen 47

Schema 23. Relative Konfiguration von Cystein, Serin, Asparagin und Alanin

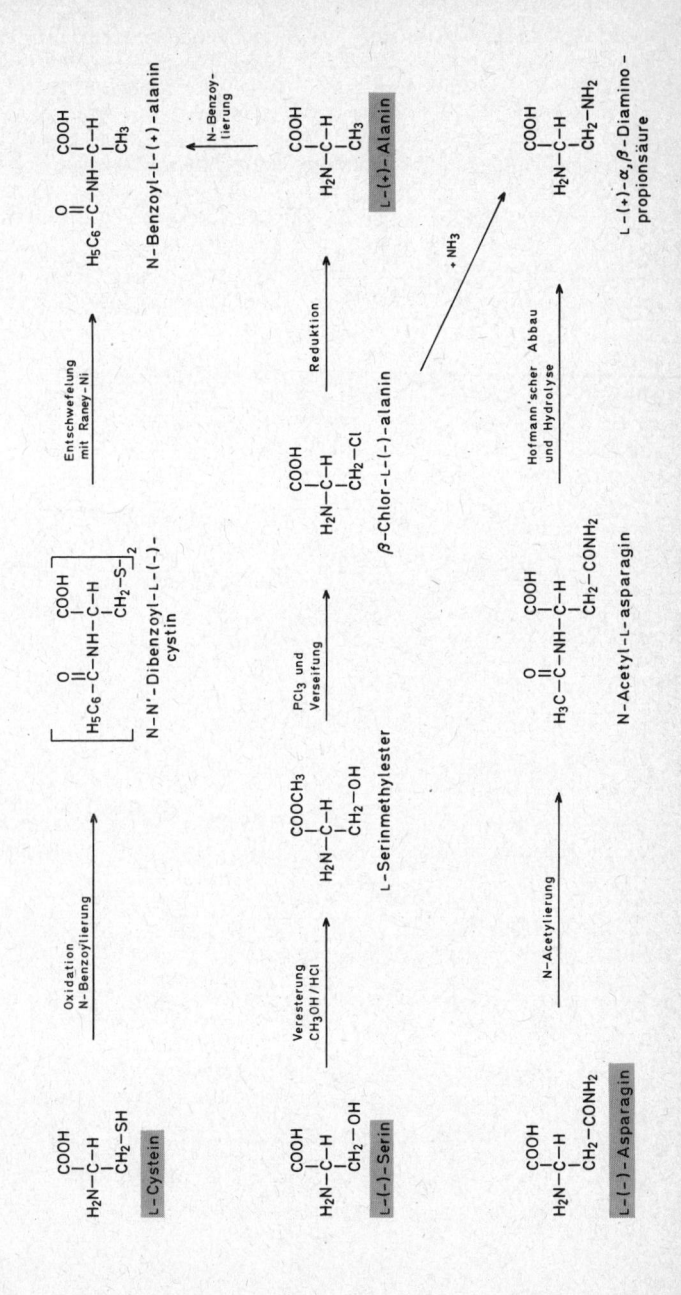

$$\begin{array}{c} \text{COOH} \\ \text{H}_2\text{N-C-H} \\ \text{CH}_2\text{-SH} \end{array} \xrightarrow{\substack{\text{Oxidation} \\ \text{N-Benzoylierung}}} \left[\begin{array}{c} \text{O} \quad \text{COOH} \\ \text{H}_5\text{C}_6\text{-C-NH-C-H} \\ \text{CH}_2\text{-S-}_2 \end{array} \right] \xrightarrow{\substack{\text{Entschwefelung} \\ \text{mit Raney-Ni}}} \begin{array}{c} \text{O} \quad \text{COOH} \\ \text{H}_5\text{C}_6\text{-C-NH-C-H} \\ \text{CH}_3 \end{array}$$

L-Cystein → N-N'-Dibenzoyl-L-(−)-cystin → N-Benzoyl-L-(+)-alanin

↑ N-Benzoylierung

$$\begin{array}{c} \text{COOH} \\ \text{H}_2\text{N-C-H} \\ \text{CH}_3 \end{array}$$

L-(+)-Alanin

↑ Reduktion

$$\begin{array}{c} \text{COOH} \\ \text{H}_2\text{N-C-H} \\ \text{CH}_2\text{-OH} \end{array} \xrightarrow{\substack{\text{Veresterung} \\ \text{CH}_3\text{OH/HCl}}} \begin{array}{c} \text{COOCH}_3 \\ \text{H}_2\text{N-C-H} \\ \text{CH}_2\text{-OH} \end{array} \xrightarrow{\substack{\text{PCl}_3 \text{ und} \\ \text{Verseifung}}} \begin{array}{c} \text{COOH} \\ \text{H}_2\text{N-C-H} \\ \text{CH}_2\text{-Cl} \end{array}$$

L-(−)-Serin → L-Serinmethylester → β-Chlor-L-(−)-alanin

$$\begin{array}{c} \text{COOH} \\ \text{H}_2\text{N-C-H} \\ \text{CH}_2\text{-CONH}_2 \end{array} \xrightarrow{\text{N-Acetylierung}} \begin{array}{c} \text{O} \quad \text{COOH} \\ \text{H}_3\text{C-C-NH-C-H} \\ \text{CH}_2\text{-CONH}_2 \end{array} \xrightarrow{\substack{\text{Hofmann'scher Abbau} \\ \text{und Hydrolyse}}} \begin{array}{c} \text{COOH} \\ \text{H}_2\text{N-C-H} \\ \text{CH}_2\text{-NH}_2 \end{array}$$

L-(−)-Asparagin → N-Acetyl-L-asparagin → L-(+)-α,β-Diamino-propionsäure

+ NH₃ ↗

3.1.2.2. Bestimmung der Konfiguration durch optische Methoden

Die am häufigsten verwendeten Methoden zur Bestimmung der Konfiguration beruhen auf einer Messung der optischen Drehung, da sich die absoluten Drehwerte unter bestimmten Bedingungen in charakteristischer Weise ändern, je nachdem, ob die D- oder L-Form vorliegt.

Einfluß der Ionisation auf die Drehung (Regel von CLOUGH-LUTZ-JIRGENSONS): Beim Übergang von neutraler zu saurer Lösung ändert sich die molare Drehung [M] einer L-Aminosäure im positiven Sinn, die einer D-Aminosäure im negativen Sinn:

L-Aminosäure: [M] in Säure − [M] in Wasser = $>$ 0

D-Aminosäure: [M] in Säure − [M] in Wasser = $<$ 0

(s. Tab. 12).

Tabelle 12. Einfluß der Ionisation auf die spezifische Drehung von Aminosäuren

	$[M]_{HCl}$	$[M]_{H_2O}$	$[M]_{HCl} - [M]_{H_2O}$
L-Alanin	+ 13,0°	+ 1,6°	+ 11,4°
D-Alanin	− 13,0°	− 1,6°	− 11,4°
L-Phenylalanin	− 7,4	− 57,0	+ 49,6
D-Phenylalanin	+ 7,4	+ 57,0	− 49,6
L-Leucin	+ 21,0	− 14,4	+ 35,4
D-Leucin	− 21,0	+ 14,4	− 35,4

Einfluß der Substitution auf die Drehung: Nach GLOUGH zeigen Aminoacyl-glycine im Vergleich zu den entsprechenden unsubstituierten Aminosäuren eine Änderung der molaren Drehung im positiven Sinne, wenn der Aminoacyl-Rest in der L-Form und entsprechend im negativen Sinne, wenn er in der D-Form vorliegt:

L-Aminosäure: [M] Aminoacyl-glycin − [M] Aminosäure = $>$ 0

D-Aminosäure: [M] Aminoacyl-glycin − [M] Aminosäure = $<$ 0

(s. Tab. 13).

Tabelle 13. Einfluß der Substitution auf die spezifische Drehung von Aminosäuren

	[M]	–	[M]	=	△ [M]
L-Ala-Gly	+ 20,1		L-Ala + 1,6		+ 18,5
D-Ala-Gly	– 20,1		D-Ala – 1,6		– 18,5
L-Phe-Gly	+ 187,4		L-Phe – 57,0		+ 244,4
D-Phe-Gly	– 187,4		L-Phe + 57,0		– 244,4
L-Pro-Gly	– 34,1		L-Pro – 99,2		+ 65,1
D-Pro-Gly	+ 34,1		D-Pro + 99,2		– 65,1

Nach FREUDENBERG haben zwei Aminosäuren dann die gleiche Konfiguration, wenn sich bei jeweils zwei gleichen Derivaten die spezifischen Drehungen in gleichem Sinne ändern:

z. B.

N-Benzoyl-L-leucin   N-Tosyl-L-leucin   △ [α]
[α] – 10,8°   – 4,1   〉 0

N-Benzoyl-L-valin   N-Tosyl-L-valin
[α] + 17,2°   + 25,0   〉 0

3.1.2.3. Bestimmung der Konfiguration durch biologische Methoden

Die hohe Stereospezifität von Aminosäure-abbauenden Enzymen wird speziell beim Vorliegen von analytischen Mengen häufig zur Konfigurationsbestimmung herangezogen. So können z. B. Totalhydrolysate von Peptid-Antibiotika (die häufig D-Aminosäuren enthalten) mit L-Aminosäureoxidasen behandelt werden. Die danach noch z. B. chromatographisch nachweisbaren Aminosäuren liegen dann in der D-Form vor. Stehen größere Mengen an Substanz zur Verfügung, kann ein geeignetes Derivat (z. B. das N-Acetyl-Derivat) hergestellt werden, das dann, sofern die L-Form der Aminosäure vorliegt, durch spezifische Enzyme (z. B. Acylasen) gespalten wird. Diese Methode dient vorzugsweise zur präparativen Racemattrennung (s. S. 51).

3.1.3. Racemisierung und Racemattrennung

3.1.3.1. Die Racemisierung

Die sterische Konfiguration freier Aminosäuren ist relativ stabil. Eine Racemisierung tritt nur unter extrem alkalischen Bedingungen ein. Als Mechanismus wird die Abspaltung eines Protons vom α-C-

Atom angenommen. Das zurückbleibende Elektronenpaar kann die Konfiguration nicht ausreichend stabilisieren:

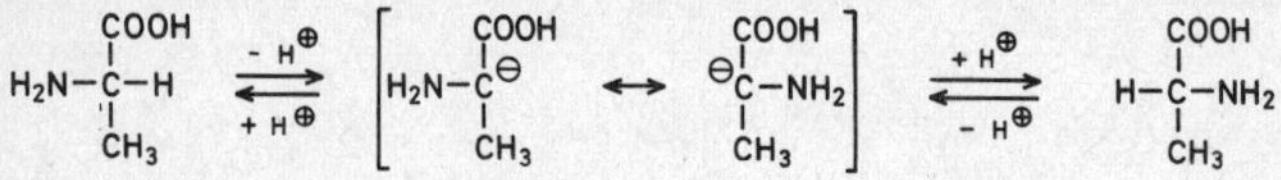

Bei geeigneter Substitution der Amino-Gruppe, z. B. durch Acyl-Reste [10], und der dadurch möglichen Mesomerie bewirkt die Ammonium-Struktur [11] einen induktiven Effekt, der die Ablösung des Protons [12] und damit die Racemisierung erleichtert. Ebenso wird die Racemisierung bei Carboxy-Derivaten erleichtert, wenn durch Mesomerie eine Stabilisierung des Carbanions erreicht wird [13 ↔ 14]. Andererseits können Substituenten, die eine derartige Mesomerie erschweren, die Racemisierung der Aminosäure unter alkalischen Bedingungen verhindern. Darauf ist die sterische Stabilität von N-Alkoxycarbonyl-aminosäuren [15] zurückzuführen.

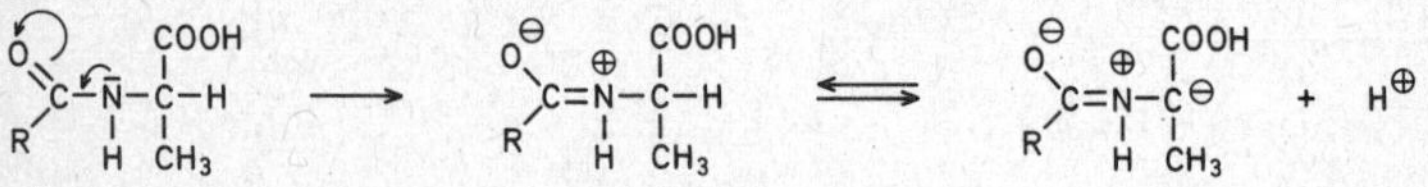

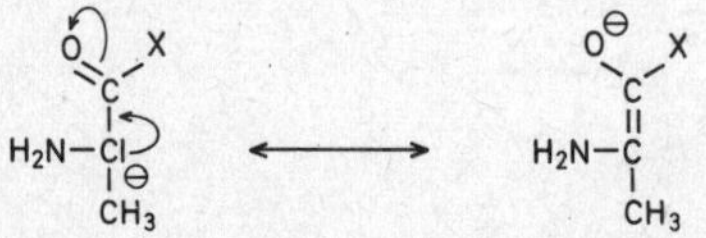

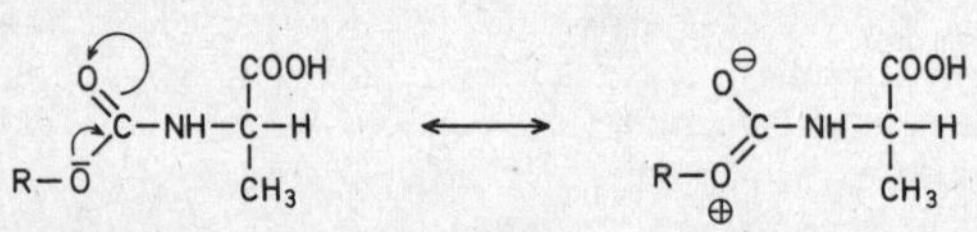

Die alkalische Racemisierung von Aminosäuren wird gelegentlich für präparative Zwecke verwendet. So kann die leicht und billig aus natürlichen Quellen zugängliche L-Glutaminsäure durch Erhitzen mit Bariumhydroxyd zur DL-Form racemisiert und aus dieser durch Racemattrennung die D-Form gewonnen werden.

Ein anderer Mechanismus führt ausgehend von N-Acyl-aminosäuren unter Wasserabspaltung zur Racemisierung. Aus der N-Acyl-aminosäure [16] bildet sich ein Azlacton (Oxazolinon) [17], das in mehreren tautomeren Formen vorliegt, die zur Aufhebung des Asymmetriezentrums führen. Durch Kochen einer Acetyl-aminosäure mit Essig-

16 **17**

säureanhydrid wird nach diesem Mechanismus auf sehr einfachem Wege eine Racemisierung erreicht. Da auch Peptide „N-Acyl-aminosäuren" sind, spielt dieser Mechanismus bei der unerwünschten Racemisierung im Verlauf einer Peptid-Synthese eine wichtige Rolle. Aminosäuren, die in β-Stellung eine funktionelle Gruppe enthalten (z. B. Serin oder Cystein), können in Form geeigneter ω-substituierter Derivate über eine β-Eliminierung racemisieren:

X z.B. S oder O
R z.B. Alkyl oder Acyl

3.1.3.2. Die Racemattrennung

Die durch eine Totalsynthese in der DL-Form anfallenden Aminosäuren müssen für eine weitere Verwendung in die Antipoden getrennt werden. Präparative Methoden sind die fraktionierte Kristallisation diastereomerer Salze sowie die enzymatische Hydrolyse oder Synthese geeigneter Derivate.

Racemattrennung über diastereomere Salze: Werden die freien Aminosäuren zur Bildung von diastereomeren Salzen eingesetzt, so sind optisch aktive Säuren (z. B. Weinsäure, Camphersäure, Cholestenonsulfonsäure) zur Salzbildung bevorzugt. Häufiger werden aber an der Amino-Gruppe geschützte Aminosäuren und eine Salzbildung mit optisch aktiven Basen (Brucin, Strychnin, Morphin usw.) verwendet. Nur selten gelingt es, mit nur einer fraktionierten Kristallisation direkt zu dem optisch reinen Antipoden zu kommen. Mehrfache Fraktionierung bis zur Drehungskonstanz der Aminosäure und eine Kontrolle durch Kristallisation, eines diastereomeren Salzes mit einer anderen optisch aktiven Base, sind erforderlich. Aus Gemischen, in denen eine optisch aktive Form angereichert ist, kann gelegentlich auch der reine Antipode durch Kristallisation abgetrennt werden, sofern die DL-Form als Mischkristall eine andere Lösungswärme besitzt als die reine D- bzw. L-Form. So beträgt z. B. die Lösungswärme von L-Valin 500 cal/Mol gegenüber 1590 cal/Mol für DL-Valin.

Racemattrennung über enzymatische Hydrolyse oder Synthese: Eleganter als die Methode der Fraktionierung diastereomerer Salze sind enzymatische Methoden. Sie sind universeller anwendbar und erfordern von Aminosäure zu Aminosäure nur geringe Variationen. Es muß jedoch darauf hingewiesen werden, daß die Stereospezifität von Enzymen nur bedingt vorhanden ist und daß, abhängig von den Reaktionsbedingungen, auch geringe Mengen der anderen optischen Form reagieren können.

Zur stereospezifischen Hydrolyse dient vorzugsweise die Spaltung einer Acyl-(Acetyl- oder Chloracetyl-) DL-aminosäure mittels einer

Tabelle 14. Stereospezifische Hydrolyse von N-Acyl-aminosäuren mit Nieren-Acylase

	μ Mol L-Isomer pro Std. pro mg Enzym-N
Acetyl-alanin	3 200
Chloracetyl-alanin	11 600
Acetyl-arginin	410
Acetyl-N^G-nitro-arginin	28
Acetyl-asparaginsäure	27
Chloracetyl-asparaginsäure	142
Acetyl-glutaminsäure	3 080
Acetyl-isoleucin	1 010
Acetyl-allo-isoleucin	570
α, ε-Diacetyl-lysin	4
α, ε-Dichloracetyl-lysin	140
Chloracetyl-methionin	100 000
Acetyl-leucin	5 400
Acetyl-norleucin	14 400
Chloracetyl-phenylalanin	460
Acetyl-serin	4 960
Chloracetyl-serin	11 600
Chloracetyl-threonin	720
Chloracetyl-valin	4 900

Acylase. Als geeignetes Enzym hat sich eine Nieren-Acylase bewährt. In neuerer Zeit sind auch leichter zugängliche und billigere mikrobielle Acylasen eingesetzt worden. Mit ihnen ist eine großtechnische und wirtschaftlich rationelle Spaltung realisiert worden. Die Hydrolysegeschwindigkeit der Chloracetyl-Derivate ist etwa viermal so groß wie bei Acetyl-Derivaten. Jedoch werden mit den leichter und billiger herstellbaren Acetyl-Derivaten durchaus zufriedenstellende Spaltungen erreicht (Tab. 14).

Als Beispiel einer stereospezifischen Synthese als Methode der Racematspaltung soll die schon 1937 von M. BERGMANN beschriebene, durch Pepsin in Gegenwart von Cystein katalysierte Synthese von N-Acyl-L-aminosäureaniliden oder N-Acyl-L-aminosäurephenylhydraziden dienen. Die Synthese einer Amid-Bindung mit einem normalerweise Peptid-Bindungen spaltenden Enzym ist nur deshalb möglich, weil das im Gleichgewicht entstehende Anilid oder Phenylhydrazid als unlösliche Verbindung ausfällt und damit das Gleichgewicht vollständig auf die Seite der Synthese verschoben wird. Durch die Reaktionsbedingungen müssen also nicht nur optimale Bedingungen für die enzymatische Reaktion eingehalten werden, sondern auch Löslichkeitsunterschiede von N-Acyl-aminosäure und gebildetem Anilid gewährleistet sein. Diese nicht immer einzuhaltenden Bedingungen schränken die Anwendbarkeit dieser Methode ein.

Wenig rationell sind die enzymatischen Methoden, bei denen eine optische Form so weit chemisch verändert wird, daß sie nicht mehr als Aminosäure zurückgewonnen werden kann. Durch D-Aminosäureoxidase (aus Nieren) oder durch L-Aminosäureoxidase (aus Schlangengift) wird ein Antipode einer DL-Aminosäure zur Oxo-carbonsäure abgebaut und die andere Form präparativ gewonnen. Die hohe Strukturspezifität dieser Enzyme erlaubt die Gewinnung sehr reiner Aminosäuren. Nachteilig ist aber der Verlust des einen Antipoden und der hohe Preis der Aminosäureoxidasen.

3.2. Aminosäuren als Zwitterionen

Die Dissoziation einer Aminosäure in wäßriger Lösung ist von der Wasserstoffionenkonzentration abhängig und verläuft entsprechend dem Massenwirkungsgesetz nach der Gleichung:

$$\underset{H_3\overset{\oplus}{N}}{\overset{R}{\underset{|}{CH}}}\diagdown COOH \quad \underset{+H^{\oplus}}{\overset{-H^{\oplus}}{\underset{K_1}{\longrightarrow}}} \quad \underset{H_3\overset{\oplus}{N}}{\overset{R}{\underset{|}{CH}}}\diagdown COO^{\ominus} \quad \underset{+H^{\oplus}}{\overset{-H^{\oplus}}{\underset{K_2}{\longrightarrow}}} \quad \underset{H_2N}{\overset{R}{\underset{|}{CH}}}\diagdown COO^{\ominus}$$

Für die beiden Dissoziationskonstanten gelten dann [18, 19].

$$K_1 = \frac{[H^\oplus] \cdot \left[H_3\overset{\oplus}{N}-\underset{R}{\overset{R}{CH}}-COO^\ominus\right]}{\left[H_3\overset{\oplus}{N}-\underset{R}{CH}-COOH\right]} \quad 18$$

$$K_2 = \frac{[H^\oplus] \cdot \left[H_2N-\underset{R}{\overset{R}{CH}}-COO^\ominus\right]}{\left[H_3\overset{\oplus}{N}-\underset{R}{CH}-COO^\ominus\right]} \quad 19$$

In wäßriger Lösung liegt eine Aminosäure in der ionisierten Form $H_3N^\oplus$-CH(R)-COO$^\ominus$ vor. Die Zugabe einer Säure zu dieser Lösung bedeutet demzufolge nicht eine „Salzbildung an der Amino-Gruppe", sondern Zurückdrängung der Dissoziation der Carboxy-Gruppe, ebenso wie die Zugabe einer Base die Zurückdrängung der Dissoziation der Amino-Gruppe bewirkt. Da es sich bei der Dissoziation um eine Gleichgewichtsreaktion handelt, liegt bei keinem pH-Wert ausschließlich die Zwitterionenform $H_3N^\oplus$-CHR-COO$^\ominus$ vor, wohl aber gibt es einen pH-Wert, bei dem neben dieser Form gleiche Mengen an Anionen und Kationen anwesend sind: [$H_3N^\oplus$-CHR-COOH] = [H_2N-CHR-COO$^\ominus$]. Für diesen als „isoelektrischen Punkt" bezeichneten pH-Wert läßt sich aus [18] und [19] ableiten:

$$K_1 \cdot K_2 = \frac{[H^\oplus]^2 \cdot \left[H_2N-\underset{R}{\overset{R}{CH}}-COO^\ominus\right]}{\left[H_3\overset{\oplus}{N}-\underset{R}{CH}-COOH\right]}$$

bzw. als negativer Logarithmus der Wasserstoffionenkonzentration:

$$K_1 \cdot K_2 = [H^\oplus]^2 \; ; \; \sqrt{K_1 \cdot K_2} = [H^\oplus]$$

Für die wichtigsten Aminosäuren sind in Tab. 15 die Dissoziationskonstanten sowie die isoelektrischen Punkte zusammengestellt. Sie enthält die aus meßtechnischen Gründen leichter bestimmbaren, scheinbaren Konstanten (K'), die aber nur unwesentlich von den tatsächlichen abweichen (s. Lehrbücher der physikalischen Chemie). In dieser Tabelle sind die trifunktionellen Aminosäuren von besonderem Interesse, da an Hand der pK-Werte der ω-Funktion Bedingungen für selektive Reaktionen abgeleitet werden können. So läßt sich z. B. die ε-Amino-Gruppe des Lysins in wäßriger Lösung weitgehend selektiv acylieren, da sie bei neutralen pH-Werten weniger protonisiert ist als die α-Amino-Gruppe. Weiterhin kann an Hand dieser pK-Werte z. B. eine Base ausgewählt werden, die die α-Amino-Gruppe des Arginins aus einem Salz freisetzt, ohne eine Protonisierung der Guanido-Gruppe aufzuheben. Auch die partiellen Veresterungen der Glutaminsäure oder die partielle Verseifung von Glutaminsäurediester kann durch die unterschiedlichen pK-Werte der beiden Carboxy-Gruppen erklärt werden.

Tabelle 15. Dissoziationskonstanten und isoelektrische Punkte der Aminosäuren

Aminosäure	pK'α-COOH	pK'α-NH$_2$	pK'ω-Funktionen	P$_I$
Alanin	2,34	9,69	–	6,0
Arginin	2,18	9,09	13,2 (Guanido	10,9
Asparaginsäure	1,88	9,60	3,65 (β-COOH)	2,8
Asparagin	2,02	8,80	–	5,4
Cystein	1,71	10,78(?)	8,33 (SH?)	5,0
Cystin	1,04 2,01	8,02 8,71	–	5,0
Glutaminsäure	2,19	9,67	4,25 (γ-COOH)	3,2
Glutamin	2,17	9,13	–	5,7
Glycin	2,34	9,60	–	6,0
Histidin	1,78	8,97	5,97 (Imidazol)	7,6
Isoleucin	2,26	9,62	–	5,9
Leucin	2,36	9,60	–	6,0
Lysin	2,20	8,90	10,28 (ε-NH$_2$)	9,7
Methionin	2,28	9,21	–	5,7
Ornithin	1,94	8,65	10,76 (δ-NH$_2$)	9,7
Phenylalanin	1,83	9,13	–	5,5
Prolin	1,99	10,60	–	6,3
Serin	2,21	9,15	–	5,7
Threonin	2,15	9,12	–	5,6
Tryptophan	2,38	9,39	–	5,9
Tyrosin	2,20	9,11	10,07 (p-OH)	5,7
Valin	2,32	9,62	–	6,0

3.3. Die Synthese von Aminosäuren

Nur wenige Aminosäuren können vorteilhaft aus natürlichen Quellen isoliert werden. Voraussetzung dafür ist, daß ein leicht zugängliches Protein mit einem hohen Gehalt an der betreffenden Aminosäure existiert und daß diese spezielle Aminosäure gut abtrennbar ist. Serin und Alanin sind leicht aus Seidenabfällen zu isolieren. Arginin kann aus den basischen Protaminen oder Histonen gewonnen werden, die bis zu 80% aus Arginin bestehen. Als unlösliches Flavianat ist es von anderen Aminosäuren abtrennbar. Prolin und Hydroxyprolin werden aus Kollagen oder Gelatine als Rhodanolate isoliert. Glutaminsäure ist aus vielen Proteinen zugänglich, da sie aufgrund ihrer Unlöslichkeit in sauren Medien ausfällt.

Die Mehrzahl der Aminosäuren und speziell solche, die nicht in Proteinen vorkommen, müssen synthetisiert werden. Wird eine Aminosäure als H₂N-CH(R)-COOH definiert, so lassen sich die Aminosäure-Synthesemethoden danach unterteilen, in welcher Reihenfolge die Seitenkette R und die Amino- bzw. die Carboxy-Gruppe eingeführt werden.

3.3.1. Die Totalsynthese von Aminosäuren

3.3.1.1. *Aminosäure-Synthese ausgehend von der Seitenkette R und Einführung der Amino- und Carboxy-Gruppe:*

Die *Strecker-Synthese:* Ausgehend von einem Aldehyd [20] wird mit Ammoniak und Blausäure das Aminosäurenitril [21] erhalten und zur Säure [22] verseift. In einer präparativ vorteilhaften Modifikation

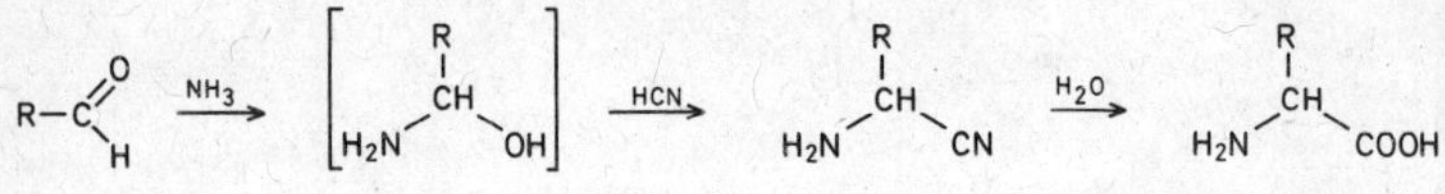

nach BUCHERER wird zunächst das Cyanhydrin [23] synthetisiert und dieses mit Harnstoff oder Ammoniumcarbonat zum substituierten Hydantoin (Imidazolidin-2,5-dion) [24] umgesetzt. Hydrolyse liefert dann die Aminosäure [25].

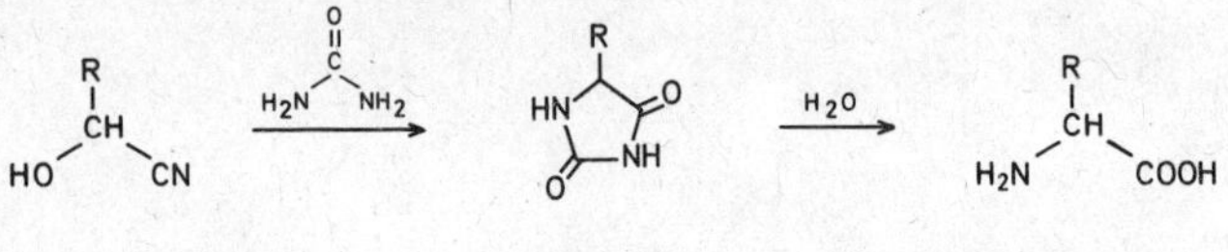

3.3.1.2. Aminosäure-Synthese ausgehend von Amino- und Carboxy-Gruppe und Einführung der Seitenkette R:

Azlacton-Synthese nach ERLENMEYER: N-Acetyl-glycin [26] wird mit Acetanhydrid in das Azlacton (Oxazolinon) [27] übergeführt. In diesem Ringsystem ist die Glycin-Methylen-Gruppe stark aktiviert, so daß sie mit Aldehyden oder Ketonen reagiert. Die Überführung des substituierten Azlactons [28] in die Aminosäure [29] gelingt durch Erhitzen mit Phosphor und Jodwasserstoffsäure. Wird alkalisch verseift, sind α,β-ungesättigte Aminosäuren [30] zugänglich. Anstelle des Azlactons können in analoger Weise auch Dioxopiperazin [31] oder Hydantoin [32] eingesetzt werden.

Einführung der Seitenkette durch Michael Addition: N-geschützte α-Amino-acrylsäureester [33] lagern leicht Verbindungen vom Typ H-X oder H-X-R (Malonsäureester, Indole, Imidazol etc.) an und bilden Aminosäuren mit einer funktionellen Gruppe in der Seitenkette [34].

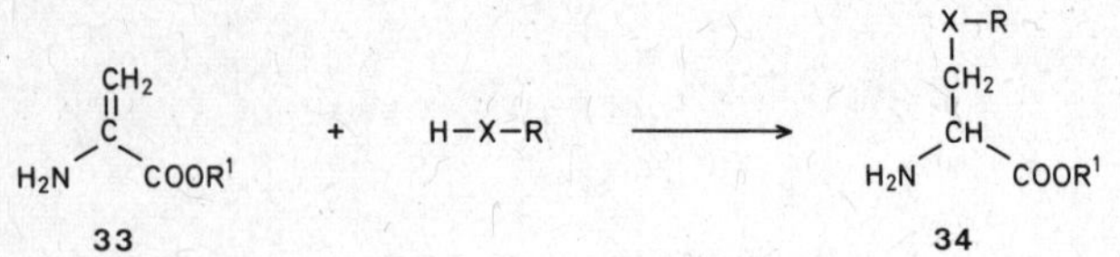

3.3.1.3. Aminosäure-Synthese ausgehend von der Carboxy-Gruppe und der Seitenkette R und Einführung der Amino-Gruppe

a) *Reduktive Aminierung von Oxo-carbonsäuren:*

Oxo-carbonsäuren [35] reagieren mit Hydroxylamin oder Phenylhydrazin zum Oxim [36] bzw. Phenylhydrazon [37], die nach Reduktion Aminosäuren liefern. In analoger Reaktion, jedoch unter intermediärer Bildung einer Iminosäure, werden aus Oxo-carbonsäuren durch katalytische Hydrogenolyse in Gegenwart von Ammoniak Aminosäuren erhalten [38].

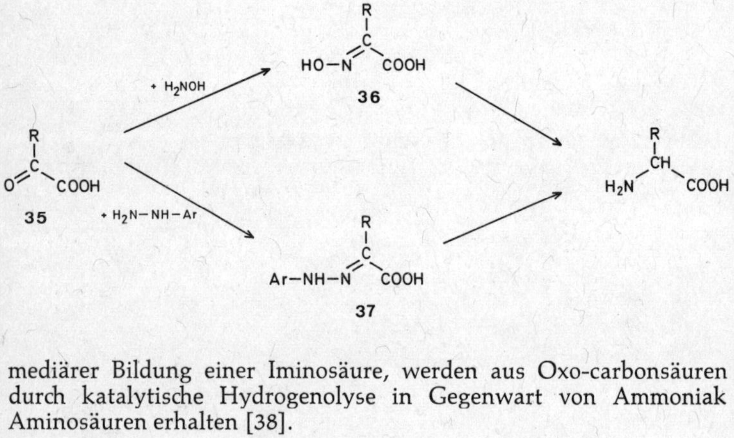

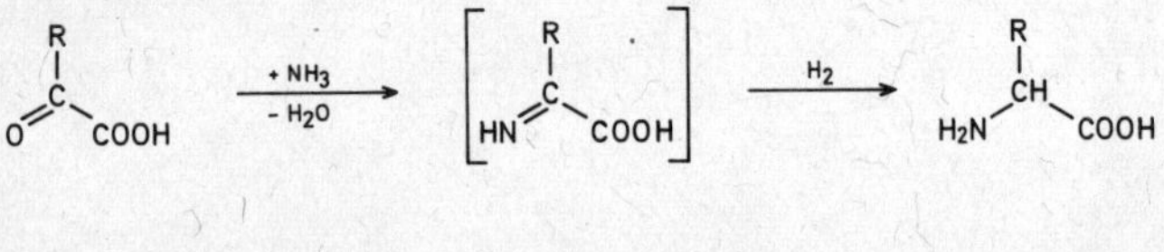

b) *Aminierung von Halogencarbonsäuren:*

α-Halogen-carbonsäuren [39] reagieren mit Ammoniak zu Aminosäuren. Eindeutiger verläuft die Reaktion, wenn anstelle des Ammoniaks

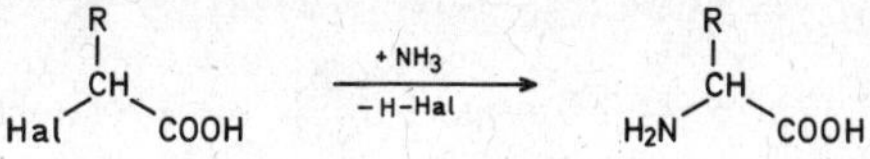

Phthalimidkalium und die α-Halogensäure als Ester [40] verwendet werden. Die freie Säure ist nach hydrazinolytischer Abspaltung der Phthalyl-Gruppe durch vorzugsweise saure Verseifung zugänglich.

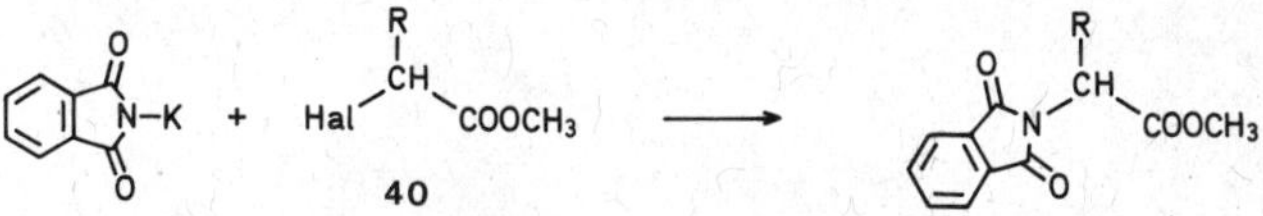

c) *Überführung einer Carboxy-Gruppe in eine Amino-Gruppe:*

Ausgehend vom Halbester einer Dicarbonsäure [41] wird über das Monoamid [42] oder Monohydrazid [43] durch Abbau nach Hofmann oder Curtius die Aminosäure synthetisiert.

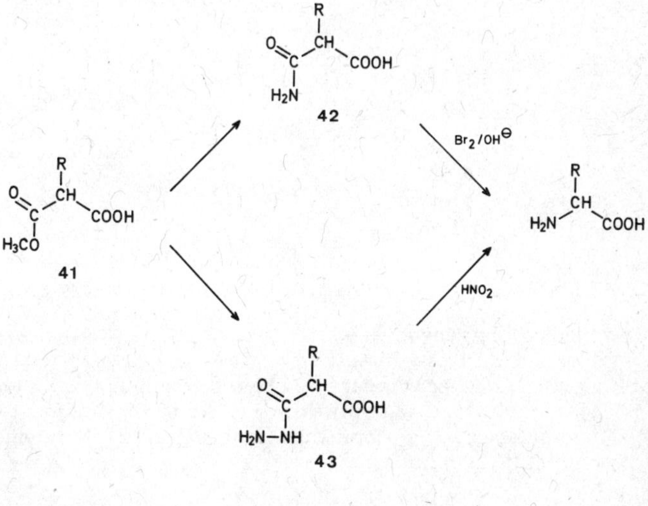

3.3.1.4. Aminosäure-Synthese ausgehend von der Carboxy-Gruppe und Einführung der Amino-Gruppe und der Seitenkette

Die wichtigste Methode für Aminosäure-Synthesen ist das *Malonester-Verfahren*. In Brommalonester [44] wird z. B. mittels Phthalimidkalium zunächst die Amino-Gruppe eingeführt und nach Überführung in die Kalium-Verbindung [45] mit einem Halogenid umgesetzt und verseift.

Anstelle des Phthalimid-Derivates kann auch ausgehend vom Isonitrosomalonester [46] die Formyl- [47a] oder Acetyl-Verbindung [47b] eingesetzt werden.

3.3.2. Die Überführung einer Aminosäure in eine andere

Alle in den vorhergehenden Kapiteln beschriebenen Aminosäure-Synthesen führen zu DL-Aminosäuren. Sie erfordern eine Racematspaltung und sind daher verlustreich. Die Umwandlung einer Aminosäure – sofern diese leicht in optisch aktiver Form zugänglich ist – in eine andere unter Erhalt des optischen Zentrums ist daher in einigen Fällen von praktischem Interesse.

3.3.2.1. Die Synthese von Prolin aus anderen optisch aktiven Aminosäuren

Aus L-Ornithin [48] kann D-Prolin über einen intramolekularen Ringschluß entstehen. Die Substitution des Cl-Atoms durch die NH₂-

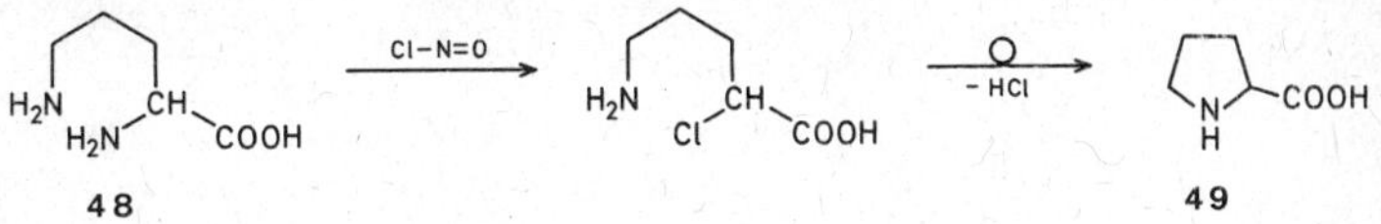

Gruppe erfolgt unter Waldenscher Umkehr. Das auf diese Weise zugängliche D-Prolin [49] ist daher nicht sterisch einheitlich, wie aus der spezifischen Drehung von +74° statt +82° hervorgeht. In einer eleganten Synthese kann L-Prolin nach Pravda und Rudinger aus Tosyl-L-glutaminsäure erhalten werden. Die Tosyl-Gruppe als Amino-Schutz begünstigt den Ringschluß zur Pyroglutaminsäure und erleichtert die Alkylierung der Amino-Gruppe. Die Lactam-Bindung wird mit Lithiumborhydrid ohne Angriff auf die C_a-Carbonsäureamid-Bindung reduziert (Schema 24).

Schema 24. Synthese von L-Prolin aus Nα-Tosyl-L-pyroglutaminsäureamid

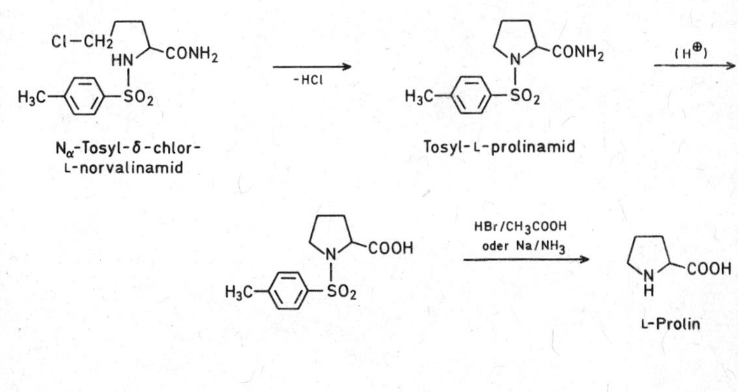

3.3.2.2. Die Synthese von Diaminocarbonsäuren aus Aminodicarbonsäuren

Die Überführung einer Carboxy-Gruppe in eine Amino-Gruppe erfolgt unter Erhalt des Carboxy-C-Atoms durch Dehydratisierung des Säureamids zum Nitril und anschließende katalytische Hydrogenolyse:

Sie kann auch, ausgehend vom Säurehydrazid, über den Curtiusschen Abbau oder ausgehend vom Säureamid über den Abbau nach Hoffmann unter Verlust des Carboxy-C-Atoms vor sich gehen (vgl. Formeln 42 und 43, S. 59).

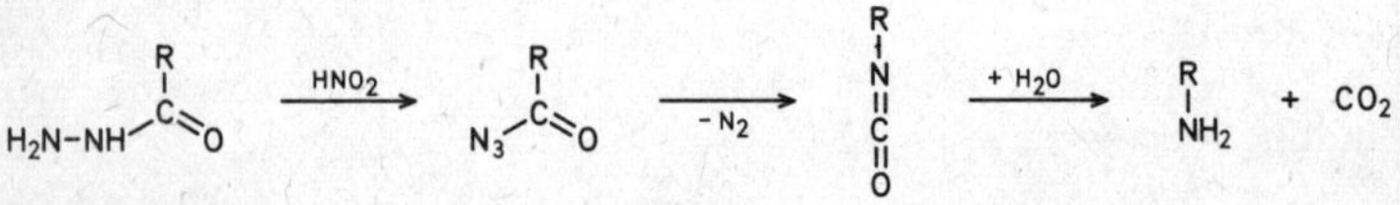

α, γ-Diamino-buttersäure wird also auf dem ersten Wege aus Asparagin und auf dem zweiten Wege aus Glutaminsäure-γ-hydrazid oder Glutamin synthetisiert (Schema 25).

3.3.2.3. Die Synthese von Guanido-Aminosäuren

Der Aufbau einer Guanido-Gruppe aus einer Amino-Gruppe gelingt mittels S-Methyl-isothioharnstoff [51] oder 1-Guanyl-3,5-dimethyl-

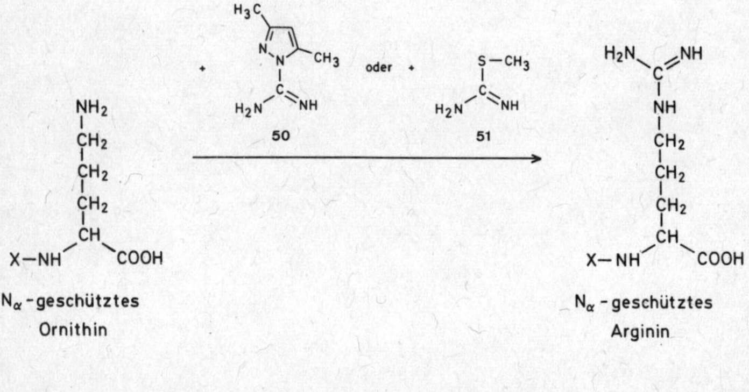

N_α-geschütztes Ornithin

N_α-geschütztes Arginin

Schema 25. Synthese der α-γ-Diamino-buttersäure

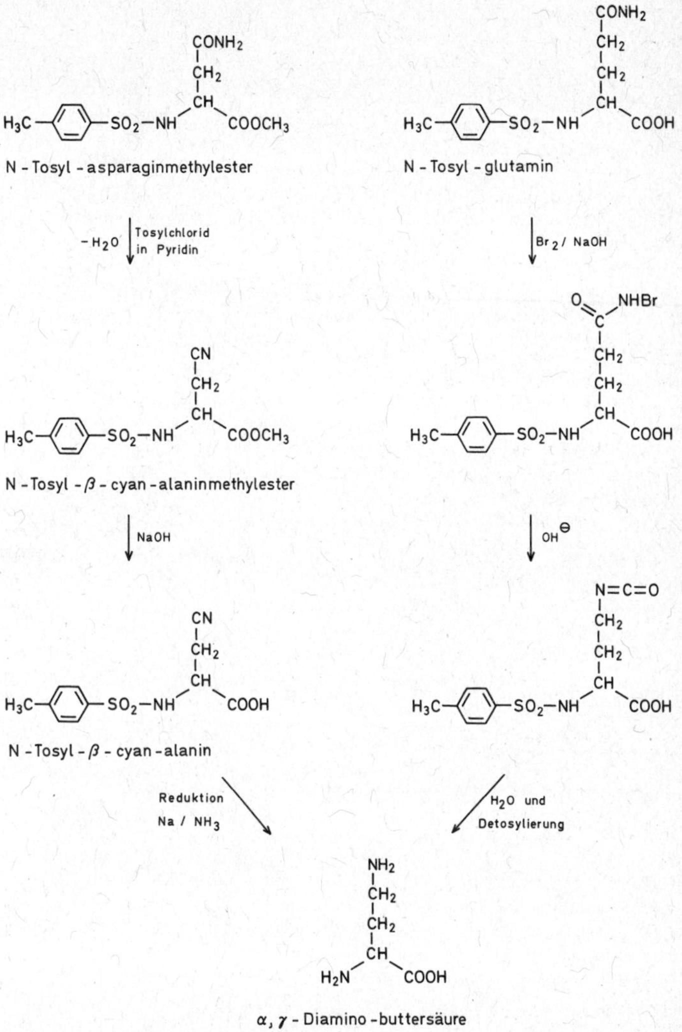

N-Tosyl-asparaginmethylester

$\downarrow$ −H$_2$O, Tosylchlorid in Pyridin

N-Tosyl-β-cyan-alaninmethylester

$\downarrow$ NaOH

N-Tosyl-β-cyan-alanin

$\searrow$ Reduktion Na / NH$_3$

N-Tosyl-glutamin

$\downarrow$ Br$_2$ / NaOH

(Zwischenprodukt mit NHBr-Gruppe)

$\downarrow$ OH$^\ominus$

(Isocyanat-Zwischenprodukt, N=C=O)

$\swarrow$ H$_2$O und Detosylierung

α,γ-Diamino-buttersäure

pyrazol [50]. In analoger Weise wird aus Ornithin mit Kaliumcyanat [52] Citrullin erhalten.

64 Chemie der Aminosäuren

$$\begin{array}{c} NH_2 \\ | \\ CH_2 \\ | \\ CH_2 \\ | \\ CH_2 \\ | \\ CH \\ X-NH \diagup \quad \diagdown COOH \end{array} \quad \xrightarrow[52]{K-O-C\equiv N} \quad \begin{array}{c} H_2N\diagdown_{C}\diagup^{O} \\ | \\ NH \\ | \\ CH_2 \\ | \\ CH_2 \\ | \\ CH_2 \\ | \\ CH \\ X-NH \diagup \quad \diagdown COOH \end{array}$$

3.3.3. Fermentative Synthese von Aminosäuren

Unter bestimmten Bedingungen können Mikroorganismen aus leicht zugänglichen Kohlenstoff- und Stickstoff-Quellen Aminosäuren synthetisieren. Vorteilhaft bei diesen Verfahren ist, daß direkt optisch aktive Aminosäuren anfallen. Abhängig von der Nährlösung und den Mikroorganismen werden entweder bevorzugt eine spezielle Aminosäure oder Aminosäure-Gemische erhalten. Corynebakterien synthetisieren mit Kohlenhydraten als C-Quelle in Gegenwart von Harnstoff oder Ammoniak bevorzugt Glutaminsäure, die über den Citronensäurecyclus und die Oxo-glutarsäure entsteht (s. S. 18). Wird als Kohlenstoffquelle jedoch Erdöl verwendet, so entsteht ein Gemisch von mehr als 10 verschiedenen Aminosäuren.

In Gegenwart bestimmter Ausgangsstoffe der Aminosäure-Biosynthese (s. S. 17) können auf fermentativem Weg auch entsprechende Aminosäuren erhalten werden (Tab. 16). Da diese Ausgangsstoffe,

Tabelle 16. Fermentative Synthese von Aminosäuren aus geeigneten Vorstufen

Ausgangsstoff	Aminosäure
Fumarsäure	Asparaginsäure
Phenylmilchsäure	Phenylalanin
α-Hydroxy-β-methyl-n-valeriansäure	Isoleucin
α-Hydroxy-isocapronsäure	Leucin
α-Hydroxy-β-methyl-buttersäure	Valin

sofern sie ein Asymmetriezentrum besitzen, in der DL-Form verwendet werden können, dürften diese Verfahren immer mehr an Bedeutung gewinnen.

3.4. Aminosäuren mit verändertem Back-bone

3.4.1. Definition und Bedeutung

Als Back-bone eines Peptids wird das Gerüst

$$-NH-\overset{|}{CH}-CONH-\overset{|}{CH}-CONH-\overset{|}{CH}-CO-$$

ohne Seitenketten R verstanden. Back-bone einer Aminosäure ist daher folgerichtig der Rest $H_2N-\overset{|}{CH}-COOH$. Aminosäuren mit verändertem Back-bone besitzen nicht die übliche räumliche Anordnung der Atome und beeinflussen daher die Konformation von Peptiden oder Proteinen (z. B. die durch die vielen Prolin-Reste bedingte typische Struktur des Kollagens). Als Aminosäure-Analoga können sie in synthetische Peptid-Wirkstoffe eingebaut werden und zur Ermittlung der Beziehungen zwischen Struktur und Aktivität dienen. Werden sie in synthetische Peptide eingebaut, die als Substrate für proteolytische Enzyme dienen, so können sie Kenntnisse über den Wirkungsmechanismus der Enzyme vermitteln.

Zu den natürlich vorkommenden Aminosäuren mit verändertem Back-bone gehört das Prolin als ‚Protein-Aminosäure' sowie N-Methyl-aminosäuren, Aminosäuren, deren C^α-H-Atom durch einen Alkyl-Rest substituiert ist, und α, β-ungesättigte Aminosäuren. Diese Verbindungen kommen bevorzugt in Peptid-Antibiotika (s. S. II, 119) vor (Schema 26). Eine Veränderung des Back-bone ist auch durch einen

Schema 26. Natürlich vorkommende Aminosäuren mit verändertem Back-bone

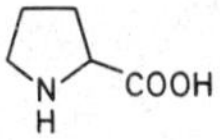

Prolin

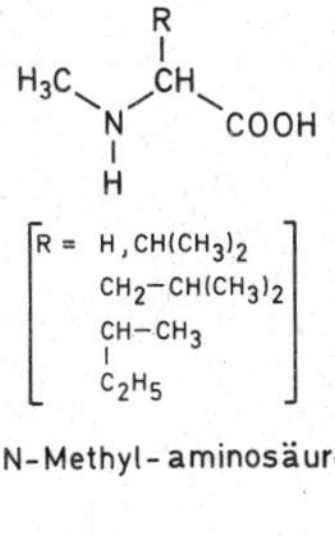

N-Methyl-aminosäure
$$\left[\begin{array}{l} R = H, CH(CH_3)_2 \\ CH_2-CH(CH_3)_2 \\ CH-CH_3 \\ | \\ C_2H_5 \end{array} \right]$$

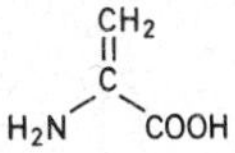

Dehydroalanin

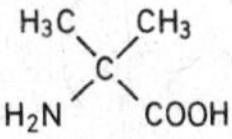

α-Amino-iso=
buttersäure

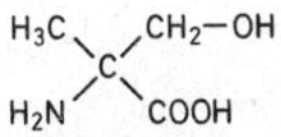

α-Methyl-serin

1-Amino-cyclo=
propancarbonsäure

Austausch von Atomen möglich. So können die in den Peptoliden (s. S. II, 140) vorkommenden α-Hydroxy-säuren [53] als Oxa-Analoga von Aminosäuren angesehen werden. Auf synthetischem Wege sind α-Aza-aminosäuren [54] zugänglich.

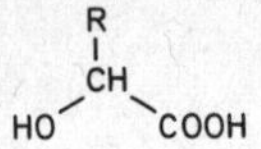

```
        R                              R
        |                              |
        CH                             N
   HO/    \COOH               H₂N/       \COOH
        53                             54
```

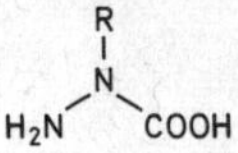

3.4.2. Die Synthese von Aminosäuren mit verändertem Back-bone

Zum Teil können Aminosäuren mit veränderten Back-bone über eine der üblichen Aminosäure-Synthesen erhalten werden. Für einige sind aber andere Synthesewege erforderlich.

3.4.2.1. Die Synthese von Prolin

Die erste Prolin-Synthese wurde von WILLSTÄTTER (1900) beschrieben und ist eine modifizierte Synthese nach der Malonester-Methode (Schema 27). Diese sowie eine Reihe weiterer Prolin-Synthesen füh-

Schema 27. Synthese von DL-Prolin

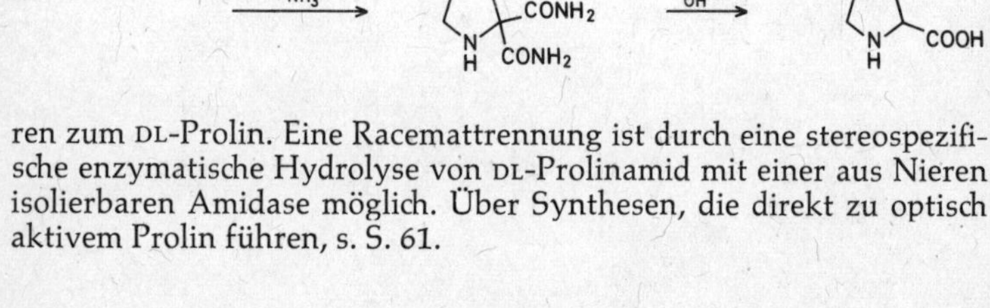

ren zum DL-Prolin. Eine Racemattrennung ist durch eine stereospezifische enzymatische Hydrolyse von DL-Prolinamid mit einer aus Nieren isolierbaren Amidase möglich. Über Synthesen, die direkt zu optisch aktivem Prolin führen, s. S. 61.

3.4.2.2. Die Synthese von C_α-substituierten Aminosäuren

C_α-substituierte Aminosäuren werden auf einfachstem Wege analog einer Strecker-Synthese (s. S. 56) aus einem Keton [55] erhalten. Aus

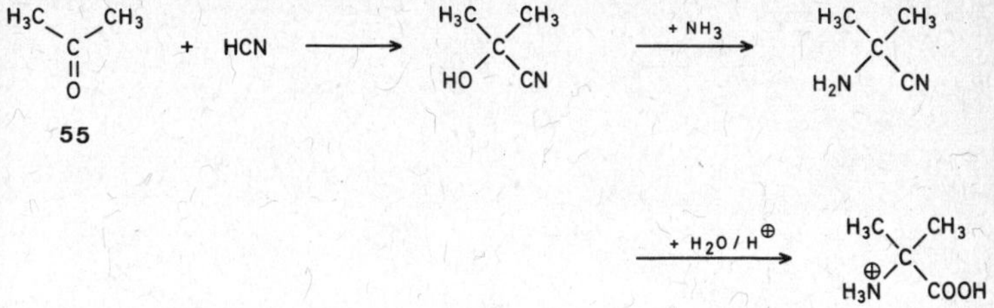

$$\underset{55}{\overset{H_3C}{\underset{O}{\text{C}}}\overset{CH_3}{=}} + HCN \longrightarrow \underset{HO}{\overset{H_3C}{\text{C}}}\overset{CH_3}{\underset{CN}{}} \xrightarrow{+NH_3} \underset{H_2N}{\overset{H_3C}{\text{C}}}\overset{CH_3}{\underset{CN}{}}$$

$$\xrightarrow{+H_2O/H^{\oplus}} \underset{H_3\overset{\oplus}{N}}{\overset{H_3C}{\text{C}}}\overset{CH_3}{\underset{COOH}{}}$$

cyclischen Ketonen [56] sind analog cyclische Aminosäuren zugäng-

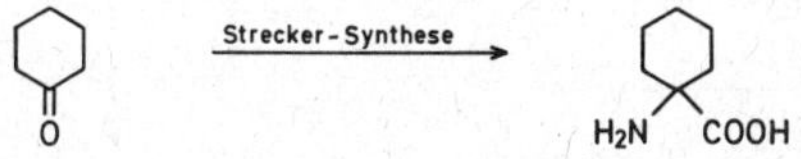

$$\underset{56}{\text{Cyclohexanon}} \xrightarrow{\text{Strecker-Synthese}} \underset{H_2N \quad COOH}{\text{1-Amino-cyclohexancarbonsäure}}$$

lich. Die Synthese der 1-Amino-Cyclopropancarbonsäure-1 verläuft über eine Malonester-Synthese (Schema 28).

Schema 28. Synthese von 1-Amino-cyclopropancarbonsäuren

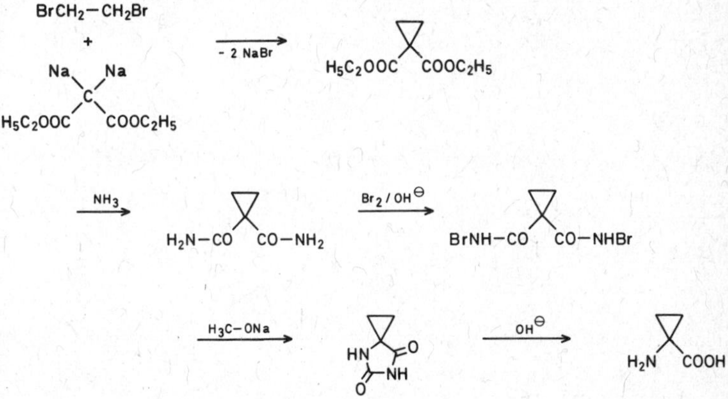

$$\begin{array}{c} BrCH_2-CH_2Br \\ + \\ \underset{H_5C_2OOC}{\overset{Na}{\text{C}}}\overset{Na}{\underset{COOC_2H_5}{}} \end{array} \xrightarrow{-2\,NaBr} \underset{H_5C_2OOC \quad COOC_2H_5}{\triangle}$$

$$\xrightarrow{NH_3} \underset{H_2N-CO \quad CO-NH_2}{\triangle} \xrightarrow{Br_2/OH^{\ominus}} \underset{BrNH-CO \quad CO-NHBr}{\triangle}$$

$$\xrightarrow{H_3C-ONa} \underset{HN \quad NH}{\overset{O}{\triangle}\overset{O}{}} \xrightarrow{OH^{\ominus}} \underset{H_2N \quad COOH}{\triangle}$$

Aminosäuren, bei denen das C_α-H-Atom durch funktionelle Gruppen substituiert ist, können aus den Azlactonen über die C_α-Halogen-Derivate erhalten werden. Aus diesem Halogen-Azlacton [57] wird mit Wasser oder Alkohol die α-Halogen-α-acyl-aminocarbonsäure oder ihr Ester [58] gewonnen. Ein Austausch des Halogens gegen andere funktionelle Gruppen führt zu α-Hydroxy- [59], α-Dialkylamino- [60] oder α-Alkoxy-Derivaten [61].

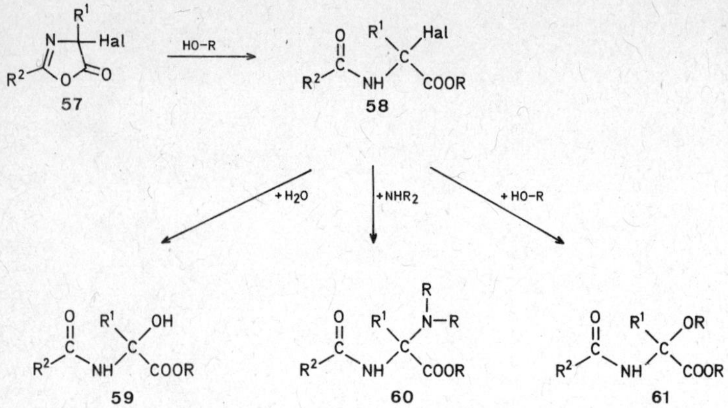

HO–R
57
58
+H2O
+NHR2
+HO–R
59
60
61

3.4.2.3. *Die Synthese von α,β-Dehydro-aminosäuren*

α,β-ungesättigte Aminosäuren können aus cyclischen Aminosäure-Derivaten wie Azlactonen, Hydantoinen etc. durch Umsetzung mit einem Aldehyd und alkalische Verseifung hergestellt werden (s. S. 57).

3.4.2.4. *Synthese von α-Azaaminosäuren*

α-Aza-aminosäuren oder ihre Derivate sind aus substituierten Hydrazinen zugänglich (GANTE, NIEDRICH).

Azaaminosäureester werden aus Alkyloxycarbonyl-hydrazin (Azaglycinester) nach Blockierung der Amino-Funktion und Substitution des Stickstoff-H-Atoms mit einem Rest R erhalten (Schema 29):

Schema 29. Azaaminosäureester aus Alkoxycarbonyl-hydrazin

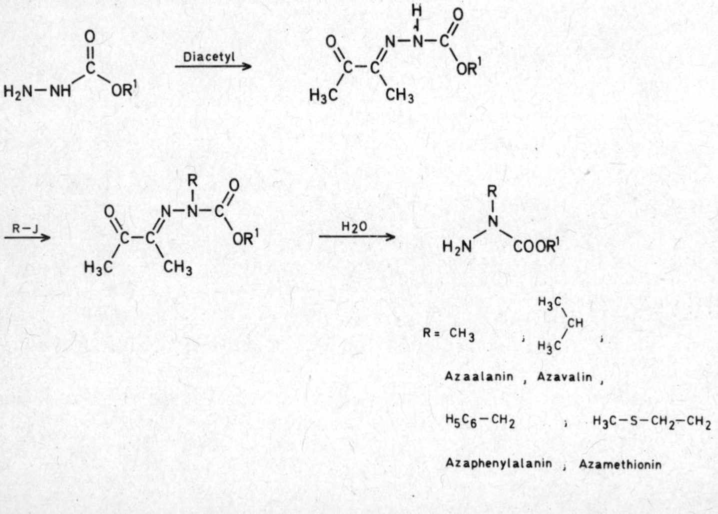

Diacetyl
R–J
H2O
R = CH3 ; H3C–CH(CH3) ;
Azaalanin , Azavalin ,
H5C6–CH2 ; H3C–S–CH2–CH2
Azaphenylalanin ; Azamethionin

Durch Reaktion von Phosgen mit einem N-geschützten Alkylhydrazin [62] entsteht ein N-geschütztes Azaaminosäurechlorid [63], das als carboxy-aktiviertes Derivat direkt zur Synthese von Azapeptiden verwendet werden kann.

Von größerem Interesse als die Synthese von α-Aza-aminosäuren bzw. ihrer Derivate ist die direkte Synthese von Azapeptiden [66], die leicht aus substituiertem Hydrazin [64] und einem Isocyanfettsäure-

ester [65] (s. S. 74) gelingt. Bei dieser Methode reagiert nicht die freie, sondern die substituierte Amino-Gruppe des Hydrazids mit dem Isocyanat. Wird ein N-geschütztes Aminosäurehydrazid mit substituierter Hydrazid-Funktion (z. B. N-geschützte Glycyl-hydrazinoessigsäure) eingesetzt, so entsteht ein Azatripeptid (z. B. N-geschützter Glycyl-azaasparagyl-glycinester [67].

3.4.2.5. Die Synthese von N-Methyl-aminosäuren

N-Methyl-aminosäuren können leicht aus Tosyl-aminosäuren [68] durch Umsetzung mit Methyljodid erhalten werden. Diese Reaktion wird durch den sauren Charakter des Sulfonamidwasserstoffs begünstigt. Die relativ harten Reaktionsbedingungen der Detosylierung

erschweren dieses Verfahren, speziell bei Aminosäuren mit zusätzlichen funktionellen Gruppen in der Seitenkette.

Ein weiterer Syntheseweg verläuft über die Methylierung von N-Benzyl-aminosäuren [69], die leicht aus der entsprechenden Benzyliden-Verbindung durch Reduktion zugänglich sind. Die Methylierung gelingt mit Formaldehyd/Ameisensäure. Nach katalytischer Hydrierung des Benzyl-Restes wird die N-Methyl-aminosäure erhalten.

Die direkte Methylierung von Aminosäuren z. B. mit Dimethylsulfat oder mit Methylhalogeniden führt nicht zu reinem Mono- oder Dimethyl-Derivat, sondern über diese Stufen zur Trimethyl-ammoniumsäure, die nach ihrem einfachsten Vertreter, dem Trimethylglycin [70], Betaine genannt werden. Betaine entstehen auch aus Halogencarbonsäuren [71] und Trimethylamin:

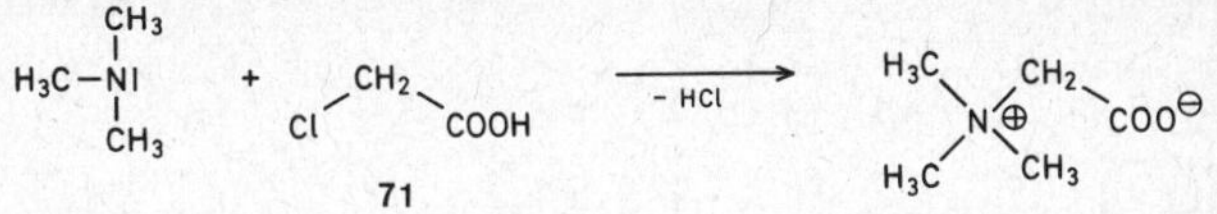

$$H_3C-N(CH_3)_2-CH_3 + Cl-CH_2-COOH \xrightarrow{-HCl} (H_3C)_3N^{\oplus}-CH_2-COO^{\ominus}$$

71

In den Betainen ist der pK-Wert der Carboxy-Gruppe niedriger als bei einfachen Aminosäuren. Der pK-Wert der quarternären Ammonium-Gruppe ist so hoch, daß er nicht gemessen werden kann. Verschiedene Betaine sind aus natürlichen Quellen isoliert worden (Tab. 17).

3.4.2.6. Synthese von β-Aminosäuren

β-Aminosäuren werden durch Anlagerung von Ammoniak an die entsprechenden α,β-ungesättigten Carbonsäuren synthetisiert, z. B. β-Alanin [72] durch Umsetzung von Phthalimid mit Acrylnitril und

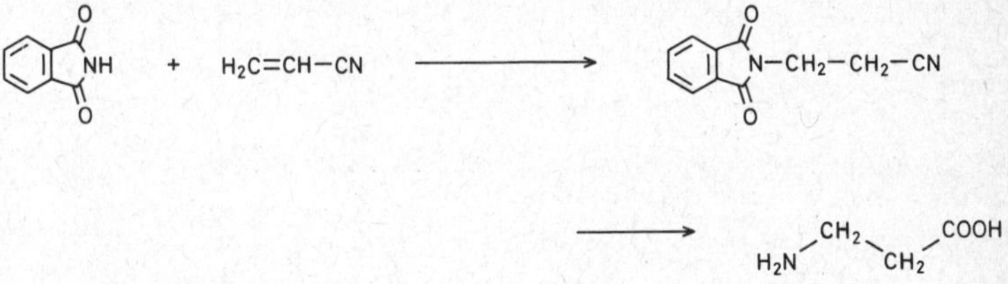

$$\text{Phthalimid-NH} + H_2C=CH-CN \longrightarrow \text{Phthalimid-N-CH}_2-CH_2-CN$$

$$\longrightarrow H_2N-CH_2-CH_2-COOH$$

72

Verseifung. β-Aryl-β-aminosäuren [73] werden aus dem entspre-

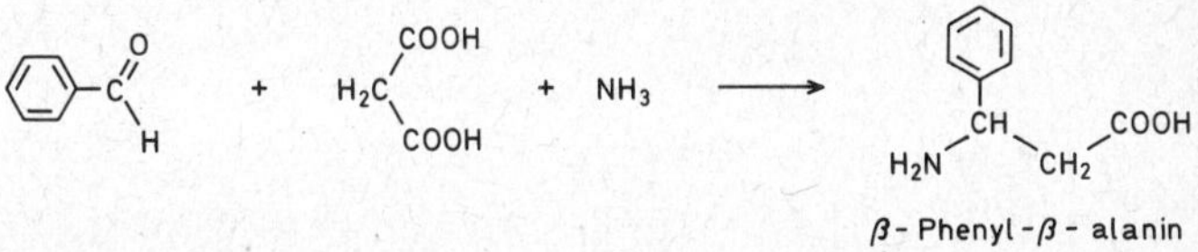

$$C_6H_5-CHO + H_2C(COOH)_2 + NH_3 \longrightarrow C_6H_5-CH(NH_2)-CH_2-COOH$$

β- Phenyl-β- alanin

73

chenden aromatischen Aldehyd, Ammoniak und Malonsäure gebildet.

Chemie der Aminosäuren

Tabelle 17. Natürlich vorkommende Betaine

Betain		Betain der Aminosäure	Vorkommen
Betain	$(H_3C)_3\overset{\oplus}{N}-CH_2-COO^\ominus$	Glycin	Beta vulgaris, Teile anderer Pflanzen, Säugetiere u.a.
Herzynin	Imidazol-CH_2-$\overset{\oplus}{CH(N(CH_3)_3)}$-$COO^\ominus$	Histidin	Champignon
Ergothionein	2-Mercapto-imidazol-CH-$\overset{\oplus}{N}(CH_3)_3$-$COO^\ominus$	2-Mercapto-histidin	Mutterkorn
Hypaphorin	Pyrrolidin-$N^\oplus(CH_3)_2$-$COO^\ominus$	Tryptophan	Samen von Erythrina hypaphorus
Stachydrin	Indol-CH_2-$\overset{\oplus}{CH(N(CH_3)_3)}$-$COO^\ominus$	Prolin	Stachys u. a. Pflanzen
Betonicin und Turicin (diastereomer)	HO-Pyrrolidin-$N^\oplus(CH_3)_2$-$COO^\ominus$	Hydroxyprolin	Betonica officinalis u. a. Pflanzen
Homobetain	$(H_3C)_3\overset{\oplus}{N}-CH_2-CH_2-COO^\ominus$	β-Alanin	Fleischextrakt
γ-Butyro-betain	$(H_3C)_3\overset{\oplus}{N}-CH_2-CH_2-CH_2-COO^\ominus$	γ-Aminobutter-säure	verschiedene Kaltblüter
Croton-betain	$(H_3C)_3\overset{\oplus}{N}-CH_2-CH=CH-COO^\ominus$	γ-Aminocroton-säure	Säugetiermuskel (geringe Mengen)
Carnitin	$(H_3C)_3\overset{\oplus}{N}-CH_2-CH(OH)-CH_2-COO^\ominus$	β-Hydroxy-γ-amino-butter-säure	Säugetiermuskel
Dimethyl-propiothetin	$(H_3C)_2\overset{\oplus}{S}-CH_2-CH_2-COO^\ominus$	β-Mercapto-propionsäure	Meeresalgen

3.5. Chemische Reaktionen der Aminosäuren

Die chemischen Reaktionen einer Aminosäure der allgemeinen Struktur H₂N-CH(R)-COOH können unterteilt werden in Reaktionen an der Amino- bzw. Carboxy-Gruppe, Reaktionen am α-C-Atom sowie Reaktionen an der Seitenkette R. Darüber hinaus sind Reaktionen gleichzeitig an zwei funktionellen Gruppen möglich, die dann zu cyclischen Derivaten führen können.

3.5.1. Reaktionen an der Amino-Gruppe

Oxidationsmittel greifen die Amino-Gruppe an unter Bildung einer Imino-Verbindung. Diese nicht stabilen Derivate können entweder

zur Oxo-carbonsäure [74] und Ammoniak hydrolysieren oder sie zerfallen nach Decarboxylierung in Aldehyd [75] und Ammoniak.

Salpetrige Säure bildet mit Aminosäureestern die säurelabilen Diazofettsäureester. Mit Wasser entstehen die entsprechenden α-Hydroxy-carbonsäureester, mit Halogenwasserstoff die α-Halogen-Derivate [76 X = OH; Cl] und mit Carbonsäuren O-Acyl-α-hydroxysäureester [77].

Aldehyde reagieren mit der Amino-Gruppe zu Schiffschen Basen [78], die einen intermediären Schutz der Amino-Gruppe darstellen

$$R^1-CHO + H_2N-CHR-COOH \xrightarrow{-H_2O} R^1-CH=N-CHR-COOH$$
$$\mathbf{78}$$

(z. B. Titration der Carboxy-Gruppe nach Sörensen). Katalytische Hydrierung der Schiffschen Basen liefert N-Alkyl-Derivate. Im Falle von Glycin und Alanin werden mit einfachen unverzweigten Aldehyden im allgemeinen die Dialkyl-Derivate erhalten. Die mit 1,2-Diketonen anfallenden Schiffschen Basen [79] sind nicht stabil. Unter dem Elektronen-anziehenden Einfluß der zweiten Keto-Gruppe decarboxylieren sie und bilden nach Hydrolyse Enolamine [80]. Diese Reaktion liegt auch der Ninhydrin-Färbung der Aminosäuren zugrunde

$$R-CO-CO-R + H_2N-CHR-COOH \xrightarrow{-H_2O} \underset{\mathbf{79}}{\text{Schiffsche Base}} \xrightarrow{-CO_2} \begin{array}{c} R-C=N-CH-R \\ R-C-OH \end{array}$$

$$\xrightarrow{+H_2O} \begin{array}{c} R-C-NH_2 \\ R-C-OH \end{array} + R-CHO$$
$$\mathbf{80}$$

(s. S. II, 176). 1,3-Diketone bilden dagegen stabile Verbindungen, die sich als Enamin [81] und zusätzlich durch eine Wasserstoffbrücke stabilisieren (s. S. 114):

$$\begin{array}{c} R^1-C=O \\ H_2C \\ R^2-C=O \end{array} + H_2N-CHR-COOH \longrightarrow \mathbf{81}$$

Mit Phosgen reagieren Aminosäureester unter Bildung der stabilen Isocyansäureester [82], die ihrerseits Ausgangsstoff für Aminosäure-

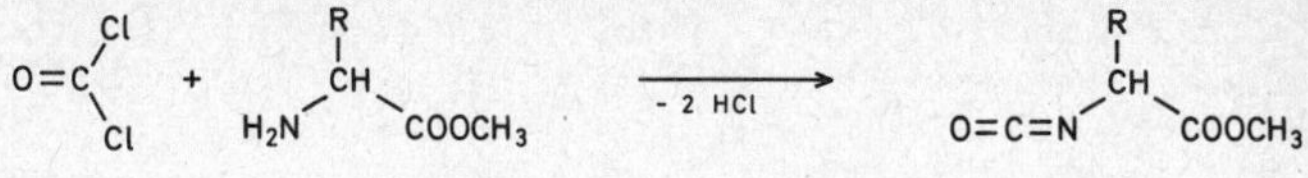

Reaktionen an der Carboxy-Gruppe

[Reaction scheme showing phosgene + amino acid ester → isocyanate **82**]

Derivate sind. Mit Wasser werden die Aminosäureester zurückerhalten, mit Alkoholen entstehen die Urethane, und mit Carbonsäuren Acyl-Derivate (Schema 30).

Schema 30. Reaktionen der Isocyansäureester

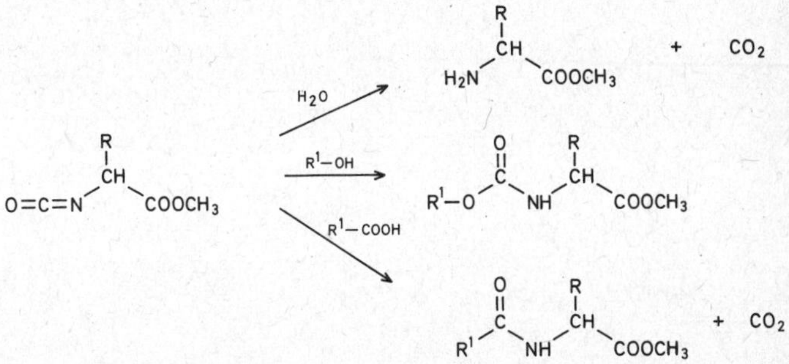

[Reaction scheme: isocyanate ester reacting with H_2O → amino acid ester + CO_2; with R^1-OH → urethane; with R^1-COOH → N-acyl derivative + CO_2]

Die wichtigste Reaktion an der Amino-Gruppe ist ihre Acylierung. Aktivierte Carboxy-Verbindungen (Säurechlorid, Säureazid, Säureanhydrid etc.) bilden N-Acyl-Derivate. Diese Acylierung ist die Hauptreaktion der Peptid-Synthese und wird dort besprochen (s. S. 134 ff.).

3.5.2. Reaktionen an der Carboxy-Gruppe

Die Carboxy-Gruppe einer Aminosäure kann in üblicher Weise verestert werden. Bei der durch Säuren katalysierten Veresterung liegt die Amino-Gruppe vollständig in der protonisierten Form vor und gibt keinen Anlaß zu Nebenreaktionen. Der Aminosäureester wird als Ammoniumsalz in stabiler Form isoliert. Nicht protonisierte Aminosäureester sind häufig instabil und cyclisieren zum 2,5-Dioxo-piperazin [83].

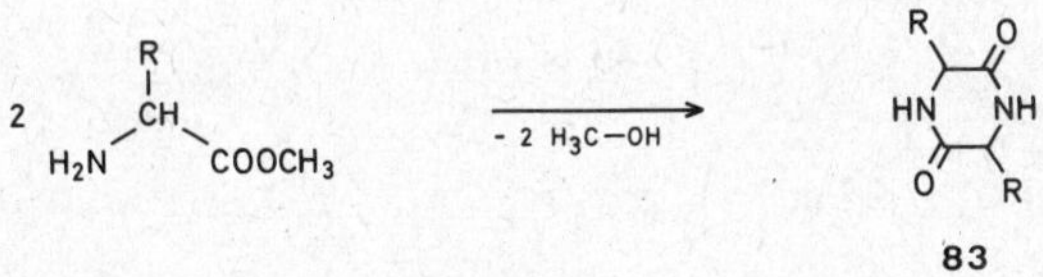

[Reaction scheme: 2 amino acid methyl esters → $-2\ H_3C-OH$ → 2,5-dioxopiperazine **83**]

Die Ester-Gruppierung kann bei freier Amino-Gruppe durch Ammonolyse in das Amid oder durch Hydrazinolyse in das Hydrazid übergeführt werden. Eine geringe Dioxopiperazin-Bildung als Nebenreaktion ist dabei jedoch nicht auszuschließen. Aus N-geschützten Aminosäureestern sind leicht Hydrazide herstellbar. Sie sind Zwischenprodukte für eine Aktivierung der Carboxy-Gruppe als Azid (s. S. 135). Eine Sonderstellung eines Aminosäureamids nimmt die Peptid-Bindung ein (s. S. 134 ff.).

Anhydrid-Bildung [84] einer Aminosäure bei freier Amino-Gruppe ist nur bedingt möglich. In Gegenwart von Basen (Deprotonisierung der Amino-Gruppe) kann Polykondensation [85], Dimerisierung zum Dioxopiperazin [86] oder eine Acylierung der Amino-Gruppe durch die zur Anhydrid-Bildung verwendete Carbonsäure [87] eintreten.

Bei blockierter Amino-Gruppe stellen Anhydride, vorzugsweise gemischte Anhydride eine der gebräuchlichsten Formen der Aktivierung dar (s. S. 141).

Säurechlorid-Bildung gelingt mit freien Aminosäuren durch Umsetzung mit Thionylchlorid oder Phosphorpentachlorid ohne Schwierigkeiten. Es entstehen die stabilen Aminosäure-chlorid-Hydrochloride [88]. Bei Peptiden können Säurechloride oder Anhydride bei freier

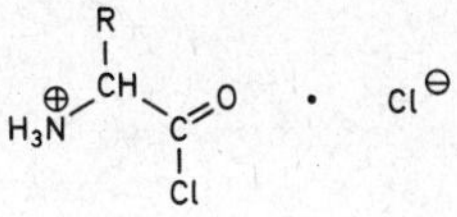

88

Amino-Gruppe für Cyclisierungen verwendet werden. Aminosäuren mit blockierter Amino-Funktion lassen sich nur bedingt in die Säurechloride überführen. Abhängig von der blockierenden Gruppe cyclisieren die Säurechloride zu Azlactonen der N-Carbonsäureanhydriden (s. S. 87). Nur alkylierte [89], bisacylierte [90] oder tosylierte [91] Aminosäuren bilden stabile Säurechloride.

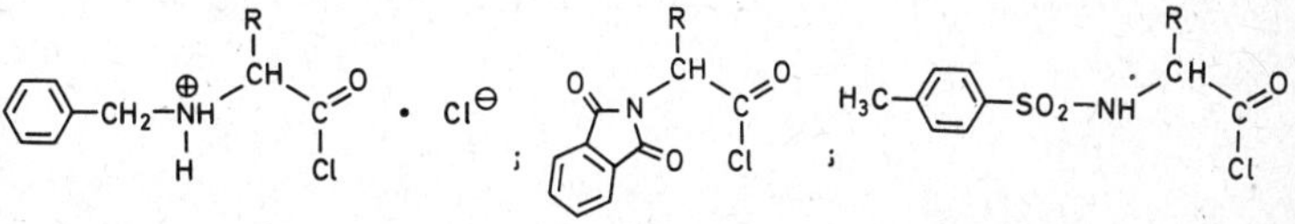

89 **90** **91**

Säureazide können aus den Hydraziden durch Reaktion mit salpetriger Säure erhalten werden. Im Falle N-geschützter Aminosäuren stel-

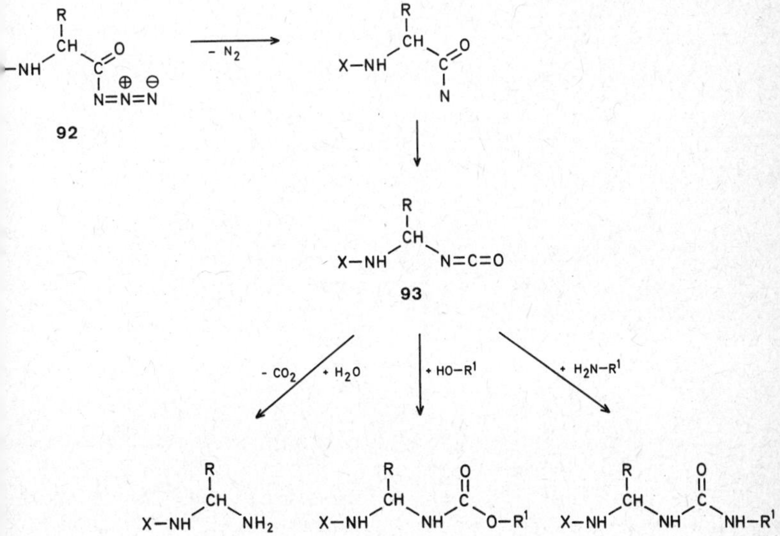

92

93

len sie eine sehr vorteilhafte Aktivierung der Carboxy-Gruppe dar. Säureazide [92] sind jedoch nur selten stabile Verbindungen. Sie können zum Isocyanat [93] umlagern, das mit Wasser zum Amin, mit Alkoholen zum Urethan oder mit Aminen zu Harnstoff-Derivaten reagiert. Diese Reaktionen können im Verlauf einer Peptid-Synthese nach der Azid-Methode als unerwünschte Nebenreaktionen auftreten (s. S. 140).

Die anodische Oxidation von Aminosäuren führt zur Decarboxylierung. Der nach Abspaltung von Ammoniak entstehende Aldehyd [94] wird, zumindest teilweise, zur Carbonsäure weiteroxidiert. N-Acyl-

$$H_2N-CH(R)-COOH \xrightarrow[-2e^-]{+H_2O} [H_2N-CH(R)-OH] + CO_2 + 2H^\oplus$$

$$[H_2N-CH(R)-OH] \xrightarrow{-NH_3} R-C(H)=O \xrightarrow{Oxidation} R-COOH$$

94

aminosäuren [95] lassen sich ebenfalls oxidativ decarboxylieren. Wird diese Reaktion in Methanol durchgeführt, entstehen Acylaminoäther [96].

$$Acyl-NH-CH(R)-C(=O)OH \xrightarrow[-2e^-]{+H_3C-OH} Acyl-NH-CH(R)-OCH_3 + CO_2 + 2H^\oplus$$

95 \qquad\qquad 96

3.5.3. Reaktionen am α-C-Atom

Im Vergleich zu einer reinen Carbonsäure erleichtert die Anwesenheit einer Amino-Gruppe und einer Carboxy-Gruppe am gleichen Kohlenstoff die Substitution des C_α-Wasserstoffs. Die nucleophile Substitution des α-C-Atoms verläuft besonders dann sehr glatt, wenn die Aminosäure als cyclisches Derivat (Hydantoin, Azlacton, Dioxopiperazin) vorliegt (s. S. 57). Aber auch eine freie Aminosäure kann z. B. mit Acetanhydrid nucleophil substituiert werden, wobei gleichzeitig eine Acetylierung der Amino-Gruppe erfolgt. Die primär entstehende β-Oxo-carbonsäure [97] stabilisiert sich unter Decarboxylierung zum N-Acetyl-α-amino-keton [98].

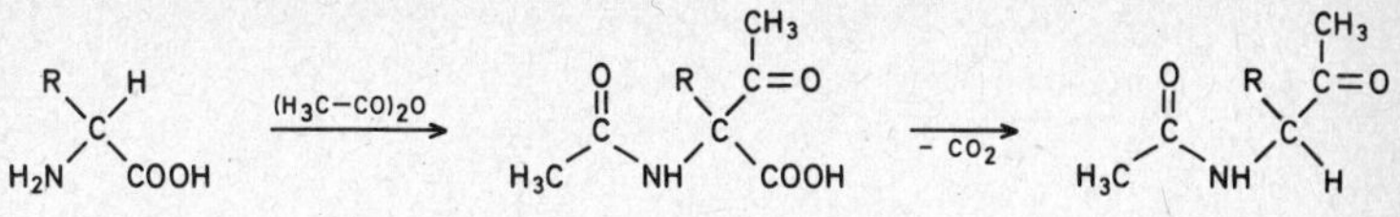

3.5.4. Reaktionen an funktionellen Gruppen in der Seitenkette

Es sind viele Möglichkeiten bekannt, die eine selektive Reaktion an funktionellen Gruppen in der Seitenkette ohne Nebenreaktion an der α-Amino- oder α-Carboxy-Funktion erlauben. Eine einfache und in vielen Fällen anwendbare Methode ist es, den Kupferkomplex der

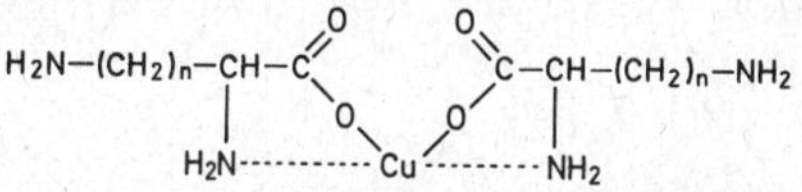

Aminosäure [99] einzusetzen. Durch direkte Acylierung dieses Komplexes sind ω-Acyl-Derivate von Diaminocarbonsäuren leicht zugänglich, ebenso können mit Alkylhalogeniden Äther des Tyrosins erhalten werden. Nicht möglich ist es, über die Kupferkomplexe die Äther der aliphatischen Hydroxyaminosäuren zu synthetisieren.

O-Benzyl-serin, das als O-geschütztes Serin-Derivat für die Peptid-Synthese benötigt wird, muß über eine Totalsynthese erhalten werden (Schema 31).

Schema 31. Synthese von O-Benzyl-DL-Serin

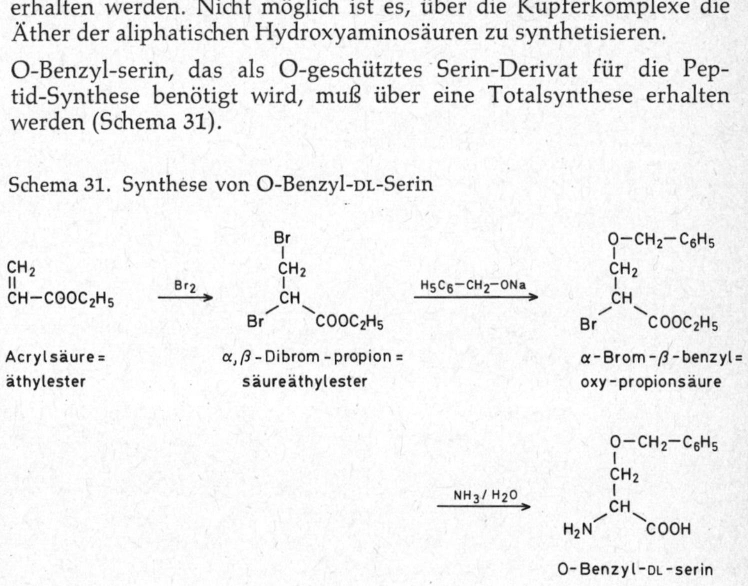

Acrylsäure = äthylester

α,β-Dibrom-propion = säureäthylester

α-Brom-β-benzyl = oxy-propionsäure

O-Benzyl-DL-serin

Für eine selektive Substitution genügen auch die Unterschiede in den pK-Werten von α- und ω-Funktion (s. S. 55). So führt eine selektive Veresterung der Glutaminsäure, ebenso wie eine partielle alkalische Verseifung eines Diesters, zum γ-Ester [100]. Durch eine saure Ver-

seifung wird dagegen bevorzugt der α-Ester [101] erhalten. Aldehyde reagieren mit Diaminocarbonsäuren bevorzugt an der ω-Amino-Gruppe zur Schiffschen Base. Sie sind stabil genug, z. B. im Fall der Benzyliden-Verbindung [102], um eine Acylierung der α-Amino-Gruppe [103] zu ermöglichen. Nach Hydrolyse der Schiffschen Base wird das N_α-acylierte Derivat erhalten. Durch erneute Acylierung ist

dann ein unterschiedlich acyliertes Bis-Acyl-Derivat zugänglich. Auf diesem Wege werden die für die Peptid-Synthese wichtigen Derivate der Diaminocarbonsäuren mit zwei differenziert abspaltbaren Amino-Schutzgruppen hergestellt.

Eine Reihe von Reaktionen sind an der Seitenkette schwefelhaltiger Aminosäuren möglich.

Cystein läßt sich über die Stufen Cystin [104] und Cystinmonosulfon [105] bis zur Cysteinsäure [106] oxidieren. Während der erste Oxidationsschritt bereits durch Luft abläuft, sind für den zweiten und dritten stärkere Oxidationsmittel erforderlich. Die Disulfid-Bindung des Cystins läßt sich leicht durch Mercaptane, mit Zink/Salzsäure

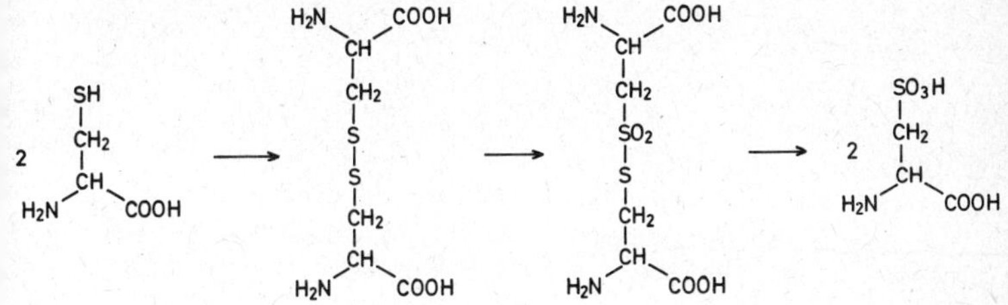

oder elektrochemisch zum Thiol reduzieren. Mit Sulfit erfolgt eine Aufspaltung unter Bildung von Cystein-S-Sulfonat [107] (Bunte-Salz) und Cystein [108]. Wird unter gleichzeitiger Oxidation gearbeitet, wird das gesamte Cystein oder Cystin in das S-Sulfonat übergeführt. Unsymmetrische Cystin-Derivate (auch unsymmetrische Cy-

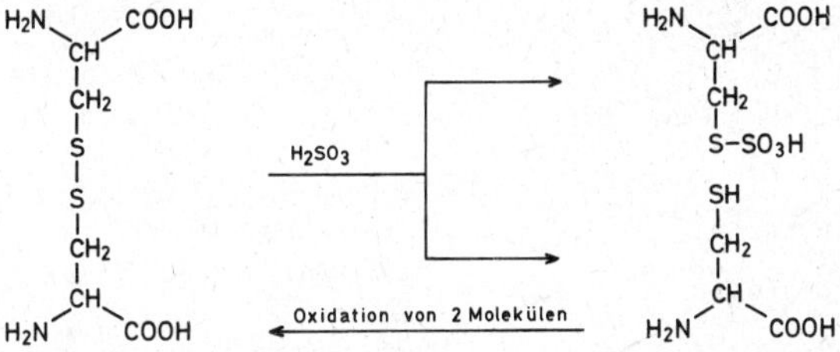

stin-Peptide) können in Gegenwart von $H^{\oplus}$- oder $OH^{\ominus}$-Ionen sowie Schwermetallionen in die symmetrischen Derivate disproportionieren (Disulfid-Austausch). Die Synthese unsymmetrischer Cystin-Derivate ist durch eine statistische Oxidation von zwei verschiedenen Cystein-Derivaten zu erreichen. Dabei entstehen neben dem gewünschten unsymmetrischen Derivat [109] auch die beiden symmetrischen. Wird ein Derivat in einem extrem großen Überschuß eingesetzt, so werden nur zwei Produkte, das unsymmetrische Disulfid und das Disulfid des

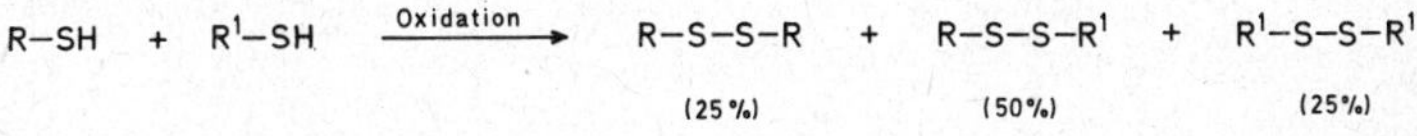

R—SH + R¹—SH →(Oxidation)→ R—S—S—R + R—S—S—R¹ + R¹—S—S—R¹

(25 %)   (50 %)   (25 %)

109

im Überschuß verwendeten Thiols, gebildet, die sich in günstig gelagerten Fällen trennen lassen. Zur gezielten Synthese unsymmetrischer Cystin-Derivate sind verschiedene Verfahren entwickelt worden, die unter Bedingungen, die einen Disulfid-Austausch verhindern, in guter Ausbeute die gewünschten Produkte liefern (Schema 32).

Schema 32. Gezielte Synthese unsymmetrischer Cystin-Derivate

Reaktion nach Footner und Smiles

Reaktionen nach Hiskey und Mitarbeiter

$$R^1-NH-CH(COR^2)-CH_2-S-SO_3H + HS-CH_2-CH(NHR^3)-COR^4 \xrightarrow{-H_2SO_3}$$

$$R^1-NH-CH(COR^2)-CH_2-S-SCN + HS-CH_2-CH(NHR^3)-COR^4 \xrightarrow{-HSCN}$$

$$R^1-NH-CH(COR^2)-CH_2-S-SCN + (C_6H_5)_3C-S-CH_2-CH(NHR^3)-COR^4 \xrightarrow{-(H_5C_6)_3C-SCN}$$

$$R^1-NH-CH(COR^2)-CH_2-S-S-CH_2-CH(NHR^3)-COR^4$$

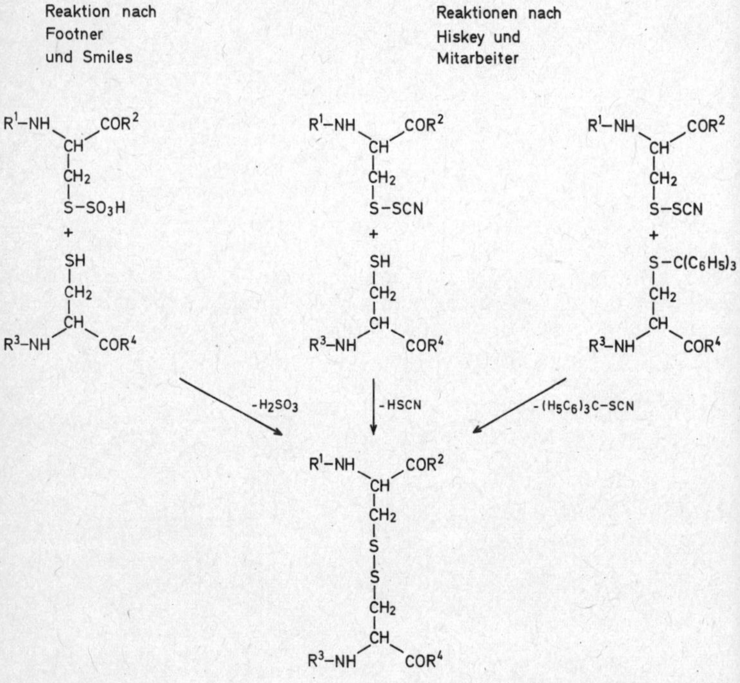

Ausgehend von Cystein lassen sich durch Reaktion an der Mercapto-Funktion mit geeigneten Reaktionspartnern wichtige schwefelhaltige Diaminodicarbonsäuren herstellen. Aus Cystein und N-Acetyl-aminoacrylsäure ist Lanthionin [110] zugänglich. Wird für diese Reaktion L-Cystein eingesetzt, läßt sich das gebildete *meso*-Lanthionin von L-Lanthionin durch Kristallisation trennen, aus DL-Cystein entsteht neben *meso*-Lanthionin das DL-Lanthionin.

Lanthionin kann aus alkalibehandelter Wolle isoliert werden. Es entsteht dort auf die gleiche Weise wie in der oben beschriebenen Synthese aus Cystein und Dehydroalanin. Aus 2 Mol Cystein und 1 Mol Formaldehyd ist in saurer Lösung das entsprechende Cystein-thioace-

tal zugänglich [111], das mit der aus der Djenkolbohne isolierten Djenkolsäure identisch ist. Cystathionin (s. S. 19) wird analog der Lanthionin-Synthese aus Homocystein und N-Acetyl-aminoacrylsäure erhalten. Da die beiden optisch aktiven Kohlenstoffatome des Cystathionins nicht symmetrisch sind, existieren vier stereoisomere Formen und zwei Racemate.

Methionin bildet leicht, in alkalischen Medien bereits durch den Luftsauerstoff, das Methionin-sulfoxid [112], aus dem es durch Reduktion wieder regenerierbar ist. Mit stärkeren Oxidationsmitteln entsteht das Sulfon [113].

Der aromatische Ring in Phenylalanin und Tyrosin ist wie üblich substituierbar. Nitrierung des Phenylalanins führt zum 4-Nitro- [114], anschließende Reduktion zum 4-Amino-phenylalanin [115], aus dem über die Diazo-Verbindung weitere 4-substituierte Derivate erhalten werden können. Substitutionen am Tyrosin erfolgen in 2-Stellung zur Hydroxy-Gruppe. Diese nucleophile Substitution wird häufig als Nebenreaktion an Tyrosin-Derivaten oder Tyrosin-haltigen Peptiden beobachtet, sofern im Verlauf der Reaktion Carbonium-Ionen z. B. Benzyl-Kationen bei der Acidolyse von Benzylestern oder Benzyläthern auftreten. Diese Nebenreaktion wird durch Blockierung der aromatischen Hydroxy-Gruppe zurückgedrängt. Die leichte Substitution des aromatischen Ringes im Tyrosin findet in Form der Jodierung zur Herstellung von radioaktiv markierten Proteinen oder Peptid-Wirkstoffen Verwendung. Die schonende Einführung des Jods (^{125}I oder ^{131}I) erfolgt durch Umsetzung des Proteins mit Natriumjodid und Chloramin T (N-Chlor-4-toluolsulfonamid Natriumsalz [116]), das in wässriger Lösung Hypochlorit zur Oxidation des Natriumjodids freisetzt.

Der Imidazol-Ring des Histidins wird durch Benzoylierung in alkalischem Medium aufgespalten (Bamberger Spaltung). Aus Histidinmethylester entsteht unter Abspaltung von Ameisensäure ein Tribenzoylamino-dehydrovaleriansäure-methylester [117], der in Gegenwart von methanolischer Salzsäure N_a, N_δ-Dibenzoyl-γ-ornithin-

ester bildet. Der heterocyclische Indol-Ring des Tryptophans läßt sich analog der biologischen Verstoffwechselung (s. S. 30) auch durch vorsichtige chemische Oxidation spalten, wobei als erstes Reaktionsprodukt Kynurenin isoliert werden kann.

3.5.5. Cyclisierung von Aminosäuren

Abhängig davon, welche funktionellen Gruppen beteiligt sind und ob zusätzliche Reste eingeführt werden oder nicht, sind zahlreiche Cyclisierungsreaktionen möglich.

3.5.5.1. Cyclisierung unter Beteiligung von Amino- und Carboxy-Gruppe

Eine direkte Cyclisierung zwischen Amino- und Carboxy-Gruppe zum Amid würde zu einem Dreiring führen, der aus sterischen Gründen nicht stabil ist. Unterwirft man eine Aminosäure einer derartigen Cyclisierung, so bildet sich unter Dimerisierung das 3,5-Dioxo-piperazin (s. S. 159). Eine Cyclisierung unter Mitwirkung von Amino- und Carboxy-Gruppe ist also nur unter Beteiligung zusätzlicher Reste möglich. Dabei werden Fünfringsysteme gebildet, wobei 4 Ringatome (N-C-C-O) von der Aminosäure stammen und das 5. Ringatom von diesem zusätzlichen Rest geliefert wird.

Oxazolinone (Azlactone) [118] entstehen aus einer N-Acyl-aminosäure durch Wasserabspaltung z. B. mit Carbodiimiden. Sie können sich auch aus aktivierten Carboxy-Derivaten wie Säurechlorid oder Säureanhydrid bilden. Durch Hydrolyse werden die N-Acyl-amino-

$$P_I = \frac{K_1 + K_2}{2}$$

säuren zurückerhalten. Alkoholyse oder Aminolyse führt zu Estern [119] oder Amiden [120]. Durch die tautomeren Formen des Oxazo-

linons kann das Asymmetriezentrum am C_α-Atom der Aminosäure aufgehoben und eine Racemisierung ausgelöst werden.

Oxazolidinone [121] entstehen durch Wasserabspaltung aus einer N-Acyl-aminosäure [122] oder einer N-Tosyl-aminosäure in Gegenwart eines Aldehyds. Die Aminolyse dieser cyclischen Derivate liefert mit

der molaren Menge Amin ein N-Hydroxymethyl-Derivat [123]. Der Substituent am Stickstoff wird unter alkalischen Bedingungen oder durch einen Überschuß an Amin abgespalten und das N-Acyl-aminosäureamid [124] gebildet. Mit Alkoholen findet eine Aufspaltung des

Ringes zum N-Alkoxy-methyl-Derivat [125] statt, das leicht unter Abspaltung von Alkohol das Oxazolidinon zurückbildet.

Oxazolidindione (N-Carbonsäureanhydride, NCA) [126]) werden in einfacher Weise aus Aminosäure und Phosgen oder aus Säurechloriden von N-Alkoxycarbonyl-aminosäuren [127] synthetisiert. Sie sind aminolytisch zu Peptiden oder alkoholytisch zu Estern aufspaltbar. Wird die Aminolyse mit einem Aminosäure- oder Peptidester bei alkalischen pH-Werten durchgeführt, so bleibt die Reaktion auf der Stufe der N-Carbonsäure (Carbaminsäure) [128] stehen. Bei neutra-

len pH-Werten zerfällt die Carbaminsäure unter CO_2-Abspaltung zum Amin, das dann mit einem weiteren Molekül N-Carbonsäureanhydrid reagiert. Das Endprodukt dieser Synthese sind Polyaminosäuren (s. S. 152). Mit Schwefelkohlenstoff reagieren Aminosäureamide zu Thia-Analoga der N-Carbonsäureanhydride (Thiothiazolidinone)

[129]. Die durch Aminolyse entstehenden Dithiocarbaminsäure-Derivate [130] sind im Gegensatz zu den Carbaminsäure-Derivaten auch

bei neutralen pH-Werten stabil. Über die Bildung von Thiazolidinen aus Cystein s. S. 90.

Hydantoine (Imidazolidindione) [131] entstehen durch Erhitzen von Cyanhydrinen [132] mit Harnstoff oder Ammoniumcarbonat. Weiterhin können sie aus Aminosäureamiden [133] durch Umsetzung mit Chlorkohlensäureestern oder aus Aminosäuren [134] durch Reaktion mit Isocyanaten erhalten werden. Besondere Bedeutung für die Peptid- und Protein-Analytik haben die Thiohydantoine, die in analoger Reaktion durch Umsetzung mit einem Isothiocyanat gebildet werden (s. S. II, 193).

3.5.5.2. Cyclisierung unter Beteiligung von Amino- und Seitenkettenfunktion

Aminosäuren, die in β-Stellung eine funktionelle Gruppe haben, können unter Beteiligung eines weiteren Restes mit der Amino-Gruppe cyclisieren. Aus N-Acyl-serinmethylester [135] entsteht auf diese Weise ein Oxazolidin [136], z. B. als Zwischenprodukt bei der Umlagerung zum O-Acyl-serinmethylester [137] (N→ O-Shift). Analog treten Thiazolidin-Derivate als Zwischenprodukte des N→ S-Shiftes bei Acyl-cystein-Derivaten auf. Stabile Thiazolidine [138] werden aus Cystein und Ketonen erhalten.

Aminosäuren, die in γ-Stellung eine geeignete funktionelle Gruppe haben, z. B. Glutamin oder Glutaminsäure-γ-ester [139] können direkt cyclische Derivate mit der Amino-Gruppe bilden. Während bei

R = OR¹, NH₂

freier Amino-Gruppe die Pyroglutaminsäure (Pyrrolidon-carbonsäure [140]) häufig spontan entsteht, erfordert die Cyclisierung bei N-acylierten Derivaten die Aktivierung der γ-Carboxy-Gruppe (z. B. als Säurechlorid oder Anhydrid). Die N-Acyl-pyroglutaminsäure [141] stellt ihrerseits ein γ-carboxyaktiviertes Derivat dar und kann durch Ammonolyse zu N-Acyl-glutamin [142] oder durch Alkohole zu N-Acyl-glutaminsäure-γ-estern [143] umgesetzt werden.

3.5.5.3. Cyclisierung unter Beteiligung von Carboxy- und Seitenkettenfunktion

Aminosäuren mit einer Carboxy-Gruppe in β- oder γ-Stellung können unter Beteiligung des Carboxy-Sauerstoffes direkt zu inneren Anhydriden cyclisieren (Asparaginsäure [144], Glutaminsäure [145]), wobei vorzugsweise an der Amino-Gruppe blockierte Aminosäuren eingesetzt werden. Diese inneren Anhydride können durch Ammono-

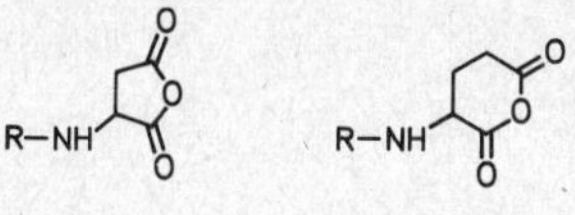

144   **145**

lyse, Aminolyse, Hydrazinolyse und Alkoholyse aufspalten und je nach Reaktionsbedingungen und abhängig von dem die Amino-Grup-

Schema 33. Alkoholyse von N-Acyl-glutaminsäureanhydriden

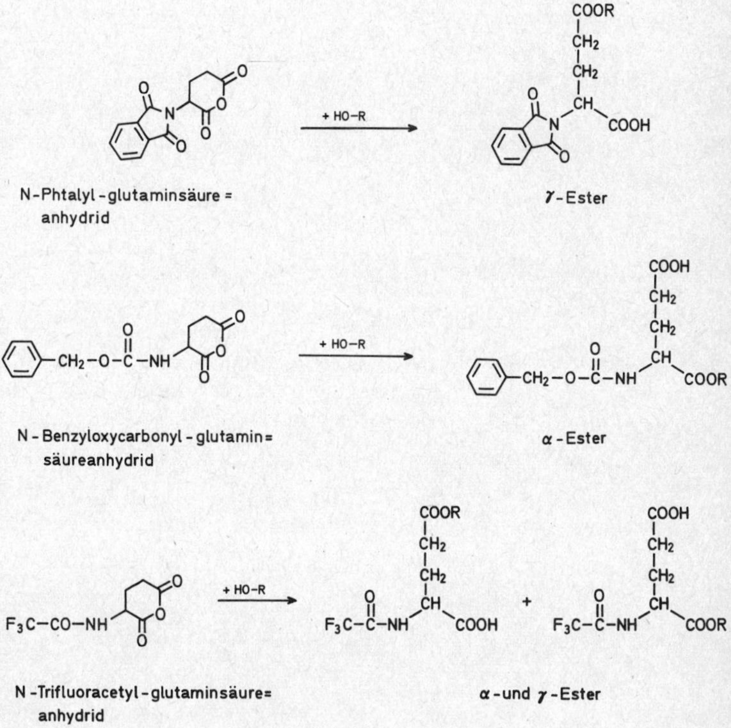

N-Phtalyl-glutaminsäure-anhydrid   + HO–R γ-Ester

N-Benzyloxycarbonyl-glutamin= säureanhydrid   + HO–R α-Ester

N-Trifluoracetyl-glutaminsäure= anhydrid   + HO–R α- und γ-Ester pe blockierenden Rest α- oder ω-Derivate liefern (Schema 33). Amide der Aminodicarbonsäuren bilden cyclische Imide (z. B. Asparaginsäure [146]). Über diese Zwischenprodukte verläuft die Umlagerung

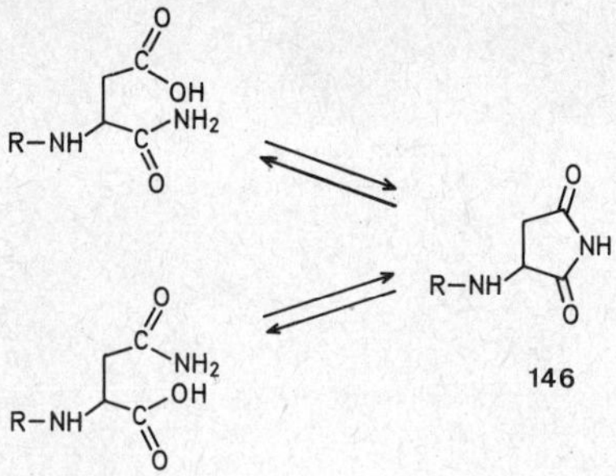

eines α-Amids (α-Peptids) zum ω-Amid (ω-Peptid) oder umgekehrt (Transpeptidierung, s. S. 93).

Aminosäuren mit einer Hydroxy- bzw. Thiol-Funktion in der Seitenkette cyclisieren bei geeigneter Stellung mit der Carboxy-Gruppe zum Lacton [147] oder Thiolacton [148]. Unter geeigneten Bedingungen

Homoserin-lacton
147

Homocystein-thiolacton
148

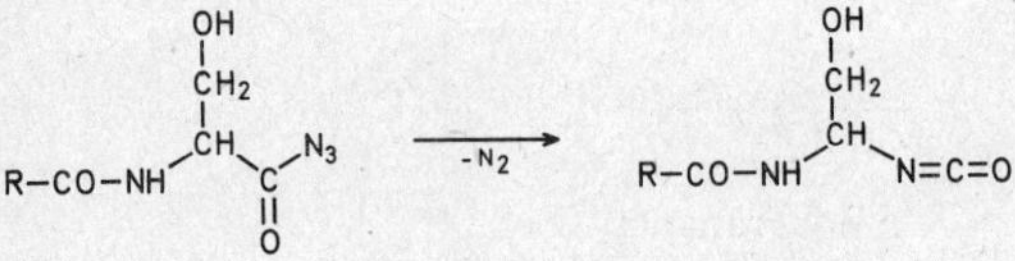

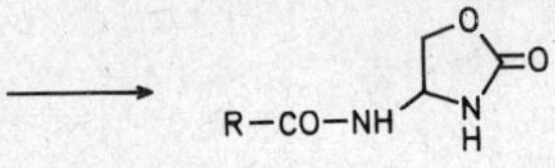

ist auch das β-Lacton des Serins stabil. Wichtiger ist jedoch das aus N-acyliertem Serinazid [149] nach Curtiusumlagerung entstehende cyclische Urethan [150]. Aminosäuren mit einer Amino-Funktion in der Seitenkette bilden Lactame [151, 152, 153]. In ähnlicher Weise

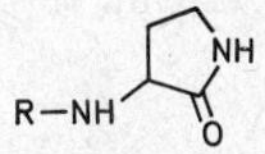

Lactam der α,γ-Diamino-
buttersäure
[3-Amino-pyrrolidon-(2)]
151

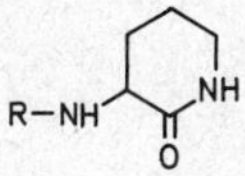

Lactam des Ornithin
[3-Amino-piperidon-(2)]
152

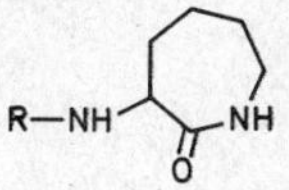

Lactam des Lysin
(3-Amino-2-oxo-azepan)
153

kann aus N_α-geschütztem N_G-Nitro-arginin ein Lactam [154] entstehen, das leicht unter Bildung von Ornithin-Lactam [155] den Harnstoff-Rest der Guanido-Funktion auf andere Reste überträgt.

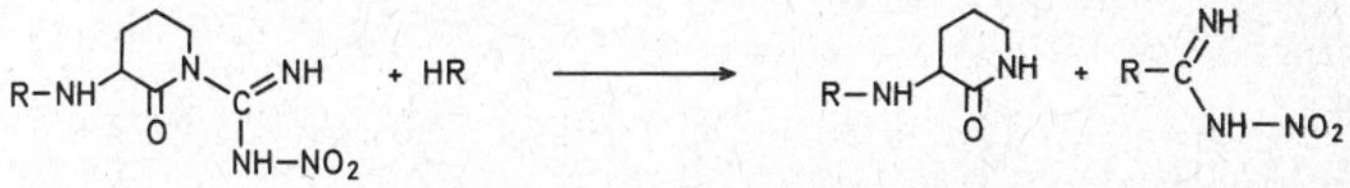

154

155

3.5.6. Umlagerungen von Aminosäure-Derivaten, die über cyclische Diacylimide verlaufen

Diacylimide [156] stellen aktivierte Carboxy-Derivate dar und übertragen Acyl-Reste leicht auf nucleophile Gruppen. Einige Umlage-

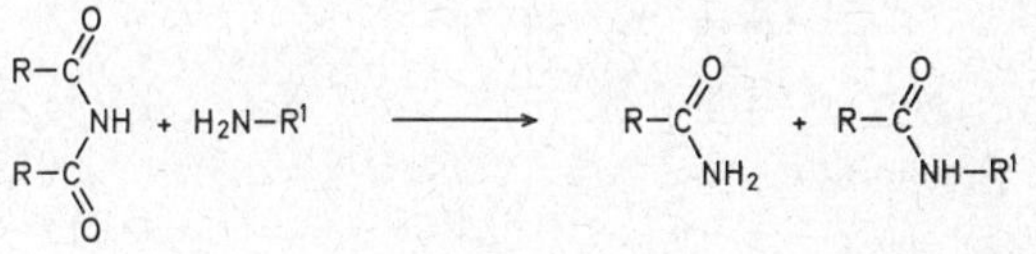

156

rungsreaktionen von Aminosäuren oder Peptiden verlaufen über derartige cyclische Diacylimide.

Transpeptidierung: Eine Transpeptidierung ist die Umlagerung einer Amid- bzw. einer Peptid-Bindung in eine andere. Dieser N→N-Acylshift wird unter dem Einfluß bestimmter Enzyme beobachtet (enzymatische Transpeptidierung, s. S. II, 30). Eine besondere Form dieser Umlagerung ist die α-ω-Transpeptidierung, die Umlagerung eines Asparagyl- bzw. eines Glutamyl-peptides in das entsprechende β- bzw. γ-Peptid (Schema 34).

Schema 34. Transpeptidierung von Asparagyl- bzw. Glutamyl-peptiden
n = 1, Asparaginsäure, n = 2, Glutaminsäure

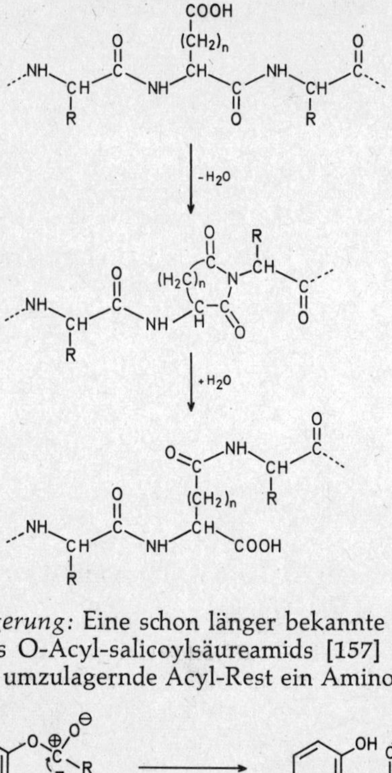

Aminoacyl-Einlagerung: Eine schon länger bekannte Reaktion ist die Umlagerung eines O-Acyl-salicoylsäureamids [157] in das Bisacylimid [158]. Ist der umzulagernde Acyl-Rest ein Aminoacyl-Rest [159],

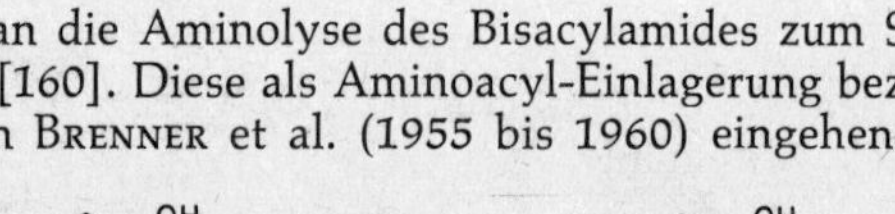

erfolgt spontan die Aminolyse des Bisacylamides zum Salicoyl-aminosäureamid [160]. Diese als Aminoacyl-Einlagerung bezeichnete Reaktion ist von BRENNER et al. (1955 bis 1960) eingehend untersucht worden. Die Umlagerung erfolgt nach Abspaltung der Amino-Schutzgruppe spontan. Das O-Aminoacyl-Derivat kann nicht ohne weiteres isoliert werden. Da dieser Reaktion auch Salicoyl-aminosäuren zugänglich sind, können durch Wiederholung der Reaktion Salicoyl-Peptide erhalten werden.

Cyclol-Umlagerung: Die durch Acylierung von Cyclopeptiden zugänglichen N-Aminoacyl- oder N-Hydroxyacyl-cyclopeptide [161] sind ebenfalls Diacylimide, die durch intramolekulare Aminolyse oder Alkoholyse unter Ringvergrößerung Cyclopeptide oder Cyclodepsipeptide [162] bilden. Auf diesem Wege konnte z. B. aus Dioxopipera-

zin [163] und 2 Mol β-Alanin das cyclische Tetrapeptid Cyclo-β-alanyl-glycyl-β-alanyl-glycyl [164] erhalten werden:

Weiterführende Literatur zu Kapitel I

J. J. Corrigan, D-Amino Acids in Animals, Science *164*, 142 (1969).

R. Fahnenstich, J. Heese u. H. Tanner, Aminosäuren in Ullmanns Encyklopädie der technischen Chemie, Verlag Chemie, Weinheim 1974.

D. M. Greenberg, Amino Acid Metabolism, Ann. Rev. Biochem. *33*, 633 (1964).

J. P. Greenstein u. M. Winitz, *Chemistry of the Amino Acids*, J. Wiley & Sons, Inc., New York, London 1961.

M. E. Jones, Amino Acid Metabolism, Ann. Rev. Biochem. *34*, 381 (1965).

F. Lingens, The Biosynthesis of Aromatic Amino Acids and its Regulation, Angew. Chem. Intern. Ed. Engl. *7*, 350 (1968).

A. Meister, *Biochemistry of Amino Acids*, Vol. 1 u. 2, Academic Press, New York, London 1965.

M. D. Milne, Pharmacology of amino acids, Clin. Pharmacol. Ther. *9*, 484 (1968).

R. J. F. Nivard u. G. I. Tesser, *General Chemistry of the Amino Acids* in M. Florkin, E. H. Stotz, *Comprehensive Biochemistry*, Vol. 6, 143, Elsevier Publishing, Amsterdam, New York 1965.

Metabolism of Amino Acids and Amines in H. Tabor u. C. W. Tabor, *Methods in Enzymology*, Vol. XVII A u. XVII B, Academic Press, New York, London 1971, 1972.

J. F. Thompson, C. J. Morris u. I. K. Smith, New Naturally Occuring Amino Acids, Ann. Rev. Biochem. *38*, 137 (1969).

P. Truffa-Bachi u. G. N. Cohen, Some Aspects of Amino Acid Biosynthesis in Microorganisms, Ann. Rev. Biochem. *37*, 79 (1968).

Amino Acid Metabolism, Ann. Rev. Biochem. *42*, 113 (1973).

B. Tschiersch, Toxische Aminosäuren. Eine Übersicht, Pharmazie *21*, 445 (1966).

H. E. Umbarger, Regulation of Amino Acid Metabolism, Ann. Rev. Biochem. *38*, 223 (1969).

Th. Wieland, R. Müller, E. Niemann, L. Birkhofer, A. Schöberl, A. Wagner u. H. Söll, *Aminosäuren und ihre Derivate*, in Methoden der Organischen Chemie (Houben-Weyl), Georg Thieme Verlag, Stuttgart 1958.

II DIE PEPTID-SYNTHESE ALS EINE SPEZIELLE CHEMIE DER AMINOSÄUREN

Eine Peptid-Synthese ist durch die Bildung einer Amid-Bindung zwischen der Carboxy-Gruppe einer und der Amino-Gruppe einer zweiten Aminosäure charakterisiert:

$$H_2N-CHR-COOH + H_2N-CHR^1-COOH \xrightarrow{-H_2O} H_2N-CHR-CO-NH-CHR^1-COOH$$

Diese formal unter Wasserabspaltung verlaufende Reaktion wird in zwei Stufen durchgeführt. Zunächst muß die Carboxy-Gruppe in geeigneter Form aktiviert werden, um dann mit der nucleophilen Amino-Gruppe zu reagieren. Ein eindeutiges Ergebnis wird nur erhalten, wenn alle weiteren funktionellen Gruppen, sofern sie an der Reaktion teilnehmen können, blockiert sind. Die Synthese eines Dipeptids hat also den in Schema 1 wiedergegebenen Verlauf. Dieses Schema enthält auch die übliche Terminologie der Peptid-Synthese.

Nur selten ist eine Peptid-Synthese ohne Kompromisse durchführbar, da die Zahl der bewährten Schutzgruppen und Kupplungsmethoden begrenzt ist. Außerdem lassen sich nicht alle Schutzgruppen untereinander und nicht alle Schutzgruppen und Kupplungsmethoden miteinander beliebig kombinieren. Weitere Einschränkungen sind durch die besonderen Eigenschaften der einzelnen Aminosäuren gegeben. Schließlich muß sich eine Peptid-Synthese analytisch verfolgen lassen und eine Abtrennung von Nebenprodukten ermöglichen. Sie erfordert daher eine Planung, die nach BODANSZKY und ONDETTI als „Strategie und Taktik" der Peptid-Synthese bezeichnet wird.

Die Chemie der Peptid-Synthese umfaßt somit: Aminosäuren und Aminosäure-Derivate als Ausgangsstoffe, Methoden zur Aktivierung der Carboxy-Gruppe und die Bildung der Peptid-Bindung sowie Strategie und Taktik der Peptid-Synthese. Die mit jeder Synthese zusammenhängende Reinigung und Analytik wird in Kapitel V behandelt.

Im Zusammenhang mit der Peptid-Synthese wird auch die Biosynthese der Proteine in einer kurzen Zusammenfassung beschrieben.

Schema 1. Synthese eines Dipeptids aus den Aminosäuren

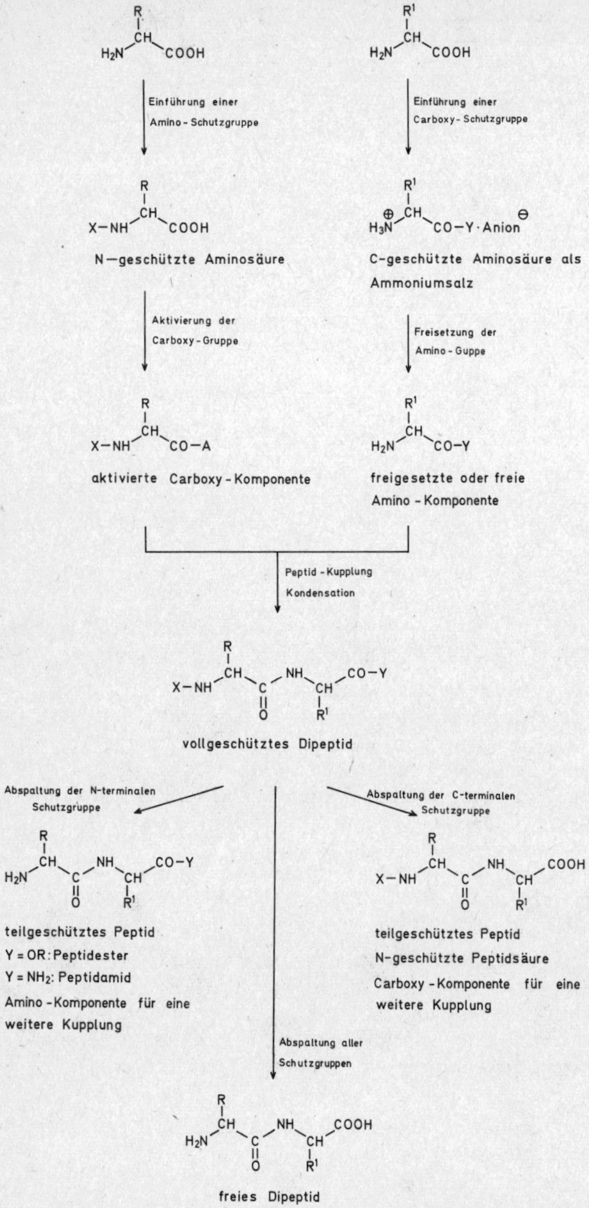

$H_2N-CH(R)-COOH$ $H_2N-CH(R^1)-COOH$

↓ Einführung einer Amino-Schutzgruppe   ↓ Einführung einer Carboxy-Schutzgruppe

$X-NH-CH(R)-COOH$ $H_3\overset{\oplus}{N}-CH(R^1)-CO-Y \cdot Anion^{\ominus}$

N−geschützte Aminosäure   C−geschützte Aminosäure als Ammoniumsalz

↓ Aktivierung der Carboxy-Gruppe   ↓ Freisetzung der Amino-Guppe

$X-NH-CH(R)-CO-A$ $H_2N-CH(R^1)-CO-Y$

aktivierte Carboxy-Komponente   freigesetzte oder freie Amino-Komponente

↓ Peptid-Kupplung Kondensation

$X-NH-CH(R)-C(=O)-NH-CH(R^1)-CO-Y$

vollgeschütztes Dipeptid

↙ Abspaltung der N-terminalen Schutzgruppe   ↘ Abspaltung der C-terminalen Schutzgruppe

$H_2N-CH(R)-C(=O)-NH-CH(R^1)-CO-Y$ $X-NH-CH(R)-C(=O)-NH-CH(R^1)-COOH$

teilgeschütztes Peptid
Y = OR: Peptidester
Y = NH$_2$: Peptidamid
Amino-Komponente für eine weitere Kupplung

teilgeschütztes Peptid
N-geschützte Peptidsäure
Carboxy-Komponente für eine weitere Kupplung

↓ Abspaltung aller Schutzgruppen

$H_2N-CH(R)-C(=O)-NH-CH(R^1)-COOH$

freies Dipeptid

1. Aminosäuren und Aminosäure-Derivate als Ausgangsstoffe zur Peptid-Synthese

Freie Aminosäuren sind nicht nur aufgrund zahlreicher Nebenreaktionen an ihren funktionellen Gruppen, sondern auch wegen ihrer Zwitterionenform zur Peptid-Synthese ungeeignet, da die Protonisierung der Amino-Gruppe den nucleophilen Angriff auf die Carboxy-Gruppe erschwert. Darüber hinaus sind freie Aminosäuren in den zur Peptid-Synthese geeigneten Lösungsmitteln wenig löslich oder unlöslich. Die Verwendung von Derivaten hat also nicht nur die Aufgabe, Nebenreaktionen zu verhindern, sondern auch die Kupplungsreaktion in einem geeigneten Lösungsmittel zu ermöglichen.

Im Verlauf einer Peptid-Synthese müssen oder können die verschiedenartigsten funktionellen Gruppen blockiert werden (Schema 2).

Schema 2. Zu schützende funktionelle Gruppen in der Peptidchemie

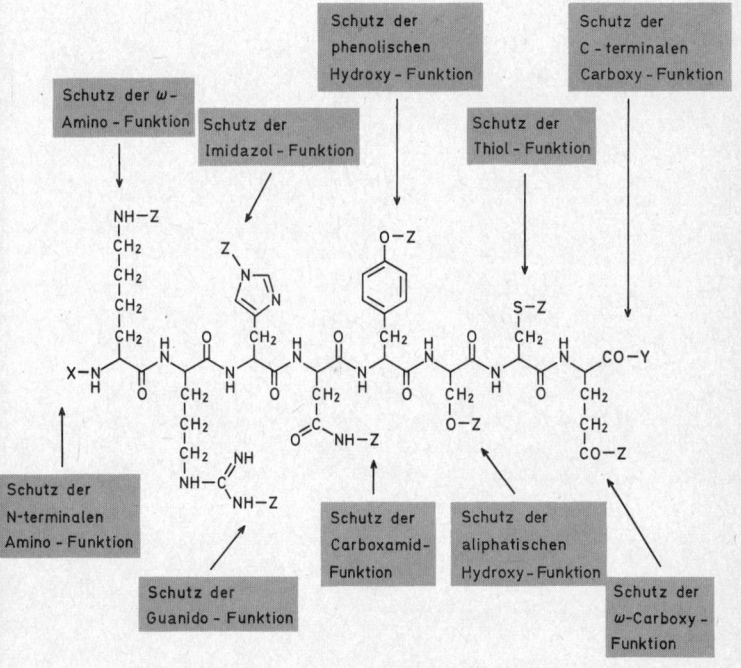

Lysyl-Arginyl-Histidyl-Asparaginyl-Tyrosyl-Seryl-Cysteinyl-Glutaminsäure

Aufgrund dieser zu schützenden Funktionen lassen sich die Schutzgruppen einteilen in

Amino-Schutzgruppen: für die N-terminale α-Aminogruppe, die ω-Aminogruppe des Lysins und Ornithins und zur Blockierung der Hydrazid-Funktion.

Schutzgruppen für weitere stickstoffhaltige Funktionen: für die Guanido-Gruppe des Arginins, den.Imidazol-Stickstoff des Histidins und die Amid-Gruppen in der Seitenkette des Asparagins und des Glutamins oder für eine C-terminale Amid-Gruppe.

Carboxy-Schutzgruppen: für die C-terminale α-Carboxy-Gruppe und die ω-Carboxy-Gruppe der Glutaminsäure bzw. Asparaginsäure.

Hydroxy-Schutzgruppen: für die aliphatischen Hydroxy-Gruppen des Serins und Threonins und die phenolische Hydroxy-Gruppe des Tyrosins.

Thiol-Schutzgruppen: für die Mercapto-Funktion des Cysteins.

An die Schutzgruppen müssen bestimmte Anforderungen gestellt werden, sofern sie zur Peptid-Synthese geeignet sein sollen. Sie müssen sich leicht in die Aminosäuren unter Erhalt der Konfiguration einführen lassen, und das Derivat soll weitgehend stabil sein. Der substituierende Rest darf im Verlauf der Peptid-Synthese eine Racemisierung nicht erleichtern oder ermöglichen. Schutzgruppen, die beim Aufbau der Peptid-Kette zum intermediären Schutz der Amino-Gruppe oder Carboxy-Gruppe dienen, müssen selektiv abspaltbar sein (intermediäre Schutzgruppen). Alle Schutzgruppen, also auch die, die während der Kettenverlängerung erhalten bleiben (konstante Schutzgruppen), müssen sich nach Beendigung der Synthese leicht und ohne Angriff auf Peptid-Bindungen oder funktionelle Gruppen entfernen lassen (s. S. 178).

Einige Schutz-Gruppen haben eine universelle Anwendung. So kann z. B. der Benzyl-Rest als N-Benzyl-aminosäure, als Benzylester, als Benzyläther oder Benzylthioäther sowie als N_{im}-Benzyl-histidin zur Blockierung verschiedener Funktionen dienen. Andere Reste sind nur für eine Funktion einsetzbar, so die Nitro-Gruppe für die Guanido-Funktion des Arginins oder symmetrische und unsymmetrische Disulfide für die Thiol-Funktion des Cysteins.

Die gemeinsame Entfernung des gleichen Schutzgruppen-Typs von unterschiedlichen Funktionen sowie umgekehrt die selektive Abspaltung unterschiedlicher Schutzgruppen von der gleichen Funktion spielen bei der Planung der Peptid-Synthese eine wesentliche Rolle (Taktik der Peptid-Synthese, s. S. 177).

1.1. Der Schutz saurer oder basischer funktioneller Gruppen durch Salzbildung

Als einfachste Derivate von Aminosäuren sind deren Salze zur Peptid-Synthese geeignet. Die Salzbildung kann jedoch, abhängig von dem pK-Wert der funktionellen Gruppen, leicht auf andere basische bzw. saure Funktionen übertragen und die gewünschte Blockierung aufgehoben werden.

1.1.1. Salzbildung an der Amino-Gruppe

Eine Salzbildung an der α-Amino-Gruppe ist nur in wenigen Ausnahmefällen als Schutz brauchbar. Sie dient vorzugsweise zur Verhinderung von Nebenreaktionen bei der Herstellung und Aufbewahrung von Aminosäure- und Dipeptidestern, die leicht Dioxopiperazine bilden und nur als Salze stärkerer Säuren stabil sind.

1.1.2. Salzbildung an der Carboxy-Gruppe

Im Gegensatz zur Salzbildung an der Amino-Gruppe gehört die Salzbildung an der Carboxy-Gruppe zu den wichtigen Blockierungsmethoden der Peptidchemie. Voraussetzung für die erfolgreiche Verwendung einer „Salzkupplung" ist die Aktivierung der Carboxy-Komponente in Abwesenheit der als Carboxy-Salz vorliegenden Amino-Komponente. Eine Umlagerung der Ionenbindung auf eine andere Carboxy-Gruppe kann dann nicht eintreten. Salze tertiärer Amine erlauben durch ihre Löslichkeit Kupplungen in organischen Lösungsmitteln. Zu einem beliebigen Zeitpunkt der Synthese kann die entstandene N-geschützte Peptidsäure direkt als Carboxy-Komponente zur weiteren Kettenverlängerung eingesetzt werden. Der Vorteil dieser Methode ist, daß die Abspaltung einer covalent gebundenen, C-terminalen Schutzgruppe, die häufig nicht komplikationslos verläuft, vermieden wird.

1.1.3. Salzbildung an basischen oder sauren Funktionen in der Seitenkette

Die unterschiedliche Basizität von α- und ω-Amino-Gruppe des Lysins oder Ornithins genügt nicht für eine selektive Salzbildung. In wäßriger Lösung ist für das Lysin-Hydrochlorid [1] das Chloridion nicht an einer Amino-Gruppe zu lokalisieren. Für freies Lysin dagegen ist die Protonisierung [2] der α-Amino-Gruppe durchaus eindeutig, wie eine selektive Acylierung der ω-Amino-Gruppe in wäßriger Lösung beweist.

102 Ausgangsstoffe zur Peptidsynthese

$$\begin{array}{c} \overset{\oplus}{H_3N}-CH_2 \\ | \\ (CH_2)_3 \\ | \\ \overset{\oplus}{H_3N}-\overset{CH}{}-COO^{\ominus} \end{array} \cdot Cl^{\ominus} \qquad \begin{array}{c} H_2N-CH_2 \\ | \\ (CH_2)_3 \\ | \\ \overset{\oplus}{H_3N}-\overset{CH}{}-COO^{\ominus} \end{array}$$

1   2

Günstiger sind die Eigenschaften der stärker basischen Guanido-Funktion des Arginins. Aus z. B. Argininester-Dihydrochlorid [3] läßt sich mit einem Äquivalent Base die Salzbildung der α-Amino-Gruppe aufheben. Die verbleibende Protonisierung der Guanido-Gruppe [4] ist während einer Peptid-Synthese zur Blockierung der ω-Funktion ausreichend. Die Imidazol-Funktion des Histidins ist

$$\begin{array}{c} NH \\ \parallel \\ NH-C-\overset{\oplus}{NH_3} \\ | \\ CH_2 \\ | \\ CH_2 \\ | \\ CH_2 \\ | \\ \overset{\oplus}{H_3N}-\overset{CH}{}\diagdown CO-Y \end{array} \cdot 2\,Cl^{\ominus} \quad \xrightarrow{-\,HCl} \quad \begin{array}{c} NH \\ \parallel \\ NH-C-\overset{\oplus}{NH_3}\cdot Cl^{\ominus} \\ | \\ CH_2 \\ | \\ CH_2 \\ | \\ CH_2 \\ | \\ H_2N-\overset{CH}{}\diagdown CO-Y \end{array}$$

3   4

ebenfalls zur Salzbildung geeignet. Der geringe pK-Wert dieser Gruppe schließt jedoch eine selektive Protonisierung als Schutz vor Nebenreaktionen aus.

Die Carboxy-Gruppen von Aminodicarbonsäuren unterscheiden sich soweit in ihren pK-Werten, daß sie selektiv verseift oder verestert werden können (s. S. 80). Für den selektiven Schutz bei einer Peptid-Synthese genügen diese Unterschiede nicht.

1.2. Amino-Schutzgruppen

Entsprechend den Substitutionsmöglichkeiten einer Amino-Gruppe kann die Blockierung dieser Funktion in Form eines Acyl-Derivates, eines Alkyl-Derivates oder als Schiffsche Base erfolgen. Die wichtigste Gruppe, die der Acyl-Derivate, kann in die Typen Carbonsäureamide, Urethane und Säureamide mit substituierten anorganischen Säuren unterteilt werden.

Entscheidender als die strukturelle Vielfältigkeit ist die Differenzierung der Schutzgruppen aufgrund der Reaktionen, die zu ihrer Abspaltung führen. Gleicher Strukturtyp bedeutet nur sehr bedingt, daß zur Entfernung dieser Gruppen ähnliche Reaktionsbedingungen erforderlich sind: Die zum Urethan-Typ gehörenden Benzyloxycarbonyl- und tert.-Butyloxycarbonyl-Gruppen sind beide acidolytisch, aber nur der Benzyloxycarbonyl-Rest reduktiv spaltbar. Schutzgruppen unterschiedlichen Typs können aber auch durch ein und dieselbe Reaktion entfernt werden. So sind die Formyl-Gruppe (Typ Carbonsäureamid), der 2-Nitro-phenylsulfenyl-Rest (Typ Säureamid einer substituierten anorganischen Säure) und die Trityl-Gruppe (Typ Alkylamin) der protonenkatalysierten Solvolyse zugänglich. Praktisch führen nur drei Reaktionen zur Entfernung fast aller Amino-Schutzgruppen: die Solvolyse, die Acidolyse und die Reduktion. Eine Differenzierung ist auch bei an sich gleichartig reagierenden Resten durch Wahl der Reaktionsbedingungen möglich. Alle zum Urethantyp gehörenden Gruppen sind acidolytisch spaltbar. Für die Diphenyl-isopropyloxycarbonyl-Gruppe { [2-Biphenyl-(4)-propyl-(2)]-oxycarbonyl-Gruppe } genügt bereits Essigsäure, während die tert.-Butyloxycarbonyl-Gruppe Chlorwasserstoff in einem organischen Lösungsmittel oder Trifluoressigsäure und die Benzyloxycarbonyl-Gruppe Bromwasserstoff in Eisessig oder flüssigen Fluorwasserstoff benöti-

Tabelle 1. Möglichkeiten zur Blockierung der Amino-Funktion

I. Acyl-Schutzgruppen

Typ Carbonsäureamide:

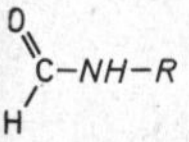

Formyl

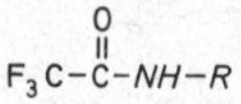

Trifluoracetyl

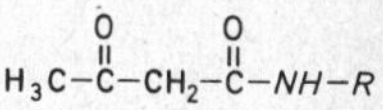

Acetoacetyl

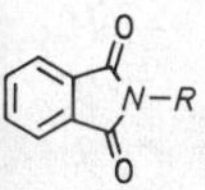

Phthalyl

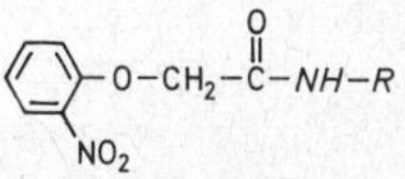

2-Nitro-phenoxyacetyl

Typ Säureamide substituierter anorganischer Säuren

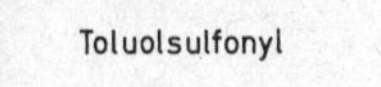

Toluolsulfonyl

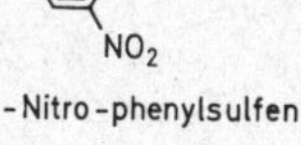

2-Nitro-phenylsulfenyl

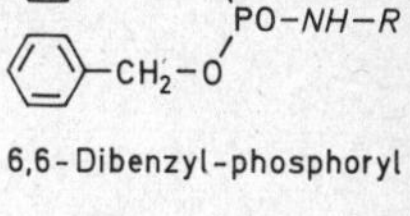

6,6-Dibenzyl-phosphoryl

Tabelle 1. (Fortsetzung)

Typ Urethane

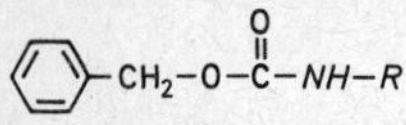

Benzyloxycarbonyl

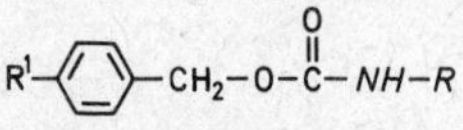

4-substituierte Benzyloxycarbonyl

R^1 = Cl; Br; NO_2; H_3C-O; $C_6H_5-N=N$

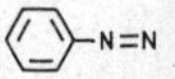

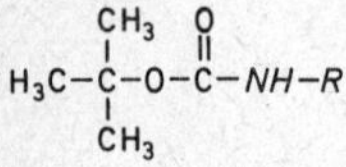

tert.-Butyloxycarbonyl

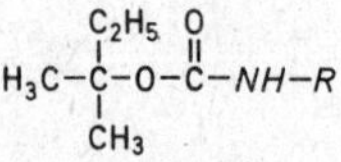

tert.-Amyloxycarbonyl

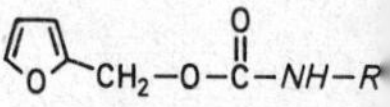

Furfuryloxycarbonyl

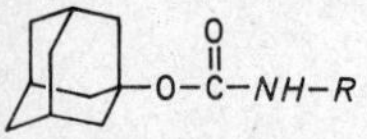

Adamantyl-(1)-oxycarbonyl

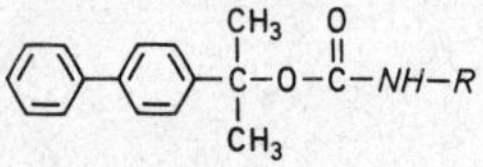

[2-Biphenyl-(4)-propyl-(2)]-oxycarbonyl

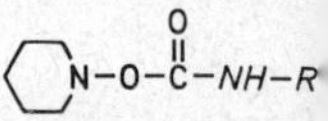

Piperidinooxycarbonyl

II. Alkyl-Schutzgruppen

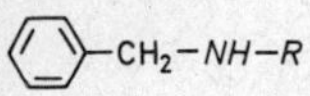

Benzyl

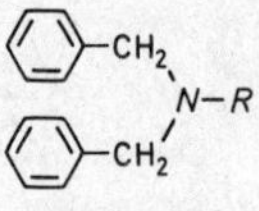

Dibenzyl

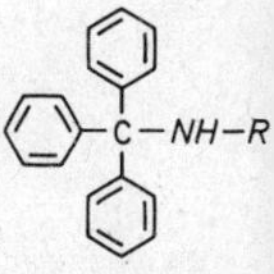

Triphenylmethyl (Trityl)

III. Aryliden/Enamin-Schutzgruppen

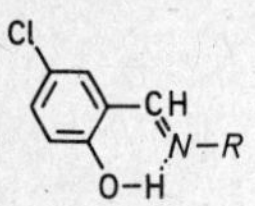

2-Hydroxy-5-chlor-benzyliden

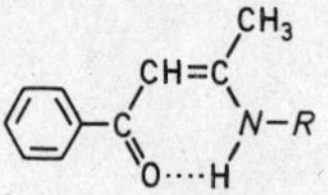

1-Benzoyl-propenyl-[1-Oxo-1-phenyl-buten-(2)-yl-(3)]

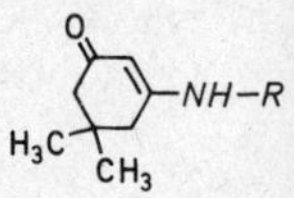

5,5-Dimethyl-3-oxo-cyclohexenyl

gen. Oft kann eine Schutzgruppe auch auf mehreren Wegen entfernt werden, z. B. die 2-Nitro-phenylsulfenyl-Gruppe durch Acidolyse, Solvolyse oder Mercaptolyse.

1.2.1. Blockierung der Amino-Gruppe durch eine Acyl-Schutzgruppe

1.2.1.1. Acyl-Schutzgruppen vom Typ Carbonsäureamid

Zwei Nachteile schränken die universelle Verwendung von N-geschützten Aminosäuren des Typs Carbonsäureamid zur Peptid-Synthese stark ein. Acyl-aminosäuren mit aktivierter Carboxy-Gruppe lagern sich leicht in die Azlactone um, die dann zu einer Racemisierung führen können (s. S. 51). Außerdem stellen sie als Carbonsäureamide den gleichen Strukturtyp dar wie die Peptid-Bindung. Es ist also zu erwarten, daß Reaktionen, die zu ihrer Spaltung führen, über den gleichen Mechanismus auch Peptid-Bindungen angreifen können.

Die wenigen als Schutzgruppen geeigneten Acyl-Reste lassen sich in solvolytisch und unter Ringschluß spaltbare Reste einteilen. Die Formyl-Gruppe ist durch protonenkatalysierte Alkoholyse oder Hydrolyse (HILLMANN 1951) und die Trifluoracetyl-Gruppe durch basenkatalysierte Hydrolyse spaltbar (WEYGAND 1952) (Schema 3). Daß im Falle des Formyl-Restes tatsächlich eine Solvolyse und keine Acidolyse vorliegt, geht daraus hervor, daß sie in wasserfreier Trifluoressigsäure oder bei Reaktion mit Bromwasserstoff in Eisessig stabil ist.

Schema 3. Solvolytische Abspaltung der Formyl- und Trifluoracetyl-Gruppe

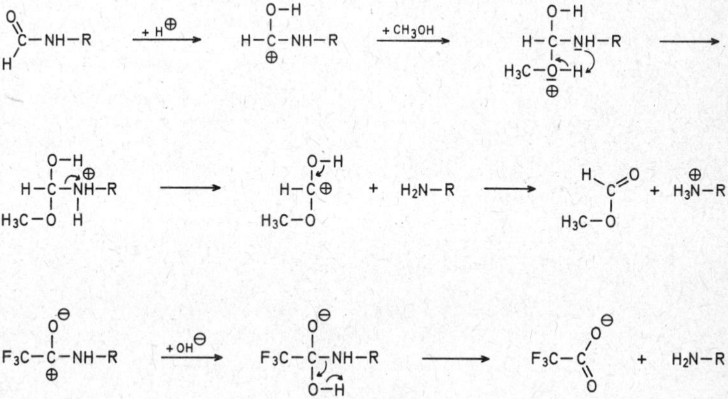

In einer spezifischen Reaktion ist die Formyl-Gruppe durch Oxidation mit Wasserstoffperoxid abspaltbar. Die Reaktion verläuft über die nicht stabilen Carbaminsäure-Derivate [5], die unter Eliminierung

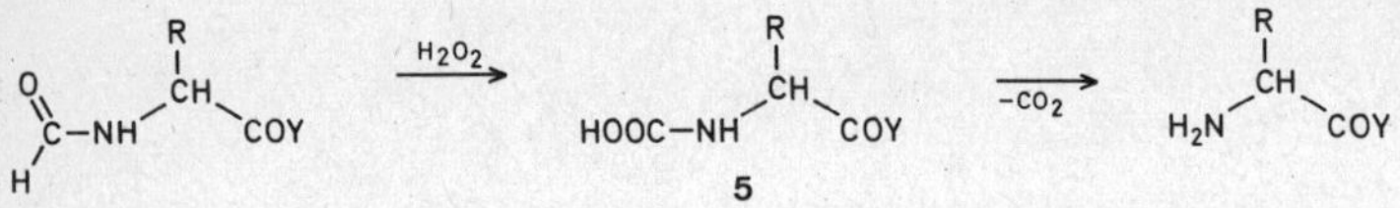

von Kohlendioxid die freie Amino-Gruppe liefern. Die Entfernung gelingt auch mit Aminen oder besser mit Hydrazin als Formyl-Acceptoren (GEIGER 1968) (Schema 4).

Schema 4. Abspaltung der Formyl-Gruppe mit Hydrazin

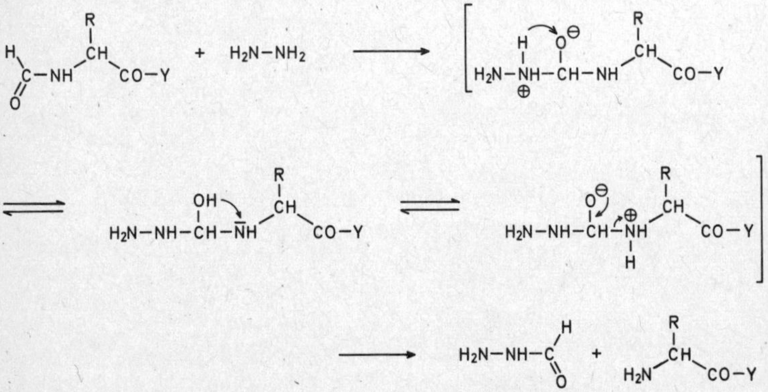

Ein Nachteil der Trifluoracetyl-Gruppe ist, daß bei ihrer Hydrolyse auch Ester-Bindungen verseift werden oder umgekehrt bei der Verseifung oder Hydrazinolyse von Ester-Bindungen auch die Schutzgruppe angegriffen wird. Der hohe Dampfdruck von Trifluoracetylaminosäureestern oder Trifluoracetyl-peptidestern hat für diese Derivate in der Gaschromatographie zur systematischen Untersuchung der Racemisierung (s. S. II, 186) sowie in der Massenspektroskopie zur Strukturaufklärung (s. S. II, 209) neue Anwendungsgebiete eröffnet.

Acyl-Schutzgruppen, die über eine Ringschluß-Reaktion eliminiert werden, sind die Phthalyl-Gruppe, die mit Hydrazin ein Phthalazin-Derivat bildet, die Acetoacetyl-Gruppe, die mit Arylhydrazinen zu Pyrazolon-Derivaten cyclisiert, und die 2-Nitro-phenoxyacetyl-Gruppe, die nach Reduktion der Nitro-Gruppe unter Lactambildung reagiert (Schema 5).

Schema 5. Abspaltung von Amino-Schutzgruppen über eine Ringschlußreaktion

Die Phthalyl-Gruppe:

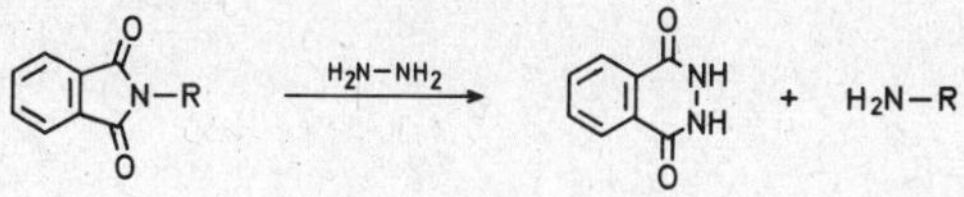

Die Acetoacetyl-Gruppe (3-Oxo-butanoyl-Gruppe):

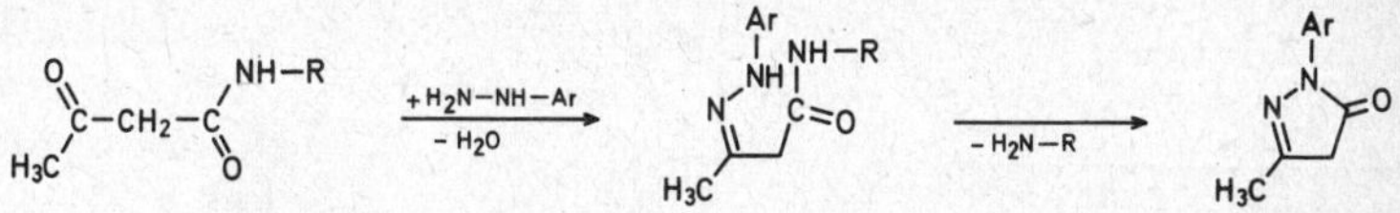

Die 2-Nitro-phenoxyacetyl-Gruppe:

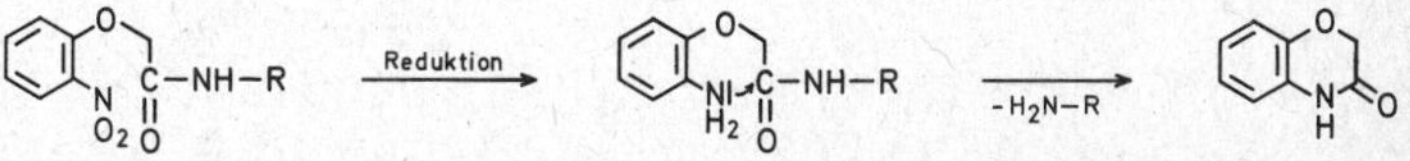

1.2.1.2. Acyl-Schutzgruppen vom Typ Säureamid einer substituierten anorganischen Säure

Im Gegensatz zum Carbonsäureamid hat dieser Typ den Vorzug, daß bei der Aktivierung eine Azlacton-Bildung und damit eine Racemisierung auszuschließen ist. Die gebräuchlichsten Schutzgruppen dieser Art sind die Säureamide von Monoestern der Kohlensäure (Acyl-Schutzgruppen vom Urethan-Typ). Sie werden im folgenden Abschnitt ausführlich besprochen (s. S. 109). Daneben sind nur der Toluolsulfonyl- und der 2-Nitro-phenylsulfenyl-Rest von Bedeutung.

Die Toluolsulfonyl-Gruppe wurde bereits von E. FISCHER zur Synthese von N-Methyl-aminosäuren verwendet, da der Amidwasserstoff von Tosyl-aminosäuren besonders leicht substituierbar ist (s. S. 69). Nach Einführung der reduktiven Spaltung mit Natrium in flüssigem Ammoniak (DU VIGNEAUD u. BEHRENS 1937) wurde der Toluolsulfonyl-Rest in größerem Umfang zur Peptid-Synthese eingesetzt. Die Reduktion verläuft nicht nach einem einheitlichen Reaktionsschema. Untersuchungen zeigten, daß das zu erwartende Thiokresol nur zu 5–15 % entsteht. Daneben werden 4-Toluol-sulfinsäure und Toluol nachgewiesen (KOVACS u. GHATAK, Schema 6).

Die 2-Nitro-phenylsulfenyl-Gruppe, erstmals bereits 1953 von GOERDELER u. HOLST beschrieben, hat nach den eingehenden Studien von ZERVAS et al. seit 1963 eine sehr schnelle Verbreitung gefunden.

Ausgangsstoffe zur Peptidsynthese

Schema 6. Reduktive Abspaltung der Tosyl-Gruppe

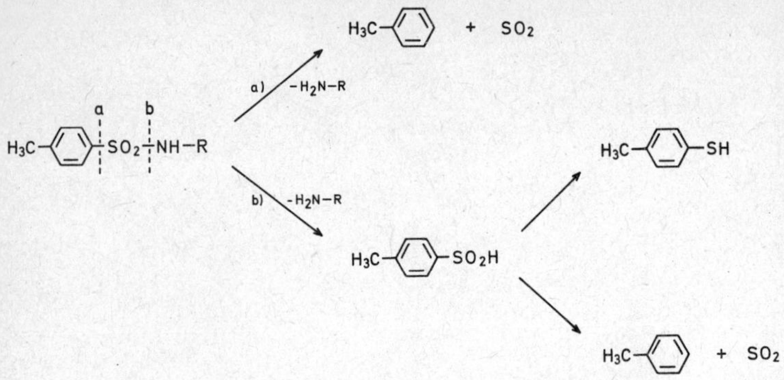

Neben einer protonenkatalysierten Solvolyse oder Acidolyse, bei der bereits Pyridiniumchlorid als Säure genügt, unterliegt sie in schonender Weise der Mercaptolyse (Schema 7).

Schema 7. Abspaltung der 2-Nitro-phenylsulfenyl-Gruppe

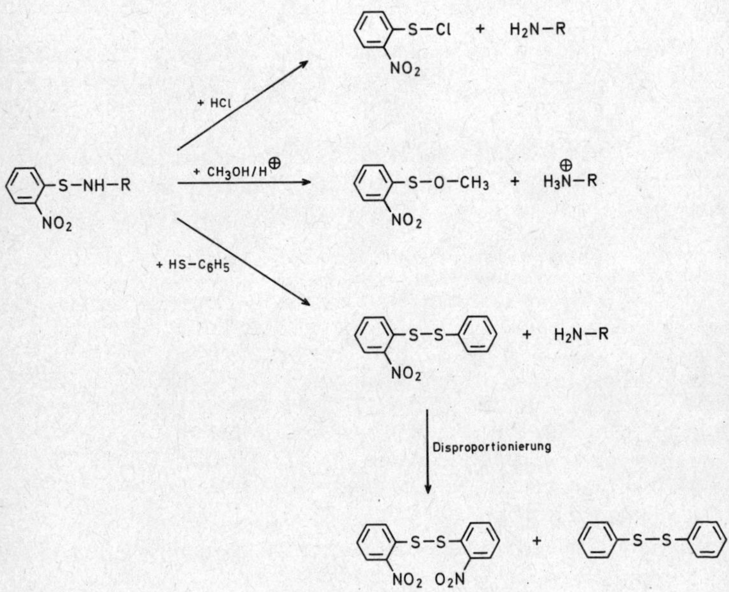

Da unter diesen Bedingungen andere, acidolytisch spaltbare Reste stabil sind, erlaubt die 2-Nitro-phenylsulfenyl-Gruppe günstige Schutzgruppenkombinationen.

1.2.1.3. Acyl-Schutzgruppen vom Urethan-Typ

Die Einführung des Benzyloxycarbonyl-Restes (früher: Carbobenzoxy-Rest) als erste universell anwendbare Amino-Schutzgruppe kann als der Beginn der modernen Peptidchemie angesehen werden (BERGMANN u. ZERVAS 1932).

Die katalytische Hydrierung des Benzyloxycarbonyl-Restes ist primär eine Hydrogenolyse des Benzylesters [6]. Anschließend zerfällt die Carbaminsäure [7] in Amino-Derivat und Kohlendioxid. Auf dem

gleichen Prinzip einer Esterspaltung beruht auch die fast allen Schutzgruppen von Urethan-Typ eigene Acidolyse, die von BEN-ISHAI (1952) für die Benzyloxycarbonyl-Gruppe mit Bromwasserstoff beschrieben wurde [8]. Da die frei werdende Amino-Gruppe ebenfalls ein Äquivalente Säure zur Bildung des Ammoniumsalzes verbraucht, werden mindestens 2 Äquivalente Säure benötigt. Das intermediär auftretende Benzylkation und das aus diesem gebildete Benzylbromid können zu Nebenreaktionen führen.

Werden anstelle des Benzylesters leichter acidolytisch spaltbare Ester der Kohlensäure verwendet, so erhält man auch leichter entfernbare

Schutzgruppen wie den tert.-Butyloxy-carbonyl- (ANDERSON 1957), den tert.-Amyloxycarbonyl [2-Methyl-butyl-(2)-oxycarbonyl] (SAKAKIBARA 1967) und den Biphenyl-isopropyloxycarbonyl-Rest {[2-Biphenylyl-(4)-propyl-(2)]-oxycarbonyl-Rest} (SIEBER u. ISELIN 1968). Ein Vorteil dieser Ester tertiärer Alkohole ist neben ihrer leichten Acidolyse die Stabilisierung des entstehenden Alkylkations durch Ausbildung einer Doppelbindung (Schema 8).

Schema 8. Acidolytische Spaltung der tert.-Alkyloxycarbonyl-Gruppen

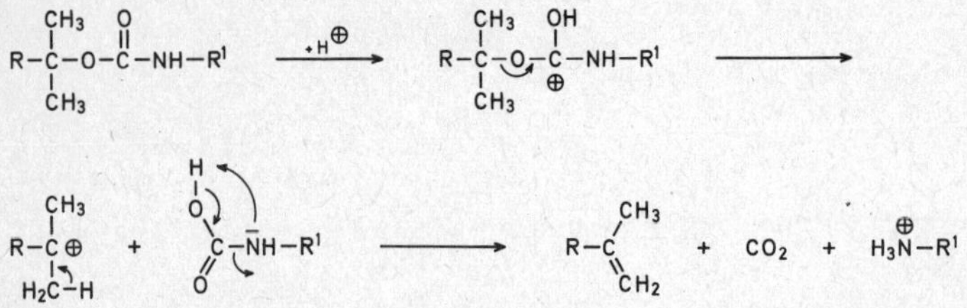

N-geschützte Aminosäure-Derivate vom Urethan Typ können auf den folgenden Wegen erhalten werden:

Säurechlorid-Methode: Aus dem entsprechenden Alkohol [9] und Phosgen wird das Alkyloxycarbonylchlorid [10] gebildet, das nach einer Schotten-Baumann-Reaktion mit der Aminosäure umgesetzt wird. Diese relativ einfache Methode ist jedoch nicht generell anwendbar, da manche Alkyloxycarbonylchloride nicht stabil sind. Von einigen Derivaten sind die stabileren Fluoride bekannt, die aus dem Alkohol und Fluorphosgen erhalten werden. Sie liefern in sehr hoher Ausbeute die N-geschützten Aminosäuren (SCHNABEL 1968).

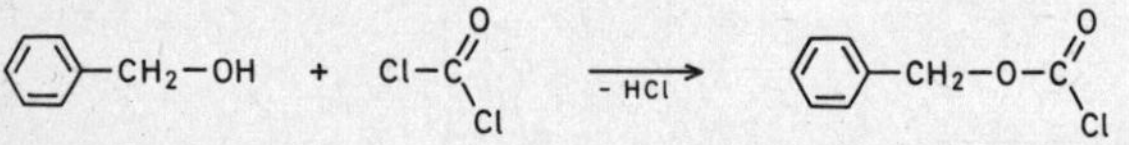

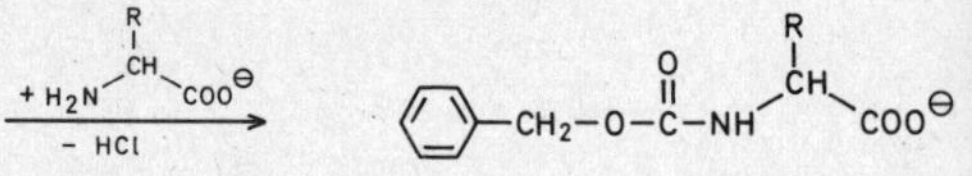

Aktivierte Ester-Methode: Durch Umsetzung von Phosgen mit einem als aktivem Ester geeigneten Phenol [11] (s. S. 143) entsteht das Phenoxycarbonylchlorid, das mit dem entsprechenden Alkohol den Kohlensäurediester (Alkoxycarbonylphenylester) [12] bildet. Die Aminolyse der aktivierten Ester-Bindung ergibt dann das geschützte Derivat:

Azid-Methode: Aus einem aktivierten Alkoxycarbonylester [13] ist durch Hydrazinolyse das Carbazat [14] zugänglich, das mit salpetriger Säure zum Azid umgesetzt wird. Die Aminolyse des Azids liefert die N-geschützte Aminosäure:

Isocyanat-Methode: Aminosäureester können mit Phosgen in Isocyansäureester [15] umgewandelt werden, die mit Alkoholen zu den entsprechenden Urethanen [16] reagieren. Die Verseifung des Esters führt dann zu der N-geschützten Aminosäure:

Alle Alkyloxycarbonyl-aminosäuren bilden als Säurechloride [17] leicht N-Carbonsäureanhydride [18] [1,3-Oxazolidindion-(2,5)].

Diese Reaktion erschwert einerseits die Verwendung der N-geschützten Aminosäuren vom Urethan-Typ als Säurechloride zur Peptid-Synthese. Andererseits sind die N-Carbonsäureanhydride als carboxy-aktivierte Verbindungen zur Synthese von Aminosäureestern (s. S. 122), von Polyaminosäuren (s. S. 152) und auch zur Synthese definierter Peptide (s. S. 146) geeignet.

1.2.2. Blockierung der Amino-Gruppe durch eine Alkyl-Schutzgruppe

Einfache Monoalkylierung einer Aminosäure durch einen Methyl-Rest stellt keinen Schutz der Amino-Gruppe dar. Ein N-Methyl-aminosäureester kann, abgesehen von einer gewissen sterischen Hinderung, als Amino-Komponente zur Peptid-Synthese benutzt werden. Der vollständige Schutz der Amino-Gruppe wird erst in Form eines N,N-dialkylierten Derivates z. B. als N,N-Dibenzylaminosäuren [19] erreicht.

Ihre bedingte Eignung als N-geschützte Derivate ist auf die Spaltbarkeit der Benzyl-amin-Bindung durch katalytische Hydrierung zurückzuführen.

Die einzige, wirklich brauchbare Alkylschutz-Gruppe ist der Triphenylmethyl-Rest (Trityl-Rest) (HILLMANN 1953), der aufgrund seiner sterischen Hinderung auch als Monoalkyl-Derivat einen vollständigen Schutz der Amino-Gruppe gewährleistet. Der wesentliche Vorteil der Trityl-Gruppe ist seine leichte Solvolyse, die schon in Gegenwart von 50%iger Essigsäure in wenigen Minuten abläuft (Schema 9).

Amino-Schutzgruppen 113

Schema 9. Solvolytische Abspaltung der Trityl-Gruppe

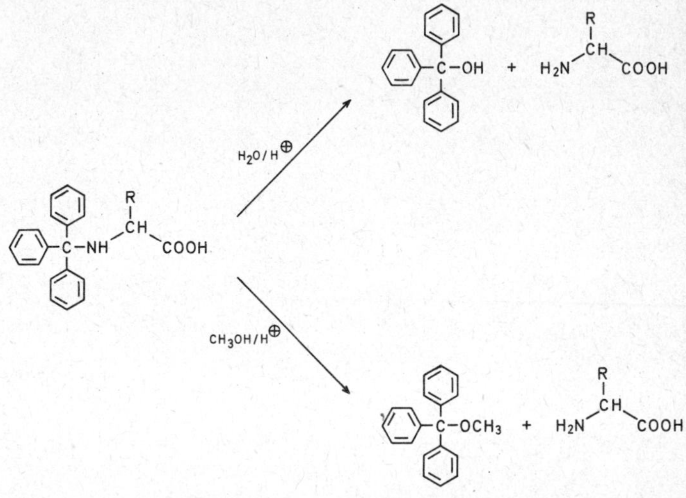

Die sterische Hinderung, die zwar den vollständigen Schutz der Amino-Gruppe bewirkt, erschwert jedoch die Herstellung der Tritylaminosäuren und die Peptid-Kupplung. Ein Ausweg ist die Einführung der Gruppe in einen Peptidester auf einer späteren Stufe der Synthese. Die Trityl-peptidester lassen sich leichter verseifen und dann zur Peptid-Synthese verwenden.

1.2.3. Die Blockierung der Amino-Gruppe durch einen Aldehyd oder ein Keton

Aminosäuren bilden mit Aldehyden leicht Schiffsche Basen, die aufgrund ihrer geringen Stabilität kaum zum Schutz der Amino-Funktion geeignet sind. Stabilere Derivate liefern die ω-Amino-Gruppen des Lysins oder Ornithins, die in alkalischem Medium eine selektive Acylierung der α-Amino-Gruppe gestatten. Weiterhin sind N'-Propyliden-Derivate [20] von N-geschützten Aminosäure- oder Peptidhydraziden gelegentlich zur besseren Isolierung oder Kristallisation der Hydrazide herangezogen worden. Schließlich ist die Bildung einer Schiff-

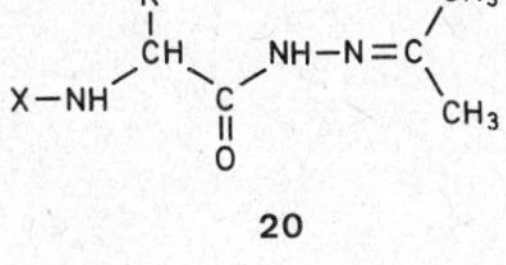

20

schen Base mit Formaldehyd bei der Titration der Carboxy-Gruppe von Aminosäuren erwähnenswert.

Zur Peptid-Synthese brauchbar sind nur solche Derivate, bei denen sich die Schiffsche Base durch eine Wasserstoffbrücke oder durch eine Enamin-Struktur stabilisiert. Die Bildung einer Wasserstoffbrücke [22] ist mit Benzaldehyd-Derivaten [21] möglich, die in 2-Stellung eine funktionelle Gruppe, z. B. eine Hydroxy-Gruppe, tragen (SHEEHAN u. GRENDA 1962). Ein Enamin [24] entsteht normalerweise nur

mit sekundären Aminen [23]. Primäre Amine, also auch Aminosäuren, bilden diese Struktur nur, wenn sie durch ein konjugiertes System stabilisiert wird. Dies gelingt durch die Verwendung von 1,3-Diketonen [25] (DANE 1962). Mit nicht cyclischen 1,3-Diketonen

[26] wird die Enamin-Struktur zusätzlich noch durch eine Wasserstoffbrücke [27] stabilisiert.

1.3. Schutzgruppen für weitere basische Funktionen

Im Gegensatz zur Amino-Gruppe, die bei Peptid-Synthesen immer blockiert werden muß, ist ein Schutz anderer basischer Funktionen (Guanido-Gruppe des Arginins, Imidazol-Stickstoff des Histidins) im Verlauf einer Peptid-Synthese nicht unbedingt notwendig. Für die Guanido-Gruppe genügt in vielen Fällen, vorzugsweise bei längeren Peptid-Sequenzen, eine Protonisierung. Histidin wird meistens ohne Maskierung der Imidazol-Funktion eingesetzt, in erster Linie wohl deshalb, weil eine vollbefriedigende Schutzgruppe fehlt.

1.3.1. Schutz der Guanido-Funktion

Der am längsten bekannte und heute noch wichtigste Guanido-Schutz wird mit der Nitro-Gruppe erreicht (BERGMANN 1934). Welche der beiden Strukturen ([28] oder [29]) vorliegt, ist nicht eindeutig

geklärt. Chemische Reaktionen sprechen für die Nitro-imino-Form, während physikalische Daten weder mit der einen noch mit der anderen Form übereinstimmen. Die Nitro-Gruppe wird durch katalytische Hydrierung über die Stufe eines Aminoguanidins [30] entfernt.

Die leichte Abspaltung mit flüssigem Fluorwasserstoff, bei der die Nitro-Gruppe auf zugesetztes Anisol übertragen wird, hat sich als wesentliche Bereicherung erwiesen.

Wie die Amino-Gruppe läßt sich auch die Guanido-Funktion tosylieren. Die Abspaltung mit Natrium in flüssigem Ammoniak führt häufig zu Nebenreaktionen, vorteilhafter ist eine Detosylierung mit flüssigem Fluorwasserstoff.

Zum Schutz der Guanido-Funktion können auch Derivate vom Urethan-Typ verwendet werden (Schema 10). Unter extrem basischen

Schema 10. Blockierung der Guanido-Funktion durch Schutzgruppen vom Urethan-Typ

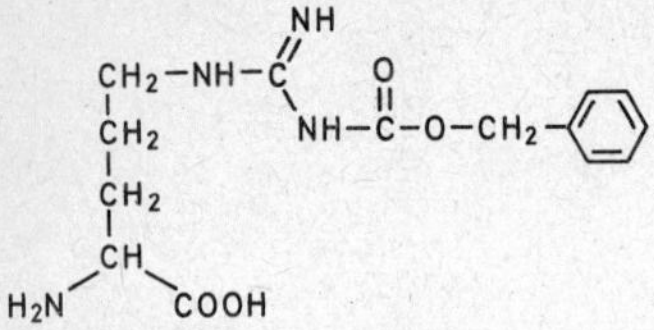

N_G—Benzyloxycarbonyl – arginin

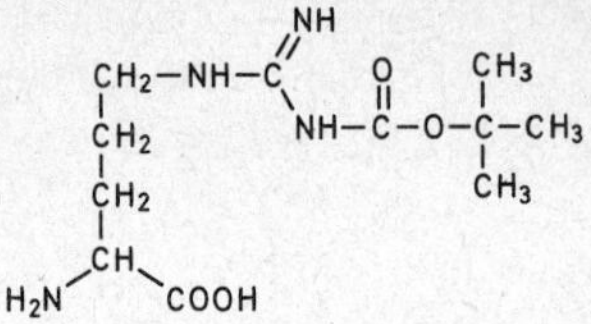

N_G—tert.— Butyloxycarbonyl – arginin

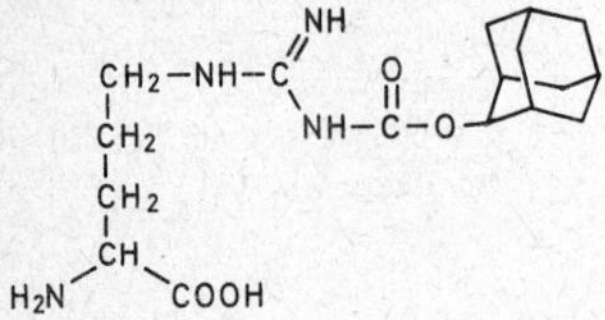

N_G—Adamantyl-(1)-oxycarbonyl -arginin

Bedingungen lassen sich zwei Urethan-Typ-Schutzgruppen in die Guanido-Funktion einführen. Durch chemischen Abbau wurde bewiesen, daß die Imino-Gruppe dabei unsubstituiert bleibt (Schema 11).

Schema 11. Strukturbeweis für das N_G,N_G-Bis-[benzyloxycarbonyl]-arginin

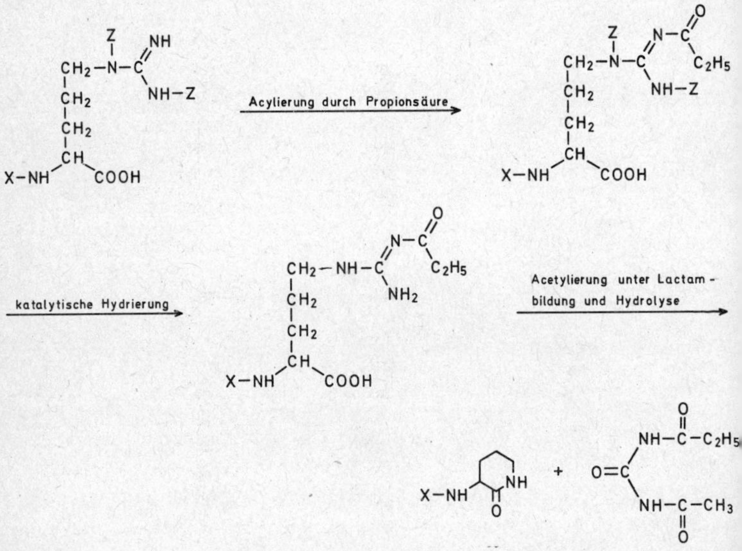

1.3.2. Schutz des Imidazol-Stickstoffs

Der Imidazol-Ring des Histidins enthält ein substituierbares Stickstoffatom, das zu Nebenreaktionen Anlaß geben kann. Ferner erschwert die Basizität des Imidazol-Ringes die Aufarbeitung von histidinhaltigen Peptiden.

Als Schutzgruppe für die Imidazol-Funktion war lange Zeit nur der Benzyl-Rest [31] in Gebrauch. Seine Abspaltung gelingt bei kürzeren Peptiden durch katalytische Hydrierung, erfordert aber verlängerte

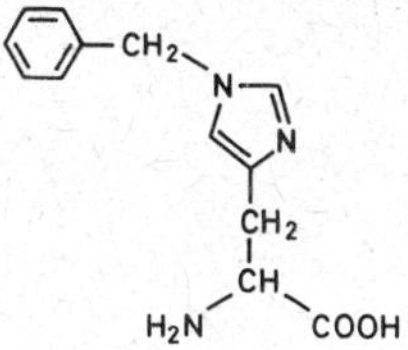

31

N_{im}-Benzyl-histidin

Reaktionszeiten und erhöhte Temperaturen. Von längeren Peptiden kann er nur durch Reduktion mit Natrium in flüssigem Ammoniak entfernt werden. In neuerer Zeit wurden daher weitere Reste zur Blockierung der Imidazol-Funktion vorgeschlagen (Schema 12).

Schema 12. Schutzgruppen für die Imidazol-Funktion des Histidins

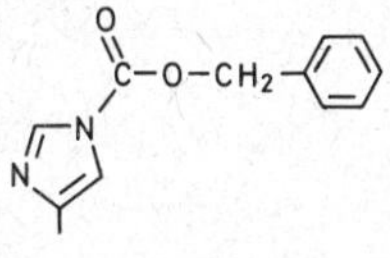

N_{im}-Benzyloxycarbonyl 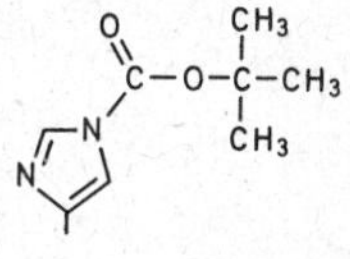 N_{im}-tert.-Butyloxycarbonyl 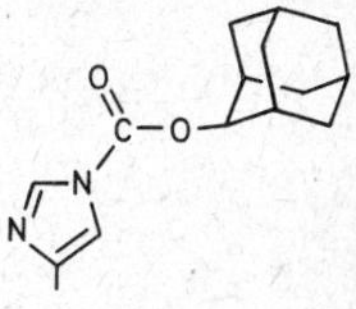 N_{im}-Adamantyl-(1)-oxy= carbonyl

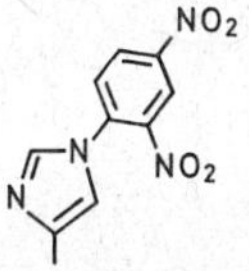

N_{im}-2,4-Dinitro-phenyl 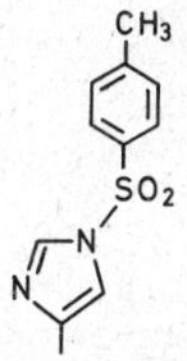 N_{im}-4-Toluolsufonyl 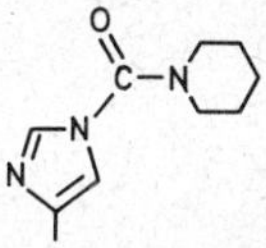 N_{im}-Piperidinocarbonyl

Die Schutzgruppen vom Urethan-Typ (Benzyloxycarbonyl, tert.-Butyloxycarbonyl und Adamantyl-(1)-oxycarbonyl) werden in gleicher

Weise wie Amino-Gruppen abgespalten. Nachteilig bei diesen Gruppen ist, daß sie als Acyl-imidazolide aktivierte Carboxy-Derivate darstellen, die eine Übertragung des Acyl-Restes z. B. auf freie Amino-Gruppen bewirken können.

Der 2,4-Dinitro-phenyl-Rest ist mit Thiolen, der Piperidinocarbonyl-Rest mit Hydrazin oder durch alkalische Verseifung abspaltbar. Die Tosyl-Gruppe kann durch Natrium in flüssigem Ammoniak, vorteilhafter aber mit flüssigem Fluorwasserstoff, entfernt werden.

1.4. Carboxy-Schutzgruppen

Carboxy-Schutzgruppen haben nicht die strukturelle Vielfältigkeit wie die Amino-Schutzgruppen. Während eine Substitution der Amino-Gruppe zu einer Reduktion oder Blockierung ihrer Reaktionsfähigkeit führt, erhöht die Substitution der Carboxy-Gruppe in den meisten Fällen ihre Reaktionsfähigkeit (z. B. Säureanhydrid, Säurechlorid, Säureazid). Eine Blockierung der Carboxy-Gruppe wird nur durch eine Amid-Bildung oder Ester-Bildung erreicht.

1.4.1. Amide als Carboxy-Schutz

Ein Carbonsäureamid ist ein befriedigendes Carboxy-blockiertes Derivat, genügt aber hinsichtlich der selektiven Abspaltung nur teilweise den Anforderungen der Peptid-Synthese. Zwar sind Säureamid-Bindungen leichter sauer hydrolysierbar als Peptid-Bindungen, doch reichen diese Unterschiede nur selten für eine differenzierte Spaltung aus.

1.4.2. Ester als Carboxy-Schutz

Als universeller Carboxy-Schutz hat sich nur der Ester bewährt. Voraussetzung ist, daß die Alkoholkomponente elektronenschiebende Eigenschaften hat [32], da sonst eine Aktivierung der Carboxy-Gruppe erreicht wird [33].

        $R^1-C(=O)-O \rightarrow R$ $R^1-C(=O)-O \leftarrow R$

               32   33

Ester als Carboxy-Schutz   Ester als aktiviertes Carboxy-Derivat

Zur Spaltung der Ester (Schema 13) werden, ähnlich wie bei Amino-Schutzgruppen, nur drei Reaktionstypen verwendet:

Die *basenkatalysierte* Hydrolyse wird vorzugsweise zur Verseifung von Methyl- oder Äthylestern, seltener zur Verseifung des Benzylesters eingesetzt.

Die *protonenkatalysierte* Hydrolyse oder Acidolyse wird zur Spaltung der Ester von sekundären oder tertiären Alkoholen verwendet (Benzhydrylester und tert.-Butylester). Ferner sind die 4-Methoxybenzylester und der 2,4,6-Trimethyl-benzylester, unter stärker sauren Bedingungen auch der Benzylester und unter extremen Bedingungen der Methyl- oder Äthylester, sauer verseifbar. Indifferent gegenüber einer protonenkatalysierten Acidolyse sind der Phenacyl- und 4-Nitro-benzylester.

Schema 13. Ester als Carboxy-Schutz

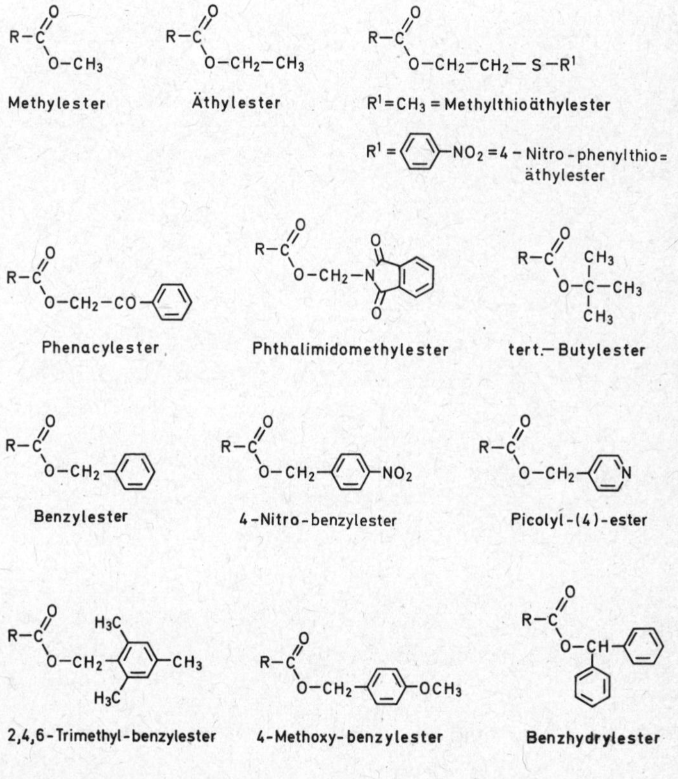

Durch *Reduktion* können alle Ester vom Benzyl-Typ (Benzylester, substituierte Benzylester, Benzhydrylester) sowie Picolyl-(4)- und Phenacylester gespalten werden. Die Reduktion kann als Hydrogenolyse in Gegenwart eines Palladium-Katalysators oder durch Natrium in flüssigem Ammoniak durchgeführt werden. Für Phenylacylester genügt bereits Thiophenol als Reduktionsmittel.

1.4.2.1. Die Synthese von Aminosäureestern

Zur Synthese von Aminosäureestern wird von freien Aminosäuren oder N-geschützten Derivaten ausgegangen.

Die durch Säuren katalysierte Reaktion kann mit freier Amino-Gruppe durchgeführt werden. Eine elegante Form ist die Veresterung mit Thionylchlorid, die vermutlich über die Stufe eines Chlorsulfin-

$$CH_3OH \xrightarrow[-HCl]{+SOCl_2} H_3CO-SO-Cl \xrightarrow[-SO_2]{+H_2N-CHR-COOH} H_3\overset{\oplus}{N}-CHR-COOCH_3 \cdot Cl^{\ominus}$$
$$\mathbf{34}$$

säureesters [34] verläuft. Ebenfalls mit freier Amino-Gruppe ist eine Umesterung [35] oder die Anlagerung eines Olefins an der Carboxy-

$$H_2N-CHR-COOH + H_3C-COOC(CH_3)_3$$
$$\xrightarrow{+H^{\oplus}} H_3\overset{\oplus}{N}-CHR-COOC(CH_3)_3 + H_3C-COOH$$
$$\mathbf{35}$$

$$H_2N-CHR-COOH + H_2C=C(CH_3)_2 \xrightarrow{+H^{\oplus}} H_3\overset{\oplus}{N}-CHR-COOC(CH_3)_3$$
$$\mathbf{36}$$

Gruppe [36] möglich. Unter diesen Bedingungen werden jedoch Hydroxy-Gruppen veräthert.

Für die Umsetzung der Aminosäure mit einem Alkylhalogenid [37] in Gegenwart eines tertiären Amins ist zur Verhinderung einer N-Alkylierung die Blockierung der Amino-Gruppe und anschließende

$$\text{C}_6\text{H}_5\text{-CH}_2\text{-O-CO-NH-CHR-COOH} + \text{Br-CH}_2\text{-C}_6\text{H}_4\text{-NO}_2$$
37

$$\xrightarrow{-\text{HBr}} \text{C}_6\text{H}_5\text{-CH}_2\text{-O-CO-NH-CHR-COO-CH}_2\text{-C}_6\text{H}_4\text{-NO}_2$$

$$\xrightarrow{\text{HBr / H}_3\text{C-COOH}} \text{H}_3\overset{\oplus}{\text{N}}\text{-CHR-COO-CH}_2\text{-C}_6\text{H}_4\text{-NO}_2 \cdot \text{Br}^\ominus$$

Abspaltung der Schutzgruppe Voraussetzung. Eine Veresterung mit Diazomethan oder Diazomethan-Derivaten [38] muß ebenfalls bei geschützter Amino-Gruppe erfolgen.

$$(\text{H}_5\text{C}_6)_3\text{C-NH-CHR-COOH} \xrightarrow[-\text{N}_2]{+\overset{\ominus}{\text{N}}=\overset{\oplus}{\text{N}}=\text{C}(\text{C}_6\text{H}_5)_2} (\text{H}_5\text{C}_6)_3\text{C-NH-CHR-COO-CH}(\text{C}_6\text{H}_5)_2$$
38

Ester lassen sich auch, ausgehend von der N-geschützten Aminosäure, über die Aktivierung der Carboxy-Gruppe z. B. als Säurechlorid oder Anhydrid oder mittels Carbodiimiden (s. S. 143) synthetisieren [39].

$$2\text{-NO}_2\text{-C}_6\text{H}_4\text{-S-NH-CHR-COOH} + \text{HO-CH}_2\text{-C}_6\text{H}_4\text{-OCH}_3$$

$$\xrightarrow{\text{Carbodiimid}} 2\text{-NO}_2\text{-C}_6\text{H}_4\text{-S-NH-CHR-COO-CH}_2\text{-C}_6\text{H}_4\text{-OCH}_3$$
39

Eine Veresterung über Carboxy-Aktivierung mit ungeschützter Amino-Gruppe ist die Umsetzung eines Aminosäurechlorid-Hydrochlorids

$$\text{H}_3\overset{\oplus}{\text{N}}\text{-CHR-COCl} \cdot \text{Cl}^\ominus + \text{HO-CH}_2\text{-C}_6\text{H}_5$$
40

$$\xrightarrow{-\text{HCl}} \text{H}_3\overset{\oplus}{\text{N}}\text{-CHR-COO-CH}_2\text{-C}_6\text{H}_5 \cdot \text{Cl}^\ominus$$

[40] mit einem Alkohol. Vorteilhaft für eine Veresterung von Aminosäuren, die eine nicht ausreichend stabile ω-Schutzgruppe haben, z. B. ε-Benzyloxycarbonyl-lysin, ist die Alkoholyse des N-Carbonsäureanhydrids [41].

Von den in Schema 13 aufgeführten Estern haben nur wenige eine breite Anwendung als Carboxy-Schutzgruppen in der Peptidchemie gefunden. Es sind dies der Methyl- bzw. der Äthylester, der tert.-Butylester, der Benzylester und bis zu einem gewissen Grade auch der 4-Nitro-benzylester.

1.4.2.2. Methyl- und Äthylester

Aufgrund der leichten Zugänglichkeit der Methyl- bzw. Äthylester sind diese Derivate für die Synthese einfacher und nicht zu langer Peptide hervorragend geeignet. Da sie gegen nicht zu energische protonenkatalysierte Acidolyse oder Hydrolyse und gegen katalytische Hydrierung stabil sind, lassen sie sich mit fast allen Amino-Schutzgruppen kombinieren. Bei längeren Peptiden erfordert die Verseifung härtere Reaktionsbedingungen und bringt die Gefahr einer Racemisierung mit sich. Methyl- und Äthylester werden auch zur Synthese von Hydraziden, die Ausgangsstoffe für eine Azid-Synthese sind, und zur Synthese von Säureamiden verwendet. Mit steigender Kettenlänge ist, ähnlich wie eine Verseifung, auch die Hydrazinolyse erschwert. Es kann dann erfolgreich auf das backing-off-Verfahren mit N'-geschützten Hydraziden (s. S. 139) zurückgegriffen werden.

1.4.2.3. tert.-Butylester

Eine Sonderstellung unter den als Carboxy-Schutz verwendeten Alkylestern nimmt der tert.-Butylester ein (TASCHNER 1960). Er ist sauer verseifbar und im Gegensatz zu dem ebenfalls durch protonenkatalysierte Hydrolyse spaltbaren 4-Methoxy-benzylester oder 2,4,6-Trimethyl-benzylester stabil gegen katalytische Hydrierung und weitgehend auch gegen alkalische Verseifung, Hydrazinolyse oder Ammonolyse. Aufgrund dieser Eigenschaften erlaubt er Schutzgruppenkombinationen, die speziell zur Synthese längerer Peptide ideal sind. Im Gegensatz zur sauren Verseifung eines Esters primärer Alkohole, die stärkere Reaktionsbedingungen erfordert und unter Spaltung der Bindung zwischen Carboxy-C-Atom und Alkohol-O-Atom verläuft [42], werden Ester tertiärer Alkohole an der Alkyl-C-O-

$$R-\overset{O}{\underset{\|}{C}}-OCH_3 \xrightarrow{+H^\oplus} R-\overset{O-H}{\underset{\oplus}{C}}-OCH_3 \xrightarrow{+H_2O} R-\overset{O-H}{\underset{H-\overset{\oplus}{O}-H}{C}}-OCH_3$$

42

$$\longrightarrow R-\overset{O-H}{\underset{H-O\ H}{C}}-OCH_3 \xrightarrow{-CH_3OH} R-\overset{O-H}{\underset{OH}{C^\oplus}} \xrightarrow{-H^\oplus} R-\overset{O}{\underset{}{C}}_{OH}$$

Bindung der Alkoholkompenente gespalten [43]. Das entstandene Carbonium-Ion stabilisiert sich unter Bildung eines Olefins.

$$R-\overset{O}{\underset{\|}{C}}-O-C(CH_3)_3 \xrightarrow{+H^\oplus} R-\overset{OH}{\underset{\oplus}{C}}-O-C(CH_3)_3 \longrightarrow$$

43

$$R-\overset{OH}{\underset{O}{C}} + {}^\oplus C(CH_3)_3 \xrightarrow{-H^\oplus} R-\overset{OH}{\underset{O}{C}} + \overset{H_2C}{\underset{H_3C}{>}}C-CH_3$$

1.4.2.4. Benzyl- und 4-Nitro-Benzylester

Zusammen mit dem Benzyloxycarbonyl-Schutz (s. S. 109) wurde von BERGMANN u. ZERVAS (1933) der ebenfalls durch katalytische Hydrierung spaltbare Benzylester [44] in die Peptid-Chemie eingeführt.

$$X-NH-\overset{R}{\underset{CH}{|}}-COO-CH_2-\langle\!\!\!\bigcirc\!\!\!\rangle \xrightarrow{+2H} X-NH-\overset{R}{\underset{CH}{|}}-COOH + H_3C-\langle\!\!\!\bigcirc\!\!\!\rangle$$

44

Dieser Ester war lange Zeit der einzige, neben dem Methyl- bzw. Äthylester selektive Carboxy-Schutz. Er ist gegen milde Acidolyse nahezu stabil und ermöglicht die differenzierte Abspaltung von Amino-Schutzgruppen. Durch längere Einwirkung von z. B. Bromwasserstoff in Eisessig oder vorteilhafter mit flüssiger Fluorwasserstoffsäure kann er auch acidolytisch gespalten werden.

Die Acidolyse von Amino-Schutzgruppen gelingt in Gegenwart von Benzylestern jedoch nicht immer ausreichend selektiv. Daher wird der 4-Nitro-benzylester [45], der gegenüber Bromwasserstoff stabil und mit Fluorwasserstoff nur unvollständig zu entfernen ist, gelegentlich mit Erfolg eingesetzt. Er läßt sich durch katalytische Hydrierung

$$X-NH-\underset{45}{CH(R)}-COO-CH_2-\underset{}{\bigcirc}-NO_2 \quad \xrightarrow{+8H}$$

$$X-NH-\underset{}{CH(R)}-COOH \quad + \quad H_3C-\underset{46}{\bigcirc}-NH_2 \quad + \quad 2H_2O$$

unter Bildung von Aminotoluol [46] entfernen. Benzyl- und 4-Nitrobenzylester lassen sich auch mit Natrium in flüssigem Ammoniak reduzieren.

1.4.2.5. Weitere Ester vom Benzyl-Typ

Der 4-Methoxy-benzylester, der 2,4,6-Trimethyl-benzylester und der Benzhydrylester sind leicht einer Acidolyse zugänglich. Da diese Ester aber auch alkalisch verseift oder hydriert werden können, sind sie nur mit wenigen Amino-Schutzgruppen, die sich neben diesen Estern selektiv entfernen lassen, zu kombinieren.

Von besonderem Interesse ist der Picolylester (YOUNG 1968) der stabil gegen Acidolyse ist und sich katalytisch hydrieren läßt. Die basische Funktion erlaubt die Aufarbeitung eines Kupplungsansatzes einschließlich der Abtrennung der beiden Ausgangskomponenten durch Chromatographie an einem sauren Ionenaustauscher (Schema 14).

1.4.3. Carboxy-Schutz bei gleichzeitig vorhandener oder vorbereiteter Aktivierung (Backing-off-Verfahren)

Eine aktivierte Carboxy-Gruppe kann in Ausnahmefällen zunächst die Aufgabe eines Carboxy-Schutzes haben und erst später zur Peptid-Kupplung eingesetzt werden. In der klassischen Form verläuft dieses als Backing-off bezeichnete Verfahren unter Verwendung eines aktivierten Esters (Schema 15).

Ausgehend von einem N-geschützten Aminosäure-Aktivester wird nach Abspaltung der Amino-Schutzgruppe an der Amino-Gruppe zum Peptid verlängert. Nach mehrfacher Wiederholung dieses Verfahrens liegt ein N-geschützter, aktivierter Ester eines längeren Peptids vor, der als carboxy-aktiviertes Derivat mit einem Aminosäure- oder Peptidester umgesetzt wird.

Schema 14. Peptid-Synthese nach dem Picolylester-Verfahren

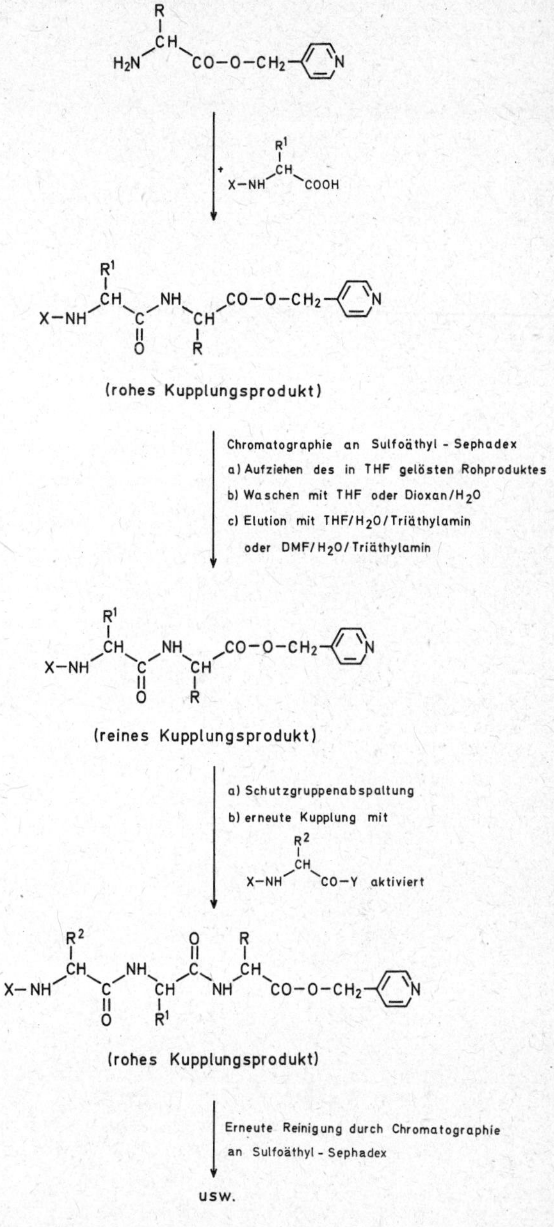

$H_2N-\underset{\underset{R}{|}}{CH}-CO-O-CH_2-\langle\text{Pyridin-4-yl}\rangle$

+ $X-NH-\underset{\underset{R^1}{|}}{CH}-COOH$

↓

$X-NH-\underset{\underset{R^1}{|}}{CH}-\underset{\underset{O}{||}}{C}-NH-\underset{\underset{R}{|}}{CH}-CO-O-CH_2-\langle\text{Py}\rangle$

(rohes Kupplungsprodukt)

↓ Chromatographie an Sulfoäthyl - Sephadex
  a) Aufziehen des in THF gelösten Rohproduktes
  b) Waschen mit THF oder Dioxan/H_2O
  c) Elution mit THF/H_2O/Triäthylamin
     oder DMF/H_2O/Triäthylamin

$X-NH-\underset{\underset{R^1}{|}}{CH}-\underset{\underset{O}{||}}{C}-NH-\underset{\underset{R}{|}}{CH}-CO-O-CH_2-\langle\text{Py}\rangle$

(reines Kupplungsprodukt)

↓ a) Schutzgruppenabspaltung
  b) erneute Kupplung mit
     $X-NH-\underset{\underset{R^2}{|}}{CH}-CO-Y$ aktiviert

$X-NH-\underset{\underset{R^2}{|}}{CH}-\underset{\underset{O}{||}}{C}-NH-\underset{\underset{R^1}{|}}{CH}-\underset{\underset{O}{||}}{C}-NH-\underset{\underset{R}{|}}{CH}-CO-O-CH_2-\langle\text{Py}\rangle$

(rohes Kupplungsprodukt)

↓ Erneute Reinigung durch Chromatographie
  an Sulfoäthyl - Sephadex

usw.

Ausgangsstoffe zur Peptidsynthese

Schema 15. Peptid-Synthese nach dem Backing-off-Verfahren (Aktivierte Ester als Carboxy-Schutz)

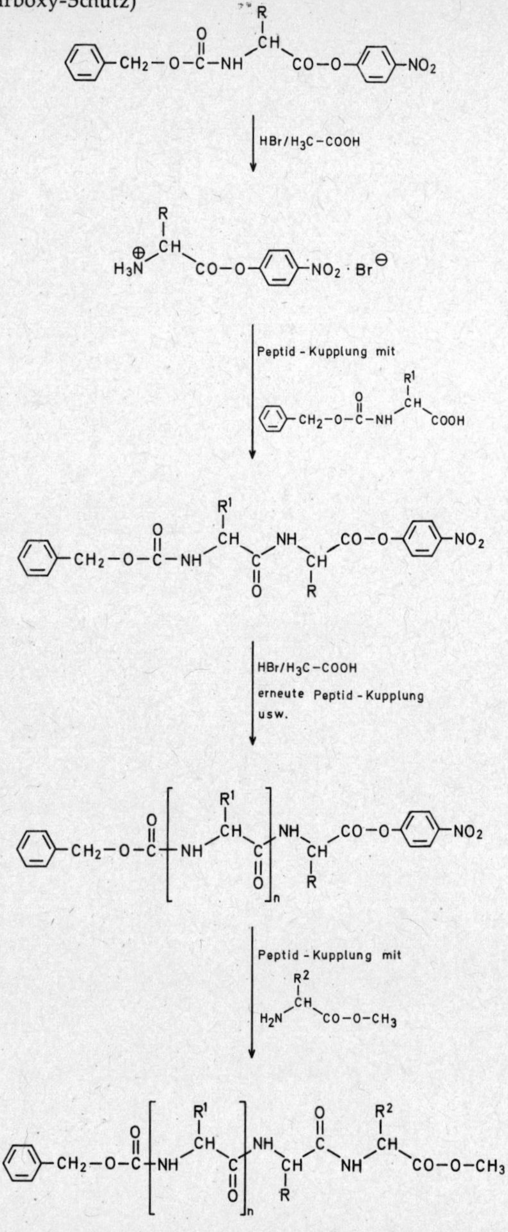

Da die direkte Synthese von aktivierten Estern N-geschützter Peptide aus den entsprechenden N-geschützten Peptidsäuren sehr racemisierungsgefährdet ist, kann dieser Umweg in vielen Fällen vorteilhaft sein.

Zum Backing-off-Verfahren sind echte, nicht aktivierte Carboxy-Schutzgruppen geeignet, die sich durch eine chemische Reaktion auf einer späteren Stufe der Synthese in ein aktiviertes Derivat überführen lassen. Bekannt sind die praktisch nicht aktivierten (Alkylthio)-phenylester [47], die durch Oxidation zum Sulfon [48] das aktivierte Derivat liefern. Weiterhin kann als Carboxy-Schutz ein N'-geschütz-

tes Hydrazid [49] dienen, das zu einem beliebigen Zeitpunkt die selektive Abspaltung der Hydrazid-Schutzgruppe [50] und die Aktivierung als Azid [51] erlaubt.

1.5. Schutz neutraler funktioneller Gruppen

1.5.1. Schutz der Carbonsäureamid-Funktion

Ein Carbonsäureamid stellt einen befriedigenden, wenn auch weitgehend irreversiblen Schutz der Carboxy-Gruppe dar. Jedoch werden mitunter an den ω-Amid-Funktionen des Glutamins und Asparagins

128 Ausgangsstoffe zur Peptidsynthese

Nebenreaktionen beobachtet, die Synthesen erschweren können und einen Schutz dieser Funktion wünschenswert erscheinen lassen.

Bei Peptid-Kupplungen, speziell nach der Carbodiimid-Methode, können Säureamide leicht zu Nitrilen dehydratisiert werden (Schema 16a). Die Überführung eines Esters in das Hydrazid oder die Solvolyse von Schutzgruppen kann von einer Hydrazinolyse (Schema 16b) oder Alkoholyse (Schema 16c) der Amid-Funktion begleitet sein. Schließlich ist unter Einbeziehung der Amino- oder Carboxy-Gruppe eine

Schema 16. Nebenreaktionen an der ω-Amid-Funktion

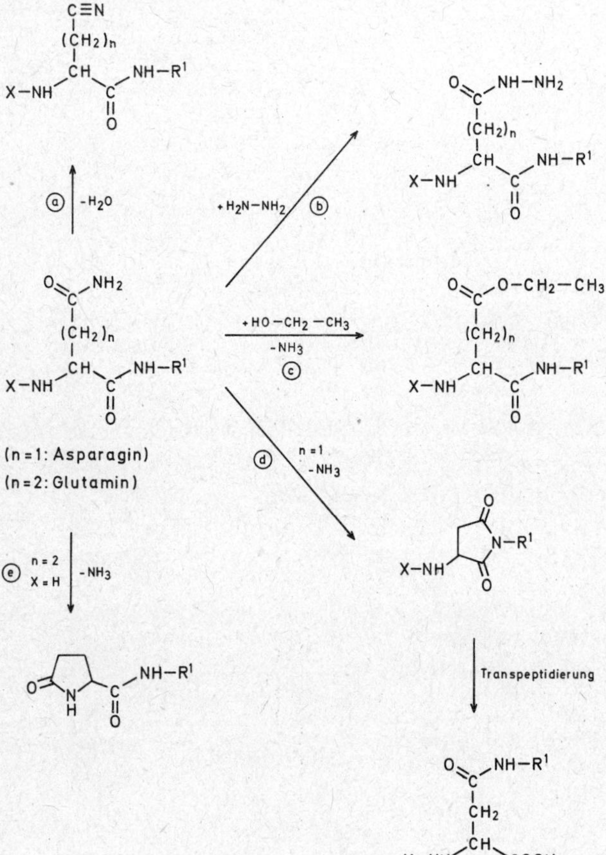

Bildung cyclischer Derivate möglich. Asparagin-Peptide bilden Succinimid-Derivate (Schema 16d), die zu einer Transpeptidierung führen können, und Glutaminyl-Peptide mit freier Amino-Gruppe bilden Pyroglutamyl-Peptide (Schema 16e). Diese Nebenreaktionen werden verhindert, wenn der Amidstickstoff substituiert ist, z. B. mit Benzyl-Derivaten, die leicht acidolytisch spaltbar sind (Schema 17). Zusätzlich

Schema 17. Schutz der Amid-Funktion durch substituierte Benzyl-Reste

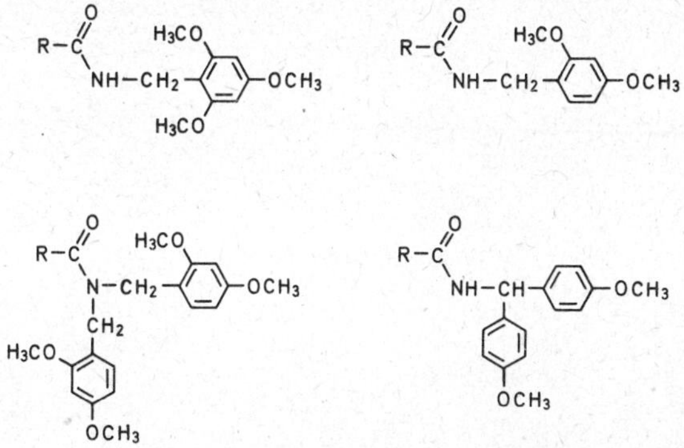

bewirken diese Reste eine bessere Löslichkeit der Peptide in organischen Lösungsmitteln und erleichtern die Synthese längerer Peptide.

1.5.2. Schutz der Hydroxy-Funktion

Die Mehrzahl der Reaktionen bei einer Peptid-Synthese erfordert keinen Schutz der Hydroxy-Funktion. Bei einem großen Überschuß an aktivierter Carboxy-Komponente (z. B. bei der Solid-Phase-Peptid-Synthese, s. S. 147) wird jedoch oft eine O-Acylierung beobachtet.

Ein zufriedenstellender Schutz der Hydroxy-Funktion ist die Verätherung. Weniger günstig sind O-Acyl-Derivate [52], die sich unter alkalischen Bedingungen leicht in die N-Acyl-Derivate [53] umlagern

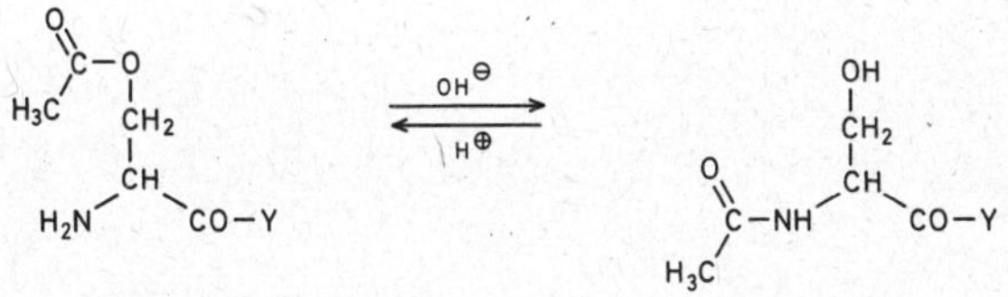

(O → N-Acylshift). Umgekehrt findet bei N-Acyl-Derivaten unter stark sauren Bedingungen ein N → O-Acylshift statt. Weiterhin erleiden O-Acyl-Derivate leicht eine β-Eliminierung [54].

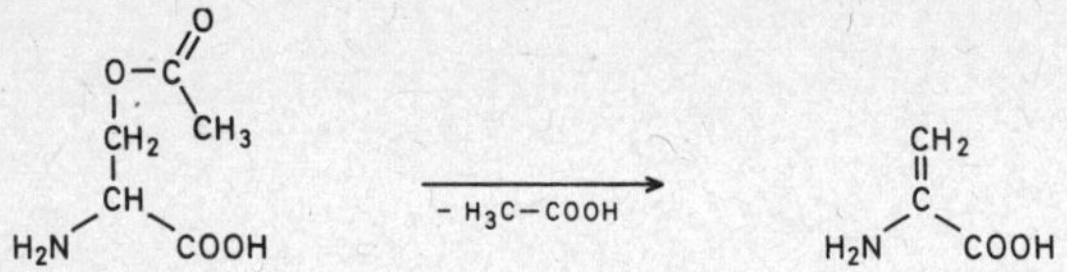

54

Zum Schutz der Hydroxy-Funktion haben sich in der Praxis der Benzyl-Rest [55] und der tert.-Butyl-Rest [56] bewährt.

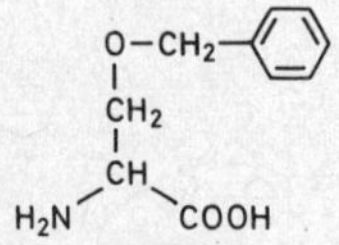

55
O-Benzyl-serin

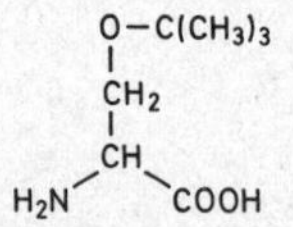

56
O-tert.-Butyl-serin

Die Abspaltung des Benzyl-Restes gelingt durch Hydrierung, durch Reduktion mit Natrium in flüssigem Ammoniak oder mit flüssigem Fluorwasserstoff. Das bei der Acidolyse intermediär auftretende Benzyl-Kation kann Substitutionsreaktionen am aromatischen Ring eingehen. Ein Zusatz von Anisol oder von Tyrosin als Kationenfänger drängt diese Nebenreaktion zurück. Der tert.-Butyläther ist leicht acidolytisch spaltbar.

1.5.3. Schutz der Thiol-Funktion

Während bis ca. 1960 der Benzyl-Rest in Form des Benzylthioäthers die einzige brauchbare Thiol-Schutzgruppe war, liegen heute Erfahrungen mit über 40 Schutzgruppen vor. Diese Entwicklung zeigt, welche Bedeutung einem guten Thiol-Schutz zugemessen wird. Speziell die unbefriedigenden Synthesen auf dem Insulin-Gebiet (s. S. 272) haben diese Entwicklung stark beeinflußt.

Ihrer chemischen Natur nach können Thiol-Schutzgruppen Thioäther, Thioacetale, Thiourethane, Thioester oder Disulfide sein (Tab. 2). Einige davon sind wie Amino- und Carboxy-Schutzgruppen reduktiv oder acidolytisch abspaltbar. Andere erfordern sehr spezifische Methoden wie die Umsetzung mit Schwermetallionen, die Jodolyse oder Rhodanolyse. Insbesondere solche Gruppen, die sich selektiv unter Erhalt anderer Schutzgruppen entfernen lassen, bedeuten für die Synthese unsymmetrischer Cystinpeptide einen Fortschritt.

Tabelle 2. Möglichkeiten zur Blockierung der Thiol-Funktion

Thioäther

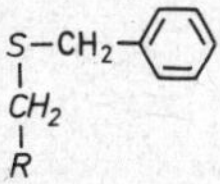

Benzyl

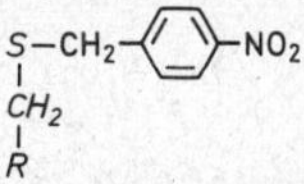

4 - Nitro - benzyl

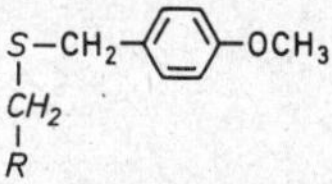

4 - Methoxy - benzyl

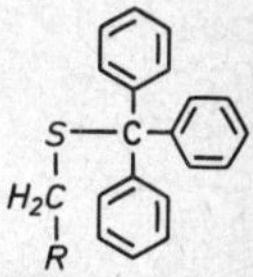

Triphenylmethyl (Trityl)

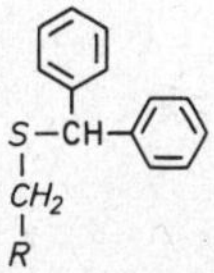

Diphenylmethyl

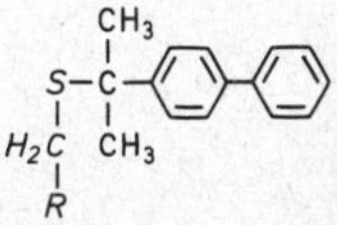

2 - Biphenyl - (4) - propyl - (2)

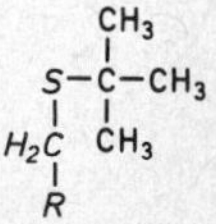

tert. - Butyl

Acylamidomethyl-thioäther

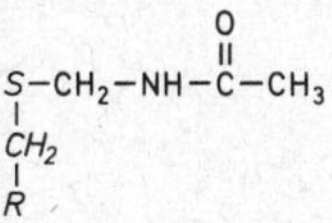

Acetylamino - methyl

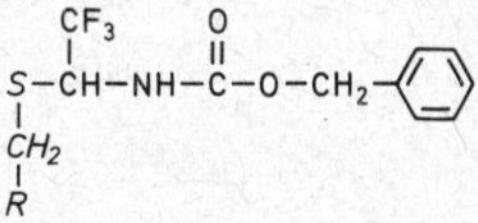

2,2,2 - Trifluor - 1 - benzyl = oxycarbonylamino - äthyl

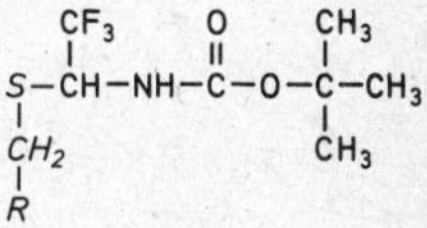

2,2,2 - Trifluor - 1 - tert. - Butylcarbonylamino - äthyl

Thioacetale

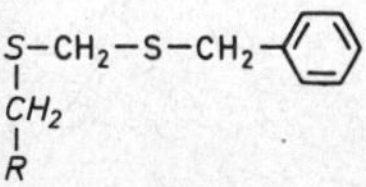

Benzylmercaptomethyl

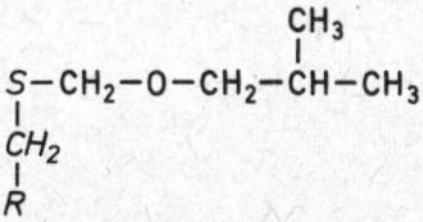

iso - Butyloxymethyl

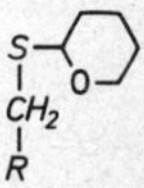

Tetrahydro = pyranyl - (2)

Tabelle 2. (Fortsetzung)

Thioester

Benzoyl: S(–C(=O)–C₆H₅)–CH₂–R

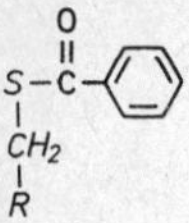

Benzyloxycarbonyl: S(–C(=O)–O–CH₂–C₆H₅)–CH₂–R

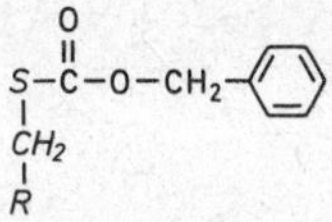

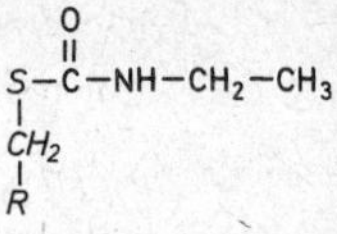

Thiourethane

Äthyl-aminocarbonyl: S(–C(=O)–NH–CH₂–CH₃)–CH₂–R

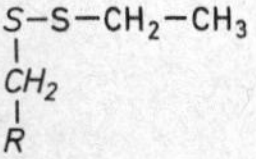

Disulfide

Äthylmercapto: S–S–CH₂–CH₃, CH₂, R

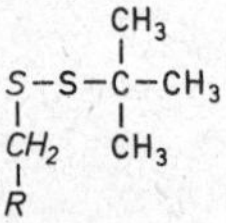

tert.-Butylmercapto: S–S–C(CH₃)₃, CH₂, R

Cystin als S-geschütztes Cystein-Derivat

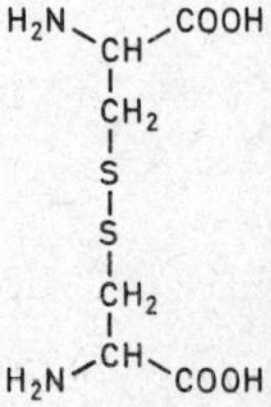

H₂N–CH(COOH)–CH₂–S–S–CH₂–CH(NH₂)–COOH

Der S-Benzyl-Rest (Du VIGNEAUD 1935) hat sich zur Blockierung der Thiol-Funktion vielfach bewährt. Seine reduktive Abspaltung, die nur mit Natrium in flüssigem Ammoniak gelingt, ist jedoch von vielen Nebenreaktionen begleitet. Trotz eingehender Untersuchungen ist der Mechanismus dieser Nebenreaktionen noch weitgehend unbekannt. Es wurde festgestellt, daß Reaktionsdauer und Dosierung der Natriummenge von entscheidendem Einfluß sind. Trotzdem gelingt es meistens nicht, die Spaltung von Peptid-Bindungen, Aminolyse oder Reduktion von Ester-Bindungen, Entschwefelung von Cystein- oder Methionin-Resten oder Retroaldoadditionen an Serin oder Threonin zu vermeiden.

Die acidolytische Spaltbarkeit eines Thioäthers hängt von der Stabilität des gebildeten Alkyl-Kations ab. Ein Rest X ist um so leichter entfernbar, je mehr das Gleichgewicht auf der rechten Seite liegt:

$$R-S-X \quad \rightleftharpoons \quad R-S^{\ominus} \; {}^{\oplus}X$$

Die Stabilität des Kations und damit die acidolytische Labilität nehmen in der folgenden Reihe zu:

$$^{\oplus}CH_2-C_6H_5 \quad < \quad ^{\oplus}CH_2-C_6H_4-OCH_3 \quad < \quad ^{\oplus}\overset{C_6H_5}{\underset{C_6H_5}{C}}-H \quad < \quad ^{\oplus}\overset{C_6H_5}{\underset{C_6H_5}{C}}-C_6H_5$$

Während der Benzyl-Rest selbst bei längerer Einwirkung von flüssigem Fluorwasserstoff nur unbefriedigend abspaltbar ist, lassen sich der 4-Methoxy-benzyl-Rest und der Diphenylmethyl-Rest recht gut mit Fluorwasserstoff entfernen. Der Trityl-Rest, der ein sehr stabiles Kation liefert, reagiert bereits mit Chlorwasserstoff oder durch längere Einwirkung von Trifluoressigsäure.

Durch Jodolyse oder Rhodanolyse können S-geschützte Cystein-Derivate in die entsprechenden Cystin-Derivate übergeführt werden. Dieser Reaktion sind z. B. der Trityl-, der Isobutoxymethyl- und der Acetamidomethyl-Rest zugänglich. Sie verläuft, wie für die Rhodanolyse bewiesen werden konnte, über zwei Stufen. Werden äquimolare Mengen eingesetzt, so bleibt die Reaktion auf der Stufe des S-Rhodanids [57] stehen. Durch Zugabe eines Äquivalents eines anderen Cystein-Derivates gelingt die Synthese eines unsymmetrischen Cystin-Derivates [58]. Die Umsetzung von 2 Äquivalenten eines S-geschützten Cysteins mit einem Äquivalent Dirhodan führt direkt zum symmetrischen Cystin-Derivat.

$$\underset{R-Cys-R^1}{\overset{Trit}{|}} \quad \xrightarrow[-Trit-SCN]{+(SCN)_2} \quad \underset{R-Cys-R^1}{\overset{SCN}{|}} \quad \xrightarrow[-Trit-SCN]{+R^2-\overset{Trit}{\underset{|}{Cys}}-R^3} \quad \underset{R^2-Cys-R^3}{\overset{R-Cys-R^1}{|}}$$

$$\qquad\qquad\qquad\qquad\qquad 57 \qquad\qquad\qquad\qquad\qquad 58$$

Eine besonders einfache Form des Thiol-Schutzes durch Disulfid-Bildung ist die Synthese symmetrischer Cystinpeptide, aus denen nach Reduktion monomere Cysteinpeptide erhalten werden. Wird dieses Prinzip auf die Synthese von Peptiden mit mehr als einem Cystein-Rest angewendet, so entsteht bei der Einführung des zweiten Cystin-Derivates ein polymeres Disulfid (Schema 18).

Schema 18. Synthese Cystein-haltiger Peptide über symmetrische Cystinpeptide

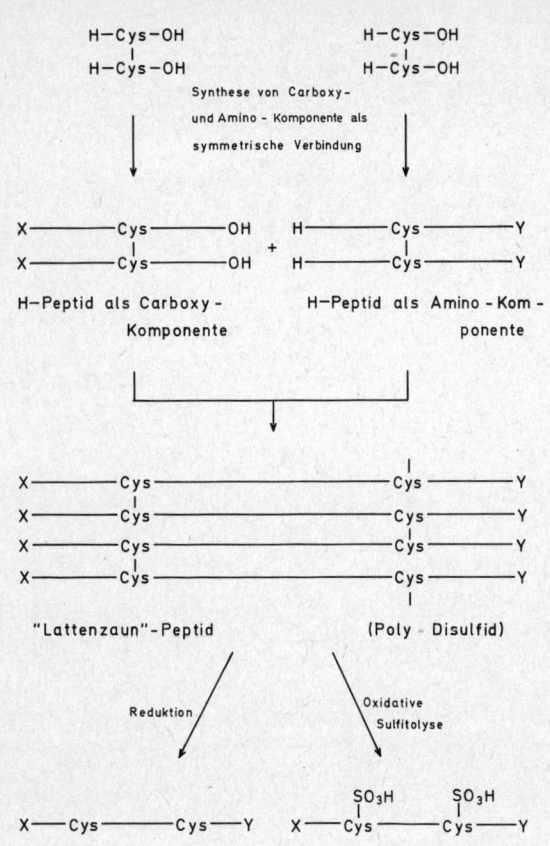

```
        H—Cys—OH                    H—Cys—OH
          |                           |
        H—Cys—OH                    H—Cys—OH
              Synthese von Carboxy-
              und Amino - Komponente als
              symmetrische Verbindung
              ↓                           ↓

X————Cys————OH         H————Cys————Y
       |                        |
X————Cys————OH    +    H————Cys————Y

H—Peptid als Carboxy-      H—Peptid als Amino-Kom-
     Komponente                   ponente

                    ↓

X————Cys————————————————Cys————Y
       |                   |
X————Cys————————————————Cys————Y
X————Cys————————————————Cys————Y
       |                   |
X————Cys————————————————Cys————Y

  "Lattenzaun"-Peptid         (Poly - Disulfid)

         ↙ Reduktion         ↘ Oxidative
                                Sulfitolyse

                              SO₃H    SO₃H
                               |       |
X—Cys————Cys—Y      X—Cys————Cys—Y
```

Reduktion / Oxidative Sulfitolyse

$$X-Cys-Cys-Y \quad\quad X-\underset{|}{Cys}^{SO_3H}-\underset{|}{Cys}^{SO_3H}-Y$$

2. Die Peptid-Synthese

2.1. Die Kupplungsmethoden

Die Bildung einer Peptid-Bindung ist formal eine Wasserabspaltung zwischen der Carboxy-Gruppe der einen und der Amino-Gruppe einer zweiten Aminosäure. Der nucleophile Angriff der Amino-

Gruppe auf das Carboxy-C-Atom erfordert eine Positivierung des C-Atoms durch einen Rest A. Die Verfahren zur Bildung einer Peptid-

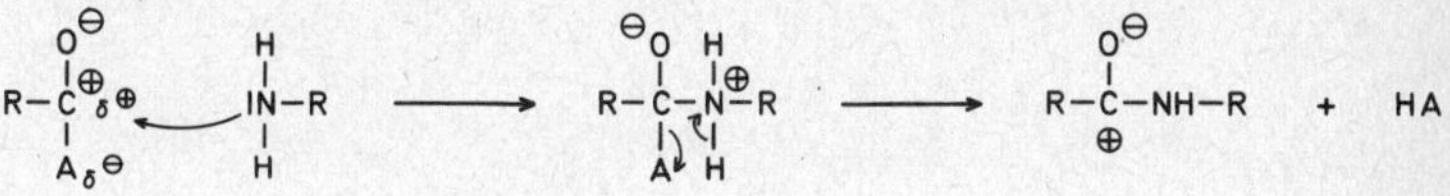

$$R-\underset{A_\delta^\ominus}{\overset{O^\ominus}{\underset{|}{C_\oplus}}}\quad \underset{H}{\overset{H}{\underset{|}{N}}}-R \longrightarrow R-\underset{A^\ominus}{\overset{\overset{\ominus}{O}\;H}{\underset{|}{C}-\overset{|}{\underset{H}{N}}}}-R \longrightarrow R-\underset{\oplus}{\overset{O^\ominus}{\underset{|}{C}}}-NH-R \;+\; HA$$

Bindung (Kupplungsreaktion, Kondensation) unterscheiden sich demzufolge in dem zur Positivierung des Carboxy-C-Atoms verwendeten Rest A, der elektronenziehende Eigenschaften haben muß und die folgenden Voraussetzungen erfüllen sollte:

Die Aktivierung muß so stark sein, daß auch im Fall längerer Peptide oder sterisch gehinderter Aminosäuren die Peptid-Bindung in guter Ausbeute gebildet wird. Die Tendenz zu Nebenreaktionen sollte möglichst gering sein, und die zwangsläufig neben dem gewünschten Peptid entstehenden Reaktionsprodukte müssen sich leicht entfernen lassen. Aktivierung und Kupplungsreaktion sollten die optisch aktiven Zentren der Aminosäuren nicht angreifen.

Aus der Vielzahl der zum Teil sehr unterschiedlichen Methoden zur Carboxy-Aktivierung (Tab. 3) haben sich bevorzugt die Azid-Methode, aktivierte Ester, gemischte Anhydride und die Carbodiimid-Methode bewährt.

2.1.1. Die Azid-Methode

Die Azid-Methode spielt als racemisierungssicherste Kupplungsmethode trotz einiger Nebenreaktionen eine wesentliche Rolle. Ausgangsstoff zur Kupplung ist der N-geschützte Aminosäure- oder Peptidester [1], der durch Hydrazinolyse in das Säurehydrazid [2] umgewandelt wird. Umsetzung mit salpetriger Säure oder einem ihrer Derivate (tert.-Butylnitrit, Nitrosylchlorid) führt zum Azid [3].

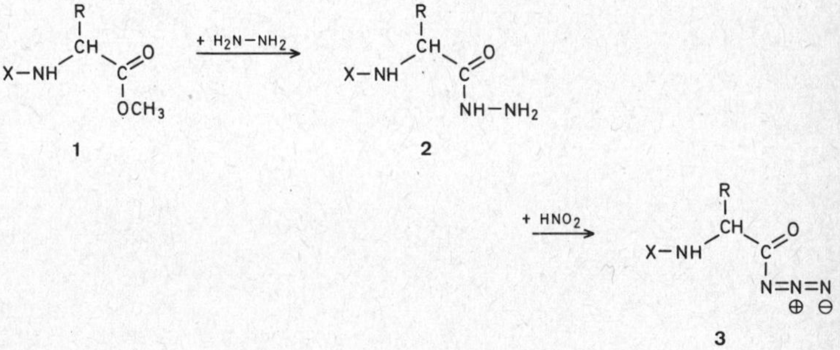

Tabelle 3. Möglichkeiten zur Aktivierung der Carboxy-Gruppe

Typ	Reaktion	aktiviertes Derivat	Bemerkungen	Bezeichnung
R–COOH	$\xrightarrow{SOCl_2 \,;\, PCl_5}$	R–CO–Cl		Säurechlorid-Methode
R–COOH	$\xrightarrow{H_2N-NH_2}$ R–CO–NH–NH$_2$ $\xrightarrow{HNO_2}$	R–CO–N$_3$ (R–CO–N=N=N$^{\oplus}$)		Azid-Methode
R–COOH	$\xrightarrow{R^1-O-CO-Cl}$	R–CO–O–CO–O–R^1	$R^1 = -C_2H_5$, $-CH_2-CH(CH_3)_2$	Methode der gemischten O-Alkylkohlensäureanhydride
R–COOH	$\xrightarrow{POCl_3 \, (Pyridin)}$	R–CO–O–PCl$_2$		Phosphoroxychlorid-Methode
R–COOH	$\xrightarrow{R^1-CO-Cl}$	R–CO–O–CO–R^1	$R^1 = -CH_2-C_6H_5$, $-C(CH_3)_3$, $-CF_3$	Methode der gemischten Carbonsäureanhydride
R–COOH	$\xrightarrow{R-COOH \text{ (Carbodiimid, 1-Diäthylamino-propin)}}$	R–CO–O–CO–R		Methode der symmetrischen Anhydride

Anhydride mit anorganischen Säuren | Anhydride mit organischen Säuren

Anhydrid-Methoden

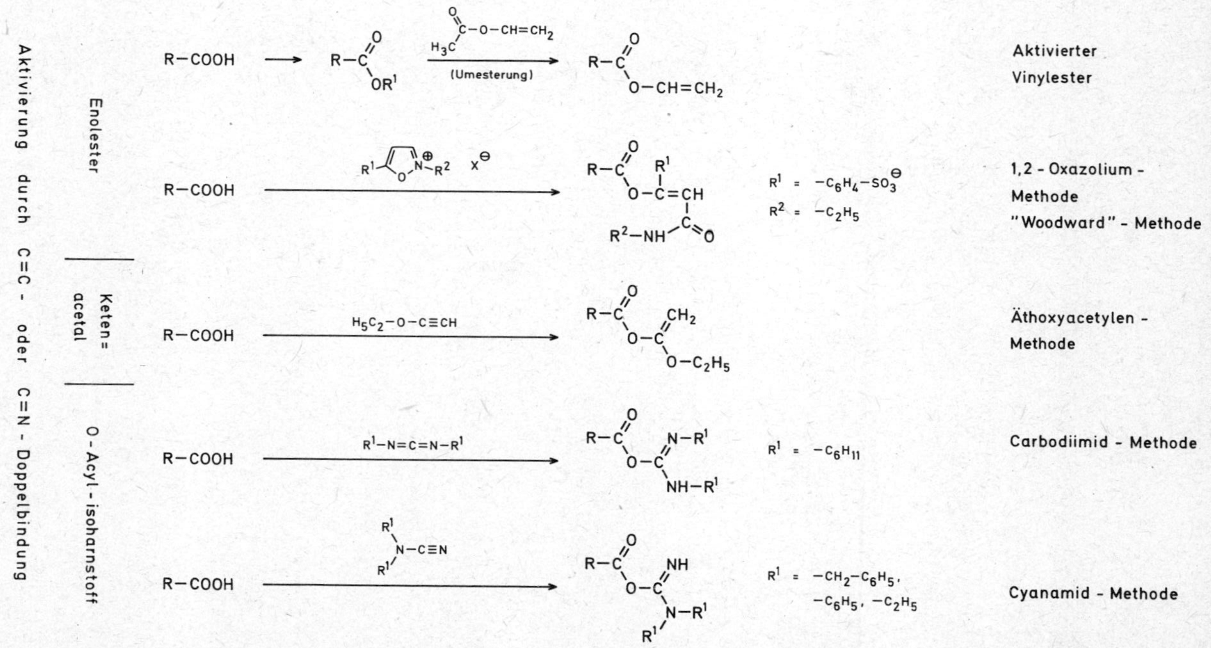

Kupplungsmethoden

Ausgangsstoff	Reagenz	Produkt	Rest	Methode
R–COOH	H₃C–C(=O)–O–CH=CH₂ (Umesterung)	R–C(=O)–O–CH=CH₂		Aktivierter Vinylester
R–COOH	Oxazolium-Salz (R¹, R²) X⊖	R–C(=O)–O–C(R¹)=CH–C(=O)–NH–R²	R¹ = –C₆H₄–SO₃⊖ R² = –C₂H₅	1,2-Oxazolium-Methode "Woodward"-Methode
R–COOH	H₅C₂–O–C≡CH	R–C(=O)–O–C(=CH₂)–O–C₂H₅		Äthoxyacetylen-Methode
R–COOH	R¹–N=C=N–R¹	R–C(=O)–O–C(=N–R¹)–NH–R¹	R¹ = –C₆H₁₁	Carbodiimid-Methode
R–COOH	R¹–N(R¹)–C≡N	R–C(=O)–O–C(=N–R¹)(NH)–N–R¹,R¹	R¹ = –CH₂–C₆H₅, –C₆H₅, –C₂H₅	Cyanamid-Methode

Enolester | Ketenacetal | O-Acyl-isoharnstoff

Aktivierung durch C=C- oder C=N-Doppelbindung

Tabelle 3. (Fortsetzung)

Aktivierte Ester	Aryl-ester	R–COOH → (Carbodiimid-Methode) HO–R¹ → R–CO–O–R¹	$R^1 = 4-NO_2;\ 2,4,5-Cl_3,\ Cl_5,\ 4-SO_2-CH_3,\ 4-N=N-C_6H_5$	Methode der aktivierten Arylester
	Alkyl-ester	R–COOH → (NR₃) Cl–CH₂–R¹ → R–CO–O–CH₂–R¹	$R^1 = -CN$	Cyanmethylester-Methode
	Thio-ester	R–COOH → (Anhydrid- oder Carbodiimid-Methode) HS–R¹ → R–CO–S–R¹	$R^1 = -H,\ -NO_2$	Methode der aktivierten Thiolester
	N-Hydroxy-ester	R–COOH → (Anhydrid- oder Carbodiimid-Methode) HO–N(R¹)(R¹) → R–CO–O–N(R¹)(R¹)	$-N\underset{R'}{\overset{R'}{\diagup}}$ = piperidinyl, succinimidyl, phthalimidyl (=N–CR²R²)	Methode der aktivierten N-Hydroxyester
Cyclische Amide		R–COOH → imidazolide (CDI) → R–CO–N(imidazol)		Imidazolid-Methode
		R–COOH → R–CO–NH–NH₂ ← R'–CO–CH₂–CO–R → R–CO–N(pyrazolyl)		Pyrazolid-Methode

Mit steigender Kettenlänge eines Peptids wird die Esterbindung immer reaktionsträger, so daß zur Hydrazinolyse drastischere Reaktionsbedingungen notwendig sind. In solchen Fällen hat sich die Einführung der Hydrazid-Gruppe als N'-geschütztes Derivat zu einem früheren Zeitpunkt der Synthese bewährt (Schema 19, Backing-off-Verfahren, s. S. 124).

Schema 19. Backing-off-Verfahren bei der Azid-Synthese

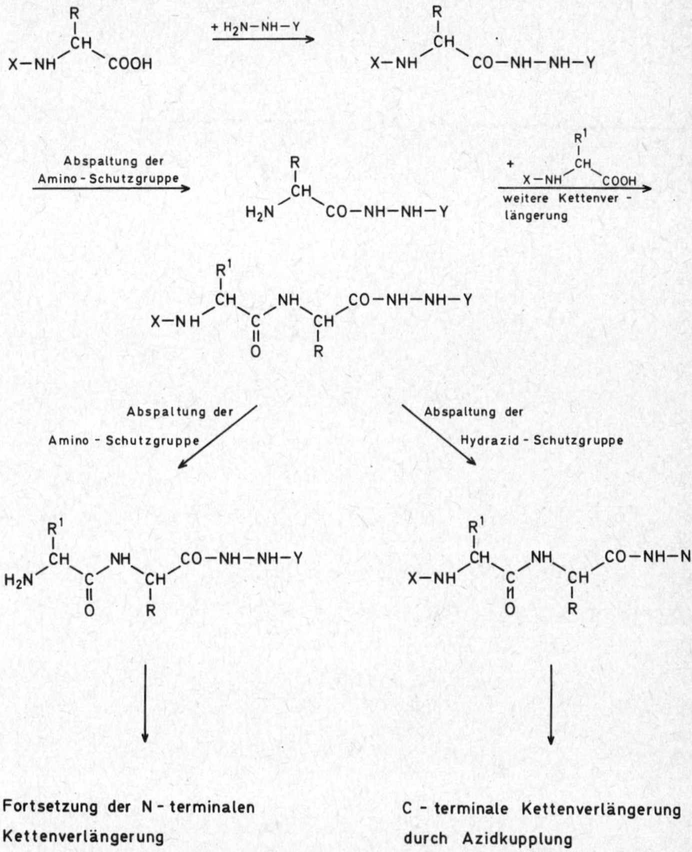

Fortsetzung der N-terminalen Kettenverlängerung

C-terminale Kettenverlängerung durch Azidkupplung

Bei der Umwandlung des Hydrazids [4] in das Azid entsteht mitunter als Nebenprodukt ein Amid [5]. Durch Verwendung von tert.-Butylnitrit in chlorwasserstoffsaurem, wasserfreiem Medium kann diese Nebenreaktion vermieden werden (HONZL u. RUDINGER 1961). Säureazide [6] lagern sich unter Abspaltung von Stickstoff leicht zum Isocyanat [7] um. Dies führt je nach Art der noch vorhandenen funktionellen Gruppen zu unterschiedlichen Derivaten, z. B. mit der zur Kupplung zugegebenen Amino-Komponente [8] zu einem Harnstoff [9] oder mit einer nicht geschützten Hydroxy-Gruppe [10] zu einem Urethan [11].

2.1.2. Die Methode der gemischten Anhydride

Gemischte Anhydride [12] können, abhängig davon, welches Carbonyl-C-Atom leichter dem nucleophilen Angriff der Amino-Gruppe unterliegt, in zweierlei Weise Amid-Bindungen bilden. Da die Anhydrid-Gruppierung für beide Säuren symmetrisch ist, wird der Reaktionsverlauf nur von den Resten R^1 und R^2 bestimmt und ist eindeutig, wenn der eine Rest elektronenziehend und der andere elektronenschiebend ist. Unter sonst identischen Bedingungen wird also das Carbonyl-C-Atom mit der geringeren Elektronendichte das nucleophile Amin acylieren [13]. Die Reaktion ist ferner von sterischen

Einflüssen abhängig. Der nucleophile Angriff erfolgt vorzugsweise an der sterisch weniger gehinderten Säure. Da der Rest R^1 einer N-geschützten Aminosäure X-NH-CHR elektronenziehend ist, ist bereits eine Voraussetzung erfüllt. Werden jetzt als R^2 noch elektronenschiebende und sterisch gehinderte Alkyl-Reste [14] verwendet, so verläuft die Öffnung des gemischten Anhydrids in der gewünschten Richtung unter Bildung der Peptid-Bindung [15] (VAUGHAN 1951).

Bei symmetrischen Anhydriden N-geschützter Aminosäuren [16] besteht die Gefahr der falschseitigen Öffnung des Anhydrids nicht.

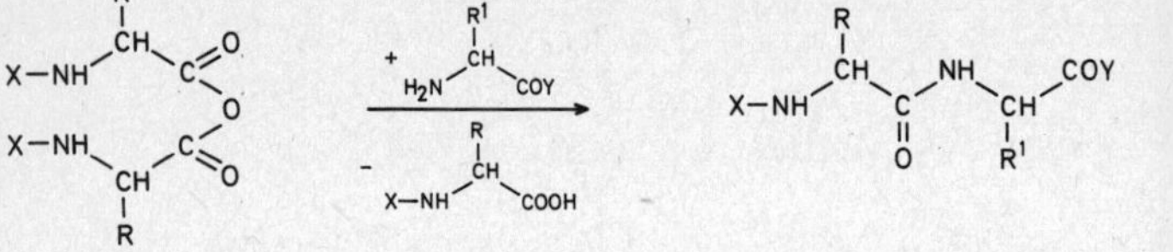

(Reaktionsschema 16)

Allerdings gehen auf diesem Wege 50 % der eingesetzten Aminosäure verloren. Vorteilhaft sind daher Verfahren, bei denen die freiwerdende Säure [17] erneut zum Anhydrid [18] umgesetzt wird (z. B. Carbodiimid- [s. S. 144] oder Benzolsulfochlorid-Methode).

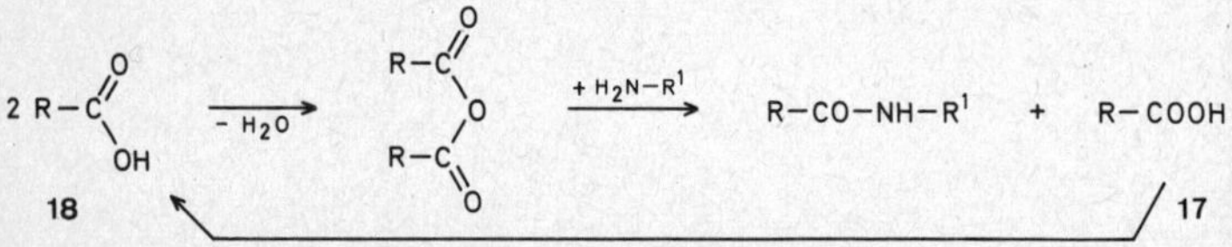

(Reaktionsschema 17, 18)

Die wichtigste Anhydrid-Methode ist die über gemischte Alkylkohlensäureanhydride (BOISSONNAS 1951; VAUGHAN 1951; WIELAND 1951). Die fast ausschließlich in der gewünschten Richtung verlaufende Öffnung des Anhydrids kann mit der Mesomerie des Alkylkohlensäure-Restes [19] erklärt werden, die eine Positivierung des Carbonyl-C-Atoms durch die Aufrichtung der Carbonyl-Doppelbindung verhin-

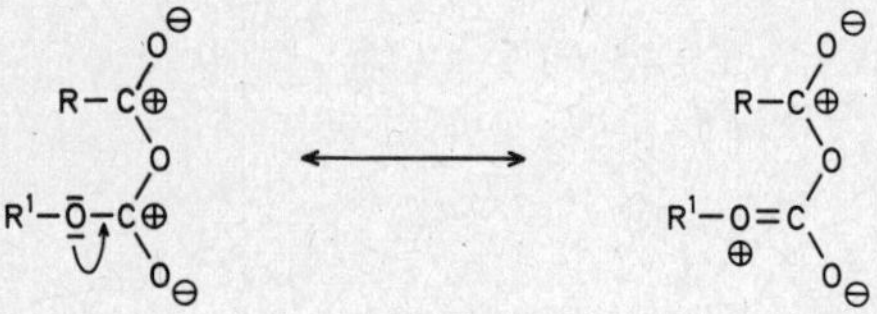

(Reaktionsschema 19)

dert. Ein weiterer Vorteil dieser Methode ist die Instabilität der nach Aminolyse freiwerdenden Alkylkohlensäure, die in Kohlendioxid und den entsprechenden Alkohol zerfällt [20] und damit die präparative Aufarbeitung des Kupplungsansatzes erleichtert.

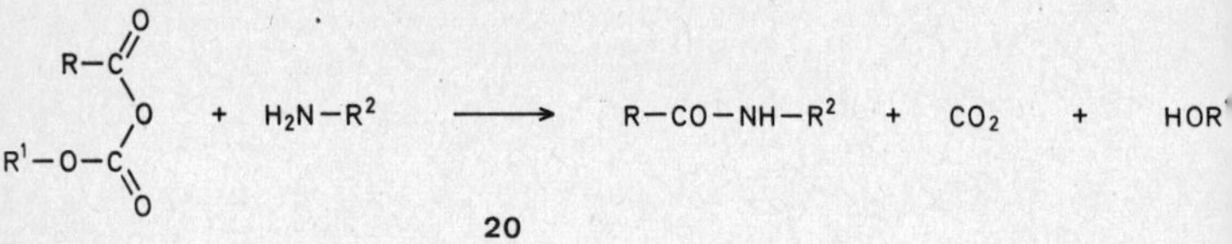

(Reaktionsschema 20: $R-CO-O-CO-O-R^1 + H_2N-R^2 \longrightarrow R-CO-NH-R^2 + CO_2 + HOR^1$)

Ist die Amino-Gruppe der zu aktivierenden Aminosäure acyliert, so kann bei der Bildung des gemischten Anhydrids Racemisierung eintreten. Durch Einhalten bestimmter Bedingungen wird sie jedoch zurückgedrängt.

2.1.3. Die Methode der aktivierten Ester

In einem zur Aminolyse geeigneten Ester muß die Alkoholkomponente elektronenziehend und leicht als Anion abspaltbar sein [21]. Dies ist besonders bei substituierten Phenylestern der Fall (BODANSZKY 1956), die daher schnell eine dominierende Stellung erlangt haben. Ebenfalls gut geeignet sind Ester von N-Hydroxy-Verbindungen

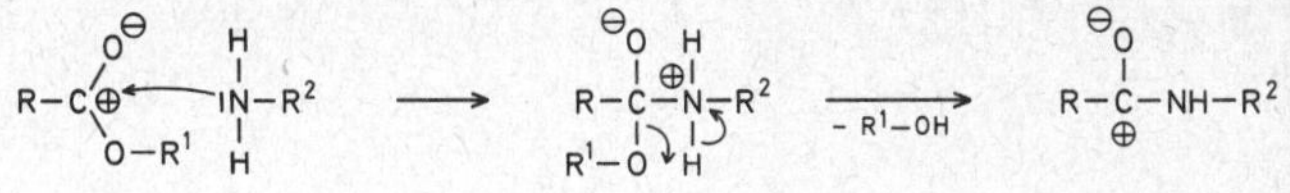

21

(NEFKENS u. TESSAR 1961; ANDERSON 1963). Aktivierte Ester werden aus der N-geschützten Aminosäure und dem entsprechenden Alkohol vorzugsweise durch Umsetzung mit Carbodiimiden synthetisiert [22]. Sie erfüllen selbst bei mehrfachem Überschuß in fast idealer Weise

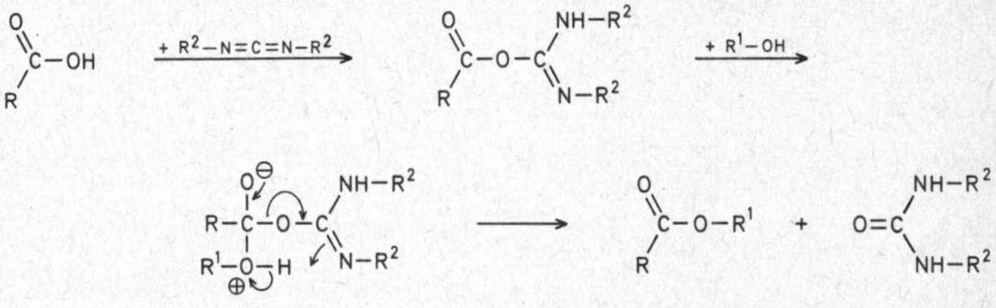

22

die Forderung, weder durch Umlagerung, noch durch Reaktion mit anderen Gruppen des Moleküls Nebenprodukte zu bilden. Da der nicht umgesetzte Anteil im Verlauf der Aufarbeitung nicht zur Säure hydrolysiert, ist diese Methode auch bei Salzkupplungen günstig.

Nachteilig ist, daß sich aktivierte Ester von N-geschützten Peptidsäuren mit C-terminalen optisch aktiven Aminosäuren nur selten ohne Racemisierung herstellen lassen. Ein etwas aufwendiger Ausweg ist das Backing-off-Verfahren (s. S. 126). In neuerer Zeit sind jedoch auch Methoden bekannt geworden, die racemisierungsfrei direkt zu den aktivierten N-geschützten Peptid-Derivaten führen. Die Racemisierungstendenz bei Kupplungen mit aktivierten Estern hängt von den Reaktionsbedingungen ab. Polare Lösungsmittel und solche mit hohen Dielektrizitätskonstanten sowie die Anwesenheit starker Basen fördern die Racemisierung. Darüber hinaus hat auch die Natur der Alkoholkomponente einen Einfluß. Besonders geringe Racemisierungstendenz haben Derivate, die durch Wasserstoffbrücken stabilisiert werden und eine Oxazolinon-Bildung zurückdrängen (Schema 20).

Schema 20. Wasserstoffbrücken-stabilisierter aktivierter Ester

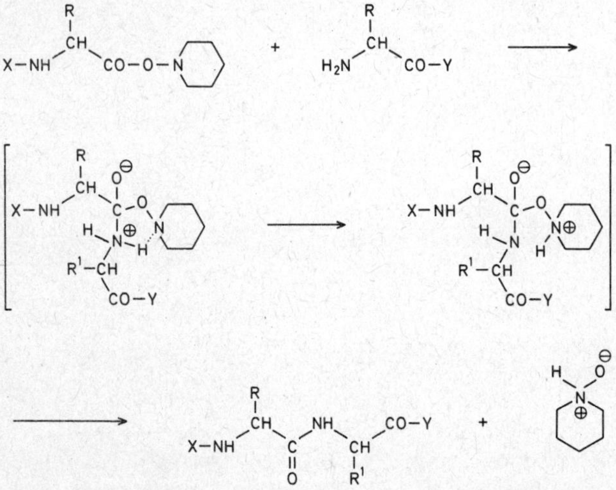

2.1.4. Die Carbodiimid-Methode

Für die von SHEEHAN u. HESS (1955) in die Peptid-Chemie eingeführte Carbodiimid-Methode werden verschiedene Reaktionsabläufe diskutiert (Schema 21). Aus der N-geschützten Aminosäure und dem Carbodiimid entsteht zunächst ein O-Acyl-isoharnstoff-Derivat. Aus diesem kann sich mit einem zweiten Molekül N-geschützter Aminosäure das symmetrische Anhydrid bilden (Weg a), das mit einem Aminosäureester das Dipeptid liefert. Die dabei freiwerdende N-geschützte Aminosäure reagiert erneut mit Carbodiimid (Weg d). Dieser Weg konnte durch den Vergleich mit Peptid-Synthesen über gezielt hergestellte symmetrische Anhydride wahrscheinlich gemacht werden. Trotzdem ist eine direkte Aminolyse des primär gebildeten O-Acylisoharnstoffes als möglicher Reaktionsablauf nicht auszuschließen

Schema 21. Reaktionsmechanismen der Carbodiimid-Kupplung

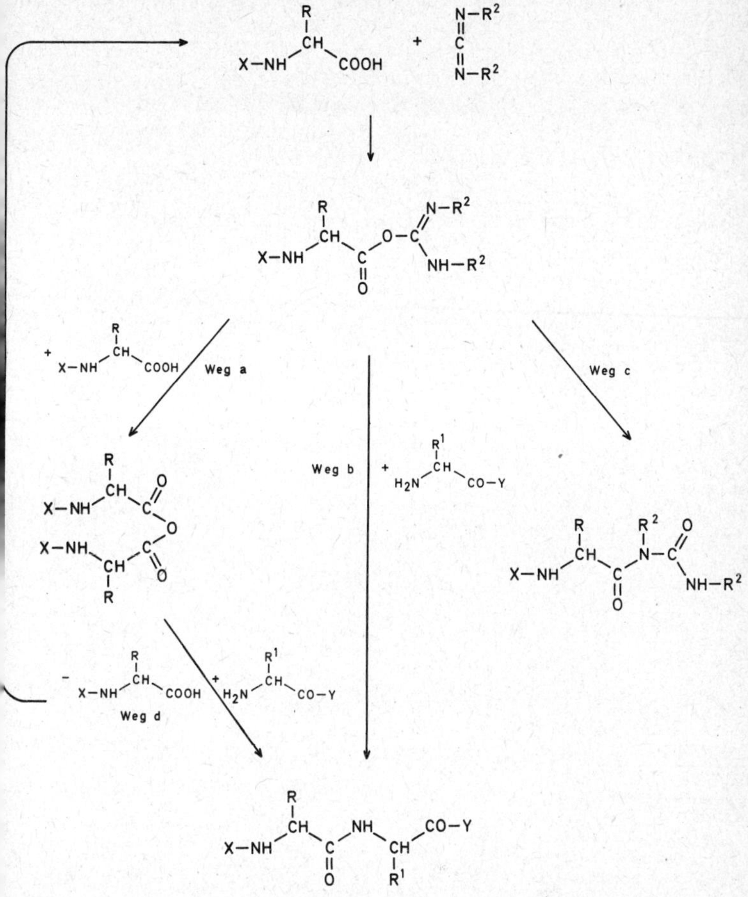

(Weg b). Als Nebenreaktion kann durch eine O → N-Acyl-Wanderung ein Acylharnstoff entstehen, der nicht aminolytisch spaltbar ist (Weg c).

Ein bewährtes Kupplungsreagenz ist N,N'-Dicyclohexyl-carbodiimid [23]. Für Reaktionen in wäßrigen Lösungen, z. B. Cyclisierung von Peptiden, Reaktionen an Proteinen oder Polyaminosäuren, werden auch wasserlösliche Carbodiimide verwendet wie N-Cyclohexyl-N'-(4-diäthylaminocyclohexyl)-carbodiimid [24] oder vorzugsweise N-Cyclohexyl-N'-(2-morpholinyläthyl)-carbodiimid [25], das als N-

Methyl-ammoniumsalz der 4-Toluol-sulfonsäure vorliegt. Der Verlauf der Carbodiimid-Kupplung über ein symmetrisches Anhydrid

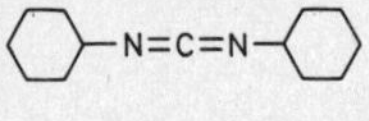

23 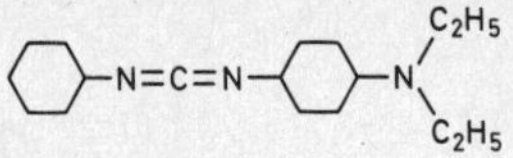   24

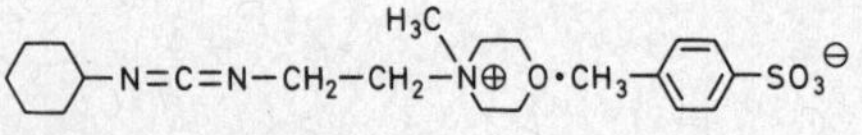

25

oder über die anhydridartige Stufe eines O-Acyl-isoharnstoffderivates ermöglicht eine Oxazolon-Bildung und damit eine Racemisierung, sofern Acyl-aminosäuren oder N-geschützte Peptidsäuren Ausgangs-Derivate sind. Aus diesem Grunde verdienen die Variationen der Carbodiimid-Methode unter Zusatz von Hydroxy-Verbindungen immer mehr Beachtung (WEYGAND u. WÜNSCH 1966). Geeignete, die Racemisierung zurückdrängende Zusätze sind cyclische Derivate des Hydroxylamins wie N-Hydroxy-benzotriazol⟩ [27], N-Hydroxy-succinimid [26] oder 3-Hydroxy-4-oxo-3,4-dihydro-(benzo-1,2,3-triazin) [28].

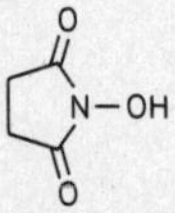

26 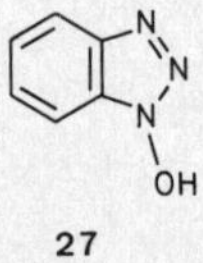   27 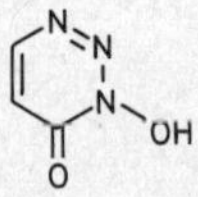   28

2.1.5. Die N-Carbonsäureanhydrid-Methode

N-Carbonsäureanhydride (NCA, Leuchs-Anhydride, Oxazolidindione, s. S. 87) sind als carboxy-aktivierte Derivate mit intermediär geschützter Amino-Gruppe zur Synthese von Polyaminosäuren geeignet (s. S. 152). Sie können zur Herstellung definierter Peptide eingesetzt werden, sofern unter den gewählten Reaktionsbedingungen die primär entstehenden Carbaminsäuren stabil sind und erst durch Ansäuern unter Decarboxylierung das freie Peptid erhalten wird. (Schema 22). Nach diesem Verfahren haben HIRSCHMANN et al. (1969) Sequenzen der Ribonuclease synthetisiert und diese zu biologisch aktivem Material kondensiert.

Als Nebenreaktion wird eine Polymerisation beobachtet, die nicht auf die Instabilität des Carbaminsäure-Derivates zurückzuführen ist. Im alkalischen Medium kann vom Stickstoff des N-Carbonsäureanhydrids ein Proton abgespalten und damit die Anlagerung an ein wei-

Schema 22. Definierte Peptid-Synthese über N-Carbonsäureanhydride

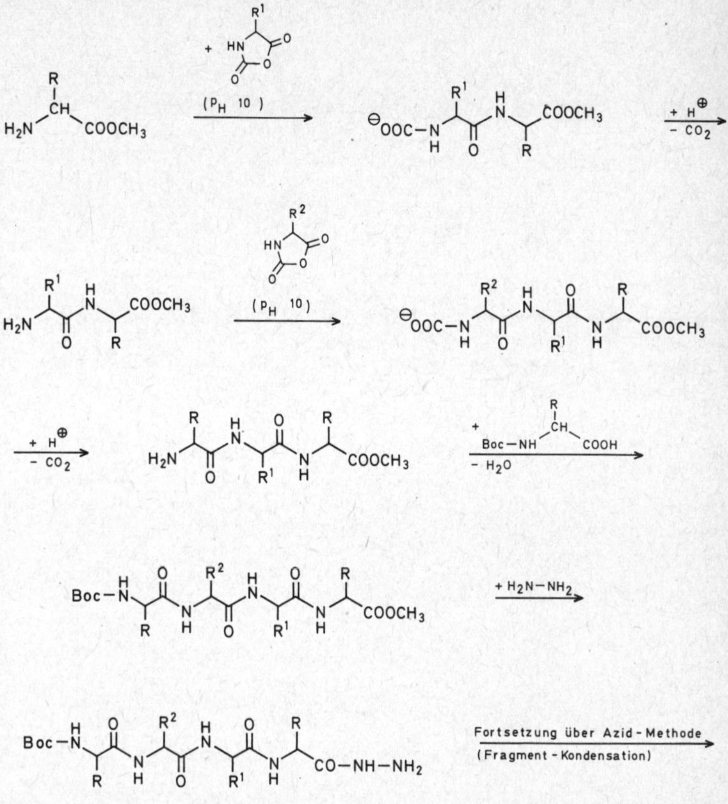

teres Molekül N-Carbonsäureanhydrid ermöglicht werden. Durch Wiederholung dieser Reaktion werden N-Carboxy-poly(aminoacyl)-N-carbonsäureanhydride gebildet, die mit der zugesetzten Aminosäure zu Poly(aminoacyl)-aminosäuren reagieren (Schema 23).

2.2. Die Methode der Solid-Phase-Peptid-Synthese

Das Prinzip der Reaktion in heterogener Phase wurde von MERRIFIELD (1964) mit Erfolg in die Peptid-Chemie eingeführt (Solid Phase Peptide Synthesis, Peptid-Synthese an fester Phase, Festphasen-Peptid-Synthese). Der Grundgedanke ist sehr einfach. Während des ge-

Schema 23. Nebenreaktion bei der Peptid-Synthese über N-Carbonsäureanhydride

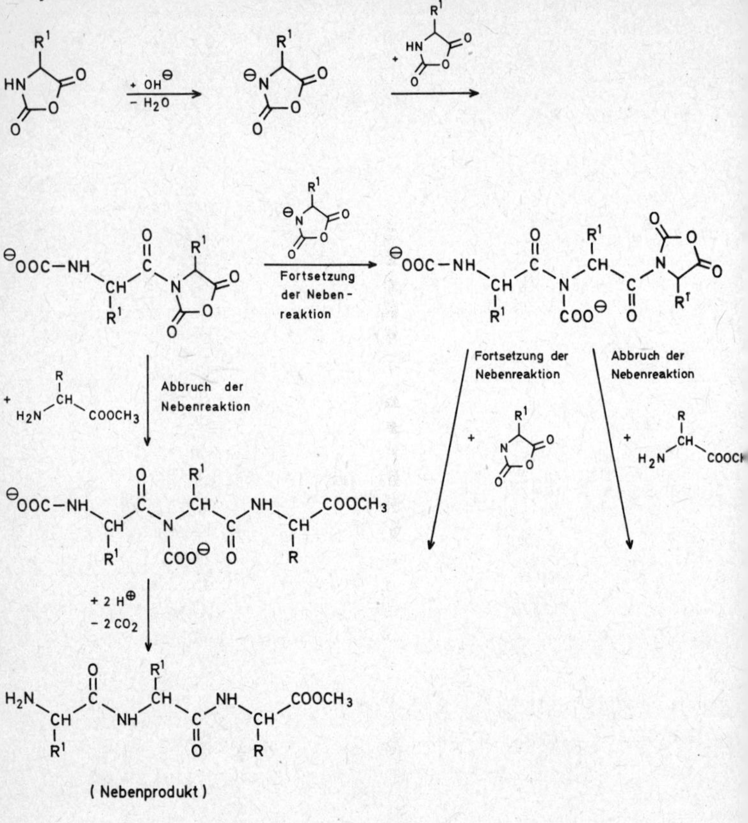

(Nebenprodukt)

samten Verlaufs der Kettensynthese ist die wachsende Peptidkette über ihre C-terminale Aminosäure mit einem unlöslichen polymeren Träger verknüpft. Diese Bindung muß reversibel sein, um nach Beendigung der Synthese das freie Peptid vom Träger abspalten zu können. Drei Prinzipien sind dafür zur Zeit bekannt (Schema 24): die Verknüpfung als Ester, als Hydrazid und als Amid. In erster Linie hat sich der Benzylester und seine Acidolyse mit Bromwasserstoff in Trifluoressigsäure oder günstiger mit flüssigem Fluorwasserstoff durchgesetzt. Bei der Abspaltung des Peptids vom Träger werden die meisten anderen Schutzgruppen ebenfalls entfernt. Unter Erhalt der Schutzgruppen ist aber auch eine Abspaltung durch Ammonolyse, Hydrazinolyse oder Umesterung möglich.

Schema 24. Verknüpfung der wachsenden Peptid-Kette mit dem Träger bei der Solid Phase Peptid-Synthese

Verknüpfung als Ester

z. B. Benzylester

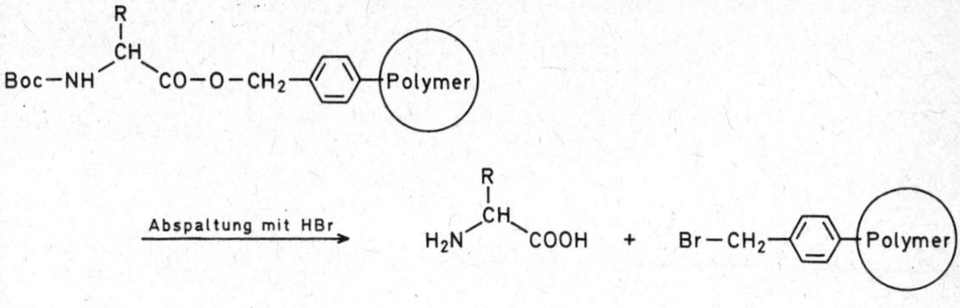

Boc—NH—CH(R)—CO—O—CH$_2$—⟨⟩—Polymer

$\xrightarrow{\text{Abspaltung mit HBr}}$ H$_2$N—CH(R)—COOH + Br—CH$_2$—⟨⟩—Polymer

Verknüpfung als Hydrazid

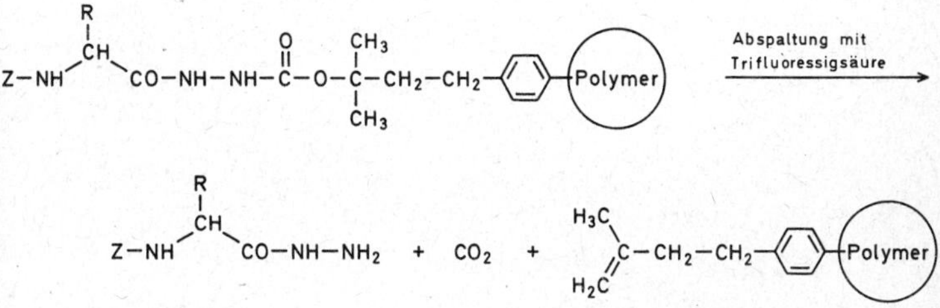

Z—NH—CH(R)—CO—NH—NH—C(=O)—O—C(CH$_3$)$_2$—CH$_2$—CH$_2$—⟨⟩—Polymer $\xrightarrow{\text{Abspaltung mit Trifluoressigsäure}}$

Z—NH—CH(R)—CO—NH—NH$_2$ + CO$_2$ + H$_2$C=C(CH$_3$)—CH$_2$—CH$_2$—⟨⟩—Polymer

Verknüpfung als Amid

Boc—NH—CH(R)—CO—NH—CH$_2$—⟨⟩—O—CH$_2$—⟨⟩—Polymer

$\xrightarrow{\text{Abspaltung mit HF}}$ H$_2$N—CH(R)—CO—NH$_2$ + F—CH$_2$—⟨⟩—O—CH$_2$—⟨⟩—Polymer

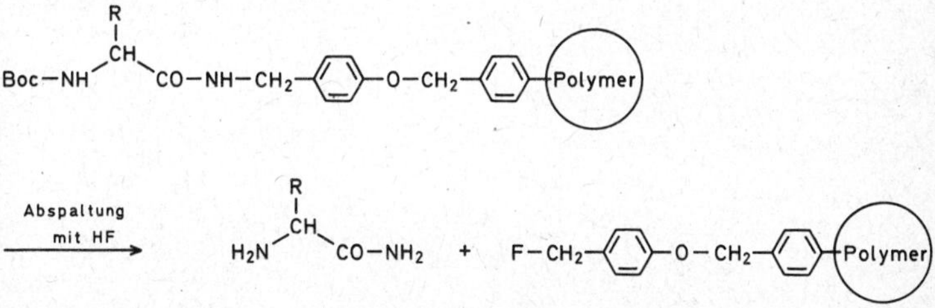

Polymerer Träger ist in erster Linie ein mit Divinylbenzol vernetztes Polystyrol. Die Verknüpfung mit einer N-geschützten Aminosäure erfolgt mit dem über eine Friedel-Crafts-Reaktion hergestellten chlormethylierten Polystyrol. Ausgehend von einem derartigen N-geschützten Aminoacyl-Polymer wird in sich wiederholender Folge durch Schutzgruppenabspaltung, Freisetzung des Amins aus dem Ammoniumsalz und Kupplung mit einer N-geschützten Aminosäure die Peptid-Kette verlängert (Schema 25). Die nach Deblockierung ent-

Schema 25. Schema der Solid Phase Peptid-Synthese

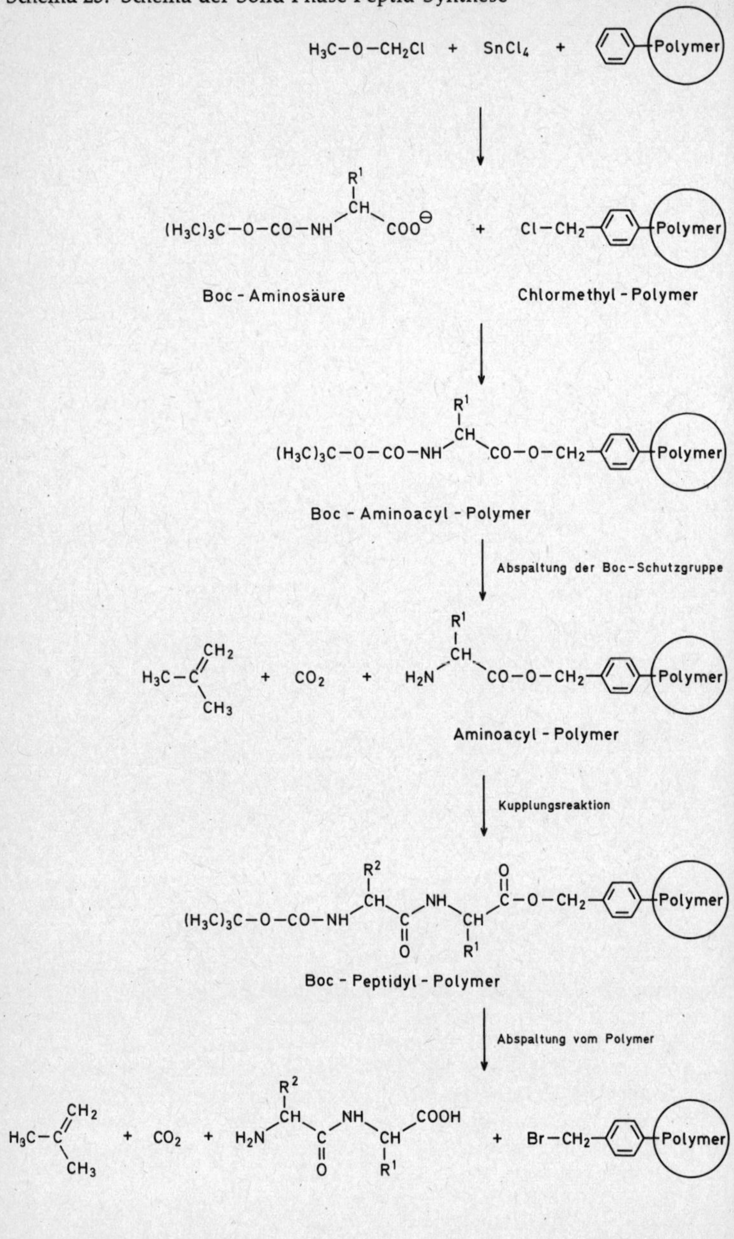

$$H_3C-O-CH_2Cl \; + \; SnCl_4 \; + \; \text{Phenyl-Polymer}$$

↓

Boc - Aminosäure: $(H_3C)_3C-O-CO-NH-CH(R^1)-COO^{\ominus}$

\+

Chlormethyl - Polymer: $Cl-CH_2-\text{Phenyl-Polymer}$

↓

Boc - Aminoacyl - Polymer: $(H_3C)_3C-O-CO-NH-CH(R^1)-CO-O-CH_2-\text{Phenyl-Polymer}$

↓ Abspaltung der Boc-Schutzgruppe

$H_3C-C(CH_2)=CH_3$ (Isobuten) + CO_2 + Aminoacyl - Polymer: $H_2N-CH(R^1)-CO-O-CH_2-\text{Phenyl-Polymer}$

↓ Kupplungsreaktion

Boc - Peptidyl - Polymer: $(H_3C)_3C-O-CO-NH-CH(R^2)-CO-NH-CH(R^1)-CO-O-CH_2-\text{Phenyl-Polymer}$

↓ Abspaltung vom Polymer

$H_3C-C(CH_2)=CH_3$ + CO_2 + $H_2N-CH(R^2)-CO-NH-CH(R^1)-COOH$ + $Br-CH_2-\text{Phenyl-Polymer}$

standenen Derivate der Schutzgruppe, das durch Freisetzung der Aminogruppe gebildete Triäthylammoniumchlorid, der nicht umgesetzte Anteil der Carboxy-Komponente sowie Nebenprodukte aus der Carboxy-Komponente werden durch einfaches Auswaschen entfernt, nicht dagegen die durch unvollständige Umsetzung oder Nebenreaktionen gebildeten trägergebundenen Derivate. Hier liegt der entscheidende Nachteil dieser Strategie (s. S. 171). Für eine erfolgreiche Synthese ist daher bei jedem Reaktionsschritt eine möglichst quantitative Umsetzung erforderlich. Da das nur selten erreicht wird, bleibt die Amino-Komponente zurück (Schema 26). Reagiert diese bei späteren

Schema 26. Bildung von Fehl- und Rumpf-Sequenzen bei der Solid Phase Peptid-Synthese

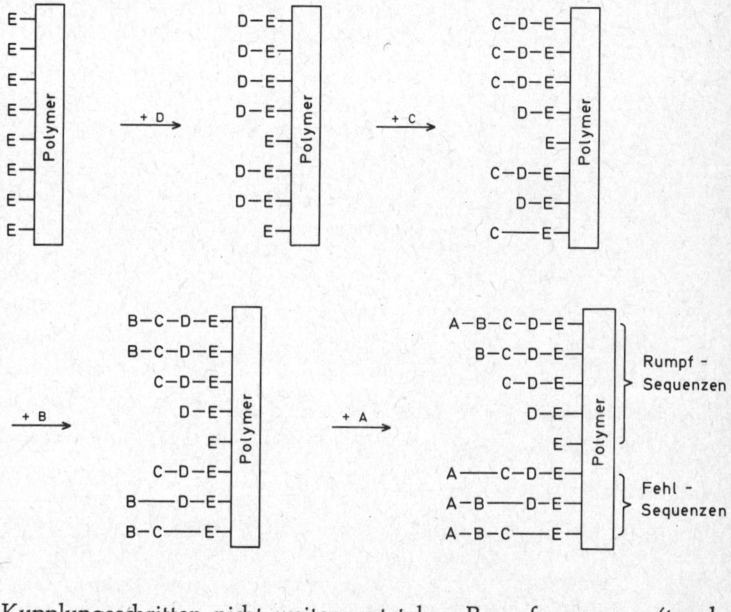

Kupplungsschritten nicht weiter, entstehen Rumpfsequenzen (trunk sequences), beteiligt sie sich weiter an der Reaktion, so entstehen Fehl-Sequenzen (failure sequences), bei denen ein oder mehrere Aminosäure-Reste innerhalb der Kette fehlen. Nebenreaktionen an der Amino-Komponente können durch ausnahmslose Blockierung aller funktionellen Gruppen verringert werden. Es dürfen keine Kupplungsmethoden verwendet werden, die in unerwünschter Weise mit der Amino-Gruppe reagieren können (z. B. falschseitige Aufspaltung des gemischten Anhydrids, Umlagerung des Azids und Bildung von Harnstoff-Derivaten).

2.3. Polyaminosäuren und Sequenz-Polypeptide

Als „Protein-Modelle" für physikalische und biologische Untersuchungen haben drei Typen langkettiger und leicht zugänglicher Peptide große Bedeutung.

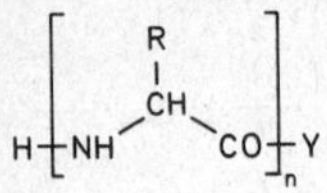

Homopolymere Polyaminosäuren

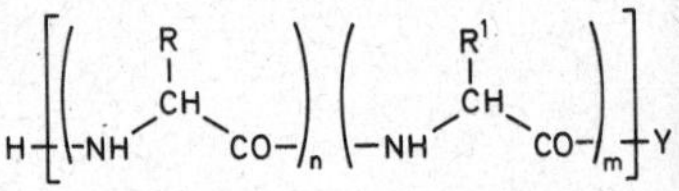

Copolymere Polyaminosäuren

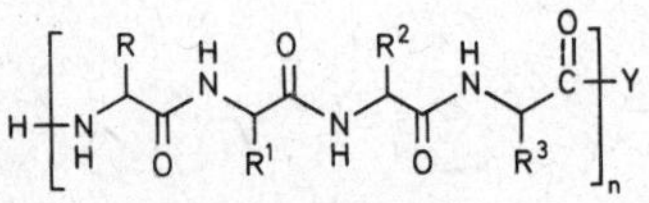

Sequenzpolymere Peptide
(Sequential Polypeptide)

2.3.1. Synthese von homopolymeren und copolymeren Polyaminosäuren

Das beste Verfahren zur Polykondensation von Aminosäuren ist die N-Carbonsäureanhydrid-Methode (s. S. 87 und S. 146). Da N-Carbonsäureanhydride recht stabile Verbindungen sind, erfordert die Polykondensation einen Initiator. Je nach Art dieses Initiators verläuft die Reaktion über unterschiedliche Mechanismen.

Alkohole oder Amine als Initiatoren: Alkohole oder primäre und sekundäre Amine reagieren mit einem N-Carbonsäureanhydrid zu einem Aminosäureester oder -amid. Die dabei freigesetzte N-terminale Amino-Gruppe dient zur Initiation des nächsten Kondensationsschrittes. Auf diesem Wege werden Polyaminosäuren mit C-terminalem Ester oder Amid erhalten (Schema 27).

Starke Basen oder tert. Amine als Initiatoren: In Gegenwart starker Basen erfolgt eine Deprotonisierung des N-Carbonsäureanhydrid-Stickstoffs. Das entstandene Anion ermöglicht die Anlagerung eines zweiten N-Carbonsäureanhydrid-Moleküls unter Öffnung der Anhydrid-Bindung. Nach Decarboxylierung wird ein weiteres N-Carbon-

Schema 27. Mechanismus der NCA-Polykondensation bei Initiation durch Amine

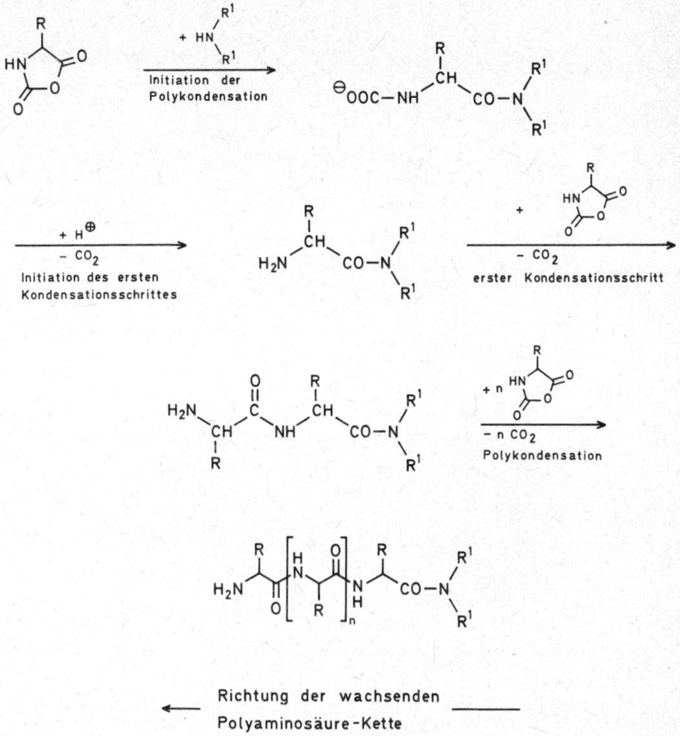

(Reaktionsschema mit folgenden Beschriftungen: "Initiation der Polykondensation", "+ H$^\oplus$ / – CO$_2$ / Initiation des ersten Kondensationsschrittes", "– CO$_2$ / erster Kondensationsschritt", "+ n NCA / – n CO$_2$ / Polykondensation", "Richtung der wachsenden Polyaminosäure-Kette")

säureanhydrid-Anion angelagert. Ist kein reaktionsfähiges Anion mehr vorhanden, hydrolysiert die C-terminale Anhydrid-Bindung, und nach Decarboxylierung entsteht eine Polyaminosäure mit freier Carboxy-Gruppe (Schema 28). Auch tertiäre Amine reagieren über diesen Mechanismus, da sie keinen nucleophilen Angriff auf die Anhydrid-Gruppierung erlauben.

Wird ein Gemisch von zwei N-Carbonsäureanhydriden zur Polykondensation eingesetzt, sollte eine copolymere Polyaminosäure mit statistischer Verteilung der beiden Aminosäuren entstehen. Da jedoch die Reaktionsgeschwindigkeit von der Seitenkette der Aminosäure abhängig ist, wird das N-Carbonsäureanhydrid mit der größeren Reaktionsgeschwindigkeit bevorzugt zum Aufbau des zuerst gebildeten

Schema 28. Mechanismus der NCA-Polykondensation bei Initiation durch starke Basen

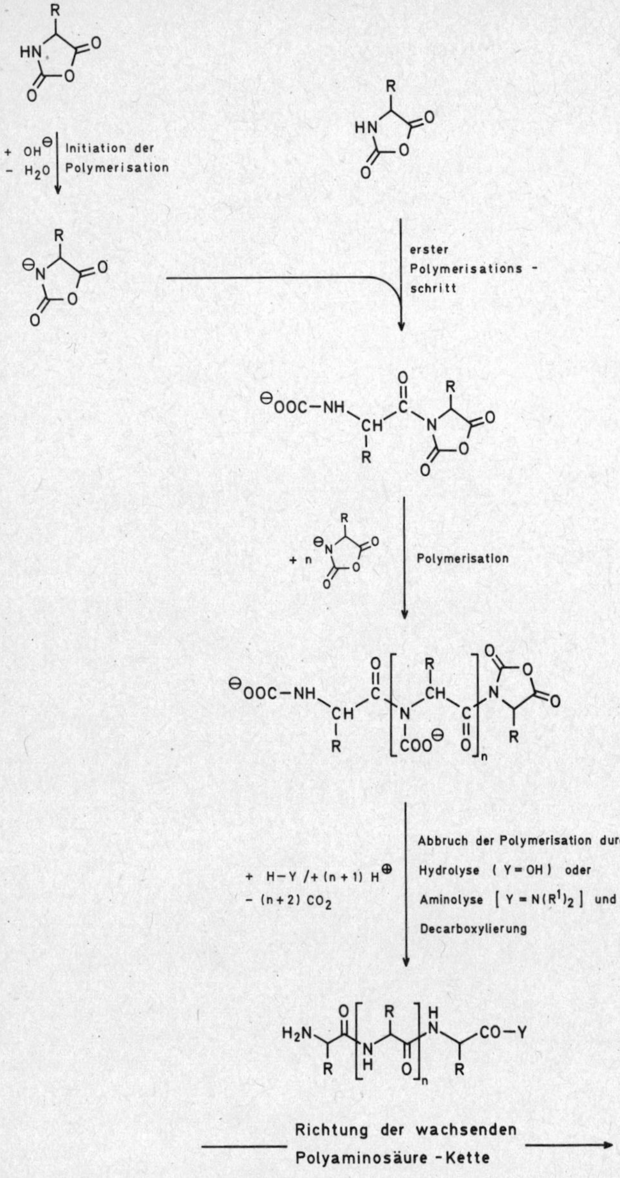

Richtung der wachsenden Polyaminosäure-Kette →

Teiles der Kette verbraucht. Dies kann, je nach Art des Reaktionsmechanismus, der C-terminale (Initiation durch z. B. ein primäres Amin) oder der N-terminale (Initiation durch starke Basen) Teil sein (Schema 29). Der mittlere Polymerisationsgrad der N-Carbonsäure-

Schema 29. Aminosäure-Verteilung bei Copolymerisation zwei verschieden schnell reagierender N-Carbonsäureamide

Reaktionsgeschwindigkeit: A $\rangle$ B

C-terminale Initiation:

B–B–B–B–A–B–B–B–A–B–B–A–B–A–A–B–A–A–A–B–A–A–A–A

N-terminale Initiation·

A–A–A–A–B–A–A–A–B–A–A–B–A–B–B–A–B–B–B–A–B–B–B–B

anhydrid-Polykondensation ist sehr hoch. Kettenlängen von mehr als hundert Aminosäure-Resten sind ohne Schwierigkeiten erreichbar, sofern nicht das Unlöslichwerden der gebildeten Polyaminosäure die weitere Kettenverlängerung verhindert. Der Polymerisationsgrad wird durch Lösungsmittel, Reaktionstemperatur und durch das molare Verhältnis von N-Carbonsäureanhydrid zu Initiator bestimmt.

2.3.2. Die Synthese von sequenzpolymeren Polypeptiden

Besser definierte Verbindungen mit einer festzulegenden Verteilung der einzelnen Aminosäuren über die gesamte Kette können durch Sequenzpolykondensation von linearen Peptiden erhalten werden. Für diese Polykondensation von Tri-, Tetra- und Pentapeptiden ist die Methode der aktivierten Ester (Schema 30), daneben auch die Carbodiimid-, Azid- oder Anhydrid-Methode geeignet. Die Kondensation erfolgt ohne Initiator, wodurch sich der Polymerisationsgrad nicht in dem Maße beeinflussen läßt wie bei einer Polykondensation mit Initiator. Da die Reaktionsfähigkeit mit wachsender Kettenlänge abnimmt, ist bei der Synthese von Sequential-Polypeptiden die Bildung kürzerer Kettenlängen bevorzugt. Die Grenzen liegen bei etwa 30 bis 50 Peptid-Einheiten, d. h. bei der Polykondensation eines Tetrapeptides bei etwa 120 bis 150 Aminosäure-Resten.

Schema 30. Synthese von sequenzpolymeren Polypeptiden

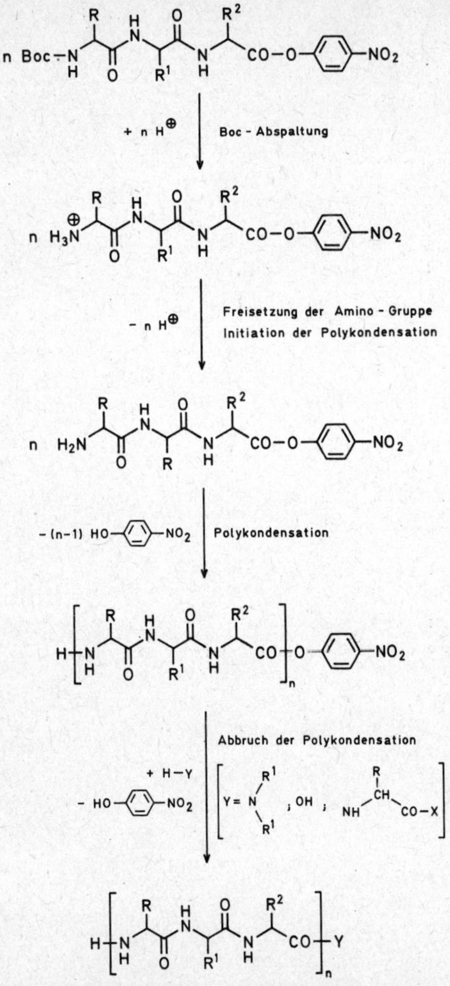

$$n \; Boc-NH-CHR-CO-NH-CHR^1-CO-NH-CHR^2-CO-O-C_6H_4-NO_2$$

$\downarrow$ $+ \; n \; H^\oplus$ Boc - Abspaltung

$$n \; H_3\overset{\oplus}{N}-CHR-CO-NH-CHR^1-CO-NH-CHR^2-CO-O-C_6H_4-NO_2$$

$\downarrow$ $- \; n \; H^\oplus$ Freisetzung der Amino-Gruppe / Initiation der Polykondensation

$$n \; H_2N-CHR-CO-NH-CHR^1-CO-NH-CHR^2-CO-O-C_6H_4-NO_2$$

$\downarrow$ $-(n-1) \; HO-C_6H_4-NO_2$ Polykondensation

$$H{-}[NH-CHR-CO-NH-CHR^1-CO-NH-CHR^2-CO]_n{-}O-C_6H_4-NO_2$$

$\downarrow$ $+ H-Y$, $- HO-C_6H_4-NO_2$ Abbruch der Polykondensation

$$\left[Y = N\begin{smallmatrix}R^1\\R^1\end{smallmatrix} \;;\; OH \;;\; NH-CHR-CO-X \right]$$

$$H{-}[NH-CHR-CO-NH-CHR^1-CO-NH-CHR^2-CO]_n{-}Y$$

Richtung des Wachsens der Peptid-Kette nach beiden Seiten möglich:

⟵——— wahrscheinliche Richtung ———
——— weniger wahrscheinliche Richtung ⟶

[da Reaktionsfähigkeit der C-terminalen Peptidester
mit wachsender Kettenlänge abnimmt]

2.4. Cyclische Peptide

Bei der Synthese eines homodet cyclischen Peptides wird eine Peptid-Bindung zwischen Carboxy- und Amino-Gruppe derselben Peptid-Kette geschlossen. Die Aktivierung kann nach den gleichen Methoden wie zur Synthese linearer Peptide erfolgen. Durch Verdünnung muß die Polykondensation zugunsten der intramolekularen Ringbildung zurückgedrängt werden. Für die praktische Durchführung sind verschiedene Prinzipien bekannt:

Aktivierung bei *freier* Amino-Gruppe: Das zu cyclisierende Peptid wird als freie Verbindung [29] in Lösung mit einem Kupplungsreagenz, vorzugsweise mit Carbodiimiden umgesetzt. Nachteilig ist bei

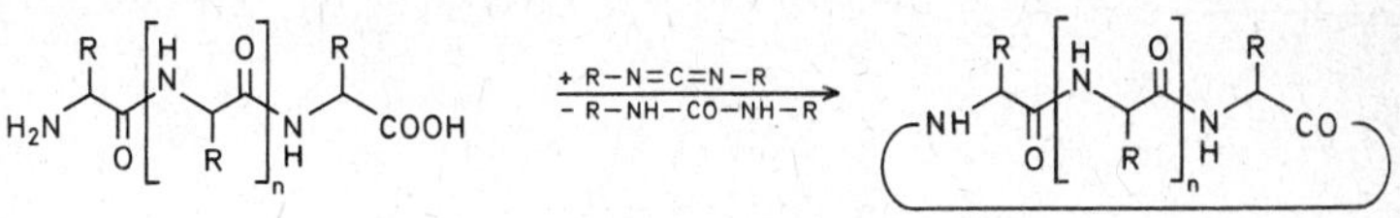

29

diesem Verfahren, daß die Aktivierung erst nach Verdünnung erfolgen kann. Sie verläuft daher als bimolekulare Reaktion langsam und erfordert größere Überschüsse an Kupplungsreagenz. Die Cyclisierung selbst ist als monomolekulare Reaktion konzentrationsunabhängig.

Aktivierung bei *protonisierter* Amino-Gruppe: Zur Aktivierung, die als Säurechlorid [30], Azid oder gemischtes Anhydrid erfolgt, wird

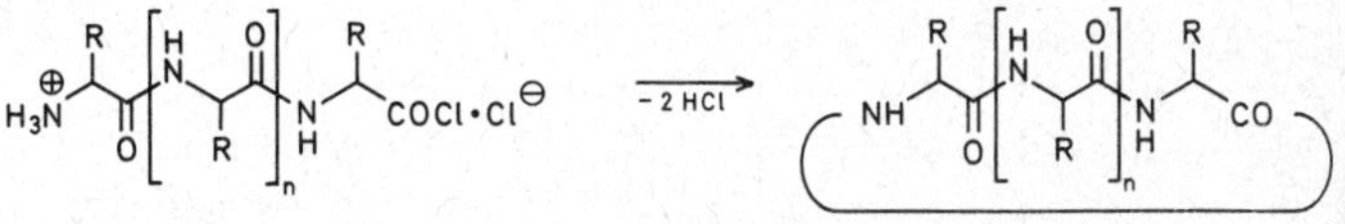

30

ein Ammoniumsalz des freien Peptids eingesetzt. Nach Verdünnung wird die Amino-Gruppe durch Zugabe einer Base freigesetzt.

Aktivierung bei *geschützter* Amino-Gruppe: Aus einer N-geschützten Peptidsäure wird ein aktivierter Ester synthetisiert [31]. Nach Abspaltung der Schutzgruppe wird das Ammoniumsalz des Peptidesters [32] auf die notwendige Verdünnung gebracht und die Salzbildung durch Zugabe einer Base aufgehoben.

Eine reizvolle Variante dieser Methode ist die Cyclisierung über eine Solid-Phase-Peptid-Synthese (s. S. 147). Als unlöslicher Träger dient ein Nitrophenylpolymer. Zur Synthese der linearen Sequenz wird der polymere Nitrophenylester zunächst als Carboxy-Schutz verwendet

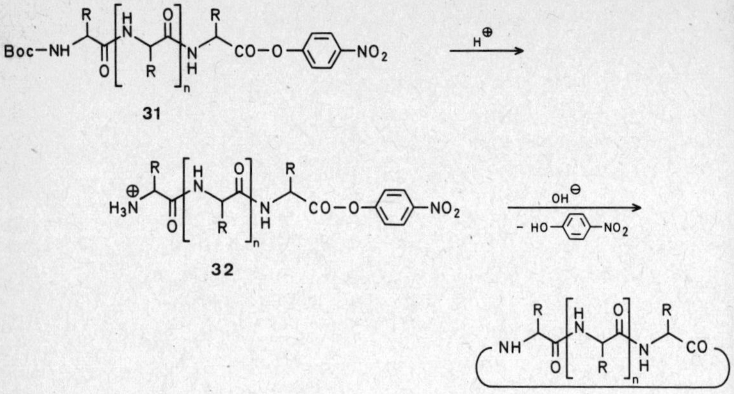

Schema 31. Solid Phase Synthese cyclischer Peptide

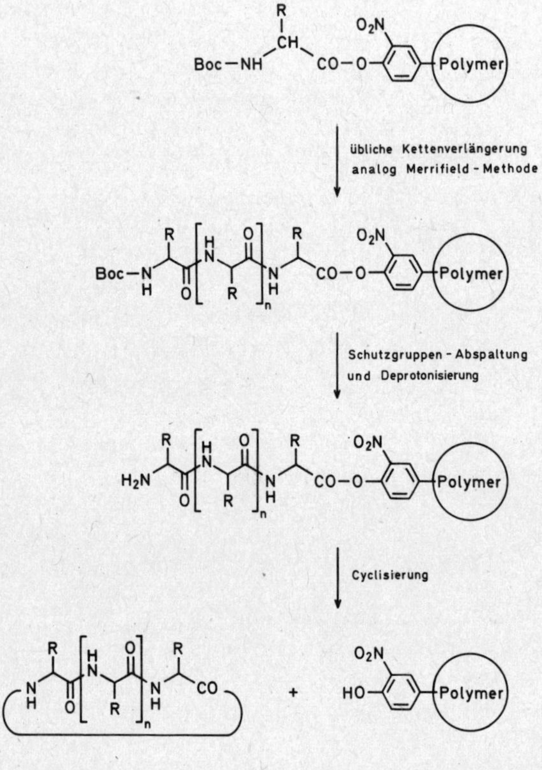

(backing off-Verfahren s. S. 124). Nach Entfernung der Schutzgruppe von der zu cyclisierenden Sequenz und Deprotonisierung findet eine intramolekulare Cyclisierung unter Abspaltung vom Polymer statt (Schema 31).

Lineare Sequenzen bestimmter Kettenlänge bilden unter Dimerisierung das entsprechende, doppelt so große Cyclopeptid. Nach Untersuchungen von SCHWYZER trifft dies aus Gründen der Konformation (s. S. II, 230 ff) für alle linearen Sequenzen der Kettenlänge $n = 1 + 2x$ zu, wobei $x = 0, 1, 2$ usw. sein kann. So bildet ein Aminosäureester ($x = 0$) das cyclische Dipeptid, ein Tripeptid ($x = 1$) das cyclische Hexapeptid und ein Pentapeptid ($x = 2$) das cyclische Decapeptid. Beim Pentapeptid entsteht daneben auch das (spannungsfreie) Cyclopentapeptid. Längere Sequenzen sind hinsichtlich dieser Verdoppelungsreaktion bisher nicht untersucht worden.

3. Peptide mit heterodeten Bindungen

Unter einem Peptid wird normalerweise ein Kettenmolekül verstanden, das ausschließlich aus über Peptid-Bindungen verknüpften Aminosäuren besteht. Das Auffinden von Peptid-Wirkstoffen, die nicht mehr dieser einfachen Definition entsprechen, sowie die Synthese weiterer „ungewöhnlicher" Peptid-Strukturen erforderte eine Terminologie zur Beschreibung dieser Typen.

Homöomere Peptide bestehen ausschließlich aus Aminosäuren. Sind diese nur über α- oder ω-Peptid-Bindungen verknüpft, liegt ein *homodet-homöomeres Peptid* vor- das *linear* (Schema 32/I), *verzweigt* (Schema 32/II) oder *cyclisch* (Schema 32/III) sein kann. Sind die Aminosäuren zusätzlich über eine Nicht-Peptid-Bindung verknüpft, liegt ein *heterodet-homöomeres Peptid* vor. Die Heterobindung wird durch funktionelle Gruppen der Aminosäure-Seitenketten gebildet, wie z. B. die Disulfid-Bindung aus zwei Cystein-Resten (Schema 33/I) oder Lacton-Bindungen zwischen der ω-Carboxy-Gruppe einer Aminodicarbonsäure und der ω-Hydroxy-Gruppe einer Hydroxyaminosäure (Schema 33/II). In diesen Fällen wird der Back-bone der Peptid-Sequenz nicht verändert. Heterobindungen unter Einbeziehung des Back-bone entstehen, wenn die α-Carboxy-Gruppe mit der Hydroxy-Funktion des Serins oder Threonins einen Ester oder mit der Thiol-Funktion des Cysteins einen Thioester bildet (Schema 33/III/IV).

Heteromere Peptide enthalten neben Aminosäuren weitere Bauelemente wie Hydroxysäuren oder längerkettige Fettsäure-Reste. Heteromere Proteine liegen in den Glyco-, Lipo-, Chromo-, Phospho-

Schema 32. Homodet-homöomere Peptid-Strukturen

I. lineares Peptid:

H—Asp—Arg—Val—Tyr—Ile—His—Pro—Phe—OH

Angiotensin II

II. verzweigtes Peptid:

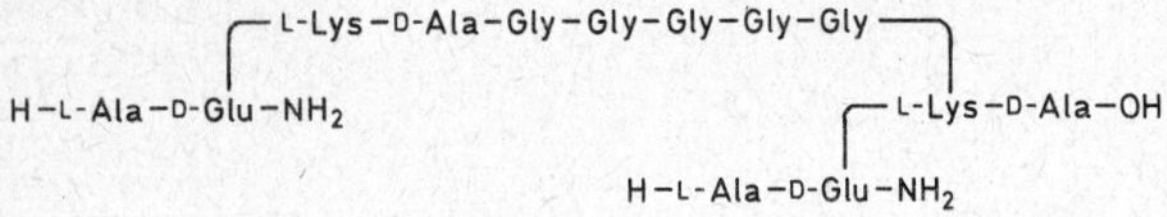

```
                    ┌─L-Lys–D-Ala–Gly–Gly–Gly–Gly–Gly─┐
H–L-Ala–D-Glu–NH₂                                    ┌─L-Lys–D-Ala–OH
                                     H–L-Ala–D-Glu–NH₂
```

Bakterienzellwand-Peptid, Teilsequenz

III. cyclisches Peptid:

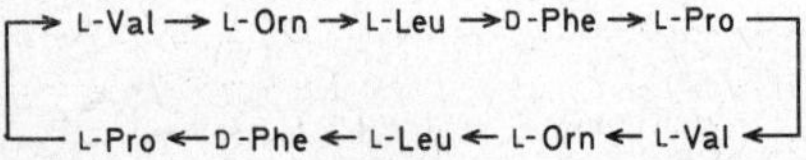

```
    ┌→ L-Val → L-Orn → L-Leu → D-Phe → L-Pro ─┐
    └─ L-Pro ← D-Phe ← L-Leu ← L-Orn ← L-Val ←┘
```

Gramicidin S

Schema 33. Heterodet-homöomere Peptid-Strukturen

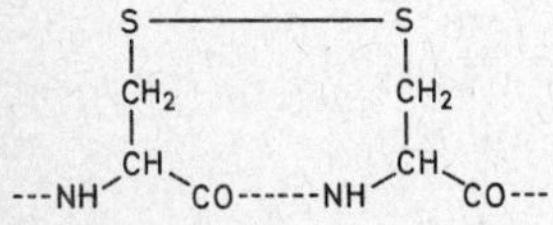

I

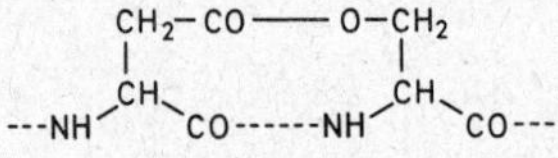

II

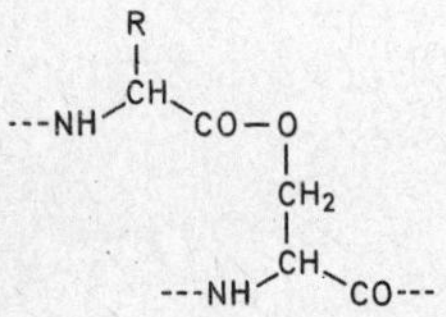

III

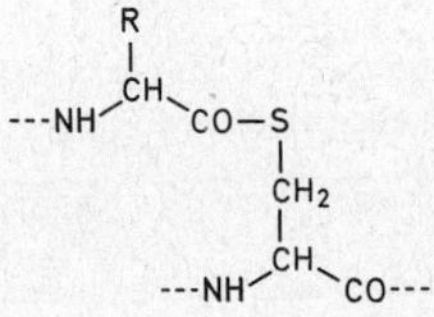

IV

usw. Proteinen vor. Der Heterobestandteil kann mit dem Peptid-Teil terminal verknüpft sein oder auch innerhalb der Peptid-Kette stehen.

3.1. Die Disulfid-Bindung

Die Disulfid-Brücke ist bei einigen Peptid-Wirkstoffen, vor allem aber bei Proteinen, zur Ausbildung oder Stabilisierung der Konformation notwendig.

Einkettenmoleküle bilden intrachenare Disulfid-Brücken. Sie sind monocyclisch wie im Oxytocin, Vasopressin oder Thyrocalcitonin [1] oder polycyclisch wie in der Ribonuclease, dem Wachstumshormon usw. [2]. Mehrkettenmoleküle bilden interchenare Disulfid-

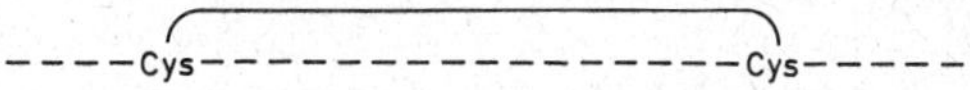

```
----Cys---------------Cys----        monocyclisch
            1

---Cys------Cys------Cys---Cys--     polycyclisch
            2
```

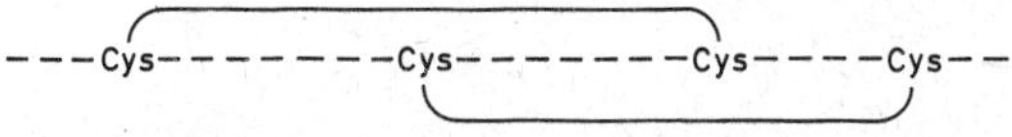

Brücken, von denen zur Stabilisierung im allgemeinen zwei oder mehr erforderlich sind [3]. Hierzu gehören das Insulin, eine Reihe von

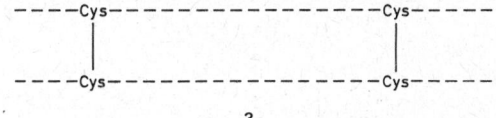

```
----Cys---------------Cys----
     |                 |
----Cys---------------Cys----
            3
```

proteolytischen Enzymen wie das Trypsin oder das Chymotrypsin und die Immunglobuline.

Zur Synthese einkettiger Cystin-Peptide wird die lineare Sequenz mit zwei gleichartig geschützten Cystein-Resten aufgebaut und nach Abspaltung der S-Schutzgruppen der Disulfid-Ring durch Oxidation geschlossen. Das kann entweder an der vollständigen Sequenz (Oxytocin- oder Vasopressin-Synthesen, s. S. 252 ff) oder zu einem früheren Zeitpunkt der Synthese an einem Fragment (Thyrocalcitonin-Synthese, s. S. 286) erfolgen. Bei der Oxidation entstehen neben dem monomer cyclischen Disulfid-Ring auch dimere und polymere Verbindungen (Schema 34). Systematische Untersuchungen haben gezeigt, daß die Ausbeute an den einzelnen Produkten vom Abstand der beiden Cystein-Reste abhängt (Tab. 4).

Schema 34. Monomere, dimere und polymere Disulfide

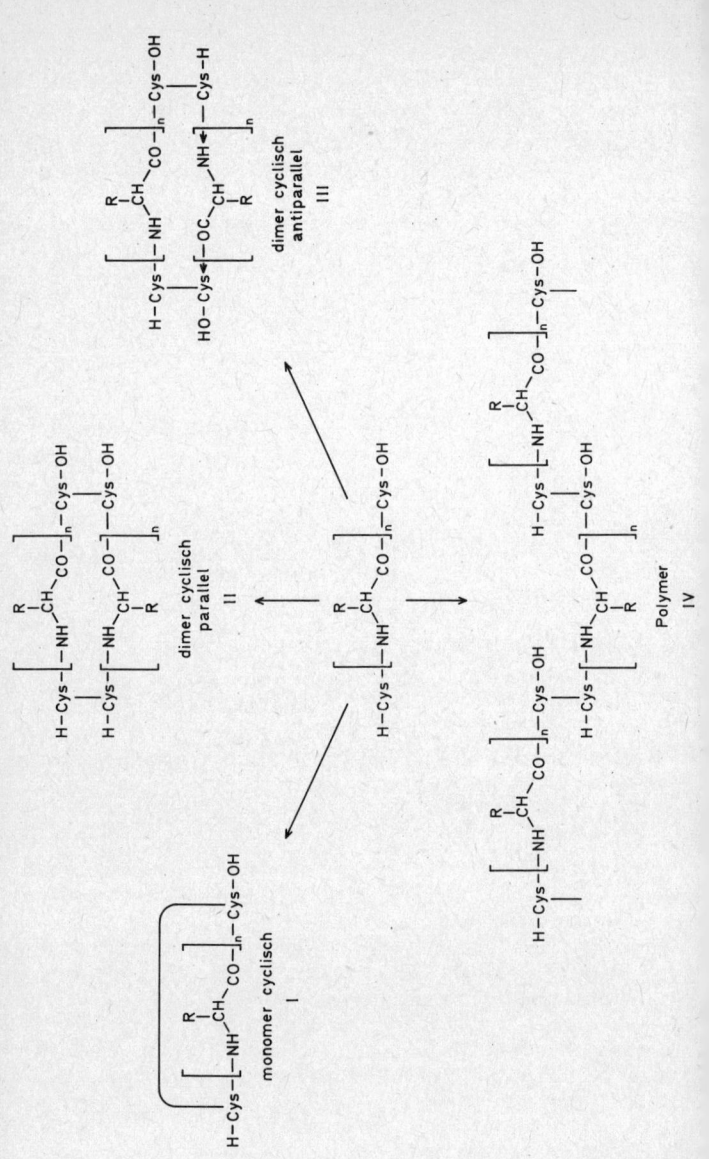

Tabelle 4. Ausbeute an monomeren, dimeren und polymeren Disulfiden bei Oxidation von H-Cys-(Gly)$_n$-Cys-OH in Abhängigkeit von dem Abstand der Cystein-Reste

n	Ring-größe	monomer cyclisch	Ausbeute % dimer antiparallel	polymer
0	8	35	20	+
1	11	–	80	+
2	14	15	20	25
3	17	40	55	–
4	20	75	15	10
5	23	65	30	5
7	29	65	25	10
8	32	45	Komplexes Gemisch	
9	35	75	25	–
12	44	80	20	–

Dimere, symmetrische Monodisulfide [4] werden entweder nach den üblichen Methoden der Peptid-Synthese, ausgehend von einem entsprechenden Cystin-Derivat [5], oder durch Oxidation der entsprechenden monomeren Cystein-Sequenz [6] erhalten.

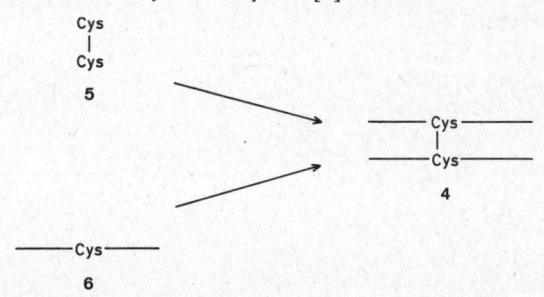

```
Cys
 |
Cys
 5
         ⟶   ─── Cys ───
                   |
         ⟶   ─── Cys ───
                    4
─── Cys ───
     6
```

Aufwendiger ist die Synthese unsymmetrisch zweikettiger Cystinpeptide. Durch Oxidation von zwei unterschiedlichen Cysteinpepti-

164 Peptide mit heterodeten Bindungen

Schema 35. Synthese unsymmetrischer Cystinpeptide über eine statistische Oxidation der monomeren Cysteinpeptide

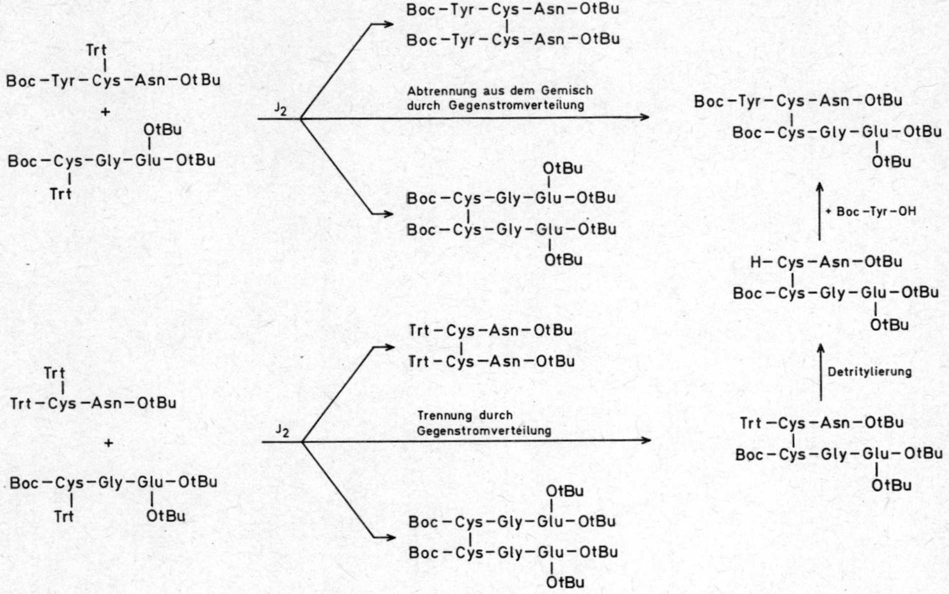

```
Trt
 |
Boc–Tyr–Cys–Asn–OtBu                Boc–Tyr–Cys–Asn–OtBu        Boc–Tyr–Cys–Asn–OtBu
              +                      Boc–Tyr–Cys–Asn–OtBu        Boc–Cys–Gly–Glu–OtBu
                      OtBu                                                     |
                       |             Abtrennung aus dem Gemisch               OtBu
Boc–Cys–Gly–Glu–OtBu              ↑  durch Gegenstromverteilung                              + Boc–Tyr–OH
              |                              OtBu                                       ←
             Trt                              |                              H–Cys–Asn–OtBu
                             —J₂→    Boc–Cys–Gly–Glu–OtBu                                |
                                     Boc–Cys–Gly–Glu–OtBu                    Boc–Cys–Gly–Glu–OtBu
                                                   |                                         |
                                                  OtBu                                      OtBu
                                                                                                        ↑
                                                                                                   Detritylierung
Trt
 |
Trt–Cys–Asn–OtBu                     Trt–Cys–Asn–OtBu                        Trt–Cys–Asn–OtBu
              +                      Trt–Cys–Asn–OtBu                        Boc–Cys–Gly–Glu–OtBu
                                                                                           |
Boc–Cys–Gly–Glu–OtBu              ↑  Trennung durch                                       OtBu
              |                      Gegenstromverteilung
             Trt                             OtBu
                             —J₂→             |
                                     Boc–Cys–Gly–Glu–OtBu
                                     Boc–Cys–Gly–Glu–OtBu
                                                   |
                                                  OtBu
```

den entstehen neben dem unsymmetrischen Disulfid auch die beiden symmetrischen Derivate, die schwierig abzutrennen sind. Leichter gestaltet sich die Aufarbeitung bei großem Überschuß einer Cystein-Sequenz. Neben dem unsymmetrischen Cysteinpeptid entsteht dann weitgehend nur noch das symmetrische Derivat der im Überschuß eingesetzten Komponente. Auf diesem Wege konnten unsymmetrische Cystin-haltige Fragmente des Insulins synthetisiert werden (KAMBER 1971) (Schema 35). Eine gezielte Synthese unsymmetrischer Cystinpeptide ist die Bildung der Disulfid-Brücke aus zwei an der Thiol-Funktion unterschiedlich substituierten Cysteinpeptiden (s. S. 82). Am besten untersucht sind die über eine Rhodanolyse verlaufenden Verfahren (HISKEY et al. 1965). Unter Verwendung von rhodanolytisch spaltbaren S-Schutzgruppen (s. S. 133) gelingt die gezielte Synthese symmetrisch oder unsymmetrisch zweikettiger Bis-disulfide (Schema 36). Nach dem gleichen Prinzip konnte auch ein Peptid-Modell mit der Disulfid-Struktur des Insulins erhalten werden (s. S. 278).

Schema 36. Gezielte Synthese symmetrischer Bis-Cystinpeptide

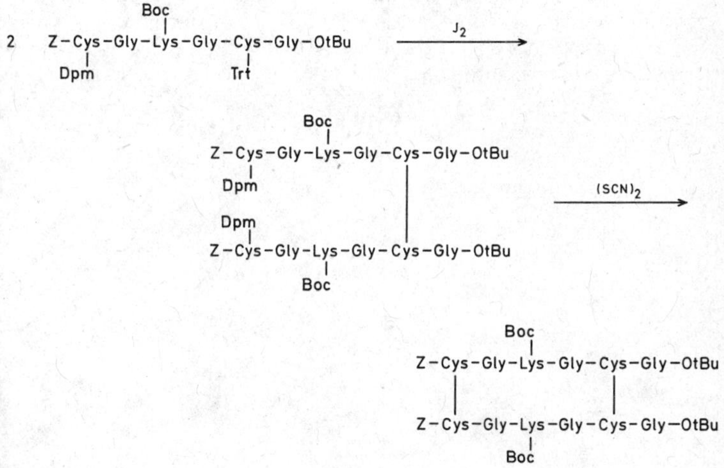

```
              Boc
               |
2   Z-Cys-Gly-Lys-Gly-Cys-Gly-OtBu     ──J_2──▶
     |                   |
     Dpm                 Trt


                     Boc
                      |
         Z-Cys-Gly-Lys-Gly-Cys-Gly-OtBu
          |                   |
          Dpm                 |
                              |         ──(SCN)_2──▶
          Dpm                 |
          |                   |
         Z-Cys-Gly-Lys-Gly-Cys-Gly-OtBu
                      |
                     Boc


                              Boc
                               |
                  Z-Cys-Gly-Lys-Gly-Cys-Gly-OtBu
                   |                   |
                   |                   |
                   |                   |
                  Z-Cys-Gly-Lys-Gly-Cys-Gly-OtBu
                               |
                              Boc
```

3.2. Die Ester-Bindung (Depsipeptide)

Esterbindungen in Form homöomerer Lactone (Ester-Bildung zwischen Carboxy- und Hydroxy-Gruppen von Aminosäuren) oder heteromere Ester (Hydroxysäuren innerhalb einer Peptid-Kette, „Peptolide") sind typisch für einige Peptid-Antibiotika.

3.2.1. O-Peptide und Peptidlactone

Über Methoden zur Synthese von O-Peptiden des Serins oder Threonins und von cyclischen Peptidlactonen liegen nur wenige systematische Untersuchungen vor. Diese Verbindungen sind aus einer N-geschützten Aminosäure und einem amino- und carboxy-geschützten Serin- oder Threonin-Derivat über eine übliche Carboxy-Aktivierung zugänglich.

Erfahrungen über die Synthese von cyclischen O-Peptiden (Peptidlactonen) stammen fast ausschließlich von BROCKMAN et al. aus dem Gebiet der Actinomycine (s. S. II, 136). Zwei Verfahren sind zum Aufbau von Peptidlactonen beschrieben. Die Cyclisierung kann ausgehend von der linearen Peptid-Sequenz durch Bildung der Ester-Bindung oder bei vorgegebener Ester-Bindung durch Bildung einer Peptid-Bindung erfolgen.

3.2.2. Peptolide

Die Verknüpfung von Amino- und Hydroxysäuren gelingt durch Veresterung der Aminosäure-Carboxy-Funktion mit der Hydroxy-Gruppe der Hydroxysäure [7] oder durch Acylierung der Amino-Gruppe durch die Hydroxysäure-Carboxy-Funktion [8]. Synthesen des Typs

7
N-geschützte Aminoacyl-hydroxysäure

8
Hydroxyacyl-aminosäure = ester

Aminoacyl-hydroxysäure [7] verlaufen nach den in der Peptid-Chemie bekannten Methoden zur Veresterung N-geschützter Aminosäuren (s. S. 121). Für den Typ Hydroxyacyl-aminosäure [8] dienen die üblichen Peptid-Kupplungen, wobei ein Schutz der Hydroxy-Funktion nicht unbedingt nötig ist.

Bei einem anderen Verfahren entsteht die Hydroxysäure erst im Verlauf der Umsetzung von N-geschützter Aminosäure [9] mit Derivaten der Diazoessigsäure [10] unter Bildung N-geschützter Aminoacylglycolsäure-Derivate [11]. Über die Passerini-Reaktion sind aus N-

geschützter Aminosäure [12], einer Carbonyl-Verbindung [13] und einem α-Isocyan-carbonsäureester [14] direkt Peptolide von Typ Aminoacyl-hydroxyacylaminosäure zugänglich.

Für die Synthese höherer Peptolide dient bevorzugt der Typ Aminoacyl-hydroxysäure, da er sich in präparativer Hinsicht ähnlich wie ein reines Dipeptid nach dem Schema einer Fragmentkondensation umsetzen läßt (Schema 37).

Da die Mehrzahl der Peptolid-Naturstoffe cyclische Verbindungen sind, ist auch die Cyclisierung von Peptoliden nach den Methoden der Peptid-Cyclisierung gut untersucht. Allerdings besteht bei der Cyclisierung über aktivierte Ester die Gefahr der Aminolyse der Peptolid-Ester-Bindung. Daher werden Peptolid-Cyclisierungen vorzugs-

168   Peptide mit heterodeten Bindungen

Schema 37. Synthese von Peptoliden

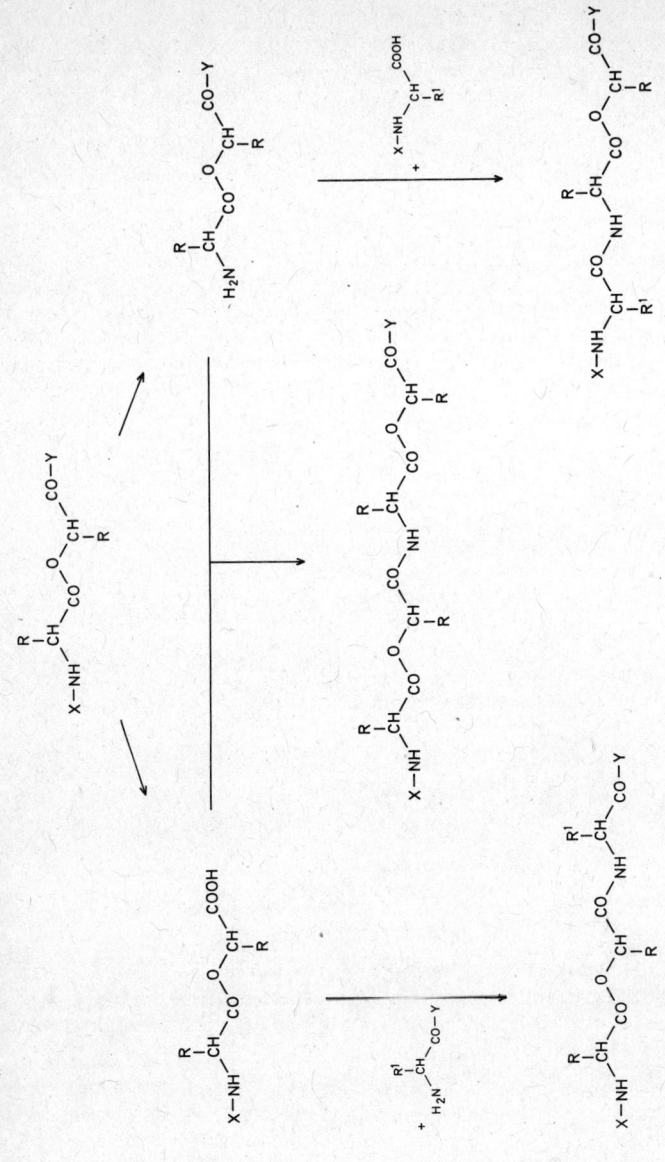

weise ausgehend von dem linearen Peptolidsäurechlorid · Hydrochlorid durchgeführt. Auf diesem Wege gelang es, fast alle bekannten Peptolid-Naturstoffe zu synthetisieren.

4. Strategie und Taktik der Peptid-Synthese

Für die Synthese eines Peptids stehen im Hinblick auf die Reihenfolge der Verknüpfung der Aminosäure-Reste mehrere Wege zur Verfügung. Ein Tripeptid kann auf zwei Wegen, ein Tetrapeptid bereits auf fünf Wegen erhalten werden (Schema 38). Für ein Hexapeptid sind bereits fast 40 Wege denkbar. Diese Zahl wird noch um ein Vielfaches erhöht, wenn nicht nur die Reihenfolge der Verknüpfung, sondern auch die Schutzgruppenkombination berücksichtigt werden.

Schema 38. Prinzipielle Möglichkeiten zur Verknüpfung von Aminosäuren zum Tri- bzw. Tetrapeptid

Verknüpfungsmöglichkeiten zum Tripeptid:

B C	A B
A B–C	A–B C
A–B–C	A–B–C

Verknüpfungsmöglichkeiten zum Tetrapeptid:

C D	A B
B C–D	A–B C
A B–C–D	A–B–C D
A–B–C–D	A–B–C–D
Weg 1	Weg 2

A B C D	B C	B C
A–B C–D	A B–C	B–C D
A–B–C–D	A–B–C D	A B–C–D
	A–B–C–D	A–B–C–D
Weg 3	Weg 4	Weg 5

In der Praxis ist jedoch die Auswahl sinnvoller Synthesewege viel geringer. Sie erfährt eine starke Einschränkung durch die vorgegebene Sequenz. Bestimmte Aminosäuren sind als Kupplungsstellen (Schnittstellen) besonders gut, andere weniger gut geeignet. Darüber hinaus kann die Zugänglichkeit und Stabilität einzelner Aminosäure-Derivate einen Einfluß auf die Reihenfolge der Verknüpfung haben. Die N-terminale Aminosäure muß als N-geschütztes Derivat und die C-terminale Aminosäure als carboxy-geschütztes Derivat eingesetzt werden. Für mittelständige Aminosäuren sollte die Reihenfolge der Verknüpfung so gewählt werden, daß keine schwer zugänglichen Derivate benötigt werden. Die eine oder andere Verknüpfungsreihenfolge kann durch eine vorgegebene Taktik der Schutzgruppenkombination (s. S. 177) weniger günstig sein, wie umgekehrt eine bereits vorgegebene Verknüpfungsreihenfolge die Variabilität der Schutzgruppenkombination stark einschränkt.

Alle diese, vor dem Beginn einer Synthese notwendigen Überlegungen werden als „Strategie" und „Taktik" der Peptid-Synthese bezeichnet, wobei unter „Strategie" die Reihenfolge der Verknüpfung der Aminosäuren und unter „Taktik" die Schutzgruppenkombination und die Wahl der Kupplungsmethoden verstanden wird. Gelegentlich wird die Entscheidung über Strategie und Taktik nicht ausreichend anhand der Besonderheiten der zu synthetisierenden Sequenz gefällt. Die dadurch bedingten Fehlschläge können wertvolle Methoden in Mißkredit bringen. Leider wird auch oft unter der Synthese eines Peptid-Wirkstoffes nur die Synthese eines biologisch aktiven Produktes und nicht die eines mit dem Naturstoff identischen, eindeutig definierten organischen Moleküls verstanden. Da jeder Peptid-Wirkstoff spezifische Eigenschaften besitzt, kann es keine allen Anforderungen gerecht werdende und universell anwendbare Strategie und Taktik geben.

4.1. Die Strategie der Peptid-Synthese

Hinsichtlich der verfügbaren Strategien besteht eine Unterscheidung in „Synthese in homogener Lösung" (konventionelle Peptid-Synthese) und „Synthese an einem polymeren, bevorzugt nicht löslichen Träger" (Solid Phase Peptide Synthesis). Nach Art der Verknüpfung der Aminosäuren wird zwischen der „schrittweisen Methode" und der „Fragmentkondensation" unterschieden.

Die Entscheidung, ob in Lösung oder an fester Phase gearbeitet werden soll, ist für jede Synthese weitgehend endgültig, da nur eine nach der Solid-Phase-Methode begonnene Synthese nach Abspaltung eines

Fragments vom Träger in Lösung weitergeführt werden kann. Im Gegensatz dazu ist eine Kombination der schrittweisen Synthese und der Fragmentkondensation beliebig durchführbar. Bei vielen Synthesen werden daher nach der schrittweisen Methode zunächst Fragmente synthetisiert und diese dann weiter kondensiert.

4.1.1. Möglichkeiten und Grenzen der „Peptid-Synthese in homogener Lösung"

Die klassische oder konventionelle Peptid-Synthese verläuft, wie die überwiegende Zahl aller chemischen Synthesen, in homogener Lösung. Im Gegensatz zu einer Durchführung in heterogener Phase ist hier die Wahrscheinlichkeit des Zusammenstoßens der Reaktionspartner und damit die Reaktionsgeschwindigkeit relativ groß. Zur Erzielung einer Ausbeute von 80 % und mehr genügt bei sterisch nicht gehinderten Peptid-Kupplungen und bei normaler Aktivierung der Carboxy-Gruppe ein Überschuß einer Komponente von 10 bis 20 %. Jedes Zwischenprodukt kann isoliert, analysiert und gereinigt werden. Voraussetzung für eine erfolgreiche Synthese ist eine ausreichende Löslichkeit der Reaktionspartner. Da mit wachsender Kettenlänge die Löslichkeit der Peptide in organischen Medien abnimmt, sind dieser Methode Grenzen gesetzt.

Zur Zeit ist die „Peptid-Synthese in homogener Lösung" die am häufigsten benutzte Strategie. Fast alle Synthesen von Peptid-Wirkstoffen, die erstmals ein mit dem Naturstoff identisches Produkt lieferten, wurden in Lösung durchgeführt.

4.1.2. Möglichkeiten und Grenzen der „Solid Phase Peptid-Synthese"

Für eine erfolgreiche Peptid-Synthese an fester Phase ist eine quantitative Umsetzung bei jedem Reaktionsschritt und ein Ausschluß von Nebenreaktionen an der mit dem Träger verknüpften Amino-Komponente erforderlich. Gelänge es, diese Voraussetzungen zu erfüllen, wäre diese Methode zur Synthese jeder beliebigen Sequenz ideal. Während für Schutzgruppenkombinationen, Kupplungsmethoden und Methoden zur Schutzgruppenabspaltung in den letzten Jahren Fortschritte erzielt wurden, bleibt die nicht zu erreichende 100 %ige Ausbeute des Kupplungsschrittes der limitierende Faktor. Aus den wenigen im Detail überschaubaren Synthesen läßt sich als mittlere Ausbeute eines Kupplungsschrittes etwa 96 % bis 99 % errechnen. Mit diesen Zahlen kann für Sequenzen verschiedener Kettenlänge die Ausbeute über alle Stufen ermittelt werden (Schema 39). Sequen-

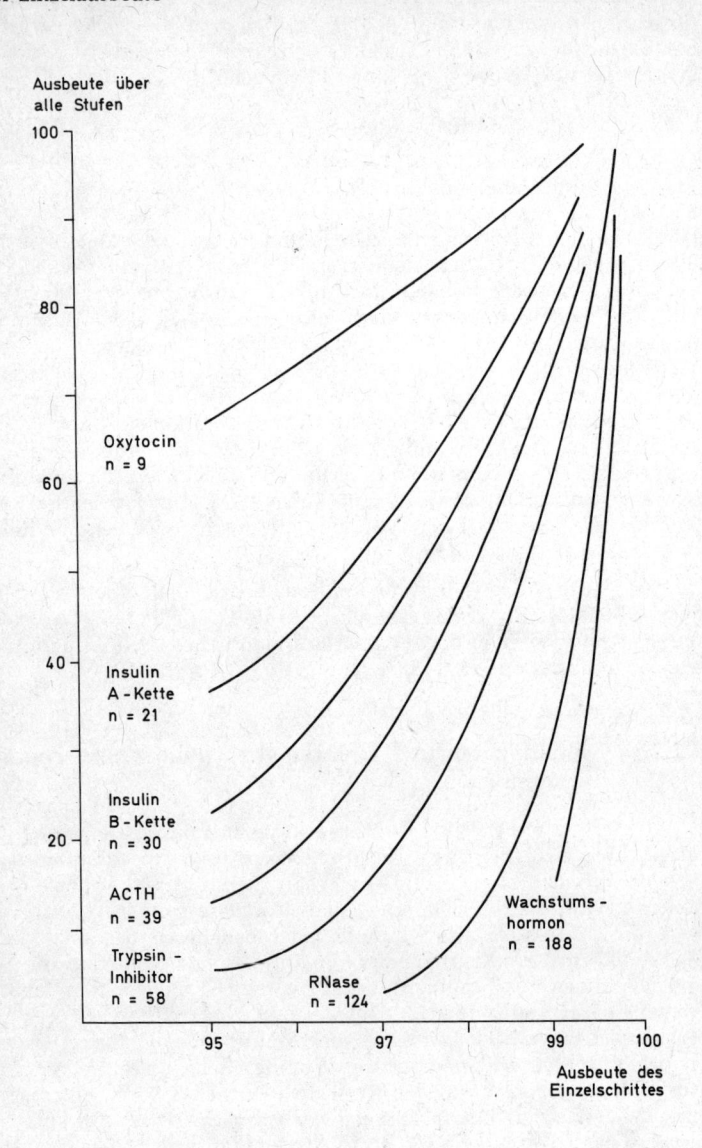

Schema 39. Ausbeuten einer Solid Phase-Synthese in Abhängigkeit von der Einzelausbeute

zen mit einer Kettenlänge von etwa 10 Aminosäure-Resten lassen sich noch gut aufbauen. Das beweisen die vielen Synthesen von Oxytocin-, Vasopressin-, Angiotensin- und Bradykinin-Analoga. Für die Insulin-Ketten oder das ACTH sind bereits kaum realisierbare Ausbeuten von etwa 99 % erforderlich, und Sequenzen mit über 100 Aminosäure-Resten werden selbst bei einer Ausbeute von 99,5 % in weniger als 50 % Gesamtausbeute erhalten.

Diese Gesamtausbeuten sind bei einer relativ niedrigen Ausbeute des Einzelschrittes immer noch sehr viel höher als bei einer Synthese der gleichen Sequenz nach der Strategie in homogener Lösung mit Isolierung und Reinigung von Zwischenprodukten. Während jedoch bei einer Synthese in Lösung die durch unvollständige Umsetzung entstandenen Nebenprodukte immer wieder abgetrennt werden, kann bei der Solid-Phase-Synthese diese Reinigung erst am Endprodukt erfolgen (Schema 40). So müssen bei einer Synthese der Insulin-B-Kette mit einer Einzelschrittausbeute von 97 % die als Gesamtausbeute erhaltenen 40 % von den 60 % unvollständiger Sequenzen abgetrennt werden, die überwiegend aus verschiedenen Sequenzen n − 1 (29 Aminosäure-Reste) und n − 2 (28 Aminosäure-Reste) bestehen. Die sehr große Ähnlichkeit dieser verkürzten Sequenzen mit dem Endprodukt macht eine Abtrennung nahezu unmöglich. Nur bei kurzen Peptiden kann mit einer erfolgreichen Entfernung gerechnet werden.

4.1.3. Möglichkeiten und Grenzen der schrittweisen Methode

Zwei Wege einer schrittweisen Verlängerung sind denkbar, die am Amino-Ende und die am Carboxy-Ende. In der Praxis wird fast ausschließlich die Verlängerung am Amino-Ende eingesetzt. N-geschützte Aminosäuren lassen sich im Gegensatz zu Peptidsäuren leichter aktivieren. Es ist außerdem rationeller, zur Erziehung einer nahezu quantitativen Umsetzung ein N-geschütztes Aminosäure-Derivat im größeren Überschuß einzusetzen und nach erfolgter Kupplung den nicht umgesetzten Anteil wieder abzutrennen. Schließlich verläuft im Falle einer N-geschützten Aminosäure bei Wahl einer geeigneten Amino-Schutzgruppe die Kupplung im Gegensatz zur Kondensation N-geschützter Peptidsäuren praktisch racemisierungsfrei.

Die schrittweise Methode wurde erstmals von BODANSZKY u. DU VIGNEAUD (1959) am Oxytocin demonstriert. Die anzukondensierenden Aminosäuren wurden als aktivierte Ester verwendet (Schema 41) und nach Schutzgruppenabspaltung die erhaltenen Derivate ohne Charakterisierung zur nächsten Kupplung eingesetzt. In dieser Form oder mit anderen Aktivierungen wird der schrittweise Kettenaufbau auch heute noch bei Synthesen in homogener Lösung durchgeführt. Auch

174 *Strategie und Taktik der Peptid-Synthese*

Schema 40. Prozentuale Zusammensetzung von Endprodukten nach der Solid Phase-Synthese

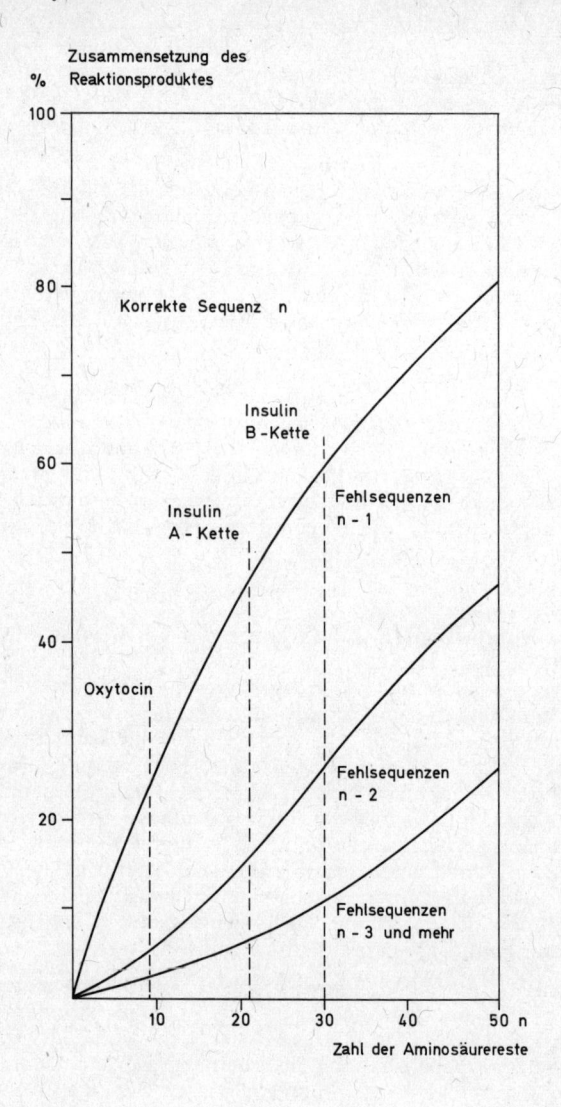

% Zusammensetzung des Reaktionsproduktes

Korrekte Sequenz n

Insulin B-Kette

Insulin A-Kette

Fehlsequenzen n – 1

Oxytocin

Fehlsequenzen n – 2

Fehlsequenzen n – 3 und mehr

Zahl der Aminosäurereste

Schema 41. Schrittweise Synthese von Oxytocin

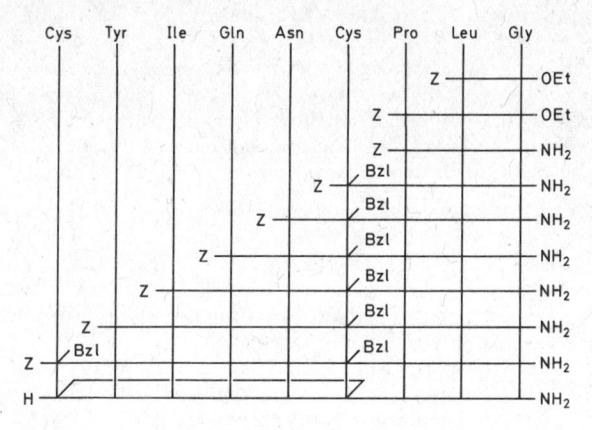

```
   Cys   Tyr   Ile   Gln   Asn   Cys   Pro   Leu   Gly

                                       Z ─────── OEt
                                 Z ───────────── OEt
                                 Z ───────────── NH₂
                             Bzl
                           Z ─────────────────── NH₂
                             Bzl
                     Z ───────────────────────── NH₂
                       Bzl
               Z ─────────────────────────────── NH₂
                 Bzl
         Z ─────────────────────────────────── NH₂
           Bzl
     Z ───────────────────────────────────────── NH₂
       Bzl                 Bzl
 Z ─────────────────────────────────────────── NH₂
 H ─────────────────────────────────────────── NH₂
```

bei der Solid Phase Peptid-Synthese wird fast ausschließlich von dieser Methode Gebrauch gemacht.

Anhand einiger längerer, nach der Strategie der schrittweisen Methode in Lösung synthetisierter Sequenzen wurde die mittlere Ausbeute des einzelnen Kupplungsschrittes zu $\sim 94\%$ errechnet. Dieser Wert liegt fast in der Größenordnung der Solid Phase Peptid-Synthese, bei der jedoch mit größeren Überschüssen gearbeitet wird. Im Gegensatz zu der Solid Phase Peptid-Synthese kann bei der schrittweisen Synthese in Lösung nach jedem Kupplungsschritt gereinigt und die Bildung von Fehlsequenzen verhindert werden.

Die Grenzen der schrittweisen Methode in homogener Lösung sind durch die abnehmende Löslichkeit der wachsenden Peptid-Kette gegeben. Sie sind auch dann erreicht, wenn die Umsetzung mit einem Aminosäure-Derivat nicht mehr analytisch verfolgt werden kann. Da diese Beschränkung abhängig von der Sequenz bereits bei kurzen Peptiden eintreten kann, liegt derzeitig die Stärke der schrittweisen Methode in der Synthese von Teilsequenzen, die nach der Strategie der Fragmentkondensation weiter umgesetzt werden.

4.1.4. Möglichkeiten und Grenzen der Fragmentkondensation

Die Strategie der Fragmentkondensation in homogener Lösung stellt für die Synthese längerer Peptid-Sequenzen die aussichtsreichste dar. Das Hauptproblem ist die Unterteilung der Sequenz in Fragmente, die im Hinblick auf Anzahl und Größe sehr unterschiedlich sein können. Betrachtet man zunächst die Unterteilung einer Sequenz in zwei Hauptfragmente, so ergeben sich verschiedene Prinzipien.

Unterteilung in zwei gleich große Fragmente (Schema 42/I): Der Vorteil einer Unterteilung in zwei etwa gleich große Fragmente liegt in der relativ leichten Reinigung des Endproduktes von den nicht umgesetzten Anteilen der Ausgangsstoffe, da zwischen Endprodukt und Ausgangsstoff ein großer Unterschied in der Molekülgröße besteht. Nachteilig ist, daß für die Erzielung einer befriedigenden Ausbeute ein größerer Überschuß des N-terminalen Fragmentes eingesetzt werden muß, das nur durch eine aufwendige Synthese zugänglich ist.

Unterteilung in zwei verschieden große Fragmente: Werden zwei verschieden große Fragmente so gewählt, daß die N-terminale Carboxy-Komponente das größere Fragment darstellt (Schema 42/II), dann ergeben sich verstärkt die Nachteile wie bei der Unterteilung in zwei gleich große Fragmente. Ist die N-terminale Carboxy-Komponente dagegen das kleinere Fragment (Schema 42/III), so sind die Bedingungen hinsichtlich der Aktivierbarkeit und der Verwendung eines Überschusses günstig. Ungünstig ist, daß schlechte Löslichkeitsverhältnisse die Abtrennung des nicht umgesetzten Anteils der C-terminalen Amino-Komponente erschweren.

Schema 42. Strategien der Fragmentkondensation

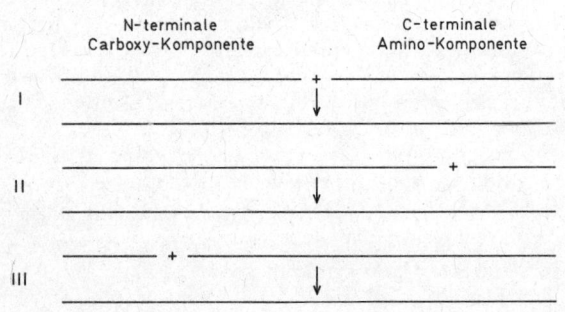

Neben diesen Überlegungen wird die Eignung eines Fragments zur Peptid-Synthese, d. h. die Wahl der geeigneten Schnittstellen, durch die Eigenschaften der C-terminalen Aminosäure der Carboxy-Komponente und, in geringerem Maße, durch Eigenschaften der N-terminalen Aminosäure der Amino-Komponente festgelegt. Die Schnittstellen sind so zu wählen, daß Peptid-Bindungen komplikationsfrei zu knüpfen sind. Ungünstig sind Schnittstellen, bei denen durch sterische Hinderung eine schlechte Kupplung zu erwarten ist oder spezielle Aminosäuren Nebenreaktionen verursachen können.

Weiterhin sollten die Fragmente sich in Polarität und Acidität sowie in ihrer Aminosäure-Zusammensetzung deutlich unterscheiden, so daß ein Erfolg oder Mißerfolg der Umsetzung kontrolliert werden kann und eine Reinigung gewährleistet ist. Probleme, die dadurch entstehen, daß sich nicht alle Schutzgruppen miteinander kombinieren lassen, können durch geschickte Wahl der Fragmente umgangen werden. Hier wird der enge Zusammenhang zwischen Strategie und Taktik ersichtlich. Eine durch die Sequenz bestimmte Schutzgruppentaktik kann die Unterteilung in solche Fragmente erfordern, die vom Gesichtspunkt der Strategie als nicht unbedingt ideal anzusehen ist.

Die Grenzen der Fragmentkondensation sind durch die unzureichende Löslichkeit und die schwere Aktivierbarkeit der Carboxy-Gruppe längerer Fragmente gegeben.

4.2. Taktik der Peptid-Synthese

Unter Taktik der Peptid-Synthese wird die Wahl einer geeigneten Schutzgruppenkombination und einer für jede Schnittstelle günstigen Kupplungsmethode verstanden.

4.2.1. Die Taktik der Schutzgruppen

4.2.1.1. Taktik des „nur unbedingt notwendigen" und „soviel wie irgend möglichen" Schutzes

Eine Schutzgruppe hat die Aufgabe, Nebenreaktionen an der Funktion, die sie blockiert, zu verhindern. Abhängig von der funktionellen Gruppe und der durchzuführenden Reaktion kann dieser Schutz unbedingt erforderlich sein („Muß-Schutz"). Sind Nebenreaktionen nicht zu erwarten, kann die Blockierung einer Funktion durch eine Änderung der Eigenschaften (Löslichkeit, Polarität, Ladung) die Durchführung eines Kupplungsschrittes und die Aufarbeitung des Ansatzes erleichtern („Kann-Schutz"). Jede Schutzgruppe muß nach Beendigung der Synthese wieder abgespalten werden, und jede zusätzliche Spaltung von Bindungen kann durch Unvollständigkeit oder durch Nebenreaktionen die Ausbeute an korrektem Endprodukt reduzieren.

Da die Peptid-Kupplung eine Reaktion zwischen Amino- und Carboxy-Gruppe ist, werden zusätzliche Amino- oder Carboxy-Funktionen in der Regel geschützt eingesetzt. Dies ist aber nur für die Amino-Gruppe zwingend (Muß-Schutz). Bei einer zusätzlichen Carboxy-Gruppe hängt die Notwendigkeit einer Blockierung von der Kupplungsmethode ab und davon, ob sich diese Funktion in der Carboxy-Komponente oder in der Amino-Komponente befindet (s. Schema 44, S. 183).

Die meisten Kupplungsmethoden können auch Hydroxy-Funktionen acylieren. Jedoch verläuft die Aminolyse so bevorzugt, daß bei molaren Umsetzungen eine Hydroxy-Gruppe nicht blockiert werden muß (Kann-Schutz). Bei einigen Aktivierungsmethoden (z. B. Carbodiimid-Methode), vor allem wenn die aktivierte Carboxy-Komponente im Überschuß eingesetzt wird, kann aber ein Hydroxy-Schutz unerläßlich sein (Muß-Schutz, z. B. bei der Solid Phase Peptid-Synthese). Die leichte Oxidierbarkeit der Thiol-Funktion zum Disulfid erfordert einen Schutz (Muß-Schutz). Die Imidazol-Funktion des Histidins ist bei einem Überschuß an aktivierter Carboxy-Komponente acylierbar (Muß-Schutz), sie kann aber bei molaren Verhältnissen auch ungeschützt eingesetzt werden (Kann-Schutz). Für die Guanido-Funktion des Arginins genügt die Protonisierung, um Nebenreaktionen zu vermeiden, Schutzgruppen erleichtern jedoch oft die Synthese (Kann-Schutz).

Die Möglichkeiten des Muß- und Kann-Schutzes haben zu Schutzgruppen-Taktiken geführt. Die Taktik des „nur bedingt notwendigen Schutzes" vermindert Schwierigkeiten bei der Deblockierung und hat Nachteile im Verlauf der Synthese. Die Taktik des „soviel wie irgend möglichen Schutzes" vereinfacht dagegen die Synthese und nimmt Ausbeuteverluste bei der Abspaltung der Schutzgruppen in Kauf. Wie bei den Strategien der Peptid-Synthese wird auch bei diesen Taktiken nicht die eine oder andere als universell angesehen. Beispiele für beide Strategien sind in Schema 43 die vollgeschützte Glucagon-Sequenz, synthetisiert von Wünsch et al., und eine minimal geschützte Ribonuclease-Sequenz, synthetisiert von Hirschmann et al.

4.2.1.2. Intermediäre und konstante Schutzgruppen

Schutzgruppen zur Blockierung von Funktionen, die im Verlauf der Synthese nicht an der Bildung einer Peptid-Bindung beteiligt sind, werden als „konstante" Schutzgruppen bezeichnet. Dabei ist es gleichgültig, ob es sich um einen Muß- oder Kann-Schutz handelt und ob diese Blockierung während des gesamten Syntheseverlaufes beibehalten oder schon auf einer Zwischenstufe entfernt wird. Solche „konstanten" Schutzgruppen sind bei der Synthese des Glucagons (Schema 43) die N-terminale und N_{im}-Schutzgruppe des Histidins, die tert.-Butyl-Gruppe der Serin- und Threonin-Reste, die tert.-Butylester der Asparaginsäure-β-Carboxy-Gruppe und der C-terminalen Carboxy-Gruppe, und die tert.-Butyloxycarbonyl-Gruppe am Lysin.

Schutzgruppen für eine Amino- oder Carboxy-Funktion, die im Verlauf der Synthese zur Peptid-Kupplung benötigt werden, werden als „intermediäre" Schutzgruppen bezeichnet. Sie müssen selektiv neben den konstanten zu entfernen sein. Der Prototyp einer intermediären Schutzgruppe ist die der α-Amino-Funktion bei einer schrittweisen

Schema 43. Prinzipien des „Soviel wie möglich" und des „Nur unbedingt notwendigen" Schutzes

Vollgeschütztes Glucagon (Wünsch 1967)

```
   Adoc   tBu              tBu      tBu tBu OtBu tBu  tBu Boc  tBu            OtBu
    |      |                |        |   |   |    |    |   |    |              |
Adoc—His—Ser—Gln—Gly—Thr—Phe—Thr—Ser—Asp—Tyr—Ser—Lys—Tyr—Leu—Asp—
```

```
   tBu                    OtBu                                    tBu
    |                      |                                       |
  Ser—Arg—Arg—Ala—Gln—Asp—Phe—Val—Gln—Trp—Leu—Met—Asn—Thr—OtBu
```

Mit Ausnahme der beiden Arginin-Reste in Positionen 17, 18 sind konsequent alle funktionellen Gruppen geschützt.

Teilgeschütztes Ribonuclease-Fragment (Hirschmann 1968)

```
                          Acm                Z                              Z
                           |                 |                              |
oc—Ser—Ser—Ser—Asn—Tyr—Cys—Asn—Gln—Met—Met—Lys—Ser—Arg—Asn—Leu—Thr—Lys
```

```
         Acm   Z
          |    |
sp—Arg—Cys—Lys—Pro—Val—Asn—Thr—Phe—Val—His—Glu—Ser—Ala—Asp—Val—
```

```
              Acm            Z
               |             |
n—Ala—Val—Cys—Ser—Gln—Lys—Asn—Val—Ala—OMe
```

Mit Ausnahme des C-terminalen Methylesters (weil anschließende Azid-Kupplung vorgesehen) sind nur Muß-Schutzgruppen (Amino- und Thiol-Funktion) vorhanden. Weitere Aminosäuren mit funktionellen Gruppen (Kann-Schutz) sind kursiv geschrieben.

Synthese, die nur für eine Kupplung erforderlich ist und danach abgespalten wird, um die Amino-Gruppe für den nächsten Kupplungsschritt freizusetzen. Bei der Strategie der Fragmentkondensation haben die Schutzgruppen, die die terminalen Amino- und Carboxy-Funktionen eines Fragmentes blockieren, zunächst den Charakter von konstanten Schutzgruppen und werden erst bei der Kondensation der Fragmente zu intermediären.

4.2.1.3. Taktiken der Schutzgruppenkombination

Eine Peptid-Synthese wird dann ohne Komplikationen verlaufen, wenn sich die intermediären Schutzgruppen ausreichend selektiv

Tabelle 5. Prinzipien der Schutzgruppentaktik

Intermediäre Schutzgruppen		Amino-Schutzgruppen										Carboxy-Schutzgruppen					
		Z		Boc		Nps		Bpoc		Trt		OMe/OEt		OBzl		OtBu	
Konstante Schutzgruppen		s	g	s	g	s	g	s	g	s	g	s	g	s	g	s	g
Amino-Schutzgruppen	Z	—	H_2 / Na/NH$_3$ / HBr	TFA	HBr	HCl	HBr	AcOH	HBr	AcOH	H_2 / Na/NH$_3$ / HBr	OH$^{\ominus}$	—	OH$^{\ominus}$ / H_2	H_2 / Na/NH$_3$ / HBr	TFA	HBr
	Boc	H_2	HBr	—	TFA	SH / HCl	TFA	AcOH	TFA	AcOH	TFA	OH$^{\ominus}$	—	OH$^{\ominus}$ / H_2	HF	—	TFA
	Tos	H_2 / HBr	Na/NH$_3$	TFA	—	HCl	—	AcOH	—	AcOH	Na/NH$_3$	OH$^{\ominus}$	—	OH$^{\ominus}$ / H_2	Na/NH$_3$	TFA	—
Carboxy-Schutzgruppen	OMe/OEt	H_2 / HBr	—	TFA	—	HCl	TFA	AcOH	—	AcOH	—	—	OH$^{\ominus}$	H_2	OH$^{\ominus}$	TFA	—
	OtBu	H_2 / HBr	—	—	TFA	SH / HCl	TFA	AcOH	TFA	AcOH	TFA	OH$^{\ominus}$	—	H_2 / Na/NH$_3$	HF	—	TFA
	OBzl	H_2 / Na/NH$_3$ / HBr	(HBr)	TFA	HF	HCl	HF	AcOH	—	AcOH	H_2 / Na/NH$_3$ / HF	—	—	—	—	TFA	HF (HBr)

Taktik der Peptid-Synthese

Bzl	H₂/Na/NH₃/HF	TFA	HCl	HF	AcOH	HF	AcOH	H₂/Na/NH₃/HF	OH⊖	OH⊖/H₂/Na/NH₃/HF	TFA	HF
tBu	H₂ Na/NH₃	HBr	TFA	SH HCl	TFA	AcOH	TFA	AcOH	TFA	—	OH⊖/H₂	TFA	TFA
NO₂	HBr	TFA	HCl	HF	AcOH	HF	AcOH	TFA	—	OH⊖/H₂	TFA	HF
Tos	H₂/Na/NH₃/HF	TFA	HCl	HF	AcOH	HF	AcOH	H₂/Na/NH₃/HF	OH⊖	H₂/OH⊖/Na/NH₃/HF	TFA	HF
Bzl	HBr/H₂/Na/NH₃	TFA	HCl	HF	AcOH	—	AcOH	H₂/Na/NH₃/HF	OH⊖	OH⊖/Na/NH₃/HF	TFA	—
Bzl	HBr	TFA	—	HCl	—	AcOH	—	AcOH	Na/NH₃	OH⊖	OH⊖/H₂	TFA	—
BzlOMe	HBr	TFA	HCl	HF	AcOH	HF	AcOH	Na/NH₃	OH⊖	OH⊖/Na/NH₃	TFA	HF
Trt	—	TFA	SH HCl	HF	AcOH	HF	AcOH	Na/NH₃/HF	OH⊖	OH⊖/Na/NH₃/HF	TFA	HF
Acm	—	TFA	SH HCl	HF	AcOH	HF	AcOH	Na/NH₃/HF	OH⊖	OH⊖/HF	TFA	HF
S-tBu	HBr	TFA	—	HCl	—	AcOH	—	AcOH	—	(OH⊖)	(OH⊖)	TFA	—
S-Et	HBr	TFA	HCl	—	AcOH	—	AcOH	Na/NH₃	—	Na/NH₃	TFA	—

Row labels (left margin, grouped):
- Hydroxy-Schutzgruppen: Bzl, tBu
- Guanido-Schutzgruppen: NO₂, Tos
- Imidazol-Schutzgruppen: Bzl
- (Amino-Schutzgruppen): Bzl, BzlOMe, Trt
- Thiol-Schutzgruppen: Acm, S-tBu, S-Et

Kombinationsmöglichkeiten der wichtigsten Schutzgruppen

s = intermediäre Schutzgruppe ist selektiv abspaltbar
g = gemeinsame Abspaltung von intermediärer und konstanter Schutzgruppe
— = nicht möglich,   ( ) = bedingt möglich,   ? = nicht bekannt

neben den konstanten abspalten lassen und am Ende der Synthese auch diese ohne Nebenreaktionen entfernt werden können.

Drei Prinzipien dieser differenzierten Deblockierung haben sich bewährt (Tab. 5, S. 180).

Acidolyse/Reduktion: Die intermediären Schutzgruppen werden durch Acidolyse, die konstanten Schutzgruppen nach Beendigung des Kettenaufbaues durch Reduktion abgespalten. Beispiele für diese Taktik sind die Synthesen aus dem Oxytocin- und Vasopressin-Gebiet mit intermediärem Schutz durch den Benzyloxycarbonyl-Rest und dessen Acidolyse mit Bromwasserstoff. Unter diesen Bedingungen sind die konstanten Schutzgruppen (S-Benzyl für die Mercapto-Funktion der Cysteine und Tosyl für die Guanido-Funktion des Arginins bzw. ε-Amino-Funktion des Lysins) stabil. Ihre Entfernung gelang nach beendeter Kettensynthese mit Natrium in flüssigem Ammoniak. Enthält das Peptid keine schwefelhaltigen Aminosäuren, so kann wie im Fall des Bradykinins bei gleicher Taktik auch eine Hydrogenolyse der konstanten Schutzgruppen erfolgen.

Reduktion/Acidolyse: Im Gegensatz zu der unbefriedigenden acidolytischen Stabilität reduktiv entfernbarer Schutzgruppen sind die der Acidolyse zugänglichen Reste vom tert.-Butyl-Typ gegen Reduktion völlig stabil. Eine Kombination, die eine Hydrogenolyse der intermediären und eine Acidolyse der konstanten Schutzgruppen erlaubt, kann als eine fast ideale Taktik bezeichnet werden. Nachteilig ist, daß sie bei Anwesenheit schwefelhaltiger Aminosäuren, die keine katalytische Hydrierung erlauben, nicht anwendbar ist.

Differenzierte Acidolyse: Eine Schutzgruppentaktik, die sich immer mehr durchsetzt, ist der Einsatz acidolytisch spaltbarer Reste sowohl für intermediäre als auch für konstante Schutzgruppen. Eine ausreichende Differenzierung erfordert als intermediäre Schutzgruppen acidolytisch extrem labile Reste (Triphenylmethyl, [2-Biphenyl-(4)-propyl-(2)]-oxycarbonyl, 2-Nitrophenylsulfenyl, tert.-Butyloxycarbonyl). Die Entdeckung, daß flüssiger Fluorwasserstoff zur Acidolyse von Schutzgruppen geeignet ist, die mit anderen Säuren nicht oder nur schwer abspaltbar sind, hat dieser Taktik eine breite Anwendbarkeit verschafft. Vasopressin-Synthesen mit N_G-Tosyl und S-4-Methoxy-benzyl als konstantem und mit tert.-Butyloxycarbonyl als intermediärem Schutz und Synthesen der Insulin-A-Kette mit S-4-Methoxy-benzyl und Benzylester als konstantem Schutz sind Beispiele für diese Taktik.

4.2.2. Taktik der Kupplungsmethoden

Für jede Peptid-Kupplung muß ein geeignetes Kondensationsverfahren ausgewählt werden. Abhängig von der vorgesehenen Strategie und Schutzgruppentaktik sind die Variationsmöglichkeiten eingeschränkt. Häufig kann auch die Notwendigkeit einer bestimmten Kupplungsmethode Forderungen an Schutzgruppentaktik und Strategie stellen. Hinsichtlich ihrer Einsatzmöglichkeiten können die Kupplungsmethoden in folgende 3 Gruppen eingeteilt werden:

Aktivierung der Carboxy-Komponente ausgehend von der freien Carboxy-Gruppe und in Gegenwart der Amino-Komponente: Die hierfür günstigste Kupplungsmethode ist die Carbodiimid-Methode. Bei ihrer Verwendung dürfen neben der zu aktivierenden Carboxy-Gruppe nur blockierte Carboxy-Funktionen vorliegen (Schema 44/I). Werden Carboxy-Komponente und aktivierendes Kupplungsreagenz im Überschuß eingesetzt, sollten Hydroxy-Funktionen geschützt sein.

Aktivierung der Carboxy-Komponente ausgehend von der freien Carboxy-Gruppe, aber in Abwesenheit der Amino-Komponente: Beispiele sind die Anhydrid-Methode und die Methode der aktivierten Ester. Bei ihrer Verwendung müssen weitere Carboxy-Funktionen nur in der Carboxy-Komponente, nicht aber in der Amino-Komponente geschützt werden (Schema 44/II). Hydroxy-Gruppen sollten bei einem Überschuß an aktivierter Carboxy-Komponente in beiden Komponenten blockiert sein.

Aktivierung der Carboxy-Komponente ausgehend von einer substituierten Carboxy-Gruppe in Abwesenheit der Amino-Komponente: Die wichtigste Kupplungsmethode ist die Azid-Methode, bei der die Aktivierung ausgehend von einem Ester über das Hydrazid verläuft. Dabei dürfen in der zu aktivierenden Carboxy-Komponente keine

Schema 44. Taktik der Schutzgruppen/Kupplungsmethoden-Kombination

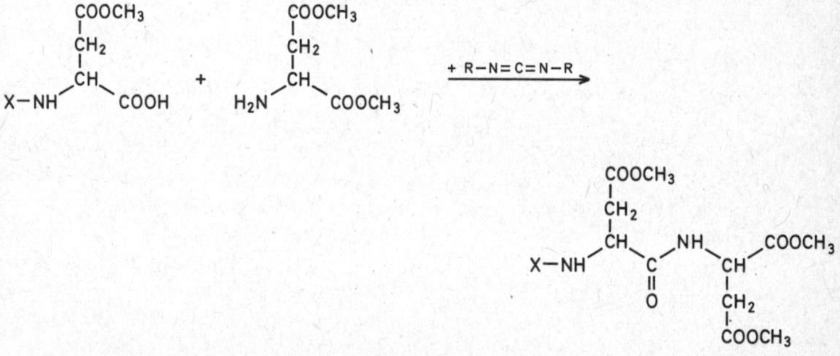

I. Carbodiimid-Methode: Aktivierung erfolgt ausgehend von der freien α-Carboxy-Gruppe und in Gegenwart der Amino-Komponente. Weitere Carboxy-Gruppen in Carboxy- oder Amino-Komponente: Muß-Schutz

Schema 44. (Fortsetzung)

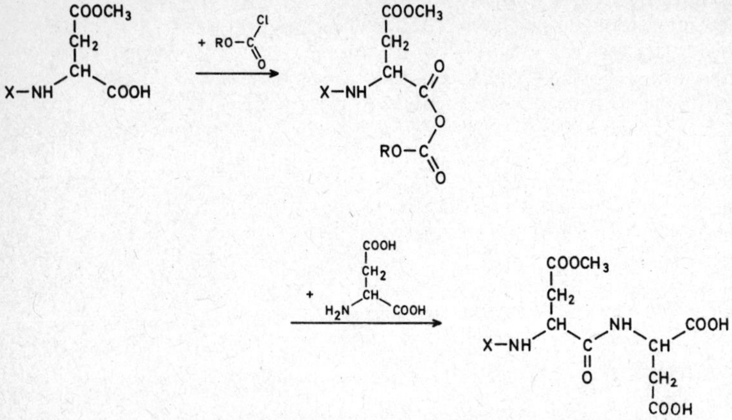

II. Anhydrid-Methode: Aktivierung erfolgt ausgehend von der freien α-Carboxy-Gruppe in Abwesenheit der Amino-Komponente. Weitere Carboxy-Gruppen in der Carboxy-Komponente: Muß-Schutz, in der Amino-Komponente: Kann-Schutz

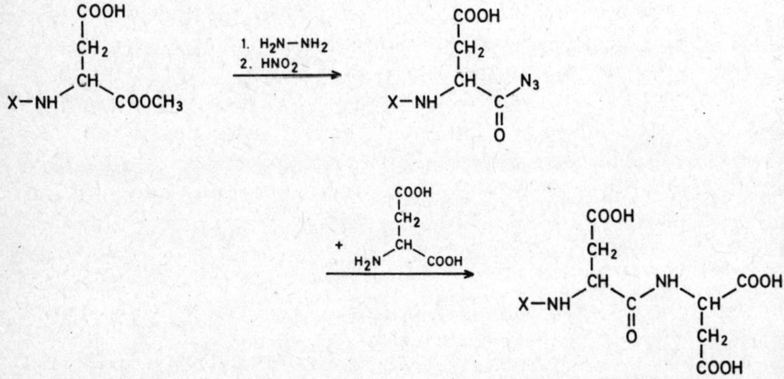

III. Azid-Methode: Aktivierung erfolgt nicht ausgehend von der freien α-Carboxy-Gruppe und in Abwesenheit der Amino-Komponente. Weitere Carboxy-Gruppen in Carboxy- oder Amino-Komponente: Kann-Schutz

hydrazinolytisch angreifbaren Bindungen vorhanden sein. Freie Carboxy-Gruppen stören den Ablauf nicht (Schema 44/III). Hydroxy-Gruppen brauchen nicht geschützt zu werden.

Ein direkter Zusammenhang zwischen Kupplungsmethode und zu aktivierender Aminosäure ist durch die Racemisierung gegeben. Nach heutiger Kenntnis ist keines der bekannten Verfahren absolut racemisierungsfest. Es wird diskutiert, ob nicht ein ursächlicher Zusammenhang zwischen Peptid-Kupplung und Racemisierung besteht. Der Racemisierungsgrad scheint nur von dem Unterschied zwischen der Kupplungsgeschwindigkeit und der Racemisierungsgeschwindigkeit abzuhängen. Für diese Theorie spricht auch, daß das Ausmaß der Racemisierung in starkem Maße von den Reaktionsbedingungen abhängt. Polare Lösungsmittel, die Anwesenheit starker Basen oder ihrer Salze und schließlich erhöhte Reaktionstemperaturen begünstigen die Racemisierung. Unter optimalen Bedingungen, die nur oft nicht einzuhalten sind, verlaufen alle wichtigen Kupplungsmethoden mit nicht erkennbarer oder nur geringfügiger Racemisierung.

Über die Racemisierungstendenz der gebräuchlichsten Kupplungsmethoden liegen folgende Erfahrungen vor:

Die *Azid-Methode* gewährleistet die racemisierungssicherste Kupplung. Mit Test-Peptiden und unter Bedingungen, unter denen andere Methoden bis zu 50 % Racemisierung zeigen, konnte eine Racemisierung bei der Azid-Methode nur vereinzelt nachgewiesen werden.

Die *Methode der aktivierten Ester* ist unter speziellen Bedingungen während des eigentlichen Kondensationsschrittes racemisierungssicher. Sterisch wenig stabil sind aktivierte Ester, wenn sie ohne Amino-Komponente in basischem Medium aufbewahrt werden. Keine Racemisierung zeigen solche Ester, die sich über eine zusätzliche Wasserstoffbrücke stabilisieren können (s. S. 144). Die Hauptgefahr einer Racemisierung besteht nicht bei dem eigentlichen Kondensationsschritt, sondern bei der Herstellung eines aktivierten Esters einer N-geschützten Peptidsäure nach der Carbodiimid-Methode.

Die *Carbodiimid-Methode* führt unter ungünstigen Verhältnissen zu starker Racemisierung. Universell anwendbar ist sie mit Zusatz von Hydroxy-Verbindungen, die als aktivierte Ester geeignet sind (s. S. 146).

Die *Anhydrid-Methode* wurde lange Zeit als die unsicherste Methode angesehen, jedoch konnten Reaktionsbedingungen ausgearbeitet werden, unter denen sie sich als racemisierungssicher erwiesen hat.

5. Biosynthese der Proteine

Bei der Protein-Biosynthese, die noch nicht in allen Einzelheiten geklärt ist, nehmen Nucleinsäuren zur Speicherung und Weitergabe der Information sowie zur Aktivierung der Aminosäuren eine Schlüsselstellung ein. Der Gesamtkomplex der Protein-Biosynthese kann in zwei Teilvorgänge zerlegt werden. Der erste ist die Speicherung der Information in der Desoxyribonucleinsäure (genetischer Code der Aminosäuren) und ihre Bereitstellung zur Protein-Synthese in Form der Messenger-Ribonucleinsäure. Der zweite Vorgang ist die eigentliche Biosynthese: die Aktivierung der Aminosäuren durch die Transfer-Ribonucleinsäure, die Bildung der Peptid-Bindung am Ribosom und die Ablösung des fertigen Proteins vom Ribosom.

5.1. Die genetische Information

5.1.1. Reduplikation und Transkription

Die genetische Information für die Protein-Biosynthese ist in den aus Desoxyribonucleinsäuren (deoxyribonucleic acid, DNA) bestehenden Genen der Chromosomen gespeichert. Nach WATSON u. CRICK (1953) liegt die DNA in Form einer doppelsträngigen Helix vor, die durch Wasserstoffbrücken zwischen den Purin- und Pyrimidinbasen der Nucleotide stabilisiert wird (Schema 45). Die beiden Stränge der Doppelhelix sind im Hinblick auf die 3,5-Desoxyribose-Bindungen

Schema 45. Schematische Darstellung der DNA-Doppelhelix nach WATSON und CRICK

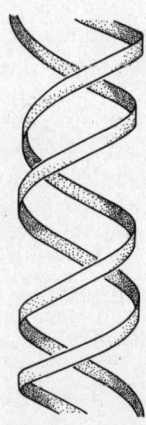

antiparallel angeordnet. Es besteht eine strenge Gesetzmäßigkeit (pairing rule), indem der Adenin-Rest des einen Stranges dem Thymin-Rest des zweiten Stranges und der Guanin-Rest analog dem Cytosin-Rest gegenüberstehen (Schema 46). Beide Stränge sind also in ihrer Nucleotid-Sequenz „komplementär".

Schema 46. Stabilisierung der Doppelhelix durch Wasserstoffbrücken (pairing rule)

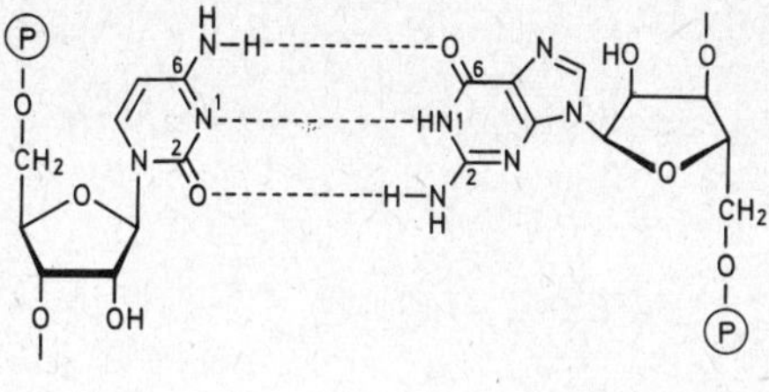

Cytidin-monophosphat — Guanosin-monophosphat

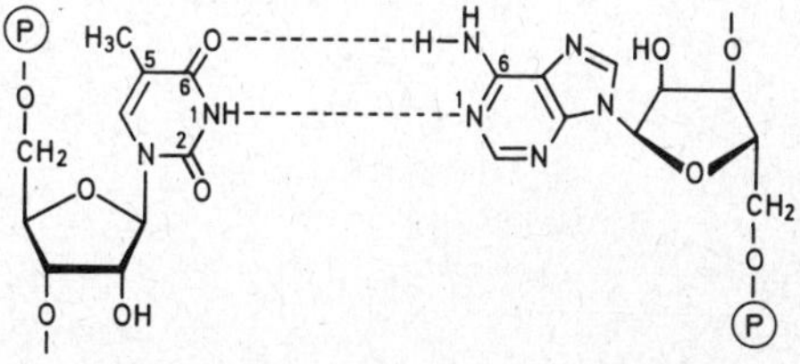

Thymidin-monophosphat — Adenosin-monophosphat

Die in der DNA gespeicherte Information muß als Erbanlage bei der Zellteilung weitergegeben werden und bei Bedarf zur Protein-Biosynthese zur Verfügung stehen. Beide Aufgaben werden durch den gleichen Mechanismus erfüllt, der im Falle der Zellteilung als „Reduplikation" (Replikation), im Falle der Protein-Biosynthese als „Transkription" bezeichnet wird. Bei der Zellteilung wird die Doppelhelix in die Einzelstränge zerlegt. Diese dienen als Matrize (template) zur Synthese des jeweils zweiten, komplementären Stranges (Schema 47). Danach steht jeder Tochterzelle wieder eine doppelsträngige DNA-Helix zur Verfügung, die mit derjenigen der Mutterzelle identisch ist. Gelegentlich können Fehler bei der Reduplikation auftreten, die Mutationen zur Folge haben. Die Teilung einer Zelle mit identischer Verdoppelung ihrer DNA erklärt die genetische Konstanz eines Individuums. Die Keimzellen höherer Organismen enthalten nur einen halben Chromosomensatz, der bei der Fortpflanzung durch den Chromosomensatz des anderen Elternteils komplettiert wird (Grundlage der Vererbungslehre).

Biosynthese der Proteine

Schema 47. Schematische Darstellung der Reduplikation der DNA

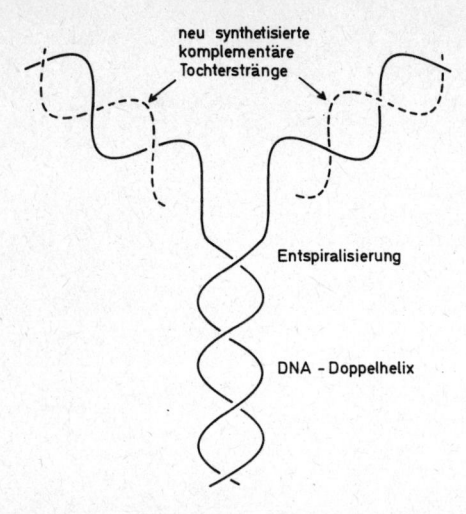

neu synthetisierte komplementäre Tochterstränge

Entspiralisierung

DNA - Doppelhelix

Für die Protein-Biosynthese wird nach dem gleichen Prinzip unter Verwendung eines Stranges der DNA (codogener Strang) als Matrize eine Ribonucleinsäure (RNA) synthetisiert. Im Gegensatz zur Reduplikation wird dabei nur der jeweils erforderliche Abschnitt der DNA partiell entspiralisiert (Schema 48).

Schema 48. Schematische Darstellung der Transkription einer DNA in einer m RNA

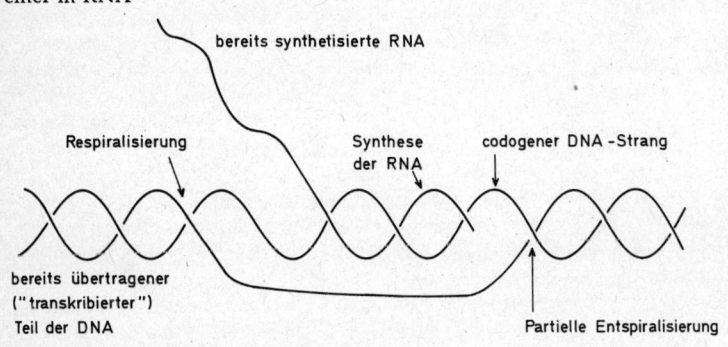

bereits synthetisierte RNA

Respiralisierung

Synthese der RNA

codogener DNA-Strang

bereits übertragener ("transkribierter") Teil der DNA

Partielle Entspiralisierung

Aufgrund der Gesetzmäßigkeit der Basenpaarung veranlassen die DNA-Basen Thymin, Cytosin, Guanin und Adenin den Einbau der komplementären Nucleotide Adenosinphosphat, Guanosinphosphat,

Cytidinphosphat und Uridinphosphat (Uracil ist die dem Thymin der DNA analoge Base der RNA) in den Ribonucleinsäure-Strang (Transkription). Diese Synthese verläuft ausgehend von den Nucleosidtriphosphaten unter Abspaltung von Pyrophosphat:

$$n_1 \text{ ATP} + n_2 \text{ GTP} + n_3 \text{ CTP} + n_4 \text{ UTP} \xrightarrow[\text{DNA als Matrize}]{\text{RNA-Polymerase}}$$
$$\text{RNA} + (n_1 + n_2 + n_3 + n_4) \, PP$$

Die neu synthetisierte Ribonucleinsäure transportiert die Information zu den Ribosomen, dem eigentlichen Ort der Protein-Biosynthese (Messenger-RNA, mRNA).

Nach den IUPAC-Regeln bedeuten die Buchstaben A, G, C, U usw. die Nucleoside Adenosin, Guanosin, Cytidin, Uridin usw. Zur Bezeichnung eines einzelnen Nucleotids kann AMP, GMP, CMP und UMP oder Ap, Gp, Cp, und Up verwendet werden. Für Oligo- oder Polynucleotide hat sich aber auch der einzelne Buchstabe als Bezeichnung des ganzen Nucleotids eingebürgert.

5.1.2. Genetischer Code

Die Reihenfolge der Purin- und Pyrimidinbasen der Messenger-RNA enthält die Information für die Reihenfolge der Aminosäuren d. h. für die Primärstruktur des zu synthetisierenden Proteins. Jeweils drei aufeinanderfolgende Nucleotide der RNA stellen die Information für eine Aminosäure dar (Triplett, Codon). Die vier unterschiedlichen Nucleotide der RNA lassen sich in $3^4 = 64$ verschiedenen Dreierkombinationen anordnen. Es existieren also mehr Tripletts als zur Codierung der 20 in Proteinen vorkommenden Aminosäuren erforderlich sind. Jedoch wurde gefunden, daß die Information für fast alle Aminosäuren durch mehrere Tripletts gegeben ist. Die Spezifität des Code ist also nicht sonderlich groß. Nur Methionin und Tryptophan werden durch ein einziges Triplett, die meisten anderen Aminosäuren durch zwei, drei oder vier, und schließlich Leucin, Serin und Arginin durch sechs verschiedene Tripletts codiert (s. Tab. 6). Drei der möglichen 64 Tripletts entsprechen keiner Aminosäure (nonsense triplets). Sie veranlassen den Abbruch der Protein-Biosynthese (chain terminating triplets). Das Triplett für Methionin erfüllt gleichzeitig die Aufgabe eines Starters (chain initiator triplet). Ein derartiges Triplett am Anfang einer Messenger-RNA veranlaßt die Anlagerung einer N-Formylmethionin-transfer-RNA an das Ribosom und damit den Beginn der Protein-Biosynthese. Ein gleiches Triplett innerhalb der RNA-Sequenz bewirkt in üblicher Weise nur den Einbau eines Methionin-Restes. Nach Ablösung des Proteins vom Ribosom wird enzymatisch nur die Formyl-Gruppe oder auch N_α-Formyl-methionin abgespalten. Dieser Startmechanismus ist mit Sicherheit bisher nur in Coli-Bakterien nachgewiesen worden, wahrscheinlich gilt er aber auch für andere Organismen.

Durch experimentelle Anordnungen, die in vitro eine Biosynthese mit synthetischen Polynucleotiden als Messenger-RNA ermöglichen, konnten den einzelnen Aminosäuren die entsprechenden Tripletts zugeordnet werden. Polynucleotide mit bekannter Sequenz sind aus Mono-, Di- oder Trinucleotiden mit Hilfe des Enzyms RNA-Polymerase zugänglich. Das erste Codon wurde von NIRENBERG u. MATTHAEI (1961) aufgeklärt. Unter Verwendung eines synthetischen poly-(Uridinphosphat) [poly-(U)] konnte in vitro die Biosynthese von poly-Phenylalanin erreicht werden. Das Triplett UUU der RNA entspricht somit dem Phenylalanin. Weitere Informationen wurden durch Polymerisation von Di- und Trinucleotiden erhalten. Aus einem Dinucleotid entsteht eine alternierende Sequenz aus zwei verschiedenen Tripletts:

poly-(AG) = AGA GAG AGA GAG usw.

Die Synthese eines Peptids aus zwei alternierenden Aminosäuren, Arginin (AGA) und Glutaminsäure (GAG), ist die Folge. Dabei ist es gleichgültig, ob die Protein-Synthese, infolge des fehlenden Start-Codons, tatsächlich am ersten oder erst an einem späteren Nucleotid beginnt.

Die bei der Blockpolymerisation eines Trinucleotids entstehende Sequenz:

poly-(AAG) = AAG AAG AAG AAG AAG AAG usw.

kann abhängig vom Startpunkt unterschiedlich gelesen werden. Daher können drei verschiedene homopolymere Polyaminosäuren entstehen:

AAG AAG AAG AAG AAG = poly-Lysin
AGA AGA AGA AGA AGA = poly-Arginin
GAA GAA GAA GAA GAA = poly-Glutaminsäure

In dem Maße, wie die methodischen Voraussetzungen zur Synthese von Polynucleotiden weiterentwickelt wurden, gelang die Zuordnung weiterer Tripletts, bis schließlich die Spezifität aller 64 und damit der gesamte genetische Code entschlüsselt war (Tab. 6). Die Tripletts, die dieselbe Aminosäure codieren, unterscheiden sich fast immer nur in dem dritten Nucleotid. Die Spezifität der ersten beiden Nucleotide ist dagegen wesentlich größer. Nur die drei Aminosäuren, die durch sechs verschiedene Tripletts codiert werden, zeigen eine Variation auch in den ersten beiden Nucleotiden. Chemisch ähnliche Aminosäuren haben ähnliche Tripletts. Sie unterscheiden sich häufig nur durch das erste Nucleotid.

Tabelle 6. Genetischer Code

Erste Base	Zweite Base				Dritte Base
	U	C	A	G	
U	Phe	Ser	Tyr	Cys	U
	Phe	Ser	Tyr	Cys	C
	Leu	Ser	„Stop"	„Stop"	A
	Leu	Ser	„Stop"	Trp	G
C	Leu	Pro	His	Arg	U
	Leu	Pro	His	Arg	C
	Leu	Pro	Gln	Arg	A
	Leu	Pro	Gln	Arg	G
A	Ile	Thr	Asn	Ser	U
	Ile	Thr	Asn	Ser	C
	Ile	Thr	Lys	Arg	A
	Met (Start)	Thr	Lys	Arg	G
G	Val	Ala	Asp	Gly	U
	Val	Ala	Asp	Gly	C
	Val	Ala	Glu	Gly	A
	Val	Ala	Glu	Gly	G

Der genetische Code ist für alle bisher untersuchten Formen des Lebens gültig. Er ist universell, d. h. auch Systeme, in denen die funktionellen Bestandteile (Ribosomen, Enzyme, RNA etc.) aus Bakterien, Pflanzen und Tieren kombiniert werden, sind für die Protein-Biosynthese voll funktionsfähig.

5.1.3. Evolution und genetischer Code

Die Aufklärung des genetischen Code hat die Kenntnisse auf den Gebieten der Mutation und Evolution wesentlich erweitert. Die bekannten Spezies-abhängigen Differenzen in den Sequenzen von Proteinen und Peptid-Wirkstoffen sind mit Sicherheit durch Übertragungsfehler bei der Reduplikation entstanden, wobei nur dann eine Überlebenschance bestand, wenn das modifizierte Protein die Aufgabe ebenso gut erfüllen konnte wie das ursprüngliche. Besaß das modifizierte Protein bessere Eigenschaften, so war das Individuum sogar auslesebevorzugt.

Übertragungsfehler können als Austausch oder Veränderung eines einzelnen Nucleotids (Punktmutation) oder als Verlust (Deletion) oder Einfügung (Insertion) von einem oder mehreren Nucleotiden auftreten. Eine Punktmutation führt im allgemeinen zu einem Aminosäure-Austausch in dem entsprechenden Protein. Sie kann bei Veränderung des dritten Nucleotids eines Tripletts auch ohne Einfluß auf die Aminosäure-Sequenz bleiben (stille Mutation). Da der Austausch von nur einer Aminosäure häufig ohne Verlust der biologischen Aktivität möglich ist, haben Punktmutationen eine relativ große Überlebenschance. Im Gegensatz dazu führt der Verlust oder das Einfügen von Nucleotiden zu einer vollständigen Verschiebung der Matrize, d. h. zu einer anderen Aminosäure-Sequenz. Nur wenn ein Verlust einer dreizähligen Anzahl von Nucleotiden auftritt, bleibt die prinzipielle Aminosäure-Sequenz erhalten, es fehlen nur ein oder mehrere Aminosäuren. Derartige Speziesdifferenzen werden z. B. im C-Peptid des Proinsulins (s. S. 271), in den Neurotoxinen der Schlangengifte (s. S. II, 107) oder im Wachstumshormon (s. S. 233) beobachtet.

Aus den Speziesdifferenzen homologer Proteine, d. h. aus der Zahl der akzeptierten Mutationen, die erforderlich waren, um zu den heute existierenden Genen zu kommen, läßt sich der Verwandtschaftsgrad

Tabelle 7. Mittlere Differenzen in den Aminosäure-Sequenzen homologer Cytochrome

	Primaten	Säugetiere	Vögel	Reptilien	Amphibien	Fische	Insekten	Pflanzen	Pilze
Primaten	0								
Säugetiere	10	0							
Vögel	12	11	0						
Reptilien	15	15	16	0					
Amphibien	18	12	11	17	0				
Fische	21	18	17	15	22	0			
Insekten	28	25	25	25	27	28	0		
Pflanzen	43	45	46	48	46	49	45	0	
Pilze	46	47	48	49	49	48	46	50	0

Evolution 193

der Spezies ableiten und z. B. unter Zugrundelegen der Speziesdifferenzen des Cytochrom c (Tab. 7) mit Hilfe eines Computers ein Stammbaum konstruieren (Schema 49). Daraus geht hervor, daß

Schema 49. Phylogenetischer Stammbaum*, die Zahlen an den Ästen geben die Anzahl der Mutationen wieder.

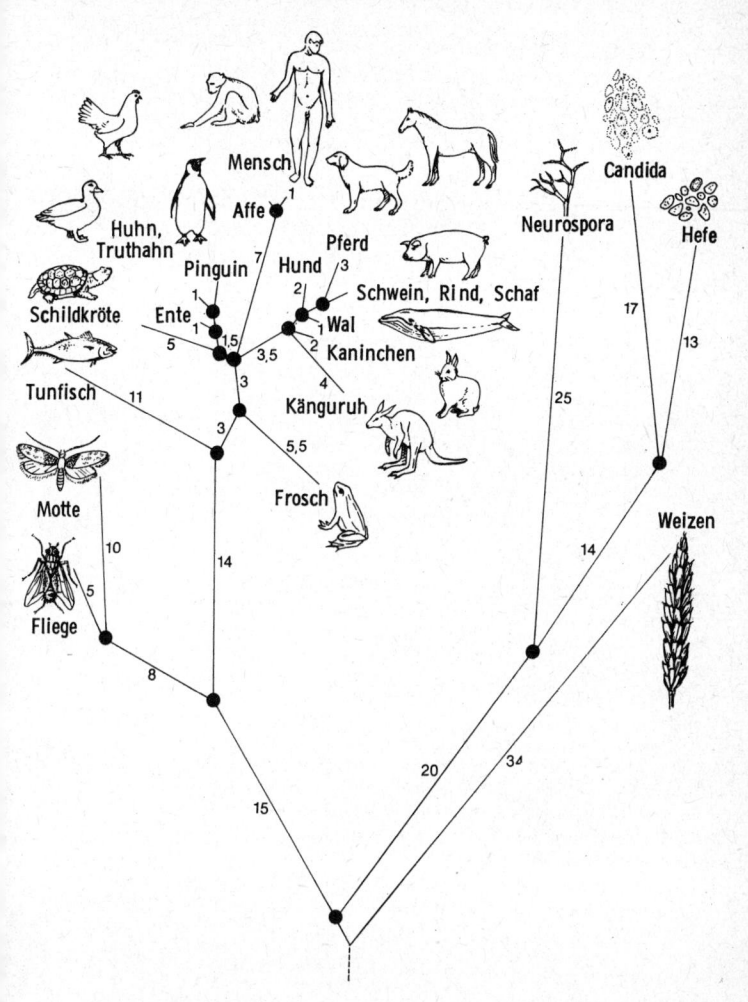

* (aus R. Knippers, *Molekulare Genetik*, nach M. D. Dayhoff, Georg Thieme Verlag, Stuttgart 1971).

Biosynthese der Proteine

Tabelle 8. Speziesdifferenzen des Cytochroms und genetischer Code

Position	Cytochrom c Schwein, Rind oder Schaf		Cytochrom c Mensch	
	Aminosäure	Codon	Aminosäure	Codon
11	Valin	G̲ U •	Isoleucin	A̲ U ^U_C_A
12	Glutamin	C̲ A ^A_G	Methionin	A̲ U G
15	Alanin	G̲ C •	Serin	U̲ C •
46	Phenylalanin	U U̲ •	Tyrosin	U A̲ ^U_C
50	Asparaginsäure	G A̲ ^U_C	Alanin	G C̲ •
62	Glutaminsäure	G A $^A_{G̲}$	Asparaginsäure	G A $^U_{C̲}$
83	Alanin	G C̲ •	Valin	G U̲ •
89	Glycin	G G̲ •	Glutaminsäure	G A̲ ^A_G
92	Glutaminsäure	G A̲ ^A_G	Alanin	G C̲ •

Pilze und höhere Pflanzen mit durchschnittlich 50 Mutationen voneinander phylogenetisch nur wenig weiter entfernt sind als die Pflanzen von allen Tieren (43 bis 49 Mutationen). Viele der Mutationen, aber keineswegs alle, lassen sich durch eine Veränderung von nur einem Nucleotid eines Tripletts erklären (Schema 50). Ein Vergleich der Sequenzen phylogenetisch weit auseinanderstehender Spezies zeigt (Schema 50), daß ein Protein Bereiche mit vielfach akzeptierten Mutationen und Bereiche ohne akzeptierte Mutationen besitzt. Daraus lassen sich gewisse Folgerungen über die für die biologische Aktivität essentiellen Teile der Sequenz ziehen.

Aus paläontologischen Forschungen sind zum Teil die Zeiten bekannt, zu denen eine Verzweigung des Stammbaums erfolgte. So wird angenommen, daß der gemeinsame Vorläufer von Säugetier und Vogel vor etwa 280 Mill. Jahren lebte. Säugetier-Cytochrome unterschied sich von denen der Vögel durchschnittlich in etwa 11 Aminosäure-Positionen (s. Tabelle 7), d. h. 11 akzeptierte Mutationen fanden seit jener Zeit statt. Die Zeit, die erforderlich ist, um 1 % der Aminosäuren eines Proteins zu verändern, wird als Evolutionsperiode dieses Proteins bezeichnet. Sie beträgt beim Cytochrom ca. 26 Mill. Jahre. Kürzere Evolutionsperioden haben z. B. das Hämoglobin mit ca. 6 Mill. Jahren und die Fibrinopeptide mit ca. 1 Mill. Jahren, eine wesentlich längere Evolutionsperiode z. B. die Histone mit 600 Mill. Jahren (Schema 51, S. 198). Aus der Evolutions-Periode des Cytochrom c und den im Durchschnitt etwa 46 Aminosäure-Differenzen zwischen Tier und Pflanze läßt sich die Zeit, zu der diese Differenzierung erfolgt sein muß, mit etwa 1200 Mill. Jahren errechnen, was recht gut mit den Ergebnissen der paläontologischen Forschung übereinstimmt.

Die Gesamtzahl der stattfindenden Mutationen sollte bei allen Genen gleich sein. Die Unterschiede in der Dauer einer Evolutionsperiode bedeuten, daß bei einem Protein mehr Mutationen akzeptiert werden – und somit eine Überlebenschance haben – als bei einem anderen Protein.

Überlegungen über den Zusammenhang von Evolution und genetischem Code lassen sich nicht nur bei längeren Proteinen, die oft recht extreme Speziesunterschiede aufweisen, anstellen. Bei kurzkettigen Peptid-Hormonen besteht sogar die Möglichkeit, Hypothesen durch die Synthese der entsprechenden Analoga zu überprüfen.

Alle bisher in der Natur gefundenen Hormone der Neurohypophyse haben eine gleiche Kettenlänge (9 Aminosäure-Reste), einen 1,6-Disulfid-Ring und identische Aminosäuren in 6 von 9 Positionen (Schema 52, S. 199). Nimmt man an, daß die Speziesdifferenzen der Peptid-Hormone und Proteine durch Mutationen aus einem „Urmolekül" entstanden sind, so sollten sich diese durch einfache Ver-

Schema 50. Aminosäure-Sequenzen einiger homologer Cytochrome

	1									
Mensch				Gly-Asp-Val-Glu-Lys-Gly-Lys-Lys-Ile-
Schwein				Gly-Asp-Val-Glu-Lys-Gly-Lys-Lys-Ile-
Huhn				Gly-Asp-Ile-Glu-Lys-Gly-Lys-Lys-Ile-
Thunfisch				Gly-Asp-Val-Ala-Lys-Gly-Lys-Lys-Thr-
Fliege			Gly-Val-Pro-Ala-Gly-Asp-Val-Glu-Lys-Gly-Lys-Lys-Ile-
Weizen	Ala-Ser-Phe-Ser-Glu-Ala-Pro-Pro-Gly-Asn-Pro-Asp-Ala-Gly-Ala-Lys-Ile-
Hefe		Thr-Glu-Phe-Lys-Ala-Gly-Ser-Ala-Lys-Gly-Ala-Thr-Leu-

	10							20		
Mensch	Phe-Ile-Met-Lys-Cys-Ser-Gln-Cys-His-Thr-Val-Glu-Lys-Gly-Gly-His-Lys-Thr-Gly-
Schwein	Phe-Val-Gln-Lys-Cys-Ala-Gln-Cys-His-Thr-Val-Glu-Lys-Gly-Gly-His-Lys-Thr-Gly-
Huhn	Phe-Val-Gln-Lys-Cys-Ile-Gln-Cys-His-Thr-Val-Glu-Lys-Gly-Gly-His-Lys-Thr-Gly-
Thunfisch	Phe-Val-Gln-Lys-Cys-Ala-Gln-Cys-His-Thr-Val-Glu-Asp-Gly-Gly-Lys-His-Lys-Val-Gly-
Fliege	Phe-Val-Gln-Arg-Cys-Ala-Gln-Cys-His-Thr-Val-Glu-Ala-Gly-Gly-Lys-His-Lys-Val-Gly-
Weizen	Phe-Lys-Thr-Lys-Cys-Ala-Gln-Cys-His-Thr-Val-Asp-Ala-Gly-Ala-Gly-His-Lys-Gln-Gly-
Hefe	Phe-Lys-Thr-Arg-Cys-Glu-Leu-Cys-His-Thr-Val-Glu-Lys-Gly-Gly-Pro-His-Lys-Val-Gly-

	30							40		
Mensch	Pro-Asn-Leu-His-Gly-Leu-Phe-Gly-Arg-Lys-Thr-Gly-Gln-Ala-Pro-Gly-Tyr-Ser-Tyr-Thr-
Schwein	Pro-Asn-Leu-His-Gly-Leu-Phe-Gly-Arg-Lys-Thr-Gly-Gln-Ala-Pro-Gly-Phe-Ser-Tyr-Thr-
Huhn	Pro-Asn-Leu-His-Gly-Leu-Phe-Gly-Arg-Lys-Thr-Gly-Gln-Ala-Glu-Gly-Phe-Ser-Tyr-Thr-
Thunfisch	Pro-Asn-Leu-Trp-Gly-Leu-Phe-Gly-Arg-Lys-Thr-Gly-Gln-Ala-Glu-Gly-Tyr-Ser-Tyr-Thr-
Fliege	Pro-Asn-Leu-His-Gly-Leu-Phe-Gly-Arg-Lys-Thr-Gly-Gln-Ala-Ala-Gly-Phe-Ala-Tyr-Thr-
Weizen	Pro-Asn-Leu-His-Gly-Leu-Phe-Gly-Arg-Gln-Ser-Gly-Thr-Thr-Ala-Gly-Tyr-Ser-Tyr-Ile-
Hefe	Pro-Asn-Leu-His-Gly-Ile-Phe-Gly-Arg-Phe-Gly-Arg-Gln-Ala-Gly-Tyr-Ser-Tyr-Thr-

Evolution

	50										60				
Mensch	Ala-Ala-Asn-Lys-Asn-Lys-Gly-Ile-Ile-Trp-Gly-Glu-Asp-Thr-Leu-Met-Glu-Tyr-Leu-Glu-
Schwein	Asp-Ala-Asn-Lys-Asn-Lys-Gly-Ile-Thr-Trp-Gly-Glu-Glu-Thr-Leu-Met-Glu-Tyr-Leu-Glu-
Huhn	Asp-Ala-Asn-Lys-Asn-Lys-Gly-Ile-Thr-Trp-Gly-Glu-Asp-Thr-Leu-Met-Glu-Tyr-Leu-Glu-
Thunfisch	Asp-Ala-Asn-Lys-Asn-Lys-Gly-Ile-Thr-Trp-Gly-Glu-Asp-Thr-Leu-Met-Glu-Tyr-Leu-Glu-
Fliege	Asn-Ala-Asn-Lys-Ala-Lys-Gly-Ile-Thr-Trp-Gln-Asp-Asp-Thr-Leu-Phe-Glu-Tyr-Leu-Glu-
Weizen	Ala-Ala-Asn-Lys-Asn-Lys-Ala-Val-Glu-Trp-Glu-Glu-Asn-Thr-Leu-Tyr-Asp-Tyr-Leu-Leu-
Hefe	Asp-Ala-Asn-Ile-Lys-Lys-Asn-Val-Leu-Trp-Asp-Glu-Asn-Asn-Met-Ile-Glu-Tyr-Leu-Thr-

	70										80				
Mensch	Asn-Pro-Lys-Lys-Tyr-Ile-Pro-Gly-Thr-Lys-Met-Ile-Phe-Val-Gly-Ile-Lys-Lys-Lys-Glu-
Schwein	Asn-Pro-Lys-Lys-Tyr-Ile-Pro-Gly-Thr-Lys-Met-Ile-Phe-Ala-Gly-Ile-Lys-Lys-Lys-Gly-
Huhn	Asn-Pro-Lys-Lys-Tyr-Ile-Pro-Gly-Thr-Lys-Met-Lys-Phe Ala-Gly-Ile-Lys-Lys-Lys-Ser-
Thunfisch	Asn-Pro-Lys-Lys-Tyr-Ile-Pro-Gly-Thr-Lys-Met-Ile-Phe-Ala-Gly-Ile-Lys-Lys-Lys-Gly-
Fliege	Asn-Pro-Lys-Lys-Tyr-Ile-Pro-Gly-Thr-Lys-Met-Ile-Phe-Ala-Gly-Leu-Lys-Lys-Pro-Asp-
Weizen	Asn-Pro-Lys-Lys-Tyr-Ile-Pro-Gly-Thr-Lys-Met-Val-Phe-Pro-Gly-Leu-Lys-Lys-Pro-Gln-
Hefe	Asn-Pro-Lys-Lys-Tyr-Ile-Pro-Gly-Thr-Lys-Met-Ala-Phe-Gly-Gly-Leu-Lys-Lys-Glu-Lys-

	90										100				
Mensch	Glu-Arg-Ala-Asp-Leu-Ile-Ala-Tyr-Leu-Lys-Lys-Ala-Thr-Asp-Glu-
Schwein	Glu-Arg-Glu-Asp-Leu-Ile-Ala-Tyr-Leu-Lys-Lys-Ala-Thr-Asp-Glu-
Huhn	Glu-Arg-Val-Asp-Leu-Ile-Ala-Tyr-Leu-Lys-Lys-Ala-Thr-Ser-Lys-
Thunfisch	Gln-Arg-Gln-Asp-Leu-Ile-Ala-Tyr-Leu-Lys-Ile-Ala-Cys-Ser-Lys-
Fliege	Glu-Arg-Gly-Asp-Leu-Ile-Ala-Tyr-Leu-Lys-Ile-Ala-Thr-Lys
Weizen	Asp-Arg-Ala-Asp-Leu-Ile-Ala-Tyr-Leu-Lys-Lys-Ala-Thr-Ile
Hefe	Asp-Arg-Asn-Asp-Leu-Thr-Tyr-Leu-Lys-Lys-Ala-Cys-Glu

Biosynthese der Proteine

Schema 51. Evolutionsperiode verschiedener Proteine

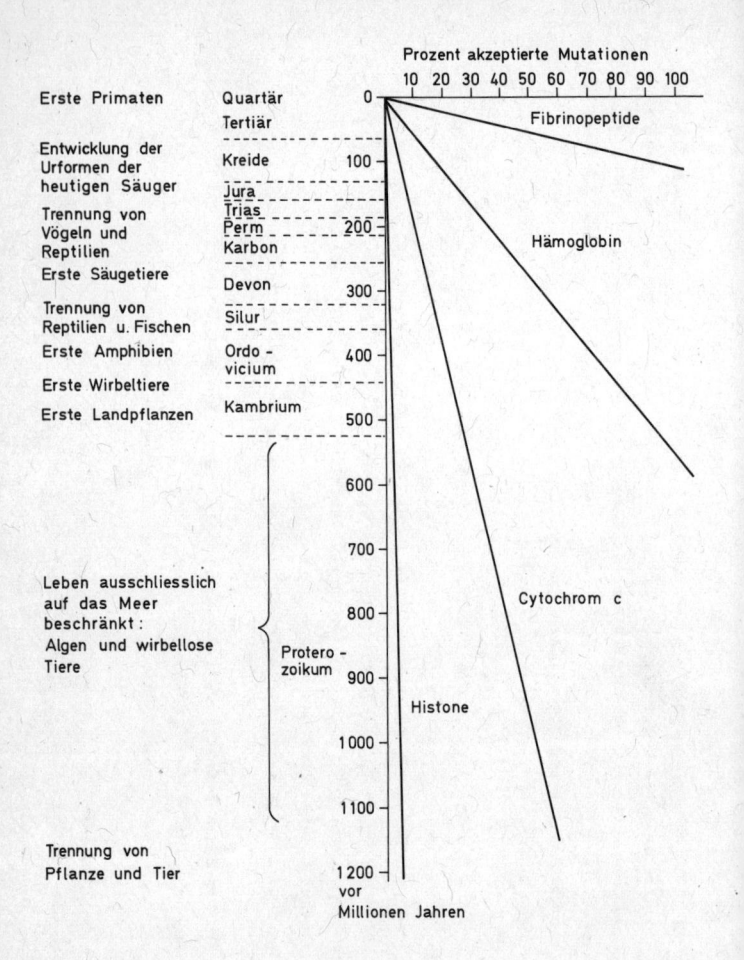

Ereignis	Zeitalter	Mio. Jahre	Protein
Erste Primaten	Quartär / Tertiär	0	Fibrinopeptide
Entwicklung der Urformen der heutigen Säuger	Kreide	100	
Trennung von Vögeln und Reptilien	Jura / Trias / Perm	200	Hämoglobin
Erste Säugetiere	Karbon / Devon	300	
Trennung von Reptilien u. Fischen	Silur		
Erste Amphibien	Ordovicium	400	
Erste Wirbeltiere			
Erste Landpflanzen	Kambrium	500	
Leben ausschliesslich auf das Meer beschränkt: Algen und wirbellose Tiere	Proterozoikum	600–1100	Cytochrom c / Histone
Trennung von Pflanze und Tier		1200	

Prozent akzeptierte Mutationen: 10 20 30 40 50 60 70 80 90 100

vor Millionen Jahren

änderungen des genetischen Code erklären lassen. Nach VLIEGENHART u. VERSTEEG könnte Vasotocin das Urmolekül oder dem Urmolekül sehr nahestehend sein. Dafür spricht, daß Vasotocin sowohl oxytocische als aus vasopressorische Wirkungen hat und daß es ausschließlich in niederen Wirbeltieren vorkommt, zum Teil auch in solchen, bei denen ein typisch oxytocisches Prinzip bisher nicht gefunden werden konnte. Ausgehend vom Vasotocin läßt sich die Mutation

Schema 52. Aminosäure-Sequenzen der neurohypophysären Peptid-Hormone

Cys—Tyr—?—?—Asn—Cys—Pro—?—Gly—NH$_2$
hypothetisches Urmolekül

Cys—Tyr—Ile—Gln—Asn—Cys—Pro—Arg—Gly—NH$_2$
Vasotocin (Mittelstellung zwischen den Oxytocinen und den Vasopressinen)

Oxytocine

Cys—Tyr—Ile—Ser—Asn—Cys—Pro—Gln—Gly—NH$_2$
Glumitocin

Cys—Tyr—Ile—Ser—Asn—Cys—Pro—Ile—Gly—NH$_2$
Isotocin

Cys—Tyr—Ile—Gln—Asn—Cys—Pro—Ile—Gly—NH$_2$
Mesotocin

Cys—Tyr—Ile—Gln—Asn—Cys—Pro—Leu—Gly—NH$_2$
Oxytocin

Vasopressine

Cys—Tyr—Phe—Gln—Asn—Cys—Pro—Arg—Gly—NH$_2$
[Arg^8] Vasopressin

Cys—Tyr—Phe—Gln—Asn—Cys—Pro—Lys—Gly—NH$_2$
[Lys^8] Vasopressin

zu den Vasopressinen durch die Umwandlung von Isoleucin in Phenylalanin (Position 3) und von Arginin, für das das Codon $AG{A \atop G}$ angenommen werden muß, in Lysin (Position 8) erklären (Tab. 9). Die Mutation zu den Oxytocinen, die eine Veränderung des Arginins

Tabelle 9. Mutation der Gene bei der Evolution des Vasotocins zu den Vasopressinen

Position	[Arg⁸] Vasotocin		[Arg⁸] Vasopressin		[Lys⁸] Vasopressin	
	Aminosäure	Code	Aminosäure	Code	Aminosäure	Code
3	Ile	$\underline{A} U C {U \atop A}$	Phe	$U U {U \atop C}$	Phe	$U U {U \atop C}$
8	Arg	$A G {A \atop G}$	Arg	$A \underline{G} {A \atop G}$	Lys	$A A {A \atop G}$

(Position 8) zu Glutamin, Isoleucin oder Leucin erfordert, ist nicht so eindeutig und kann auf verschiedenen Wegen erfolgt sein (Schema 53). Noch unübersichtlicher ist die Umwandlung des Glutamin-Restes in Position 4 zu Serin (Glumitocin und Isotocin), die eine Änderung von mehr als einem Nucleotid erfordert. Nach RUDINGER sind meh-

Schema 53. Mögliche Wege bei der Mutation der Position 8 des Vasotocins zu den Oxytocinen

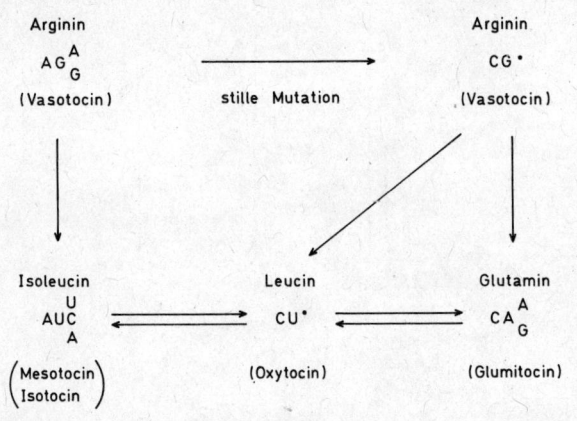

Arginin
$AG{A \atop G}$
(Vasotocin)

→ stille Mutation →

Arginin
$CG*$
(Vasotocin)

↓

↓

Isoleucin
$AUC{U \atop A}$
(Mesotocin / Isotocin)

⇌

Leucin
$CU*$
(Oxytocin)

⇌

Glutamin
$CA{A \atop G}$
(Glumitocin)

rere, über noch unbekannte Zwischenstufen verlaufende Übergänge denkbar. Eine Synthese der möglichen Zwischenstufen [Pro⁴, Ile⁸] Oxytocin und [Leu⁴, Ile⁸] Oxytocin und ein Vergleich mit den natürlichen Hormonen Isotocin und Mesotocin macht diese Analoga als Zwischenstufen wenig wahrscheinlich (Tab. 10).

Tabelle 10. Biologische Aktivität von möglichen Zwischenstufen der Evolution der Oxytocine

	Uterus E/mg	Milchdrüse E/mg	Antidiurese E/mg
Vasotocin	~ 150	~ 210	~ 250
[Pro⁴, Ile⁸] Oxytocin	0,01	0,04	< 10⁻⁴
[Leu⁴, Ile⁸] Oxytocin	~ 4	~ 5	< 10⁻⁴
Isotocin	~ 120	~ 530	0,3
Mesotocin	~ 390	~ 264	0,5

5.2. Protein-Biosynthese

5.2.1. Aktivierung der Aminosäuren

Zur Protein-Biosynthese ist die Aktivierung einer Aminosäure durch Reaktion mit ATP unter dem Einfluß eines für jede Aminosäure spezifischen Enzyms (Aminoacyl-RNA-Synthetase) notwendig. Der gebildete Enzym-Komplex enthält die Aminosäure als gemischtes Anhydrid des Adenosinmonophosphats. Der zweite Schritt ist eine Bindung der Aminosäure an die Transfer-RNA unter Bildung eines Ribose-3-Esters und Abspaltung von AMP und der Aminoacyl-RNA-Synthetase (Schema 54).

Für diese Reaktion steht für jede Aminosäure eine spezifische Transfer-RNA zur Verfügung. Den für die Aminosäuren spezifischen Aminoacyl-RNA-Synthetasen fällt dabei die Aufgabe der Erkennung der richtigen Transfer-RNA zu. Diese haben an einer charakteristischen Stelle des Nucleotid-Stranges ein der betreffenden Aminosäure komplementäres Triplett (Anticodon) und gewährleisten damit die Anlagerung an die richtige Stelle der Messenger-RNA. Der Aminosäure in der Aminoacyl-Transfer-RNA kommt für die Bildung der Peptid-Sequenz keine Spezifität zu. Wird mit der t-RNA verknüpftes Cystein nachträglich durch spezifische chemische Reaktionen in Alanin übergeführt, so wird dieses Alanin an dem für Cystein vorgesehenen Platz in der Peptid-Kette eingebaut.

Schema 54. Aktivierung der Aminosäuren

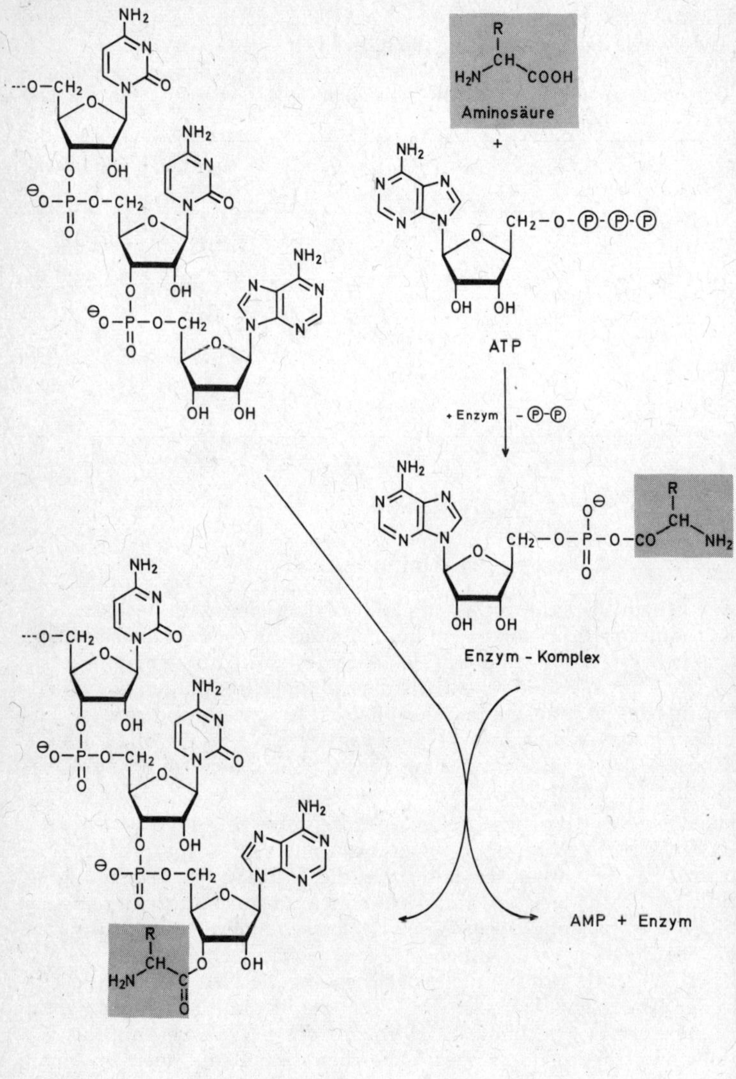

Die Transfer-RNA enthält neben den 4 üblichen Basen in geringerem Maße weitere Purin- und Pyrimidin-Derivate wie z. B. Dimethylguanin (DMG), Methylguanin (MG), Dihydroxyuracil (DHU), Inosin (I), Methylinosin (MI), Pseudouracil (PSU). Das Molekül ist durch eine typische Konformation gekennzeichnet, die durch intrachenare Wasserstoffbrücken zwischen komplementären Basenpaaren stabilisiert wird (Schema 55). Allen Transfer-Ribonucleinsäuren gemein-

Schema 55. Struktur der Alanyl-Transfer-RNA

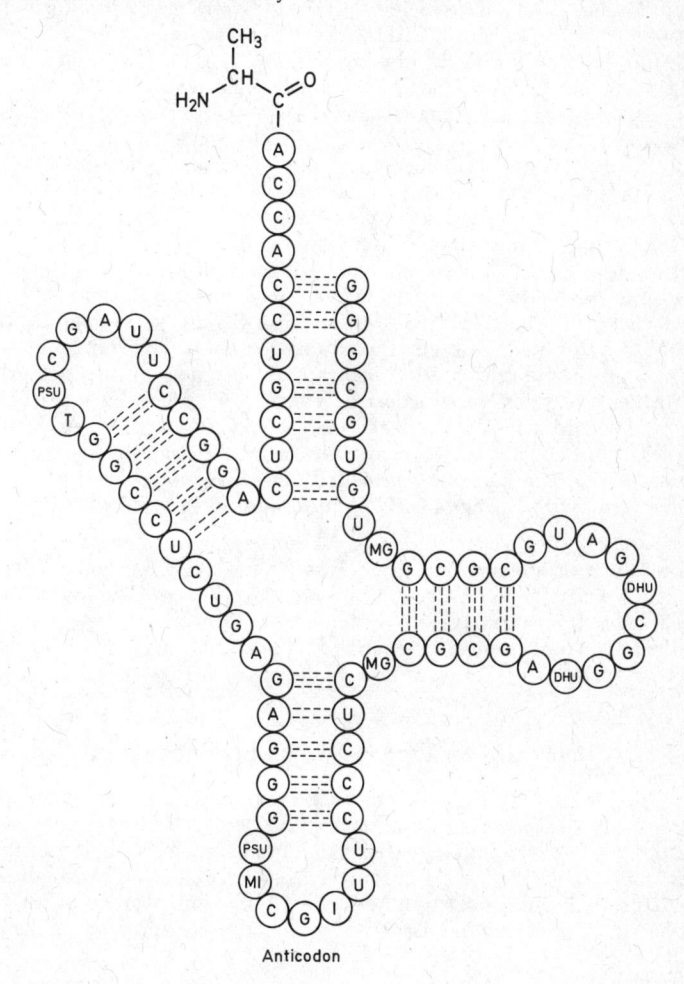

sam ist die Verknüpfung mit der Aminosäure über die Nucleotid-Sequenz A-C-C-A-Aminoacyl.

5.2.2. Synthese des Proteins

Die Protein-Synthese findet an den Ribosomen des endoplasmatischen Reticulums statt. Die Ribosomen setzen sich aus Untereinheiten zusammen, die unter Einwirkung von bivalenten Ionen getrennt werden können. Man unterscheidet aufgrund ihrer Sedimentationskonstanten 30 S-, 50 S- und 70 S-Einheiten. Ein Aggregat einer 30 S-Einheit mit einer 50 S-Einheit bildet das aktive, Protein-synthetisierende 70 S-Ribosom. Dieses Ribosom wandert, beginnend am Start-Codon am Messenger-RNA-Strang entlang und veranlaßt fortschreitend von Triplett zu Triplett den Einbau der entsprechenden Aminosäure in das Protein. Diese „Übersetzung" der Nucleotid-Sequenz in eine Aminosäure-Sequenz wird als Translation bezeichnet (Schema 56). Erreicht das Ribosom das Triplett, das den Kettenabbruch determiniert (chain terminating triplet), so wird durch Einwirkung eines Releasing Enzyms das Protein vom Ribosom abgelöst. Folgt in der Messenger-RNA dann wieder ein Start-Codon, beginnt die Synthese eines neuen Proteins. Ein Messenger-RNA-Strang kann also die Information für mehr als ein Protein enthalten. Weiterhin kann ein Nucleotid-Strang gleichzeitig mehrere Ribosomen aufnehmen, die dann Peptid-Ketten verschiedener Kettenlänge tragen. Ein derartiges Aggregat wird als Polysom bezeichnet. Auf diese Weise ist ein RNA-Molekül in der Lage, ca. 20 Protein-Moleküle zu synthetisieren. Der gesamte Vorgang läuft sehr schnell ab. Die Geschwindigkeit der Kettenverlängerung beträgt ca. 100 Aminosäure-Reste pro Sekunde.

Die Bildung der Peptid-Bindung ist entsprechend dem chemischen Reaktionsmechanismus die Aminolyse eines aktivierten Esters (Aminosäure-Transfer-RNA-Ester). Sie verläuft nur in Gegenwart von Guanosintriphosphat (GTP) (Schema 57). Der „Strategie" nach ist die Protein-Biosynthese eine „Solid Phase"-Methode unter schrittweiser Verlängerung am Carboxy-Ende.

5.2.3. Steuerung der Protein-Biosynthese und ihre Hemmung

Transkription und Translation sind Steuerungen unterworfen, die über den Mechanismus der Enzyminduktion/Enzymrepression verlaufen. Daher werden einige der beteiligten Enzyme nur dann gebildet, wenn sie gebraucht werden. Hierbei wirkt das Substrat dieses Enzyms als Induktor der Synthese oder die Enzyme werden durch das Endprodukt des enzymatischen Vorganges als Repressor gehemmt (s. S. II, 48).

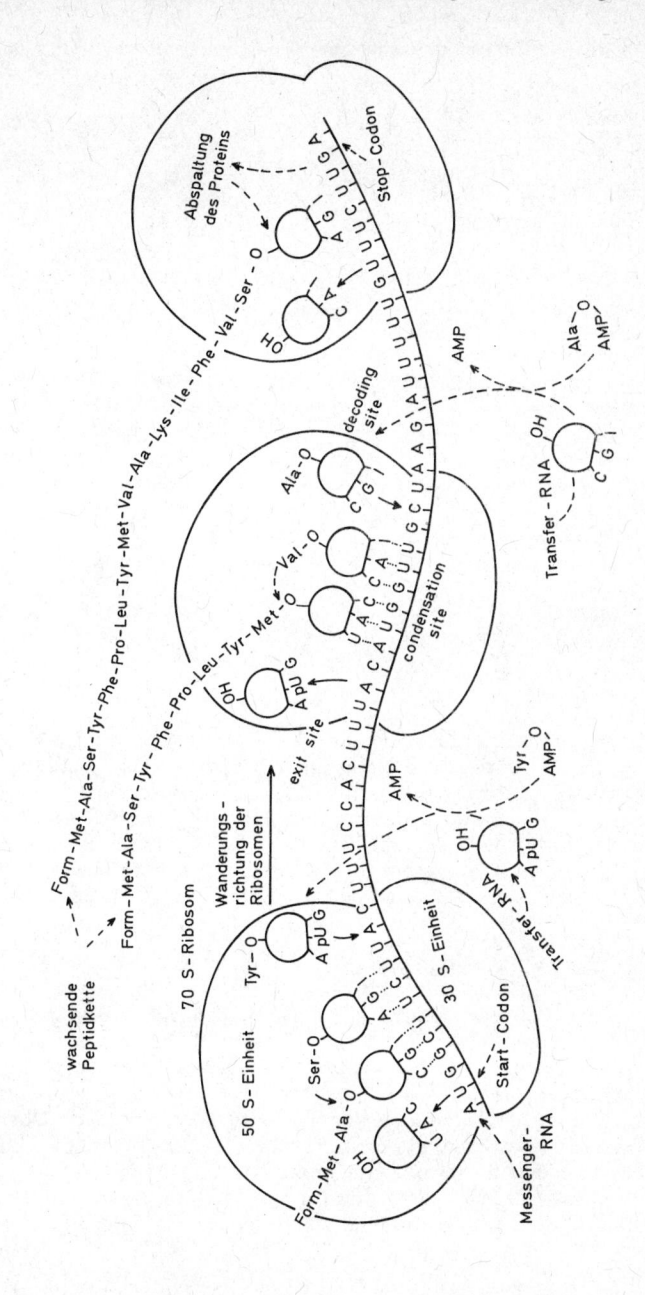

Schema 56. Schematische Darstellung der Biosynthese eines Proteins

Biosynthese der Proteine

Schema 57. Reaktionsmechanismus bei der Bildung der Peptid-Bindung

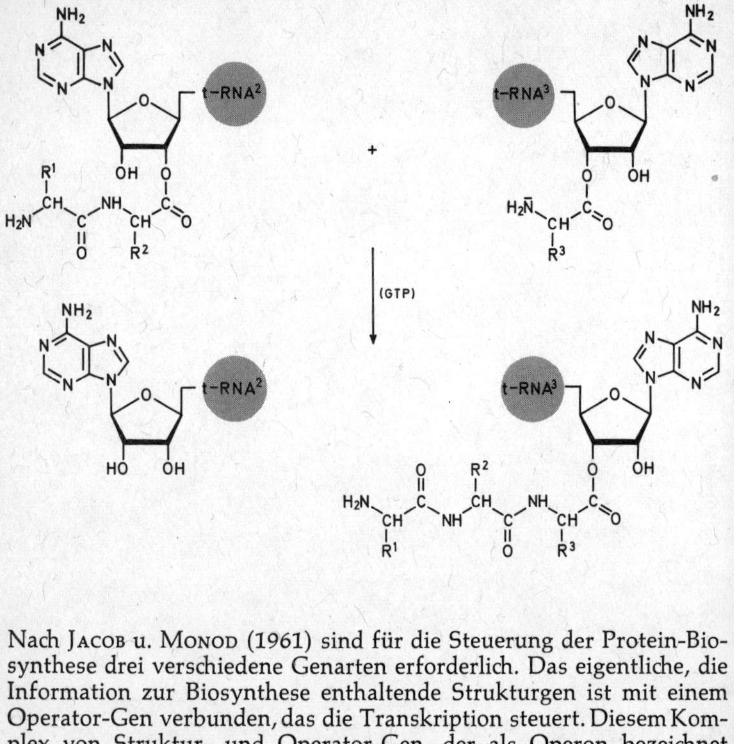

Nach Jacob u. Monod (1961) sind für die Steuerung der Protein-Biosynthese drei verschiedene Genarten erforderlich. Das eigentliche, die Information zur Biosynthese enthaltende Strukturgen ist mit einem Operator-Gen verbunden, das die Transkription steuert. Diesem Komplex von Struktur- und Operator-Gen, der als Operon bezeichnet wird, ist ein Regulatorgen vorgeschaltet, das über eine Enzyminduktion und Enzymrepression mit dem Operator-Gen in Wechselwirkung steht (Schema 58).

Einige Antibiotika sind in der Lage, die Protein-Biosynthese an unterschiedlichen Stellen zu beeinflussen. Tetracyclin und Cycloheximid verhindern oder verändern die Bindung der Aminoacyl-Transfer-RNA an die Ribosom-gebundene Messenger-RNA. Chloramphenicol kann kompetitiv die Bindung der Messenger-RNA an das Ribosom blockieren. Streptomycin wird an die 50 S-Einheiten der Ribosomen angelagert und verlangsamt die Synthese. Es kann auch Übertragungsfehler induzieren, die dann zu falschen Protein-Sequenzen führen. Puromycin, das strukturell große Ähnlichkeit mit dem Aminoacyl-Ende der Transfer-RNA hat (Schema 59), veranlaßt eine vorzeitige Abspaltung des Peptids und damit den Abbruch der Synthese.

Steuerung und Hemmung 207

Schema 58. Steuerung der Protein-Biosynthese

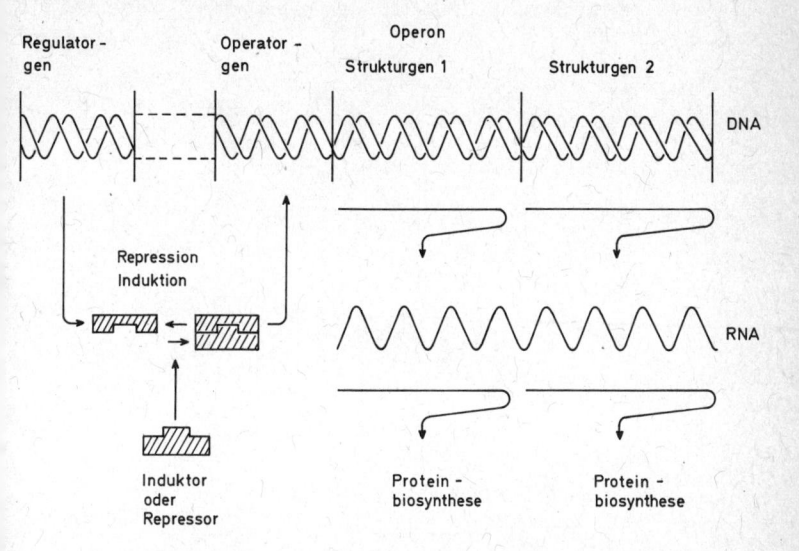

```
Regulator-    Operator-        Operon
gen           gen         Strukturgen 1        Strukturgen 2
```

Repression / Induktion

Induktor oder Repressor

Proteinbiosynthese

Schema 59. Puromycin

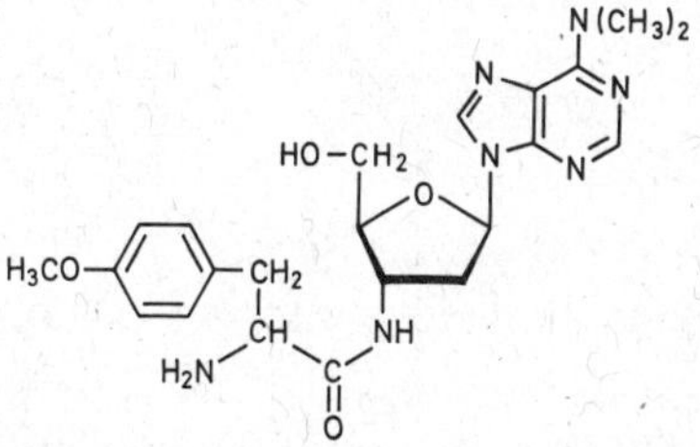

Nicht nur die eigentliche Protein-Biosynthese, sondern auch die davorstehenden Stufen des Gesamtmechanismus können spezifisch gehemmt werden. So verhindern Actinomycin oder Rifamycin die Biosynthese der Messenger-RNA durch Hemmung der RNA-Polymerase. Schließlich kann auch die Biosynthese der zur Nucleinsäure-Synthese erforderlichen Purin- und Pyrimidinbasen blockiert werden. Dabei sind neben Azaserin und 6-Diazo-5-oxonorleucin (DON), die die Purin-Synthese beeinflussen, vor allem Analoga der Nucleosid-Basen, z. B. 5-Fluor-uracil, von Interesse. Die Nucleotid-Analoga werden z. T. in die RNA eingebaut und stören als nicht voll funktionsfähige

Basen den Mechanismus. Eine schematische Darstellung der Protein-Biosynthese und der Möglichkeiten ihrer Hemmung ist in Schema 60 wiedergegeben.

Schema 60. Möglichkeiten zur Hemmung der Protein-Biosynthese

```
                    Biosynthese der
                    Purin- und Pyrimidin-Basen
                    ⎧ Azaserin
                    ⎨ 6-Diazo-5-oxo-norleucin
                    ⎩ 5-Fluoruracil

                    Nucleosid-
                    Triphosphate

                                    Transkription
          DNA                     ⎧ Actinomycine
                                  ⎩ Rifamycin

                    m-RNA

  Aminoacyl-
   t-RNA
                                    Translation
                                  ⎧ Tetracyclin
                                  │ Cycloheximid
                                  ⎨ Puromycin
                                  │ Chloramphenicol
                                  ⎩ Streptomycin

   t-RNA           Protein
```

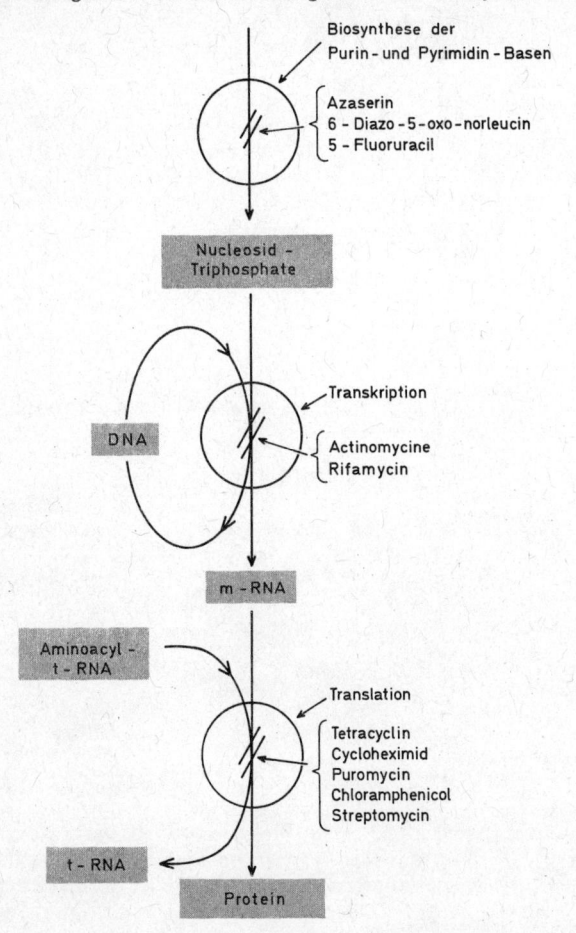

Eine Differenzierung der Zellen setzt eine irreversible Blockierung der Transkription bestimmter Gene voraus, die mit Sicherheit nicht auf eine Veränderung der DNA zurückzuführen ist. Isolierte DNA erlaubt, unabhängig von welcher Zelle sie stammt, eine Transkription aller Gene. An der irreversiblen Blockierung könnten möglicherweise die Histone beteiligt sein. Histone sind basische Peptide mit einer Kettenlänge im Bereich von 100 bis 150 Aminosäuren. Ihr Gehalt an Lysin und Arginin kann mehr als 30% betragen. Im Zellkern liegen sie gebunden an DNA im Chromatin-Komplex vor, der neben ca. 37% DNA und 37% Histon 25% nichthistonartiger Proteine und 1% RNA enthält. Gegen die Hypothese einer Beteiligung der Histone an der Zelldifferenzierung spricht allerdings die geringe Spezifität, die isolierte Histone bestimmter DNA gegenüber zeigen. Eine weitere Funktion der Histone kann die Schaffung des Puffermediums für die sehr saure Nucleinsäure sein. Dafür spricht, daß eine DNA-Reduplikation stets mit einer Histon-Synthese verknüpft ist. Eine ähnliche Funktion wird den basischen Protaminen zugeschrieben. Sie ermöglichen die dichte Packung der Nucleinsäure in den Spermien.

Weiterführende Literatur zu Kapitel II, 1–4

M. Bodanszky u. M. A. Ondetti, *Peptide Synthesis*, Interscience Publishers, New York, London, Sydney 1966.

J. P. Greenstein u. M. Winitz, *Chemistry of Amino Acids*, J. Wiley Sons, Inc., New York, London 1961.

P. M. Hardy, Amino-Acids and Peptides, J. Chem. Soc. B *66*, 491 (1969).

H. D. Jakubke u. H. Jeschkeit, *Aminosäuren – Peptide – Proteine*, Akademie-Verlag, Berlin 1973.

B. J. Johnson, Recent Methods in Peptide Synthesis, Ann. Rep. Med. Chem. *1969*, 307.

A. Kapoor, Recent Trends in the Synthesis of Linear Peptides, J. Pharm. Sci. *59*, 1 (1970).

Y. S. Klausner u. N. Bodanszky, Coupling Reagents in Peptide Syntheses, Synthesis *1972*, 453.

K. D. Kopple, Synthesis of Cyclic Peptides, J. Pharm. Sci. *61*, 1345 (1972).

P G. Katsoyannis u. J. Z. Ginos, Chemical Synthesis of Peptides, Ann. Rev. Biochem. *38*, 881 (1969).

H. D. Law, *The Organic Chemistry of Peptides*, Interscience Publishers, London, New York, Sydney, Toronto 1970.

G. Losse u. K. Neubert, Peptidsynthese an hochpolymeren Verbindungen, Z. Chem. *10*, 48 (1970).

A. Marglin u. R. B. Merrifield, Chemical Synthesis of Peptides and Proteins, Ann. Rev. Biochem. *39*, 841 (1970).

Methods of Peptide Synthesis in E. Schröder u. K. Lübke, *The Peptides*, Vol. I, Academic Press, New York, London 1965.

J. M. Stewart u. J. D. Young, *Solid Phase Peptide Synthesis*, W. H. Freeman a. Comp., San Francisco 1969.

Y. Wolman, *Protection of the amino group* in S. Patai, *The chemistry of the amino group*, Kap. 11, 669, Interscience Publishers, London, New York, Sydney 1968.

E. Wünsch, Synthese von Peptid-Naturstoffen: Problematik des heutigen Forschungsstandes, Angew. Chem. *83*, 773 (1971).

Weiterführende Literatur zu Kapitel II, 5

R. J. DeLange u. E. L. Smith, Histones: Structure and Function, Ann. Rev. Biochem. *40*, 279 (1971).

I. I. Geschwind, Molecular Variation and Possible Lines of Evolution of Peptide and Protein Hormones, Am. Zoologist *7*, 89 (1967).

E. Harbers, *Nucleinsäuren – Biochemie und Funktion*, G. Thieme Verlag, Stuttgart 1969.

R. W. Kaplan, *Der Ursprung des Lebens*, G. Thieme Verlag, Stuttgart 1972.

R. Knippers, *Molekulare Genetik*, G. Thieme Verlag, Stuttgart 1971.

J. Lucas-Lenard u. F. Lipmann, Protein Biosynthesis, Ann. Rev. Biochem. 40, 409 (1971).

Nucleic Acids and Protein Synthesis in K. Moldave u. L. Grossman, *Methods in Enzymology* Vol. XX Teil C, Academic Press, New York, London 1971.

M. Nomura, Ribosomes, Scientific American 221, 28 (1969).

H. Ris u. D. F. Kubai, Chromosome Structure, Ann. Rev. Genetics 4, 263 (1970).

III PEPTID- UND PROTEOHORMONE

Die Hormone gehören ihrer chemischen Struktur nach zu den Steroiden, Aminosäuren bzw. von Aminosäuren abgeleiteten Verbindungen und Peptiden bzw. Proteinen. Sie werden als Regulationsstoffe von endokrinen Drüsen (glanduläre Hormone) und von nicht abgrenzbaren Organen oder aus Gewebeflüssigkeiten (aglanduläre Hormone, Gewebshormone) gebildet. Da manchen Substanzen eine Hormonwirkung oft nicht oder noch nicht zuzuordnen bzw. der Bildungsort nicht klar lokalisierbar ist, ist eine Klassifizierung nicht immer eindeutig.

Die Hormone werden durch den Blutkreislauf einem oder mehreren bestimmten Wirkungsorten zugeführt. Von den meisten Hormonen kennt man den Nettoeffekt, nicht aber den molekularen Wirkungsmechanismus. Sicher ist, daß in jedem Fall sehr spezifische Zellen und deren Stoffwechsel durch Veränderung der Permeabilität der Zellmembran oder durch Steuerung von Enzymaktivitäten beeinflußt werden. Ist die Wirkung auf ein bestimmtes Erfolgsorgan gerichtet, spricht man von „tropen" oder glandotropen Hormonen (z. B. Gonadotropine: auf die Keimdrüsen gerichtet), im anderen Fall von Stoffwechselhormonen (z. B. Insulin: Wirkungen auf Kohlenhydrat- und Fett-Stoffwechsel). Ein Beispiel für die Spezifität von Hormonen und durch diese beeinflußten Zellen ist die Steroid-Synthese in Nebenniere und Keimdrüsen. Verschiedene Hormone, ACTH und ICSH stimulieren die gleiche Reaktion, die Umwandlung von Cholesterin in Pregnenolon. Daß trotz dieser gleichartigen Wirkung unterschiedliche Endprodukte (Androgene im Hoden, Gestagene und Östrogene im Ovar und Corticoide in der Nebennierenrinde) entstehen, ist auf die Spezifität der Zellen, d. h. in erster Linie auf ihr spezifisches Enzymmuster zurückzuführen (Schema 1). Für viele Hormone besteht ein Zusammenhang zwischen ihren Wirkungen und dem cyclischen Adenosinmonophosphat. Dies hat zu einer Hypothese über den Wirkungsmechanismus geführt, nach der das Hormon als „primärer Überträger" die Adenylcyclase der Zelle aktiviert und somit eine Vermehrung von c-AMP bewirkt. Das c-AMP als „sekundärer Überträger" (second messenger) stimuliert dann die sekretorische Aktivität der Zelle (Schema 2). Zur Zeit wird ein derartiger Regulationsmechanismus für eine Reihe von Peptid- und Proteohormonen diskutiert (Tab. 1, S. 214).

Bildung, Ausschüttung und Abbau der Hormone sind einer genauen Kontrolle unterworfen. Für einige übernimmt das Nervensystem die Kontrolle über Bildung und Ausschüttung. Andere sind in einem Regelkreis von übergeordneten Hormonen abhängig. Ferner können

212   Peptid- und Proteohormone

Schema 1. Biosynthese der Steroide

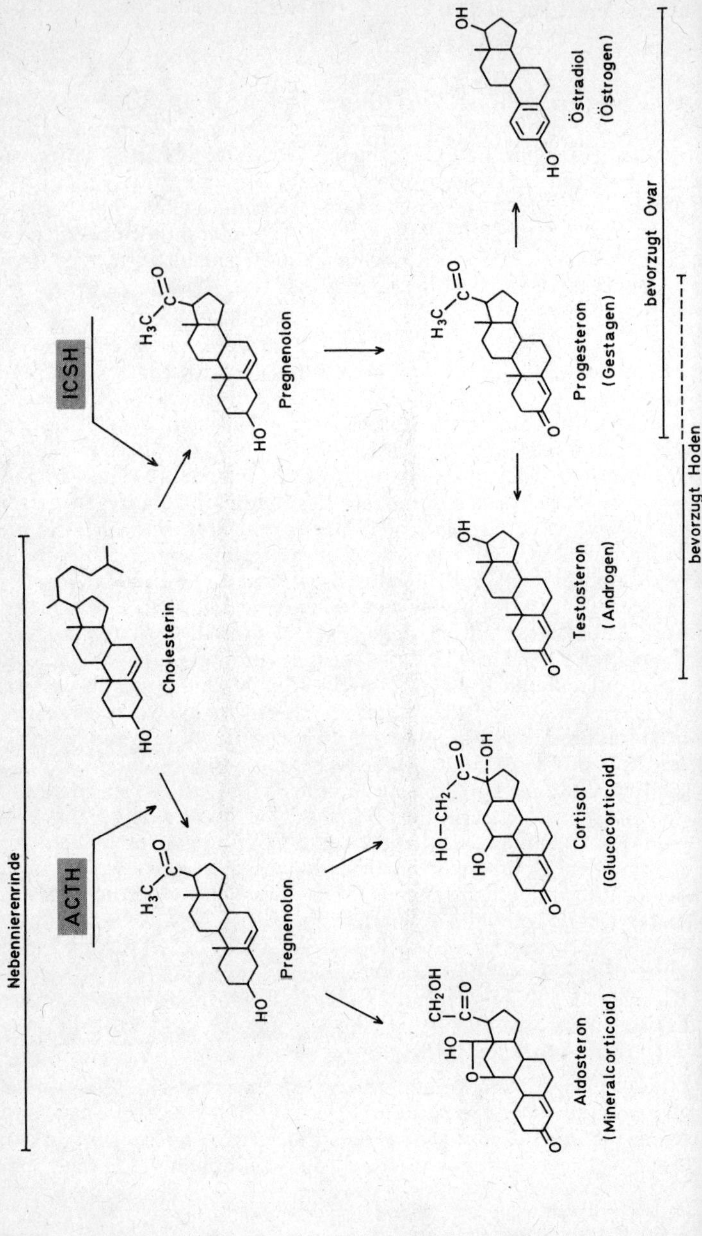

Keimdrüsen: ICSH → Pregnenolon → Progesteron (Gestagen) → Östradiol (Östrogen); Progesteron → Testosteron (Androgen)

Nebennierenrinde: ACTH → Pregnenolon → Cortisol (Glucocorticoid); Pregnenolon → Aldosteron (Mineralcorticoid)

Cholesterin → Pregnenolon (beide Wege)

bevorzugt Ovar / bevorzugt Hoden

Schema 2. Zusammenhang zwischen Hormonwirkung und cyclischem Adenosinmonophosphat

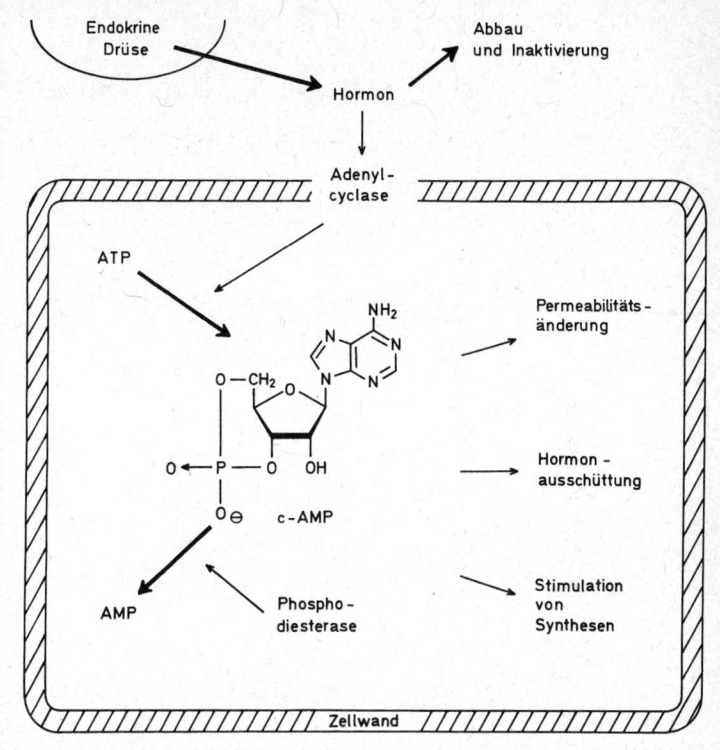

[Diagramm: Endokrine Drüse → Hormon → Abbau und Inaktivierung; Hormon → Adenylcyclase; ATP → c-AMP → AMP (über Phosphodiesterase); c-AMP bewirkt Permeabilitätsänderung, Hormonausschüttung, Stimulation von Synthesen; Zellwand]

Stoffwechselprodukte rückwirkend die Bildung bzw. Ausschüttung einzelner Hormone steuern (negative Rückkopplung – feedback mechanism). Die hormonellen Regelkreise können durch eine Änderung von Enzymaktivitäten (allosterische Effektoren) oder über eine Induktion der Biosynthese von Enzymen (genetische Rückkopplung) beeinflußt werden.

1. Glanduläre Peptid- und Proteohormone

Peptid- und Proteohormone werden vom Hypothalamus, von der Hypophyse, dem Pankreas, der Nebenschilddrüse und der Schilddrüse sowie im Verlauf der Schwangerschaft von der Placenta sezerniert (Tab. 2).

Tabelle 1. Peptid- und Proteohormone, die über das cyclische AMP wirken

Hormon	biologische Wirkung
Corticotropin (ACTH)	Steroid (Corticoid)-Synthese in der Nebennierenrinde
Interstitialzellen-stimulierendes Hormon (ICSH, LH)	Synthese der Sexualsteroide (Androgene, Östrogene und Gestagene) in Hoden und Ovar
Thyreotropin (TSH)	Stimulierung der Schilddrüse, Bildung und Freisetzung von Schilddrüsenhormon (Thyroxin)
Vasopressin	Steigerung der Wasserrückresorption in der Niere (Antidiurese)
Parathormon	Calcium-Mobilisierung aus dem Knochen
Glucagon	Steigerung des Blutzuckers, Stimulierung der Insulin-Freisetzung

Aufgrund einer historischen Entwicklung ist es üblich, zwischen Peptid-Wirkstoff bzw. Peptid-Hormon und Protein bzw. Proteohormon mehr oder weniger streng zu unterscheiden. Da es sich in beiden Fällen um den gleichen Verbindungstyp, amidartig zu Ketten verknüpfte Aminosäuren, handelt, wird eine exakte Definition von Peptid und Protein immer etwas willkürlich und unbefriedigend sein. Im wesentlichen werden zur Definition die Kettenlänge, das Molekulargewicht und die Konformation in wäßriger Lösung herangezogen.

1.1. Peptid- und Proteohormone der Hypophyse

Die Hypophyse besteht aus den Vorderlappen (Adenohypophyse), dem Mittellappen (Pars Intermedia) und dem Hinterlappen (Neurohypophyse), von denen jeweils spezifische Hormone sezerniert werden (Schema 3). Bei einigen Spezies (auch beim Menschen) ist der Mittellappen rudimentär.

1.1.1. Thyreotropes Hormon

Das thyreotrope Hormon (Thyreotropin, Thyreoidea-stimulierendes Hormon, thyroid stimulating hormone, TSH) wird von basophilen Zellen des Hypophysenvorderlappens produziert. Es ist ein Glycoprotein aus zwei Untereinheiten, TSH-α und TSH-β (Schema 4, S. 218), die nicht durch homöopolare Bindungen verknüpft sind. Ihre Trennung gelingt durch Gelfiltration nach Inkubation mit 1molarer Propionsäure.

Tabelle 2. Glanduläre Peptid- und Proteohormone

Bezeichnung, Abkürzung	Bildungsort	Wirkung (auf)	chemische Klassifizierung
Follikelstimulierendes Hormon, FSH	Hypophyse (Vorderlappen)	Ovar/Hoden	Glycoprotein 2 Untereinheiten
Interstitialzellenstimulierendes Hormon, ICSH	Hypophyse (Vorderlappen)	Ovar/Hoden	Glycoprotein 2 Untereinheiten $\alpha = 96$, $\beta = 120$ AS (Rind, Schaf)
Luteotropes Hormon (Prolactin), LTH	Hypophyse	Milchdrüse	heterodet cyclisches Protein 198 AS (Schaf)
Thyreotropin, TSH	Hypophyse (Vorderlappen)	Schilddrüse	Glycoprotein 2 Untereinheiten $\alpha = 96$, $\beta = 113$ AS (Rind)
Somatotropes Hormon, STH	Hypophyse (Vorderlappen)	Wachstum Stoffwechsel	heterodet cyclisches Protein 190 AS (Mensch)
Lipotropin, β-LPH, γ-LPH	Hypophyse (Vorderlappen)	Lipolyse	lineare Peptide 90 AS, 58 AS
Adrenocorticotropin, ACTH	Hypophyse (Vorderlappen)	Nebennierenrinde	lineares Peptid 39 AS
Melanocytenstimulierende Hormone, MSH	Hypophyse (Mittellappen)	Pigmentbildung in den Chromatophoren	lineare Peptide α-MSH 13 AS β-MSH 18 oder 22 AS
Oxytocin	Hypophyse (Hinterlappen)	Uterus Milchdrüse	heterodet cyclische Nonapeptide
Vasopressin	Hypophyse (Hinterlappen)	Niere	

Tabelle 2. (Fortsetzung)

Bezeichnung Abkürzung	Bildungsort	Wirkung (auf)	chemische Klassifizierung
Releasing Faktoren (RF)		Ausschüttung von	
FRF (FSH-RF)	Hypothalamus	FSH	lineares Decapeptid
LRF (LH-RF)		LH	
PRF (LTH-RF)		LTH	kürzeres Peptid?
TRF (SH-RF)		SH	Tripeptid
GRF (STH-RF)		STH	lineares Decapeptid
CRF (ACTH-RF)		ACTH	kürzere Peptide?
MRF (MSH-RF)		MSH	
Release-Inhibiting Faktoren		Hemmung der	
MIF (MSH-Inhibiting-Faktor)	Hypothalamus	MSH-Ausschüttung	Peptide?
PIF (Prolactin-Inhibiting-Faktor)		LTH-Ausschüttung	Struktur?
GIF (Wachstums-hormon-inhibiting-Faktor, Somatostatin)		STH-Ausschüttung	heterodet cyclisches Tridecapeptid
Insulin	Pankreas (β-Zellen)	Blutzuckerspiegel	heterodet cyclisches Peptid A: 21 AS, B: 30 AS
Glucagon	Pankreas (α-Zellen)	Blutzuckerspiegel	lineares Peptid 29 AS
Thyrocalcitonin	Schilddrüse (parafolliculäre Zellen)	Blutcalciumspiegel	heterodet cyclisches Peptid 32 AS
Parathormon	Nebenschilddrüse	Blutcalciumspiegel	lineares Peptid 84 AS
Chorion-Gonadotropin HCG	Placenta	Corpus luteum	Glycoprotein 2 Untereinheiten $\alpha = 92, \beta = 147$ AS (Mensch)
Chorion-Somatotropin	Placenta	Stoffwechsel	190 AS heterodet cyclisches Protein

Schema 3. Steuerung und Wirkung der Hypophysenhormone

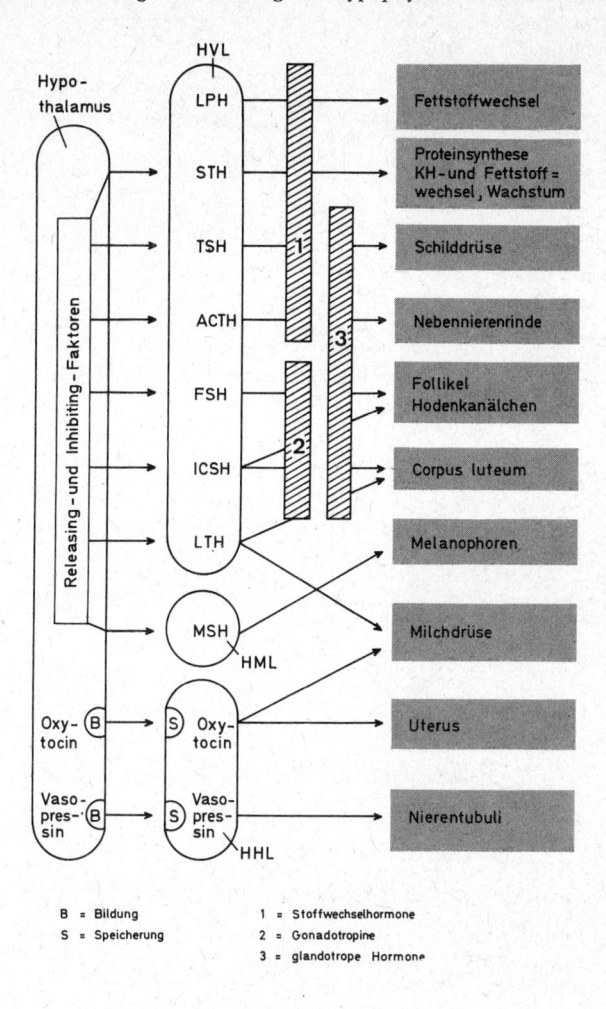

B = Bildung
S = Speicherung

1 = Stoffwechselhormone
2 = Gonadotropine
3 = glandotrope Hormone

TSH-α (Molekulargewicht 13 600) besteht aus 96 Aminosäure-Resten mit 5 intrachenaren Disulfid-Brücken und zwei Kohlenhydrat-Anteilen, die vermutlich über die Asparagin-Reste in Position 56 und 82 verknüpft sind. TSH-β (Molekulargewicht 14 700) enthält 113 Aminosäure-Reste, 6 Disulfid-Brücken und einen Kohlenhydrat-Anteil, der vermutlich über den Asparagin-Rest in Position 23 gebunden ist.

Schema 4. Aminosäure-Sequenzen der TSH-Untereinheiten vom Rind (CHO = Kohlenhydrat-Anteil) Pierce et al. 1971

TSH-α:

H–Phe–Pro–Asp–Gly–Glu–Phe–Thr–Met–Glx–Gly–Phe–Cys–Pro–Glx–Cys–Lys–Leu–Lys–Glu–Asn–Lys–Tyr–Phe–Ser–Lys–
Pro–Asx–Ala–Pro–Ile–Tyr–Gln–Cys–Met–Gly–Cys–Cys–Phe–Ser–Arg–Ala–Tyr–Pro–Thr–Pro–Ala–Arg–Ser–Lys–Lys–
                                           CHO
                                            |
Thr–Met–Leu–Val–Pro–Lys–Asn–Ile–Thr–Ser–Glx–Ala–Thr–Cys–Cys–Val–Ala–Lys–Ala–Phe–Thr–Lys–Ala–Thr–Val–
                              CHO
                               |
Met–Gly–Asn–Val–Arg–Val–Glx–Asn–His–Thr–Glu–Cys–His–Cys–Ser–Thr–Cys–Tyr–Tyr–His–Lys–Ser–OH

TSH-β:

                                                                          CHO
                                                                           |
H–Phe–Cys–Ile–Pro–Thr–Glu–Tyr–Met–Met–His–Val–Glu–Arg–Lys–Glu–Cys–Ala–Tyr–Cys–Leu–Thr–Ile–Asn–Thr–
Thr–Val–Cys–Ala–Gly–Tyr–Cys–Met–Thr–Arg–Asx–Val–Asx–Gly–Lys–Leu–Phe–Leu–Pro–Lys–Tyr–Ala–Leu–Ser–Gln–
Asp–Val–Cys–Thr–Tyr–Arg–Asp–Phe–Met–Tyr–Lys–Thr–Ala–Glu–Ile–Pro–Gly–Cys–Pro–Arg–His–Val–Thr–Pro–Tyr–
Phe–Ser–Tyr–Pro–Val–Ala–Ile–Ser–Cys–Lys–Cys–Gly–Lys–Cys–Asx–Thr–Asx–Tyr–Ser–Asx–Cys–Ile–His–Glu–Ala–
Ile–Lys–Thr–Asn–Tyr–Cys–Thr–Lys–Pro–Gln–Lys–Ser–Tyr–Met–OH

Die humane Sequenz der β-Untereinheit enthält 112 Aminosäuren und unterscheidet sich von der Rindersequenz in 12 Positionen (LI 1973).

Die Untereinheiten sind biologisch unwirksam. Die thyreotrope Aktivität wird aber durch Inkubation gleicher Mengen beider Untereinheiten bei geeignetem pH wieder regeneriert. Da sich auch die gonadotropen Glycoproteohormone ICSH, FSH und HCG in Untereinheiten auftrennen lassen, besteht die Möglichkeit, Hybrid-Hormone zu erhalten. Bei diesen Untersuchungen erwies sich TSH-β als TSH-spezifisch, da es nicht nur mit TSH-α sondern auch mit den analogen α-Untereinheiten von ICSH oder HCG thyreotrope Aktivitäten liefert. Umgekehrt werden durch Kombination von TSH-α mit den β-Untereinheiten des ICSH oder HCG gonadotrope Aktivitäten erhalten.

Biologische Wirkung: TSH kontrolliert die Funktion der Schilddrüse und stimuliert die Bildung und Ausschüttung der Schilddrüsenhormone Thyroxin und Trijodthyronin (s. S. 31). Diese Stimulation wird durch ein Eingreifen des TSH an verschiedenen Stellen der Hormonbildung bewirkt. TSH befähigt die Schilddrüse zur spezifischen Aufnahme von Jodid und beschleunigt dessen Oxidation zu Jod. Vor allem aber stimuliert es den Abbau des Thyreoglobulins zur Freisetzung von Thyroxin und Trijodthyronin. Diese hemmen über einen feedback Mechanismus die hypophysäre TSH-Ausschüttung. In Streß-Situationen ist die Schilddrüsensekretion ebenfalls gehemmt. Die Regulation der Schilddrüsenfunktion ist schematisch in Schema 5 wiedergegeben.

Steht durch falsche Ernährung dem Organismus nicht genügend Jodid zur Verfügung, unterbleibt die Hemmung der TSH-Sekretion. Als Folge hypertrophiert die Schilddrüse (Jodmangel-Kropf).

Pathologische Schilddrüsenüberfunktionen können verschiedene Ursachen haben. Sie werden häufig durch ein die Schilddrüse stimulierendes Gamma-Globulin (sog. long acting thyroid stimulator LATS) hervorgerufen (Hyperthyreose, z. B. Basedowsche Krankheit). Eine Schilddrüsenunterfunktion kommt relativ selten vor, so daß die therapeutische Anwendungsmöglichkeit von TSH nur gering ist. Für die Therapie stehen zur Zeit nur tierische Produkte zur Verfügung. Die Anwendung ist häufig durch die Bildung von Antikörpern in Frage gestellt.

Biologische Teste: TSH kann nach JUNKMANN u. SCHOELLER (1932) durch histologisch nachweisbare Veränderungen an der Schilddrüse bestimmt werden. Moderne Methoden machen von der unter TSH stattfindenden Beeinflussung des Phosphor- oder Jod-Gehaltes der Schilddrüse Gebrauch. Diese Teste sind durch Verwendung von markiertem ^{32}P oder ^{131}J besonders empfindlich.

Schema 5. Regulation der Schilddrüsenfunktion

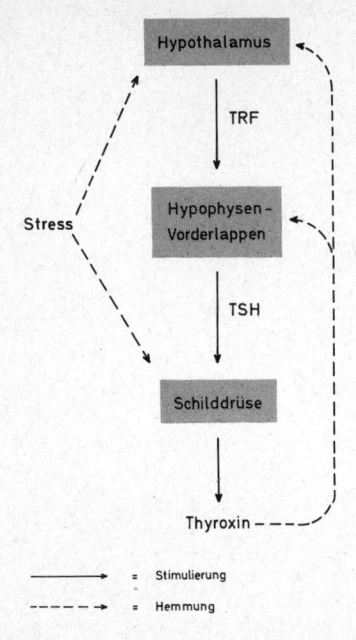

```
          Hypothalamus ←─────┐
               │              ╲
              TRF              ╲
               │                ╲
               ▼                 │
      Hypophysen-  ←──────┐     │
      Vorderlappen         ╲    │
  Stress                    ╲   │
               │             │  │
              TSH            │  │
               │             │  │
               ▼             │  │
          Schilddrüse        │  │
               │             │  │
               ▼             │  │
          Thyroxin ──────────┴──┘
```

──────→ = Stimulierung

──── → = Hemmung

1.1.2. Gonadotrope Hormone (Gonadotropine)

Gonadotropine sind den Keimdrüsen übergeordnete Proteohormone und damit in entscheidender Weise an den Sexualvorgängen beteiligt. Sie sind geschlechtsunspezifisch, wirken also auf Ovar und Testis.

Die zahlreichen Unterschiede zwischen dem männlichen und weiblichen Organismus sind bei höher organisierten Lebewesen durch ein einziges Chromosom (Y-Chromosom) genetisch determiniert. Die Ausbildung dieser Unterschiede wird ausschließlich durch ein Paar endokriner Drüsen (weiblich: Ovarien, männlich: Testes) bewirkt. Im Embryo sind bis zur 6. Entwicklungswoche die gonadenbildenden Strukturen bei beiden Geschlechtern gleich. Beim genetisch männlich determinierten Organismus differenzieren sich diese primordinalen Gonaden zu Hoden, die dann die Produktion des männlichen Keimdrüsenhormons Testosteron aufnehmen und damit die Grundlage für die Ausbildung der Geschlechtsmerkmale und des Sexualverhaltens schaffen. Beim genetisch weiblich determinierten Organismus sind für eine Entwicklung der weiblichen Anlagen im embryonalen Stadium keine Hormone erforderlich. Nach der Geburt folgt für beide Geschlechter eine Periode, in der die Gonaden inaktiv sind. Ihre endgültige Funktionsfähigkeit erhalten sie zu Beginn der Pubertät durch nervöse Reize, die über die hypothalamischen Releasing Faktoren durch die Gonadotropine zur Wirkung kommen. Auf dem gleichen Weg wird auch die weitere Funktion der Sexualorgane gesteuert.

Man unterscheidet drei hypophysäre Gonadotropine, die ihre Bezeichnung nach ihrer Aufgabe im weiblichen Organismus haben.

Follikel-stimulierendes Hormon (FSH): Das FSH stimuliert das initiale Wachstum des Follikels im Ovar, genügt jedoch nicht, das Follikel bis zur vollständigen Reife und zur Produktion von Östrogen zu entwickeln. Im männlichen Organismus ist FSH für die Spermatogenese verantwortlich.

FSH ist ein Glycoprotein mit einem Molekulargewicht von etwa 25 000. Gegen Veränderungen an dem Oligosaccharid-Anteil reagiert es sehr empfindlich mit einem Verlust der biologischen Aktivität. Von proteolytischen Enzymen wird es kaum angegriffen. FSH besteht aus zwei biologisch unwirksamen Untereinheiten, die nach gemeinsamer Inkubation in einem pH 5-Puffer ca. 60 bis 70 % der ursprünglichen Aktivität regenerieren. Etwa 50 % der FSH-Aktivität werden auch erhalten, wenn die FSH-β-Untereinheit mit der α-Untereinheit des ICSH rekombiniert wird.

Interstitialzellen-stimulierendes Hormon (ICSH, synonym: *Luteinisierungshormon*, LH): Das LH fördert die Produktion von Östrogen und damit die Endreifung des Follikels. Gemeinsam mit dem FSH löst es die Ovulation aus. Im männlichen Organismus stimuliert ICSH den Hoden zur Produktion von Testosteron.

ICSH ist ein Glycoprotein aus zwei Untereinheiten, die biologisch unwirksam sind. Die Aminosäure-Sequenz der α-Kette ist mit der TSH-α-Sequenz identisch (s. S. 218). Die β-Untereinheit (Schema 6) ist die hormonspezifische.

Luteotropes Hormon (LTH, synonym: Lactogenes Hormon, Prolactin): Als lactogenes Hormon stimuliert es das Milchdrüsenwachstum und die Milchsekretion der Brustdrüse. Seine Bedeutung für den männlichen Organismus ist unbekannt.

Im Gegensatz zum FSH und ICSH ist das LTH ein reines Protein und besteht nur aus einer Peptid-Kette. Die Sequenz des LTH vom Schaf (LI 1970) ist in Schema 7 wiedergegeben. Sie zeigt im C-terminalen Teil gewisse Ähnlichkeiten mit dem STH (vgl. Schema 11, S. 229). Aus tierischen Hypophysen (z. B. Schaf oder Rind) ist LTH leicht zu isolieren und vom Somatotropin zu differenzieren. Da analoge Versuche mit Humanhypophysen ohne Erfolg waren, wurde die Existenz eines Human-LTH lange in Frage gestellt. In neuester Zeit gelang es jedoch, auch für den Menschen ein definiertes, vom STH zu differenzierendes Luteotropin zu isolieren.

Schema 6. Aminosäure-Sequenzen der ICSH-β-Untereinheiten von Rind (I) und Schaf (II)

10 20
I. H–Ser–Arg–Gly–Pro–Leu–Arg–Pro–Leu–Cys–Gln–Pro–Ile–Asn–Ala–Thr–Leu–Ala–Ala–Glu–Lys–Glu–Ala–Cys–Pro–

II. H–Ser–Arg–Gly–Pro–Leu–Arg–Pro–Leu–Cys–Glu–Pro–Ile–Asn–Ala–Thr–Leu–Ala–Ala–Glu–Lys–Glu–Ala–Cys–Pro–

30 40
Val–Cys–Ile–Thr–Phe–Thr–Thr–Ser–Ile–Cys–Ala–Gly–Tyr–Cys–Pro–Ser–Met–Lys–Arg–Val–Leu–Pro–Val–Ile–

Val–Cys–Ile–Thr–Phe–Thr–Thr–Ser–Ile–Gly–Ala–Tyr–Cys–Cys–Pro–Ser–Met–Lys–Arg–Val–Leu–Pro–Val–Pro–

50 60 70
Leu–Pro——Pro–Met–Pro–Glu–Arg–Val–Cys–Thr–Tyr–His–Glu–Leu–Arg–Phe–Ala–Ser–Val–Arg–Leu–Pro–Gly–

60 70
Pro–Leu–Ile–Pro–Met–Pro–Gln–Arg–Val–Cys–Thr–Tyr–His–Gln–Leu–Arg–Phe–Ala–Ser–Val–Arg–Leu–Pro–Gly–

80 90
Cys–Pro–Pro–Gly–Val–Asp–Pro–Met–Val–Ser–Phe–Pro–Val–Ala–Leu–Ser–Cys–His–Cys–Gly–Pro–Cys–Arg–Leu–

80 90
Pro–Cys–Pro–Val–Asp–Pro–Gly–Met–Val–Ser–Phe–Pro–Val–Ala–Leu–Ser–Cys–His–Gly–Pro–Cys–Cys–Arg–Leu–

100 110
Ser–Ser–Thr–Asp–Cys–Gly–Pro–Gly–Arg–Thr–Gln–Pro–Leu–Ala–Cys–Asp–His–Pro–Pro–Leu–Pro–Asp–Ile–Leu–OH

100 110 120
Ser–Ser–Thr–Asp–Cys–Gly–Pro–Gly–Arg–Thr–Glu–Pro–Leu–Ala–Cys–Asp–His–Pro–Pro–Leu–Pro–Asp–Ile–Leu–OH

Peptid- und Proteohormone der Hypophyse 223

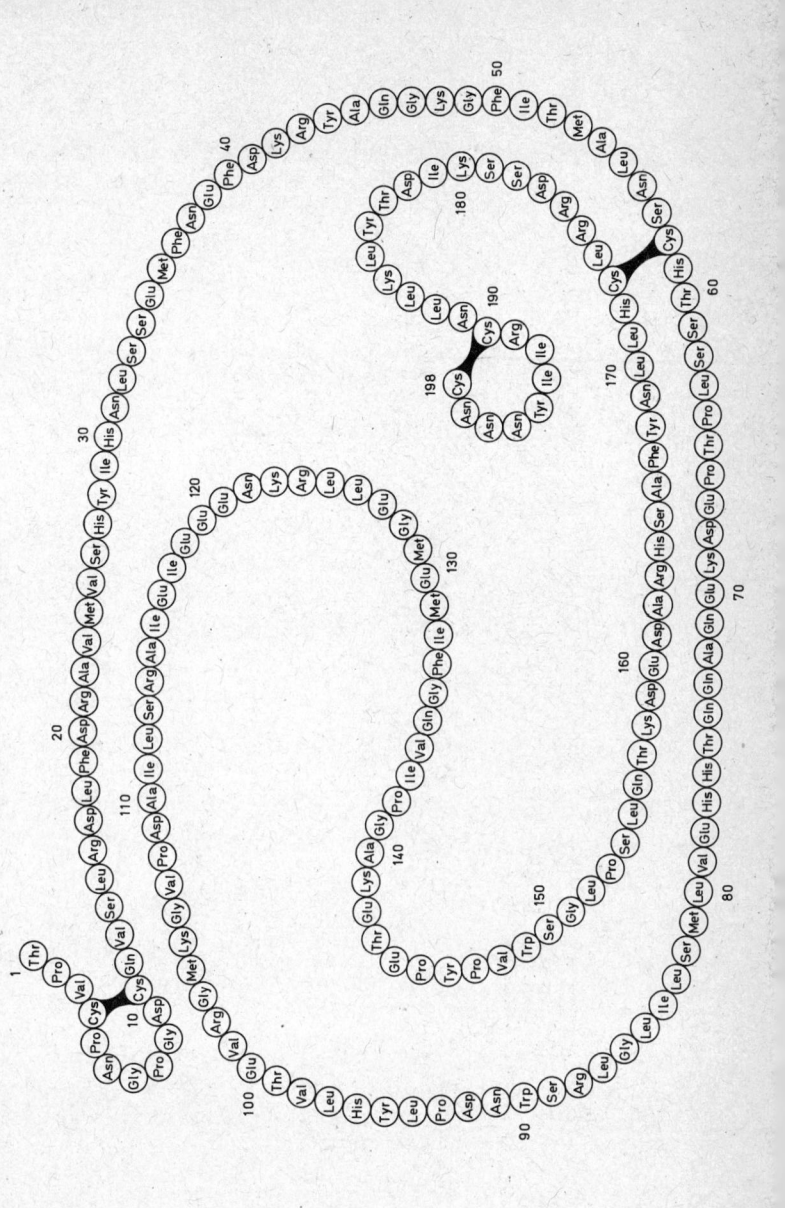

Schema 7. Aminosäure-Sequenz des luteotropen Hormons vom Schaf

Kommt es im weiblichen Organismus zu einer Befruchtung, so entwickelt sich die Placenta, die ihrerseits die Produktion gonadotroper Hormone übernimmt.

Chorion-Gonadotropin (HCG = human chorionic gonadotropin): HCG ist ein Glycoprotein. Es wird bevorzugt in den ersten Wochen der Schwangerschaft produziert und hat etwa die biologischen Wirkungen von ICSH. Auch HCG besteht aus zwei Untereinheiten, die nach Rekombination HCG-Aktivität zurückbilden. Ebenfalls praktisch volle Aktivität wird bei der Rekombination der HCG-β- mit der ICSH-α-Untereinheit oder der TSH-α-Untereinheit erreicht.

Chorion-Somatomammotropin (HCS = human chorionic somatomammotropin, synonym: Lactogenes Hormon der Placenta, HPL = human placental lactogen): Das HCS wird gegen Ende der Schwangerschaft in immer stärkerem Maße ausgeschüttet. Es hat etwa die Wirkungen des STH und LTH. HCS ist ein lineares Peptid mit zwei intrachenaren Disulfid-Brücken (LI et al.; SHERWOOD et al. 1971; Schema 8). Es stimmt in seiner Sequenz weitgehend mit dem humanen hypophysären STH überein (s. S. 233, Schema 11, S. 229).

Die hormonelle Regulation der Hodenfunktion: Der Hoden besteht aus einer Vielzahl kleiner Kanälchen (Tubuli seminiferi) in deren Wänden die Spermien gebildet werden. Diese Spermatogenese dauert beim Mann ca. 74 Tage. Sie wird durch FSH stimuliert und durch Androgene zusätzlich gefördert. Ein Rückkopplungsmechanismus, der bei ausreichender Spermatogenese die Stimulierung durch FSH hemmt, ist nicht bekannt. Zwischen den Tubuli liegen die Interstitialzellen, die unter dem Einfluß von ICSH Testosteron sezernieren. Dieses prägt mit seinen „androgenen" Wirkungen die männlichen Geschlechtsmerkmale und das typisch männliche Verhalten. Durch die anabole Wirkung des Testosterons wird im jugendlichen Organismus zunächst das Wachstum gefördert, dann der Epiphysenschluß beschleunigt und damit das Wachstum abgeschlossen (vgl. STH). Testosteron hemmt auf hypothalamischem Niveau die Bildung und Ausschüttung von ICSH. Die Vorgänge bei der Regulation der Sexualvorgänge beim Mann sind in Schema 9 schematisch wiedergegeben.

Die hormonelle Regulation der weiblichen Sexualvorgänge: Das weibliche Sexualsystem ist durch einen Cyclus gekennzeichnet, dessen wesentliches Merkmal eine periodische Vaginalblutung mit Abstoßung der Uterusschleimhaut (Menstruation) ist. Die hormonellen Vorgänge beim Cyclus sind noch nicht völlig geklärt. Sie sind bei den einzelnen Spezies unterschiedlich. So ist bei Ratte, Affe oder Mensch die Ovulation ein spontaner, sich wiederholender Vorgang, der primär hormonell gesteuert wird. Bei Katzen und Kaninchen ist die Ovulation reflektorisch bedingt, d. h. durch Impulse von Genitalien oder Sinnesorganen, die eine LH-Ausschüttung bewirken.

Peptid- und Proteohormone der Hypophyse

Schema 9. Regulation der Sexualvorgänge im männlichen Organismus

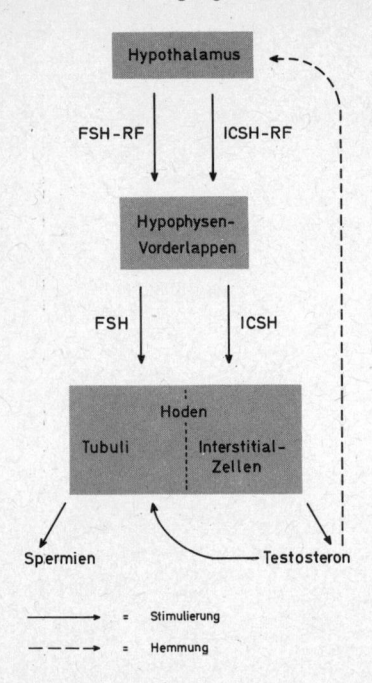

```
        Hypothalamus ←------┐
       ↙            ↘        |
   FSH-RF          ICSH-RF   |
       ↓            ↓        |
        Hypophysen-          |
        Vorderlappen         |
       ↙            ↘        |
     FSH           ICSH      |
       ↓            ↓        |
            Hoden            |
      Tubuli | Interstitial- |
             | Zellen        |
       ↓            ↘        |
   Spermien        Testosteron
```

⎯⎯⎯→ = Stimulierung

-----→ = Hemmung

Der Cyclus beginnt unter dem Einfluß von FSH mit dem Wachstum mehrerer Follikel, von denen nur einer für die weitere Entwicklung ausgewählt wird. Werden im Verlauf einer Gonadotropin-Therapie zu große FSH-Dosen verwendet, so können auch mehrere Follikel zu einer weiteren Entwicklung befähigt sein. Die Folge sind Mehrlingsschwangerschaften. Die Reifung des Eies wird durch das LH (ICSH) vervollständigt. Der Follikelsprung (Platzen des Follikels) und die Ovulation (Freigabe des reifen Eies) sind von dem Mengenverhältnis FSH zu LH abhängig. Die Reste des Follikels bilden das Corpus luteum, das neben einer verstärkten Östrogen-Ausschüttung vor allem die Produktion von Progesteron aufnimmt. Diese Steroid-Hormone bereiten den Uterus zur Aufnahme des befruchteten Eies vor. Gleichzeitig hemmen sie die FSH- und LH-Ausschüttung aus der Hypophyse (feedback Mechanismus). Damit wird auch die Gestagen-Bildung blockiert und die Menstruation eingeleitet (Schema 10).

Nach Befruchtung einer Eizelle durch ein Spermium wird der cyclische Ablauf unterbrochen und eine Schwangerschaft eingeleitet. Um diese Umstellung zu gewährleisten, wird der Mangel an hypophysä-

Schema 10. Regulation der Sexualvorgänge im weiblichen Organismus

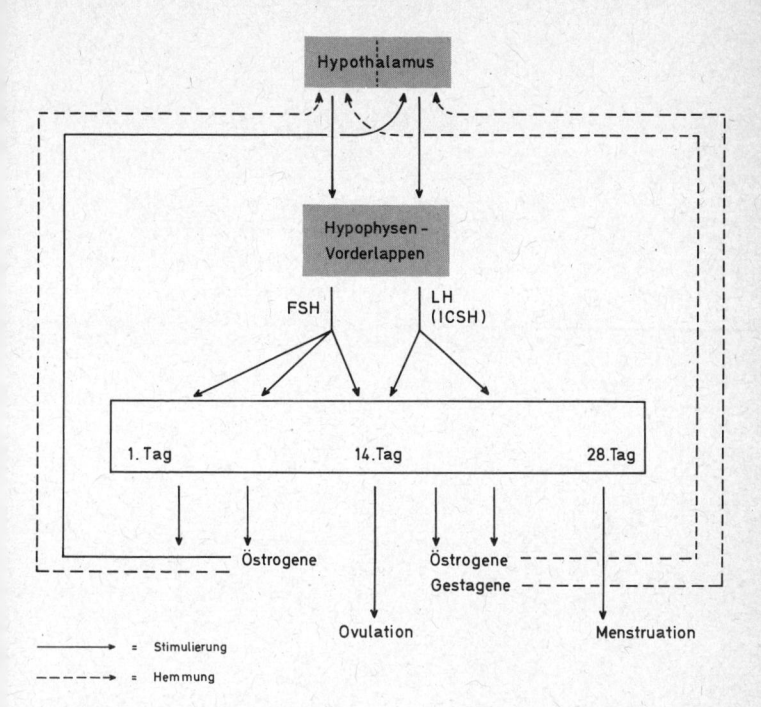

```
                        Hypothalamus

                   Hypophysen-
                   Vorderlappen

            FSH              LH
                            (ICSH)

         1. Tag          14.Tag          28.Tag

              Östrogene        Östrogene
                               Gestagene

                        Ovulation        Menstruation
```

⟶ = Stimulierung

--→ = Hemmung

ren Gonadotropinen durch eine Hormonproduktion der Placenta kompensiert. Das gebildete Chorion-Gonadotropin besitzt LH-Aktivität und gewährleistet somit die Östrogen- und Gestagen-Produktion des zum Corpus luteum graviditatis vergrößerten Corpus luteum. Die speziell in den ersten Wochen nach der Befruchtung extrem hohen Mengen an HCG, die mit dem Harn ausgeschieden werden, ermöglichen eine fast 100prozentig sichere Schwangerschaftsdiagnose. Der früher zu diesem Zweck verwendete biologische Nachweis des HCG ist heute vollständig durch den immunologischen verdrängt worden. Zusätzlich zum HCG sezerniert die Placenta ein Proteohormon mit lactogener und somatotroper Wirkung (HCS, synonym: HPL), dessen Bedeutung noch nicht bekannt ist. Als Proteohormon kann es die Placentaschranke nicht überschreiten und damit keine Wachstumshormon-Wirkungen auf den Fötus haben. Möglicherweise ist es für die während der Schwangerschaft erforderliche Stickstoff-, Kalium- und Calcium-Retention und für eine verminderte Glucose-Verwertung verantwortlich.

Bei Funktionsausfall der Hypophyse und der dadurch bedingten Amenorrhoe können Gonadotropine (vorzugsweise aus Humanharn gewonnene Präparate) zur Therapie verwendet werden.

Biologische Gonadotropin-Teste: Gesamtgonadotropin (FSH und ICSH) wird durch die Gewichtszunahme von Ovarien und Uterus an der infantilen Maus bestimmt (LEVIN u. TYNDALE 1937). Für einen spezifischen FSH-Test dient die Eigenschaft des Hormons, in Gegenwart ausreichender Mengen ICSH Ovarien oder Hoden an intakten oder hypophysektomierten juvenilen Tieren zu vergrößern. Eine weitere Methode ist die Messung der Gewichtszunahme des Ovars infantiler Ratten nach HCG-Behandlung (Augmentations-Test, STEELMAN u. POHLEY 1953). Da eine Steroid-Biosynthese mit einer Abnahme des Ascorbinsäure-Gehaltes des betreffenden Organs gekoppelt ist, kann ICSH mit Hilfe des Ascorbinsäure-Testes (ascorbic acid depletion test) bestimmt werden. Spezifischer ist die Gewichtszunahme des ventralen Prostatalappens an juvenilen hypophysektomierten Ratten (DICZFALUSY 1953). Der Gehalt an Prolactin ergibt sich aus dem luteotropen Effekt (Messung der Cyclusverlängerung an der Ratte) oder aus dem mammotropen Effekt dieses Hormons (Gewichtszunahme, besser aber histologische Veränderung des Taubenkropfes). Die biologische Aktivität von HCG ist identisch mit der von ICSH und wird nach den gleichen Methoden (Ascorbinsäure-Test oder Prostatalappen-Test) festgestellt.

Diese biologischen Teste reichen im allgemeinen nicht aus, um gonadotrope Hormone z. B. im Plasma zu bestimmen. Dafür ist entweder eine Anreicherung durch Extraktion oder Adsorption erforderlich. Daher spielen die immunologischen, speziell die Radioimmun-Teste, eine besondere Rolle.

1.1.3. Wachstumshormon

Das Wachstumshormon (Growth hormone = GH, synonym: Somatotropin, somatotropes Hormon = STH) ist ein lineares Peptid mit zwei intrachenaren Disulfid-Brücken (Schema 11). Der humane Wirkstoff enthält 188 Aminosäure-Reste (LI 1966; NIALL 1969). Für die Hormone anderer Spezies werden zum Teil andere Kettenlängen beschrieben. Daneben bestehen auch wesentliche Unterschiede in der Aminosäure-Sequenz, die das immunologische Verhalten und die Inaktivität tierischer Präparate am Menschen erklären. Während das Wachstum der Ratte von STH fast aller Spezies stimuliert wird, wirkt am Menschen nur das von Primaten (Mensch oder Affe).

Das Wachstumshormon wird nach verschiedenen Verfahren isoliert. Dabei ist zu unterscheiden, ob es sich um die Gewinnung des reinen Hormons oder nur um seine Anreicherung in Form biologisch reiner Präparate handelt. Den reinen Wirkstoff, z. B. für Sequenzanalysen, erhält man nur mit großem Aufwand unter Anwendung moderner Methoden (Schema 12). Biologisch verwendbare Präparate können

Schema 11. Aminosäure-Sequenz von humanem STH

Schema 12. Isolierung von reinem STH

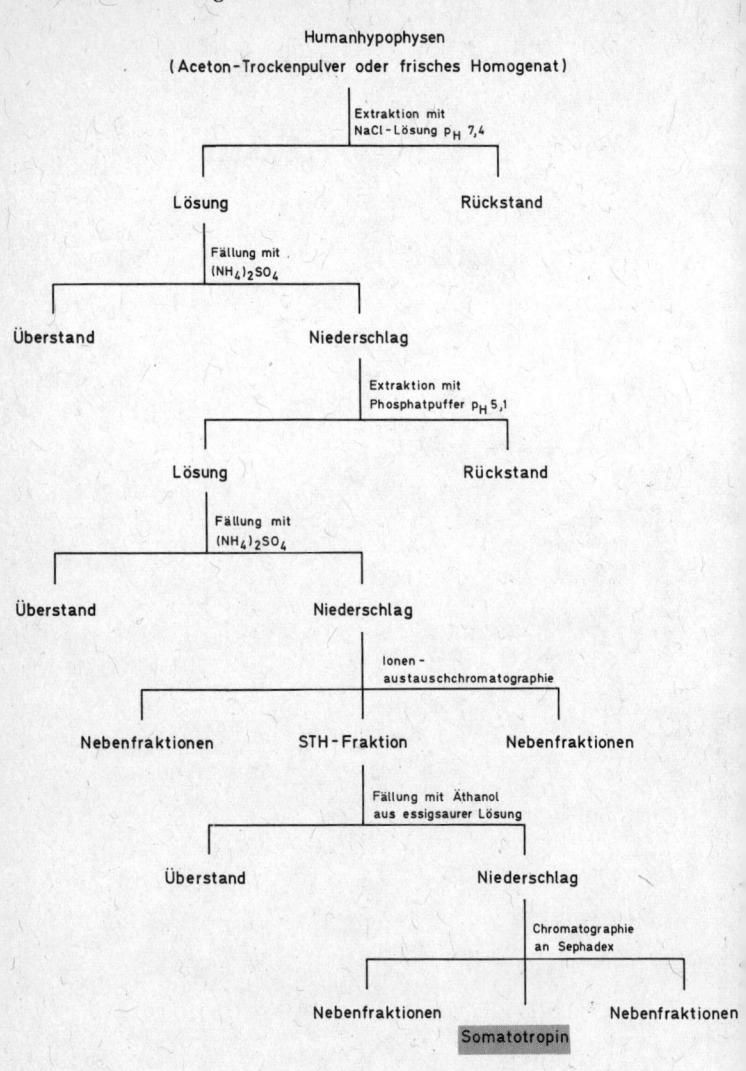

```
                    Humanhypophysen
      (Aceton-Trockenpulver oder frisches Homogenat)
                          │
                   Extraktion mit
                   NaCl-Lösung pH 7,4
              ┌───────────┴───────────┐
           Lösung                  Rückstand
              │
        Fällung mit
        (NH₄)₂SO₄
        ┌─────┴─────┐
    Überstand    Niederschlag
                     │
                Extraktion mit
                Phosphatpuffer pH 5,1
              ┌──────┴──────┐
           Lösung         Rückstand
              │
        Fällung mit
        (NH₄)₂SO₄
        ┌─────┴─────┐
    Überstand    Niederschlag
                     │
                   Ionen-
                austauschchromatographie
        ┌────────────┼────────────┐
   Nebenfraktionen  STH-Fraktion  Nebenfraktionen
                     │
              Fällung mit Äthanol
              aus essigsaurer Lösung
        ┌────────────┴────────────┐
    Überstand                Niederschlag
                                  │
                          Chromatographie
                          an Sephadex
                     ┌────────┼────────┐
              Nebenfraktionen       Nebenfraktionen
                          Somatotropin
```

bereits durch wenige Extraktions- und Fällungsstufen erhalten werden, die gleichzeitig auch die Gewinnung der Gonadotropine erlauben (Schema 13).

Schema 13. Verfahren zur Gewinnung medizinisch verwertbarer STH-Präparationen

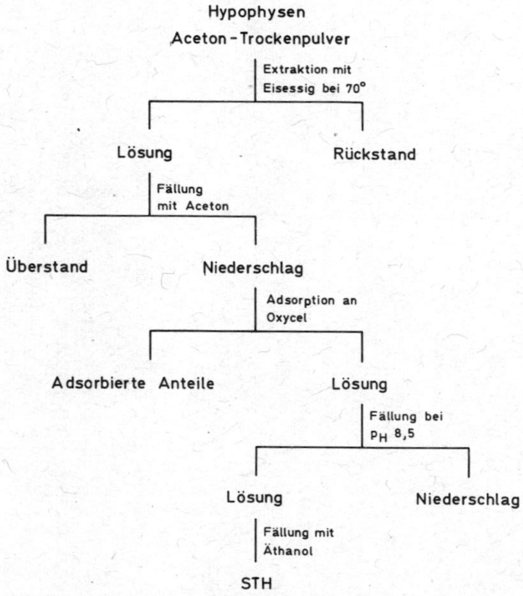

a) Gewinnung von STH-Präparationen nach RABEN

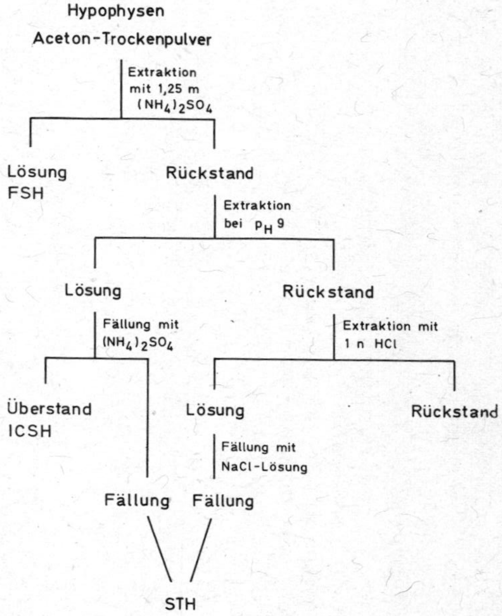

```
                Hypophysen
              Aceton-Trockenpulver
                      |
              Extraktion mit
              Eisessig bei 70°
              /            \
          Lösung          Rückstand
            |
         Fällung
         mit Aceton
          /      \
     Überstand   Niederschlag
                      |
                 Adsorption an
                    Oxycel
                  /         \
          Adsorbierte      Lösung
            Anteile           |
                          Fällung bei
                            pH 8,5
                          /        \
                      Lösung    Niederschlag
                        |
                    Fällung mit
                     Äthanol
                        |
                       STH
```

b) Gewinnung der hypophysären Proteohormone nach WILHELMI

```
                    Hypophysen
                 Aceton-Trockenpulver
                          |
                   Extraktion mit
                   1,25 m (NH₄)₂SO₄
                   /              \
               Lösung           Rückstand
                FSH                 |
                              Extraktion bei
                                  pH 9
                               /         \
                           Lösung      Rückstand
                              |            |
                         Fällung mit   Extraktion mit
                         (NH₄)₂SO₄       1 n HCl
                          /     \        /      \
                    Überstand  Fällung Lösung  Rückstand
                      ICSH        |      |
                                        Fällung mit
                                        NaCl-Lösung
                                         /      \
                                     Lösung   Fällung
                                        \      /
                                         STH
```

Durch enzymatische Partialhydrolysen sind Anhaltspunkte der für eine biologische Wirkung essentiellen Teile des Moleküls erarbeitet worden. Es ist wahrscheinlich, daß dem C-terminalen Teil eine größere Bedeutung zukommt als dem N-terminalen. Auch durch chemische Reaktionen kann das STH ohne völligen Verlust der Aktivität verändert werden.

Neben dem humanen Hormon sind die Sequenzen des Rinder-, Schaf- und Pferdehormons bekannt. Die tierischen Hormone unterscheiden sich von dem des Menschen in mehr als 60 Positionen (Abb. 14). Damit ist die fehlende Wirksamkeit dieser Verbindungen am Menschen erklärt. Nahezu identisch mit der humanen Sequenz ist das HCS (Schema 14), wobei die Differenzen bevorzugt im N-terminalen Teil lokalisiert sind (15 Unterschiede im Bereich 1–65, 8 Unterschiede im Bereich 66–130 und nur 4 Unterschiede im Bereich 131–190).

Synthese: 1969 publizierten LI u. YAMASHIRO: „The Synthesis of a Protein Possessing Growth-Promoting and Lactogenic Activities". Dieser Synthese lag eine Sequenz zugrunde, die sich später als falsch herausstellte. Sie führte trotzdem zu einem Produkt, das 10 % der Wachstumsaktivität (Tibia-Test) und 5 % der Prolactin-Aktivität (Taubenkropf-Test), bezogen auf natives Human-STH (HGH), besitzt. Diese Aktivitäten müssen als erstaunlich hoch angesehen werden, wenn man berücksichtigt, daß nicht nur eine falsche Sequenz synthetisiert wurde, sondern darüber hinaus aufgrund der gewählten Strategie (Solid Phase-Methode) mit einem relativ großen Anteil an nicht abtrennbaren Nebenprodukten (vorzugsweise Fehlsequenzen s. S. 151) zu rechnen war. Dieses Beispiel zeigt deutlich, wie wenig aussagekräftig die biologische Aktivität für Erfolg oder Mißerfolg einer Synthese ist.

Biologische Wirkung: Der Name „Wachstumshormon" entspricht nicht ausreichend dem Wirkungsspektrum dieses Hormons; besser ist die Bezeichnung Somatotropin (d. h. auf den ganzen Körper gerichtet). Trotzdem ist die Beeinflussung des Wachstums seine wichtigste Wirkung, zumal bei Fehlen des Hormons (z. B. bei Hypophyseninsuffizienz) Schäden auftreten, die in der eigentlichen Wachstumsperiode nur durch eine STH-Therapie verhindert werden können und die nach Beendigung des Wachstums irreparabel sind.

Neben dem STH sind an Wachstumsvorgängen das Thyroxin, das Insulin sowie Androgene beteiligt. Außerdem spielen exogene und genetische Faktoren eine Rolle. Die Beteiligung des STH am Wachstum besteht in der Stimulierung der Längenzunahme des Knochens, indem es die Bildung der knorpeligen Wachstumszone (Epiphyse) an den Röhrenknochen beschleunigt. In der Pubertät findet unter dem Einfluß der Androgene ein Verschluß der Epiphysen statt, der das Wachstum beendet.

Schema 14. Vergleich der Sequenz des humanen Wachstumshormons mit dem HCS und mit den STH-Sequenzen von Rind, Schaf und Pferd. Bei Teilsequenzen, bei denen die Reihenfolge der Aminosäuren noch nicht bekannt ist, erfolgte die Anordnung aufgrund der Analogie zu bekannten Sequenzen anderer Spezies.

```
HCS (Mensch)        Val-Gln-Thr-Val-Pro-Leu-Ser-Arg-Leu-Phe-Asp-His-Ala-Met-Leu-Gln-Ala-His-Arg-Ala-His-Gln-
                                                           10                              20
STH (Mensch)        Phe-Pro-Thr-Leu-Pro-Leu-Ser-Arg-Leu-Phe-Asp-Asn-Ala-Met-Leu-Arg-Ala-His-Arg-Leu-His-Gln-
                                                           10                              20
STH (Rind           Ala-Phe-Pro-Ala-Met-Ser-Leu-Ser-Gly-Leu-Phe-Ala-Asn-Ala-Val-Leu-Arg-Ala-Gln-His-Leu-His-Gln-
     Schaf)          1                                     10                              20
STH (Pferd)         Phe-Pro-Ala-Met-Pro-Leu-Ser-Ser-Leu-Phe-Ala-Asn-Ala-Val-Leu-Arg-Ala-Gln-His-Leu-His-Gln-

HCS (Mensch)        Leu-Ala-Ile-Asp-Thr-Tyr-Gln-Glu-Phe-Glu-Glu-Thr-Tyr-Ile-Pro-Lys-Asp-Gln-Lys-Tyr-Ser-Phe-
                                                           30                              40
STH (Mensch)        Leu-Ala-Phe-Asp-Thr-Tyr-Gln-Glu-Phe-Glu-Glu-Ala-Tyr-Ile-Pro-Lys-Glu-Gln-Lys-Tyr-Ser-Phe-
                                                           30                              40
STH (Rind           Leu-Ala-Asp-Asp-Thr-Phe-Lys-Glu-Phe-Glu-Arg-Thr-Tyr-Ile-Pro-Glu-Gly-Gln-Arg-Tyr-Ser-
     Schaf)                                                30                              40
STH (Pferd)         Leu-Ala-Ala-Asp-Thr-Tyr-Lys-Glu-Phe-Glu-Arg-Ala-Tyr-Ile-Pro-Glu-Gly-Gln-Arg-Tyr-Ser-

HCS (Mensch)        Leu-His-Asp-Ser-Glu-Thr-Ser-Phe-Cys-Phe-Ser-Asp-Ser-Thr-Pro-Thr-Pro-Ser-Asn-Met-----Glu-
                                                           50                              60
STH (Mensch)        Leu-Gln-Asp-Pro-Glu-Thr-Ser-Leu-Cys-Phe-Ser-Glu-Ser-Ile-Pro-Thr-Pro-Ser-Asn-Arg-----Glu-
                                                           50                              60
STH (Rind           Ile-Gln-Asn-Thr-Glu-Val-Ala-Phe-Cys-Phe-Ser-Glu-Thr-Ile-Pro-Ala-Pro-Thr-Gly-Lys-Asn-Glu-
     Schaf)                                                50                              60
STH (Pferd)         Ile-Gln-Asn-Ala-Glu-Ala-Phe-Cys-Phe-Ser-Glu-Thr-Ile-Pro-Ala-Pro-Thr-Gly-Lys-Asn-Glu-
```

234 Glanduläre Peptid- und Proteohormone

Schema 14. (Fortsetzung)

```
                                               70                                      80
HCS (Mensch)         Glu-Thr-Gln-Lys-Ser-Asn-Leu-Gln-Leu-Leu-Arg-Ile-Ser-Leu-Leu-Leu-Ile-Glu-Ser-Trp-Leu-
STH (Mensch)         Glu-Thr-Gln-Lys-Ser-Asn-Leu-Gln-Leu-Leu-Arg-Ile-Ser-Leu-Leu-Leu-Ile-Glu-Ser-Trp-Leu-
                                               70                                      80
STH (Rind)
    (Schaf)          Ala-Glu-Lys-Ser-Asp-Leu-Gln-Leu-Leu-Leu-Arg-Ile-Ser-Leu-Leu-Leu-Ile-Glu-Ser-Trp-Leu-
                                           70                                      80
STH (Pferd)          Ala-Glu-Gln-Arg-Asp-Met-Glu-Leu-Leu-Arg-Phe-Ser-Leu-Leu-Leu-Ile-Glu-Ser-Trp-Leu-

                                                   90                                      100
HCS (Mensch)         Glu-Pro-Val-Arg-Phe-Leu-Arg-Ser-Met-Phe-Ala-Asn-Asn-Leu-Val-Tyr-Ser-Asn-Asn-Asp-
STH (Mensch)         Glu-Pro-Val-Gln-Phe-Leu-Arg-Ser-Val-Phe-Ala-Asn-Asn-Leu-Val-Tyr-Gly-Ala-Ser-Asn-Ser-Asp-
                                                   90                                      100
STH (Rind)
    (Schaf)          Gly-Pro-Leu-Gln-Phe-Leu-Ser-Arg-Val-Phe-Thr-Asn-Ser-Leu-Val-Phe-Gly-Thr-Ser-          Asp-
                                               90                                      100
STH (Pferd)          Gly-Pro-Val-Gln-Leu-Leu-Ser-Arg-Val-Phe-Thr-Asn-Ser-Leu-Val-Phe-Gly-Thr-Ser-          Asp-

                         110                                       120
HCS (Mensch)         Ser-Tyr-His-Leu-Leu-Lys-Asp-Leu-Glu-Glu-Gly-Ile-Glu-Thr-Leu-Met-Gly-Arg-Leu-Glu-
STH (Mensch)                                                           120
                     Val-Tyr-Asp-Leu-Leu-Lys-Asp-Leu-Glu-Glu-Gly-Ile-Glu-Thr-Leu-Met-Gly-Arg-Leu-Glu-
                         110                                       120
STH (Rind)
    (Schaf)          Arg-Val-Tyr-Glu-Lys-Leu-Lys-Asp-Leu-Glu-Glu-Gly-Ile-Leu-Ala-Leu-Met-Arg-Gln-Leu-Glu-
                             110
STH (Pferd)          Arg-Val-Tyr-Glu-Lys-Leu-Arg-Asp-Leu-Glu-Glu-Gly-Ile-Leu-Ala-Leu-Met-Arg-Gln-Leu-Glu-
```

Peptid- und Proteohormone der Hypophyse

```
                                                                    140
HCS (Mensch)    Asp-Gly-Ser-Arg-Arg-Thr-Gly-Gln-Ile-Leu-Lys-Gln-Thr-Tyr-Ser-Lys-Phe-Asp-Thr-Asn-Ser-
                                                                    130
STH (Mensch)    Asp-Gly-Ser-Pro-Arg-Thr-Gly-Gln-Ile-Phe-Lys-Gln-Thr-Tyr-Ser-Lys-Phe-Asp-Thr-Asn-Ser-
                                                                    140
STH (Rind)      Asp-Gly-Thr-Pro-Arg-Ala-Gly-Gln-Ile-Leu-Lys-Gln-Thr-Tyr-Asp-Lys-Phe-Asp-Thr-Asn-Met-
                                                                    130
STH (Schaf)     Asp-Val-Thr-Pro-Arg-Ala-Gly-Gln-Ile-Leu-Lys-Gln-Thr-Tyr-Asp-Lys-Phe-Asp-Thr-Asn-Met-
                      130
STH (Pferd)     Asp-Gly-Ser-Pro-Arg-Ala-Gly-Gln-Ile-Leu-Lys-Gln-Thr-Tyr-Asp-Lys-Phe-Asp-Thr-Asn-Leu-

                     150                                                   170
HCS (Mensch)    His-Asn-His-Asp-Ala-Leu-Leu-Lys-Asn-Tyr-Gly-Leu-Leu-Tyr-Cys-Phe-Arg-Lys-Asp-Met-Asp-
                     150                                                   170
STH (Mensch)    His-Asn-Asp-Asp-Ala-Leu-Leu-Lys-Asn-Tyr-Gly-Leu-Leu-Tyr-Cys-Phe-Arg-Lys-Asp-Met-Asp-
                     150                                                   170
STH (Rind/Schaf) Arg-Ser-Asp-Asp-Ala-Leu-Leu-Lys-Asn-Tyr-Gly-Leu-Leu-Ser-Cys-Phe-Arg-Lys-Asp-Leu-His-
                                                          160
STH (Pferd)     Arg-Ser-Asp-Asp-Ala-Leu-Leu-Lys-Asn-Tyr-Gly-Leu-Leu-Ser-Cys-Phe-Lys-Lys-Asp-Leu-His-

                             180                                           190
HCS (Mensch)    Lys-Val-Glu-Thr-Phe-Leu-Arg-Met-Val-Gln-Cys-Arg———————Ser-Val-Glu-Gly-Ser-Cys-Gly-Phe-
                             180                                           190
STH (Mensch)    Lys-Val-Glu-Thr-Phe-Leu-Arg-Ile-Val-Gln-Cys-Arg———————Ser-Val-Glu-Gly-Ser-Cys-Gly-Phe-
                                                                    190
STH (Rind/Schaf) Lys-Thr-Glu-Thr-Tyr-Leu-Arg-Val-Met-Lys-Cys-Arg-Arg-Phe-Gly-Glu-Ala-Ser-Cys-Ala-Phe-
                     170                                            180
STH (Pferd)     Lys-Ala-Glu-Thr-Tyr-Leu-Arg-Val-Met-Lys-Cys-Arg-Arg-Phe-Val-Glu-Ser-Ser-Cys-Ala-Phe-
```

Eine zu hohe STH-Ausschüttung führt vor dem Ephiphysenschluß zu Riesenwachstum (Gigantismus), nach dem Epiphysenschluß zu Verformungen von Knochen und Knorpeln (Akromegalie). STH-Mangel bedingt einen Zwergenwuchs, meistens verbunden mit einem Ausbleiben der Pubertät (Infantilismus). Neben dieser Wirkung auf das Skelett ist STH auch durch seine anabole Wirkung am Wachstum beteiligt. Die STH-abhängige Protein-Synthese wird durch eine Stimulierung sowohl des Aminosäure-Transportes in die Zelle als auch der eigentlichen Protein-Synthese ausgelöst.

STH zeigt eine ausgesprochene diabetogene Wirkung, die bei erhöhter Sekretion zum Diabetes mellitus führen kann. Dabei handelt es sich nicht um eine Hemmung der Insulin-Sekretion, sondern um die der peripheren Glucose-Utilisation. Bei der von STH stimulierten Fettsäure-Mobilisierung wird durch Oxidation der freien Fettsäuren Glucose als Energielieferant eingespart und steht somit zur Glykogenese zur Verfügung, für die sonst Aminosäuren abgebaut werden müßten. Diese Aminosäuren werden dann für die STH-abhängige Protein-Synthese verwendet.

Biologische Teste: Grundlage der biologischen Bestimmung von STH ist ausschließlich seine wachstumsfördernde Wirkung. In sehr einfacher Form kann bereits das Längenwachstum hypophysektomierter juveniler Ratten als Test verwendet werden. Genauer ist die Messung der Breite der Epiphysenfuge des Tibiagelenkknorpels an hypophysektomierten Ratten (GREENSPAN 1949). Jedoch ist auch diese Methode nur wenig empfindlich. Für die Bestimmung von STH im Plasma wurden immunologische Methoden, vorzugsweise ein Radioimmun-Test entwickelt.

1.1.4. Lipotropes Hormon (LPH, Lipotropin)

Die Wirkung von Hypophysenvorderlappen-Extrakten auf den Fettstoffwechsel wurde zunächst dem ACTH und dem STH zugeschrieben. Tatsächlich haben diese beiden Hormone eine fettmobilisierende (lipolytische, adipolytische) Aktivität. Darüber hinaus gelang es aber in den letzten Jahren, lipolytische Wirkstoffe aus dem Vorderlappen zu gewinnen, die nicht mit ACTH oder STH identisch waren. Diese Peptide werden als Lipotropine bzw. lipotrope Hormone bezeichnet.

LPH ist bisher in zwei verschiedenen Formen aus dem Vorderlappen (β-LPH und γ-LPH) isoliert worden. β-LPH ist ein lineares Peptid mit 90 bzw. 91 Aminosäure-Resten. γ-LPH entspricht der Sequenz 1–58 des β-LPH (Schema 15). Im Bereich der Aminosäuren 37–58 zeigt das LPH eine Übereinstimmung mit Sequenzen oder Teilsequenzen anderer Hypophysenhormone. So entspricht die Sequenz 47–53 der ACTH- und α-MSH-Sequenz 4–10. Die Sequenz 41–58 des LPH ist mit der gesamten Sequenz des β-MSH identisch, wobei die beim β-MSH gefundenen Speziesunterschiede auch in den Lipotro-

LPH

```
                    1                                            10
Schaf,   β  :  H-Glu-Leu-Gly-Thr-Glu-Arg-Leu-Glu-Gln-Ala-Arg-Gly-Pro-Glu-Ala-Glu-
Schaf,   γ  :  H-Glu-Leu-Gly-Thr-Glu-Arg-Leu-Glu-Gln-Ala-Arg-Gly-Pro-Glu-Ala-Glu-
Schwein, β  :  H-Glu-Leu-Ala-Gly-Ala-Pro-Pro-Glu-Pro-Ala-Arg-Asp-Pro-Glu-Ala-Pro-
Schwein, γ  :  H-Glu-Leu-Ala-Gly-Ala-Pro-Pro-Glu-Pro-Ala-Arg-Asp-Pro-Glu-Ala-Pro-

                                        20                                  30
Schaf,   β  :  Ala-Ala-Ala-Arg-Ala-Glu-Leu-Glu-Tyr-Gly-Leu-Val-Ala-Glu-Ala-Ala-
Schaf,   γ  :  Ser-Ala-Ala-Arg-Ala-Glu-Leu-Glu-Tyr-Gly-Leu-Val-Ala-Glu-Ala-Ala-
Schwein, β  :  Gly-Ala-Ala-Ala-Arg-Ala-Glu-Leu-Glu-Tyr-Gly-Leu-Val-Ala-Glu-Ala-
Schwein, γ  :  Gly-Ala-Ala-Ala-Arg-Ala-Glu-Leu-Glu-Tyr-Gly-Leu-Val-Ala-Gln-Ala-

                            40                                           50
Schaf,   β  :  Glu-Lys-Lys-Asp-Ser-Gly-Pro-Tyr-Lys-Met-Glu-His-Phe-Arg-Trp-Gly-Ser-Pro-Pro-
Schaf,   γ  :  Glu-Lys-Lys-Asp-Ser-Gly-Pro-Tyr-Lys-Met-Glu-His-Phe-Arg-Trp-Gly-Ser-Pro-Pro-
Schwein, β  :  Glu-Lys-Lys-Asp-Glu-Gly-Pro-Tyr-Lys-Met-Glu-His-Phe-Arg-Trp-Gly-Ser-Pro-Pro-
Schwein, γ  :  Glu-Lys-Lys-Asp-Glu-Gly-Pro-Tyr-Lys-Met-Glu-His-Phe-Arg-Trp-Gly-Ser-Pro-Pro-

                            60                                      70
Schaf,   β  :  Lys-Asp-Lys-Arg-Tyr-Gly-Gly-Phe-Met-Thr-Ser-Glu-Lys-Ser-Gln-Thr-Pro-Leu-Val-
Schaf,   γ  :  Lys-Asp-OH
Schwein, β  :  Lys-Asp-Lys-Arg-Tyr-Gly-Gly-Phe-Met-Thr-Ser-Glu-Lys-Ser-Glu-Thr-Pro-Leu-Val-
Schwein, γ  :  Lys-Asp-OH

                                        80                             90
Schaf,   β  :  Thr-Leu-Phe-Lys-Asn-Ala-Ile-Lys-Lys-Asn-His-Ala-Lys――――Gly-Gln
Schwein, β  :  Thr-Leu-Phe-Lys-Asn-Ala-Ile-Val-Lys-Asn-Ala-His-Lys-Lys-Gly-Gln
                                                                        91
```

pinen enthalten sind. Erstaunlich ist die Tatsache, daß die Sequenz 37–58 des Schweine-LPH mit der gesamten Sequenz des humanen β-MSH übereinstimmt.

Biologische Wirkung: LPH stimuliert die Bildung freier Fettsäuren aus Triglyceriden. Unter Fettbelastung wird es erhöht ausgeschieden und kann bei ungenügender Verwertung der freigesetzten Fettsäuren zur gesteigerten Bildung von Keton-Körpern im Plasma führen. Da bei Diabetikern LPH im Plasma vermehrt nachzuweisen ist, wird ein Zusammenhang des Diabetes mit diesem erhöhten LPH-Gehalt diskutiert. Ebenfalls vermehrt ausgeschieden wird LPH im Hungerzustand und verstärkt dann die Mobilisierung der Fettreserven.

1.1.5. Adrenocorticotropes Hormon (ACTH)

ACTH ist ein lineares Peptid aus 39 Aminosäuren (Schema 16), das in den basophilen Zellen des Vorderlappens gebildet wird. Bekannt sind die Sequenzen des Rinder-, Schaf-, Schweine- und Human-ACTH (BELL; HARRIS; LEE; LI; WHITE [1953–1959] sowie RITTEL bzw. JÖHL et al. [1971, 1974]). Die speziesbedingten Strukturunterschiede sind in den Positionen 31 und 33 lokalisiert.

Biologische Wirkung: Das Erfolgsorgan des ACTH ist die Nebennierenrinde, in der bei ACTH-Angebot Nebennierenrindenhormone – besonders Glucocorticoide – gebildet und an das Blut abgegeben werden. Umgekehrt wird die ACTH-Freisetzung aus der Hypophyse durch Corticoide gehemmt (feed-back Mechanismus, Schema 17). Bei ACTH-Mangel atrophiert die Nebennierenrinde. ACTH fördert die Bildung von cyclischem 3'.5'-Adenosinmonophosphat (Aktivierung der Adenylcyclase s. S. 213). Durch die Stimulierung der Synthese von Glucocorticoiden, deren wesentlicher Einfluß in der Leber die Aufrechterhaltung und Steigerung der Gluconeogenese (mit Glykogenbildung) aus Aminosäuren ist und die die periphere Glucose-Verwertung herabsetzen, ist ACTH indirekt am Kohlenhydrat-Stoffwechsel beteiligt. Über eine Aktivierung der Triglycerid-Lipase durch das 3'.5'-Adenosinmonophosphat im Fettgewebe entfaltet ACTH ferner eine lipolytische Wirkung (adipokinetische, fettmobilisierende Wirkung) und beeinflußt somit auch den Fettstoffwechsel.

Therapeutisch wird das ACTH zur Entzündungshemmung, bei Allergien und bei bestimmten Formen von Hypophyseninsuffizienz verwendet. Die im Handel befindlichen Präparate sind tierischen Ursprungs. Sie werden jedoch allmählich durch synthetische Präparate [ACTH-(1–24)] verdrängt, die in geringerem Umfang allergische Nebenreaktionen erzeugen.

Biologische Teste: Biologische ACTH-Teste beruhen alle auf der Eigenschaft des Hormons, die Steroid-Synthese zu stimulieren. Nach SAYERS

Schema 16. Aminosäure-Sequenzen des ACTH

```
H-Ser-Tyr-Ser-Met-Glu-His-Phe-Arg-Trp-Gly-Lys-Pro-Val-Gly-Lys-Lys-Arg-Arg-Pro-Val-Lys-Val-Tyr-Pro-
  1   2   3   4   5   6   7   8   9  10  11  12  13  14  15  16  17  18  19  20  21  22  23  24

Rind:    -Asn-Gly-Ala-Glu-Asp-Glu-Ser-Ala-Gln-Ala-Phe-Pro-Leu-Glu-Phe-OH

Schaf:   -Asn-Gly-Ala-Glu-Asp-Glu-Ser-Ala-Gln-Ala-Phe-Pro-Leu-Glu-Phe-OH

Schwein: -Asn-Gly-Ala-Glu-Asp-Glu-Leu-Ala-Glu-Ala-Phe-Pro-Leu-Glu-Phe-OH

Mensch:  -Asn-Gly-Ala-Glu-Asp-Glu-Ser-Ala-Gln-Ala-Phe-Pro-Leu-Glu-Phe-OH
          25  26  27  28  29  30  31  32  33  34  35  36  37  38  39
```

Schema 17. Regulation der Nebennierenfunktion

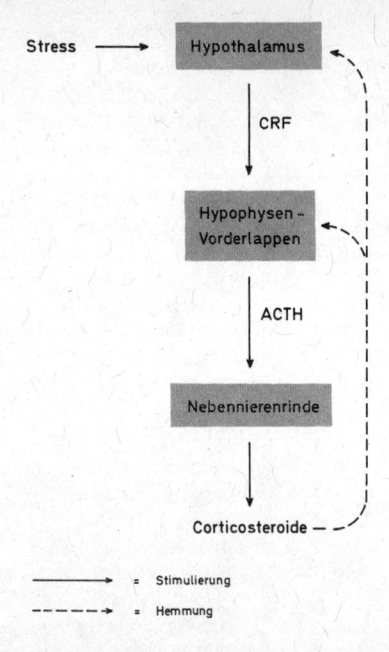

Stress ⟶ Hypothalamus
↓ CRF
Hypophysen-Vorderlappen
↓ ACTH
Nebennierenrinde
↓
Corticosteroide — —

⟶ = Stimulierung
----→ = Hemmung

(1956) kann an hypophysektomierten Ratten die Abnahme des Ascorbinsäuregehaltes in der Nebennierenrinde als Maß für die ACTH-Wirkung gelten (Ascorbic Acid Depletion Test, s. S. 228). Empfindlicher sind die Verfahren, die auf einer direkten Messung der gebildeten Corticosteroide beruhen (in vivo bzw. in vitro steroidogenic activity). NELSON u. HONE (1955) haben einen Farbtest, GUILLMAN et al. (1958) eine Fluoreszenz-Methode ausgearbeitet. Nach SAFFRAN u. SCHALLY (1955) kann die Steroid-Synthese auch als in vitro Methode durch Messung der UV-Absorption verwendet werden. Immunologische ACTH-Teste spielen eine untergeordnete Rolle, da ACTH als relativ kleines Molekül ein schlechtes Immunogen (s. S. II, 73) ist und Antiseren nur auf Umwegen zugänglich sind. Die Wirkungen werden in IE/mg (natürliches ACTH: 115 IE/mg) angegeben.

Synthese von ACTH-Sequenzen: Synthesen auf dem ACTH-Gebiet umfassen den Bereich 1–16 bis 1–28, wobei 1–23-, 1–24-, 1–25-, 1-28-ACTH und deren Analoga im Mittelpunkt des Interesses stehen, da Sequenzen dieser Kettenlänge bereits die volle Aktivität entfalten. Die wichtigsten Beiträge auf dem Gebiet der ACTH-Synthese wurden von den Arbeitsgruppen BAJUSZ/MEDZIHRADSKY/KISFALUDY (Forschunginstitut für Pharmazeutische Chemie, Gedeon Richter und Univ. Budapest), BOISSONNAS/GUTTMANN (Sandoz, Basel), FUJINO (Takeda, Osaka), GEIGER (Hoechst, Frankfurt/Main), HOFMANN (Univ. Pittsburgh), LI (Univ. California, San Francisco), SCHWYZER/RITTEL (Ciba, Basel) geleistet. In Anbetracht der günstigen Verteilung der racemisierungsfreien Aminosäuren Glycin und Prolin über das gesamte Molekül (Gly^{10}, Gly^{14}, Pro^{19}, Pro^{24} Gly^{27}) haben alle Autoren die Fragmentkondensation mit ähnlichen Schnittstellen gewählt. Erste Synthesen (BOISSONNAS et al. 1956; HOFMANN et al. 1961; LI et al. 1961) waren auf eine – für diese Kettenlänge noch nicht voll befriedigende – Schutzgruppenkombination, die drastische Abspaltungsbedingungen erforderte, angewiesen. Daher bedeutete die Synthese des ACTH-(1–24) durch SCHWYZER et al. die mit acidolytisch leicht spaltbaren Schutzgruppen vom tert.-Butyl-Typ und dem daneben selektiv entfernbaren Trityl-Rest durchgeführt wurde, eine entscheidende Verbesserung (Schema 18). Der bei einigen Sequenzen als α-Amino-Schutz dienende 4-Phenyl-azobenzyloxycarbonyl-Rest (PZ) bot durch günstige Kristallisationseigenschaften und durch seine Färbung bei Säulenchromatographie und Gegenstromverteilung Vorteile.

Schließlich konnten SCHWYZER u. SIEBER (1963) die damals für das Schweine-ACTH vorgeschlagene Sequenz mit 39 Aminosäure-Resten mit einer analogen Taktik synthetisieren (Schema 19/I). Die Synthese der ebenfalls falschen Human-ACTH Sequenz wurde von BAJUSZ et al. (1967) beschrieben. Auch diese Autoren wählten die Strategie der Fragmentkondensation und die Taktik des Schutzes der ω-Funktionen mit Resten des tert.-Butyl-Typs (Schema 19/II). Die konsequente Verwendung der racemisierungsfreien Schnittstellen Gly^{27}, Pro^{19} und Gly^{14} erlaubte den Einsatz isolierter aktivierter Ester bzw. ihre intermediäre Bildung zur Fragmentkondensation. Nach Revision der ACTH-Sequenz (RITTEL 1971) haben SIEBER et al. (1972) die korrekte Sequenz synthetisiert.

Beziehungen zwischen Struktur und Aktivität (Tab. 3, S. 244): Trotz der Synthese von fast 100 Analoga des ACTH ist ein umfassendes Bild der Beziehungen zwischen Struktur und Aktivität nur schwer möglich. Relativ gut untersucht sind der Einfluß der Kettenlänge auf die Aktivität, die Bedeutung der N-terminalen Aminosäuren, des als essentiell angesehenen Bereiches 7–10 (Phe-Arg-Trp-Gly) und des basischen Bereiches 15–18 (Lys-Lys-Arg-Arg).

Das kleinste noch deutlich wirksame Fragment ist das N-terminale Tridecapeptidamid (0,1 IE/mg, ACTH = 115 IE/mg). Eine Verlängerung der Peptid-Kette führt zu einer Aktivitätssteigerung, die besonders durch die basische Sequenz 15–18 hervorgerufen wird. Bei 23 bis 24 Aminosäuren wird die volle ACTH-Wirksamkeit (auf Gewichtsbasis) erreicht.

Im N-terminalen Bereich führt ein Austausch des Ser^1-Restes gegen Aminosäuren, die einen Abbau mit Aminopeptidasen verhindern oder

Schema 18. Synthese von ACTH-(1-24)

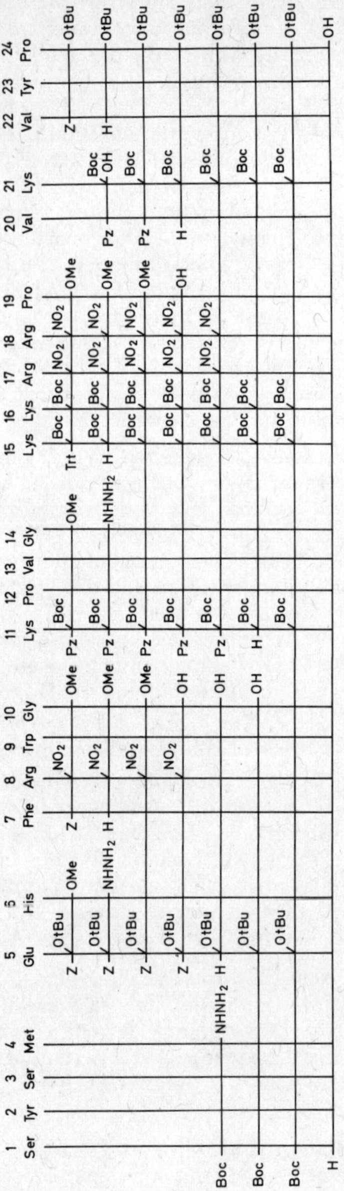

Peptid- und Proteohormone der Hypophyse 243

Schema 19. Synthese der für ACTH vorgeschlagenen Sequenz
I: Schwein II: Mensch

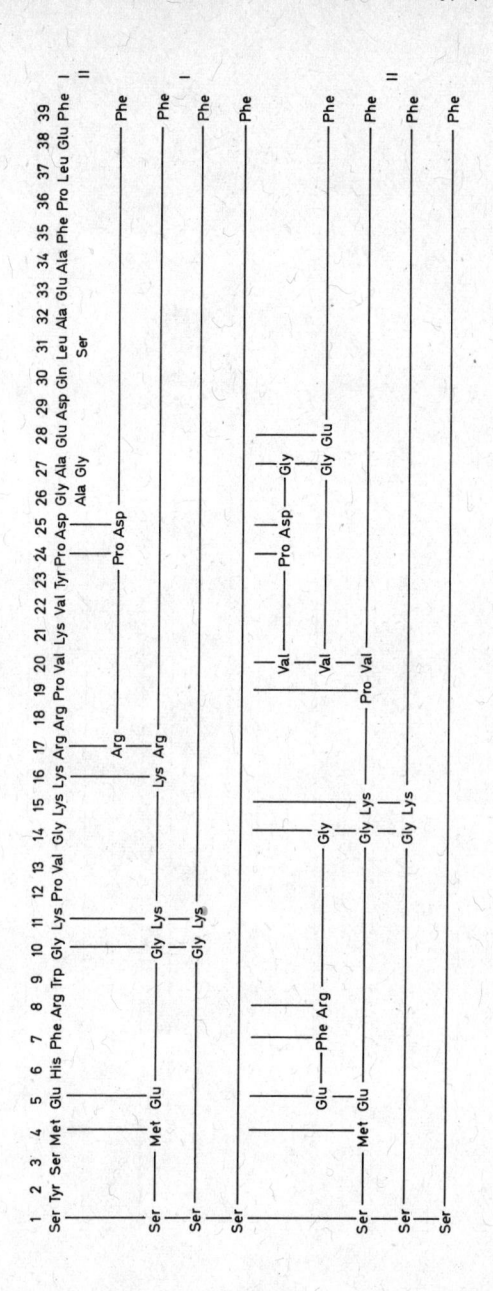

1	2	3	4	5	6	7	8	9	10	11	12	13	14	15	16	17	18	19	20	21	22	23	24	25	26	27	28	29	30	31	32	33	34	35	36	37	38	39
Ser	Tyr	Ser	Met	Glu	His	Phe	Arg	Trp	Gly	Lys	Pro	Val	Gly	Lys	Lys	Arg	Arg	Pro	Val	Lys	Val	Tyr	Pro	Asp	Gly	Ala	Glu	Asp	Gln	Ser/Leu	Ala	Glu	Ala	Phe	Pro	Leu	Glu	Phe

(Diagrammatische Darstellung der Syntheseschritte mit Fragmenten, die zu Phe enden; rechts Markierungen =, −, =)

Tabelle 3. Struktur und biologische Aktivität von ACTH-Teilsequenzen und deren Analoga

Grundsequenz (Positionen 1–28, …, 39):
H-Ser¹-Tyr²-Ser³-Met⁴-Glu⁵-His⁶-Phe⁷-Arg⁸-Trp⁹-Gly¹⁰-Lys¹¹-Pro¹²-Val¹³-Gly¹⁴-Lys¹⁵-Lys¹⁶-Arg¹⁷-Arg¹⁸-Pro¹⁹-Val²⁰-Lys²¹-Val²²-Tyr²³-Pro²⁴-Val²⁵-…-Ala²⁸-…-Phe³⁹

Nr.	N-terminale Modifikation	Interne Modifikation	Letzte Position	C-terminale Gruppe	biol. Aktivität % (Ascorbinsäure-Ausschüttung)
1	H–	—	39	–OH	100
2	H–	—	14	–NH₂	0,2
3	H–	—	17	–OH	0,1
4	H–	—	18	–NH₂	1,4
5	H–	—	19	–NH₂	10
6	H–	—	20	–OH	27
7	H–	—	21	–NH₂	74
8	H–	—	22	–NH₂	100
9	H–	—	23	–OH	111
10	H–	—	24	–NH₂	116
11	H–	—	28	–OH	100
12	H–	—	18 + Lys-Lys	–NH₂	100
13	H-D-Ser–	—	18 + Lys-Lys	–NH₂	100
14	H–	—	19	–NH₂	10
15	H–	Gln⁵	19	–NH₂	300
16	H–	Abu⁴–Gln⁵	19	–NH₂	30
17	H–	—	25	–OH	31
18	H-D-Ser–	—	25	–OH	750
19	H-D-Ala–	—	25	–OH	500
20	H-β-Ala–	—	24	–OH	500
21	H-D-Ser–	Nle⁴	25	–NH₂	625
22	H–	—	24	–NH₂	50
23	H–	—	22	–NH₂	15

erschweren (D-Serin, D-Alanin, β-Alanin oder α-Amino-isobuttersäure), zu einer Erhöhung der Aktivität. Sie beträgt fast immer das 5–10fache der entsprechenden Ser^1-Sequenz. Ohne wesentlichen Wirkungsverlust sind auch der Tyr^2-Rest gegen Phenylalanin, der Ser^3-Rest gegen Alanin und der Met^4-Rest gegen α-Amino-buttersäure oder Norleucin austauschbar.

Wesentlich empfindlicher reagiert die Sequenz Phe-Arg-Trp gegen einen Aminosäure-Austausch. [Orn^8]- oder [Lys^8]-Analoga oder [Phe^9]-Analoga zeigen einen Abfall der Aktivität auf 2–1 IE/mg oder weniger.

Die Sequenz Lys-Lys-Arg-Arg (Positionen 15–18) ist, wie bereits die Analoga mit verkürzter Kettenlänge gezeigt haben, für die biologische Wirkung besonders wichtig. Im allgemeinen wird dieser Bereich als „binding site" des Moleküls angesehen, wobei der Basizität eine entscheidende Bedeutung zukommt, wie der ohne Aktivitätsverlust mögliche Austausch der Arg^{17}- und Arg^{18}-Reste gegen Lysin und Ornithin und der Austausch der Lys^{15}- und Lys^{16}-Reste gegen Ornithin beweisen.

1.1.6. Melanocyten-stimulierende Hormone

Vom Hypophysenmittellappen (Zwischenlappen, pars intermedia) werden die Melanocyten-stimulierenden Hormone α- und β-MSH sezerniert. Bei Tieren (z. B. Wal, Huhn), bei denen der Mittellappen fehlt, und auch beim Menschen, wo er nur noch sehr rudimentär angelegt ist, wird die MSH-Bildung vom Hypophysenvorderlappen übernommen.

Das α-MSH ist ein N-Acetyl-tridecapeptidamid, dessen Aminosäure-Sequenz mit der N-terminalen Sequenz des ACTH übereinstimmt (Schema 20) (LEE u. LERNER 1965) Speziesdifferenzen (Rind, Schwein, Pferd, Affe, Frosch) bestehen nicht.

β-MSH ist ein lineares Peptid mit 18 Aminosäuren. Die Sequenz 7–13 ist mit der ACTH-Sequenz 4–10 identisch (GESCHWIND et al. 1957). Die aus verschiedenen Spezies isolierten Hormone unterscheiden sich in den Positionen 2, 6 und 16 (Schema 20). Humanes β-MSH mit 22 Aminosäuren weicht stärker von den anderen MSH-Typen ab.

Biologische Wirkung: Die physiologische Rolle des MSH beim Menschen ist nicht bekannt. Bei Vertebraten wird in besonders pigmenthaltigen Zellen der Haut (Chromatophoren) durch die Melanocyten-stimulierenden Hormone die Pigmentverteilung reguliert. Durch Ein-

246 Glanduläre Peptid- und Proteohormone

Schema 20. Aminosäure-Sequenzen von α- und β-MSH

α-MSH: H$_3$C-CO-Ser-Tyr-Ser-Met-Glu-His-Phe-Arg-Trp-Gly-Lys-Pro-Val-NH$_2$
                    1   2   3   4   5   6   7   8   9 10 11 12 13

β-MSH: (Rind)
H-Asp-Ser-Gly-Pro-Tyr-Lys-Met-Glu-His-Phe-Arg-Trp-Gly-Ser-Pro-Pro-Lys-Asp-OH
  1   2   3   4   5   6   7   8   9 10 11 12 13 14 15 16 17 18

β-MSH: (Schwein)
H-Asp-Glu-Gly-Pro-Tyr-Lys-Met-Glu-His-Phe-Arg-Trp-Gly-Ser-Pro-Pro-Lys-Asp-OH
  1   2   3   4   5   6   7   8   9 10 11 12 13 14 15 16 17 18

β-MSH: (Pferd)
H-Asp-Glu-Gly-Pro-Tyr-Lys-Met-Glu-His-Phe-Arg-Trp-Gly-Ser-Pro-Pro-Arg-Asp-OH
  1   2   3   4   5   6   7   8   9 10 11 12 13 14 15 16 17 18

β-MSH: (Affe)
H-Asp-Glu-Gly-Pro-Tyr-Arg-Met-Glu-His-Phe-Arg-Trp-Gly-Ser-Pro-Pro-Lys-Asp-OH
  1   2   3   4   5   6   7   8   9 10 11 12 13 14 15 16 17 18

β-MSH: (Mensch)
H-Ala-Glu-Lys-Lys-Asp-Glu-Gly-Pro-Tyr-Arg-Met-Glu-His-Phe-Arg-Trp-Gly-Ser-Pro-Pro-Lys-Asp-OH
  1   2   3   4   5   6   7   8   9 10 11 12 13 14 15 16 17 18 19 20 21 22

β-LPH: (Schwein)
..Ala-Glu-Lys-Lys-Asp-Glu-Gly-Pro-Tyr-Lys-Met-Glu-His-Phe-Arg-Trp-Gly-Ser-Pro-Pro-Lys-Asp-·····
  37 38 39 40 41 42 43 44 45 46 47 48 49 50 51 52 53 54 55 56 57 58

(Schaf)
..Ala-Glu-Lys-Lys-Asp-Ser-Gly-Pro-Tyr-Lys-Met-Glu-His-Phe-Arg-Trp-Gly-Ser-Pro-Pro-Lys-Asp-·····
  37 38 39 40 41 42 43 44 45 46 47 48 49 50 51 52 53 54 55 56 57 58

wirkung der Hormone auf die Chromatophoren kommt es zur Dilatation der Zellen und zu einer Dispersion der Pigmentgranula (z. B. Melanin), die sich über die Zelle verteilen und eine dunklere Hautfarbe hervorrufen (Anpassung der Hautfarbe an die Umgebung). Der Antagonist des MSH ist das Epiphysenhormon Melatonin (5-Methoxy-N-acetyl-tryptamin (s. S. 29), das in der Epiphyse aus Serotonin gebildet wird und durch eine Kontraktion der Chromatophoren eine Aggregation des Pigmentfarbstoffes und damit eine Hautaufhellung bewirkt. Eine therapeutische Verwendung haben die Melanocyten-stimulierenden Hormone bisher nicht gefunden.

Synthesen von α-MSH: Synthesen des α-MSH sind bevorzugt von den Arbeitskreisen beschrieben worden (1958–1963), die auch ACTH-Synthesen durchgeführt haben. Häufig wurden gleiche Fragmente für beide Synthesen (z. B. Sequenz 5–10 oder 1–10) verwendet. Ähnlich wie beim ACTH wurde bei den ersten Synthesen noch nicht mit einer idealen Schutzgruppen-Kombination gearbeitet. Erst später ist auch hier die günstige Taktik mit Schutzgruppen vom tert.-Butyl-Typ eingeführt worden.

Synthesen des β-MSH: In der von SCHWYZER et al. (1964) publizierten Synthese des Schweine-β-MSH erfolgte eine Maskierung der ω-Funktionen durch acidolytisch leicht spaltbare Reste. Arginin wurde in der protonisierten Form eingesetzt.

Zur Synthese des humanen β-MSH wurden von RITTEL (1968) (Schema 21/I) die ω-Funktionen durch Schutzgruppen vom tert.-Butyl-Typ geschützt. Als selektiv entfernbare Blockierung der α-Amino-Gruppe diente für die Sequenz 7–22 der Trityl-Rest. Damit wird auf die racemisierungsfreie Schnittstelle nach dem Gly^7-Rest verzichtet und das N-terminale Hexapeptid dann folgerichtig als Azid gekuppelt. In der von YAJIMA (Schema 21/II) beschriebenen Synthese liegt die Hauptschnittstelle zwischen den Aminosäuren 7 und 8. Dadurch wird eine Fragmentkondensation über die gemischte Anhydrid-Methode möglich. Der Glu^{12}-Rest wird mit freier ω-Carboxy-Gruppe eingesetzt, für den ω-Schutz des Lys^{21}-Restes dient die Formyl-Gruppe.

Beziehungen zwischen Struktur und Aktivität: Die kürzeste aktive Peptid-Sequenz aus der α-MSH-Kette ist das Pentapeptid H-His-Phe-Arg-Trp-Gly-OH mit $1,5-3 \cdot 10^4$ E/g (α-MSH: $2 \cdot 10^{10}$ E/g, Froschhaut-Test in vitro), das als der für den Melanocytenstimulierenden Effekt verantwortliche Molekülteil angesehen wird. Eine N-terminale Verlängerung zur Sequenz 1–10 vergrößert die Aktivität auf $2,9 \cdot 10^6$ E/g, das N-terminale Octapeptid 1–8 ist inaktiv, die C-terminale Octapeptid-Sequenz 6–13 zeigt $8 \cdot 10^6$ E/g. Eine Entfernung des N-Acetyl-Restes von α-MSH vermindert die Aktivität um eine Zehnerpotenz.

Schema 21. Synthesen des humanen β-MSH

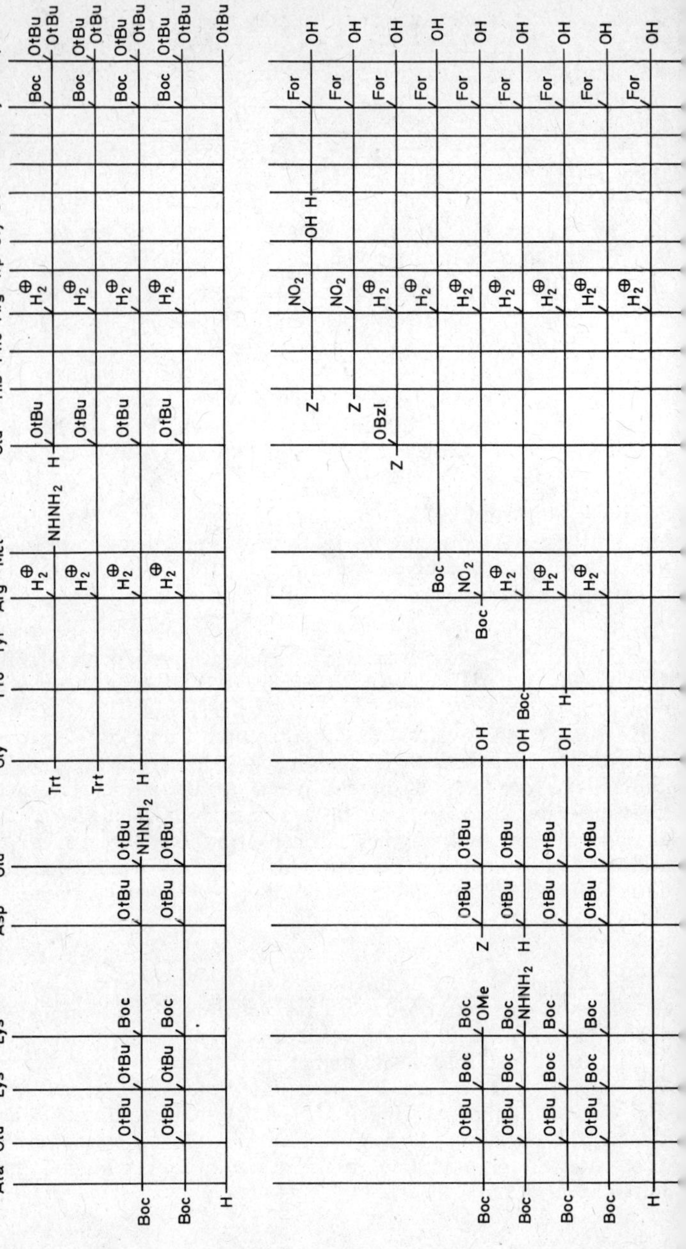

	1 Ala	2 Glu	3 Lys	4 Lys	5 Asp	6 Glu	7 Gly	8 Pro	9 Tyr	10 Arg	11 Met	12 Glu	13 His	14 Phe	15 Arg	16 Trp	17 Gly	18 Ser	19 Pro	20 Pro	21 Lys	22 Asp
		OtBu	OtBu	Boc		OtBu																OtBu
Boc																						OtBu
		OtBu	OtBu	Boc	OtBu	NHNH$_2$	Trt			$H_2^\oplus$	NHNH$_2$	OtBu									Boc	OtBu
Boc																						OtBu
		OtBu	OtBu	Boc	OtBu	OtBu	Trt			$H_2^\oplus$	$H_2^\oplus$	OtBu									Boc	OtBu
H																						OtBu
							H				$H_2^\oplus$		OtBu			$H_2^\oplus$						Boc	OtBu
																						OtBu

	1 Ala	2 Glu	3 Lys	4 Lys	5 Asp	6 Glu	7 Gly	8 Pro	9 Tyr	10 Arg	11 Met	12 Glu	13 His	14 Phe	15 Arg	16 Trp	17 Gly	18 Ser	19 Pro	20 Pro	21 Lys	22 Asp
				Boc OMe	Z				Boc	Boc		Z			NO$_2$					For	OH
Boc																						
		OtBu	Boc	Boc NHNH$_2$	OtBu	OtBu	OH	Boc		NO$_2$		Z			NO$_2$	OH	H			For	OH
Boc																						
		OtBu	Boc	Boc	H	OtBu	OtBu	OH Boc		$H_2^\oplus$		OBzl			$H_2^\oplus$						For	OH
Boc																						
		OtBu	Boc	Boc		OtBu	OtBu	OH	H	$H_2^\oplus$		Z			$H_2^\oplus$						For	OH
Boc																						
		OtBu	Boc	Boc		OtBu	OtBu				$H_2^\oplus$					$H_2^\oplus$						For	OH
Boc																						
		OtBu	Boc	Boc		OtBu	OtBu									$H_2^\oplus$						For	OH
H																						
																$H_2^\oplus$						For	OH
																$H_2^\oplus$						For	OH

1.1.7. Oxytocin und Vasopressin

Aus den Hypophysenhinterlappen von Säugetieren können die Peptid-Hormone Oxytocin und Vasopressin (Adiuretin) isoliert werden. Der eigentliche Bildungsort dieser Hormone sind neurosekretorische Neuronen im Hypothalamus, aus denen die Wirkstoffe, gebunden an spezifische Transportproteine (Neurophysine, Schema 22), in den Hinterlappen transportiert werden. Die Bindung an das Transportprotein ist spezifisch und setzt die intakte Amino-Gruppe sowie hydrophobe oder aromatische Aminosäuren in den Positionen 2 und 3 voraus.

Die Struktur des Oxytocin wurde 1953 von DU VIGNEAUD durch Partialhydrolyse und Edman-Abbau sowie von TUPPY u. MICHL durch Partialhydrolyse und enzymatischen Abbau ermittelt. Speziesunterschiede bei den Säugetieroxytocinen sind nicht bekannt. Für das aus Schweinehypophysen isolierte Vasopressin wurde 1953 von DU VIGNEAUD die Struktur eines Lys^8-Vasopressins bestimmt. Rinderhypophysen (DU VIGNEAUD et al. und unabhängig ACHER u. CHAUVET 1953) sowie die Hypophysen anderer Säugetierspezies enthalten Arg^8-Vasopressin. Als oxytocische Prinzipien niederer Tiere wurden die Oxytocin-Analoga Glumitocin ([Ser^4, Gln^8]Oxytocin) und Isotocin ([Ser^4, Ile^8]Oxytocin) aus Knorpelfischen sowie Mesotocin ([Ile^8]Oxytocin) aus Amphibien isoliert. Das antidiuretische Hormon bei Vögeln ist das Vasotocin ([Ile^3, Arg^8]Vasopressin = [Arg^8]Oxytocin). Diese Strukturen sind vom Standpunkt der Evolution der Hypophysenhormone interessant (s. S. 195). Bei allen Hypophysenhinterlappenhormonen handelt es sich um heterodet cyclische homöomere Nonapeptide mit einem 20-gliedrigen Disulfid-Ring (Schema 23).

Biologische Wirkung: Oxytocin kontrahiert die glatte Muskulatur des Uterus und wird in der Geburtshilfe zur Wehenverstärkung in der Austreibungs- und Nachgeburtsperiode verwendet. Östrogene fördern, Gestagene hemmen die Oxytocin-Wirkung, so daß gegen Ende der Gravidität die Oxytocin-Wirkung erhöht ist. Inwieweit diese Aktivität eine physiologische Rolle spielt, ist nicht endgültig geklärt. Durch Oxytocin werden auch andere glattmuskuläre Organe kontrahiert. Über das kontraktile Gewebe der die Milchgänge auskleidenden myoepithelialen Zellen wirkt es auf die Entleerung der lactierenden Drüse, so daß die Milch in die Mamillae gepreßt wird (Milchejektion). Eine gute galaktokinetische (milchaustreibende) Wirkung wird bei nasaler Applikation von Oxytocin als Spray erzielt.

Die Vasopressine bewirken über eine Steigerung der Permeabilität im distalen Tubulusabschnitt und dem Sammelrohr der Niere eine Rückresorption von Wasser und damit eine Konzentration des Primärharns. Bei unzureichendem Vasopressin-Spiegel ist diese Rückre-

Schema 22. Aminosäure-Sequenzen der Neurophysine I und II

10 20

I H-Ala–Met–Ser–Asp–Leu–Glu–Leu–Arg–Gln–Cys–Leu–Pro–Lys–Gly–Pro–Gly–Gly–Lys–Gly–Arg–Cys–Phe–Gly–Pro–

II H-Ala–Met–Ser–Asp–Leu–Glu–Leu–Arg–Gln–Cys–Leu–Pro–Lys–Gly–Pro–Gly–Gly–Lys–Gly–Arg–Cys–Phe–Gly–Pro–

30 40

I Ser–Ile–Cys–Gly–Cys–Asp–Glu–Leu–Gly–Cys–Phe–Val–Gly–Thr–Ala–Gln–Ala–Leu–Arg–Cys–Gln–Glu–Glu–Asn–

II Ser–Ile–Cys–Cys–Gly–Asn–Glu–Leu–Gly–Gln–Phe–Val–Gly–Thr–Ala–Gln–Ala–Leu–Arg–Cys–Gln–Glu–Glu–Asn–

50 60 70

I Tyr–Leu–Pro–Ser–Pro–Cys–Gln–Ser–Gly–Gln–Lys–Pro–Cys–Gly–Ser–Gly–Gly–Arg–Cys–Ala–Ala–Ala–Gly–Ile–

II Tyr–Leu–Pro–Ser–Pro–Cys–Gln–Ser–Gly–Gln–Arg–Pro–Cys–Gly–Ser–Gly–Gly–Arg–Cys–Ala–Ala–Ala–Thr–Ile–

80 90

I Cys–Cys–Asn–Asp–Gln–Ser–Cys–Val–Thr–Gln–Pro–Gln–Cys–Arg–Glu–Gly–Ala–Ser–Phe–Leu–Cys–Phe–Cys–Arg–Val–OH

II Cys–Cys–Ser–Asp–Gln–Gln–Cys–Val–Pro–Asp–Glu–Gln–Val–Lys–Pro–Gly–Gly–Arg–Gly–Gly–Cys–Phe–Cys–Arg–Val–OH

Schema 23. Primärstruktur der Peptid-Hormone der Neurohypophyse

```
                         1   2   3    4    5    6   7    8    9
Oxytocin:              Cys—Tyr—Ile—Gln—Asn—Cys—Pro—Leu—Gly—NH₂
                        |_____|

Glumitocin:            Cys—Tyr—Ile—Ser—Asn—Cys—Pro—Gln—Gly—NH₂
                        |_____|

Isotocin:              Cys—Tyr—Ile—Ser—Asn—Cys—Pro—Ile—Gly—NH₂
                        |_____|

Mesotocin:             Cys—Tyr—Ile—Gln—Asn—Cys—Pro—Ile—Gly—NH₂
                        |_____|

Vasotocin:             Cys—Tyr—Ile—Gln—Asn—Cys—Pro—Arg—Gly—NH₂
                        |_____|

[8-Arginin] Vasopressin: Cys—Tyr—Phe—Gln—Asn—Cys—Pro—Arg—Gly—NH₂
                          |_____|

[8-Lysin] Vasopressin:   Cys—Tyr—Phe—Gln—Asn—Cys—Pro—Lys—Gly—NH₂
                          |_____|
```

sorption von Wasser nicht mehr gewährleistet. Da die Rückresorption von Salzen aber unbeeinflußt bleibt, werden große Harnmengen mit niedrigem spezifischem Gewicht ausgeschieden (Wasserdiurese, Diabetes insipidus). Mit höheren, nicht mehr physiologischen Vasopressin-Dosen wird durch eine Kontraktion der glatten Muskulatur der Blutgefäße eine Verengung der Arteriolen und Kapillaren und damit ein Blutdruckanstieg ausgelöst. Durch Vasopressin wird auch die Darmperistaltik gesteigert und der Tonus in den Gallen- und Harnwegen verstärkt. An der isolierten Amphibienblase erhöht es die Permeabilität gegenüber Wasser (Analogon zur tubulären Wirkung). Dieses Versuchsmodell diente zu Untersuchungen über den molekularen Wirkungsmechanismus der Vasopressine.

Biologische Teste: Zur Bestimmung von Oxytocin dient die Kontraktion des isolierten Rattenuterus, die Senkung des Hahnenblutdruckes oder ein Druckanstieg in der Brustdrüse lactierender Kaninchen. Vasopresssin-Teste beruhen auf der antidiuretischen Wirkung des Hormons an Ratte oder Hund oder der vasopressorischen Wirkung an anästhetisierten Ratten. Die biologischen Aktivitäten der natürlich vorkommenden Oxytocine und Vasopressine sind in Tab. 4 zusammengestellt.

Synthesen von Oxytocin: Oxytocin-Synthesen unterscheiden sich in der Wahl der Thiol-Schutzgruppen, Schnittstellen und Kupplungsmethoden. In der ersten historischen Synthese von DU VIGNEAUD et al. (1953) (Schema 24/I), die zur Strukturbestätigung diente und gleichzeitig die erste Synthese eines Peptid-Hormons war, wurden zunächst ein Tripeptid (Sequenz 3–5) und ein Tetrapeptid (Sequenz 6–9) kondensiert und das entstandene Heptapeptid mit einem Di-

Tabelle 4. Biologische Aktivität natürlich vorkommender Peptid-Hormone der Neurohypophyse

	Oxytocin-Wirkungen (IE/mg)		Vasopressin-Wirkungen (IE/mg)	
	Uterus	Milchdrüse	Blutdruck	Antidiurese
Oxytocin	450	450	5	5
Glumitocin [Ser^4, Ile^8]Oxytocin	9	53	0,4	0,4
Isotocin [Ser^4, Ile^8]Oxytocin	150	300	0,06	0,2
Mesotocin [Ile^8]Oxytocin	289	328	6	1
[Arg^8]Vasopressin	16	64	380	429
[Lys^8]Vasopressin	5	60	270	250
[Arg^8]Vasotocin [Ile^3, Arg^8]Vasopressin	155	210	245	250

peptid (Sequenz 1–2) umgesetzt [Fragmentkondensation 2 + (3 + 4)] Zum intermediären Schutz der α-Amino-Gruppe diente der Tosyl-Rest, der nur unter gleichzeitiger Entfernung des S-Benzyl-Restes mit Natrium in flüssigem Ammoniak abgespalten werden kann und damit eine Rebenzylierung erfordert. Eine von BODANSZKY und DU VIGNEAUD publizierte Modifikation unter Verwendung der gleichen Fragmente, aber veränderter Reihenfolge der Kombination [(2 + 3) + 4] vermindert die Nachteile der ersten Synthese (Schema 24/II). Von RUDINGER et al. wurde der Tosyl-Rest bei dem Bauprinzip 3 + (2 + 4) nur für das voll geschützte Nonapeptid benutzt (Schema 24/III). Für den intermediären Schutz der α-Amino-Gruppe wurde, wie bei den Synthesen von BOISSONAS et al. (Schema 24/IV) und BEYERMANN et al. (Schema 24/V) der Benzyloxycarbonyl-Rest verwendet. Oxytocin war auch der erste Peptid-Wirkstoff, der schrittweise mit Benzyloxycarbonyl-aminosäure-4-nitro-phenylestern hergestellt wurde (s. S. 175). Bei diesen Oxytocin-Synthesen wurde als Thiol-Schutz immer der Benzyl-Rest und als Schutz der α-Amino-Gruppe bevorzugt der Benzyloxycarbonyl-Rest gewählt. Trotz der dadurch erforderlichen Abspaltung mit Natrium in flüssigem Ammoniak hat sich diese Schutzgruppen-Kombination für die Synthese der Naturstoffe und der meisten Oxytocin-Analoga bewährt. Nach Ringschluß zum cyclischen Disulfid durch Oxidation und Entsalzung mit Ionenaustauschern werden die Präparate durch Gegenstromverteilung oder Verteilungschromatographie gereinigt.

Peptid- und Proteohormone der Hypophyse

Schema 24. Synthesen der geschützten Oxytocin-Sequenz

I: DU VIGNEAUD et al.
II: BODANSKY u. DU VIGNEAUD
III: RUDINGER et al.
IV: BOISSONNAS et al.
V: BEYERMAN et al.

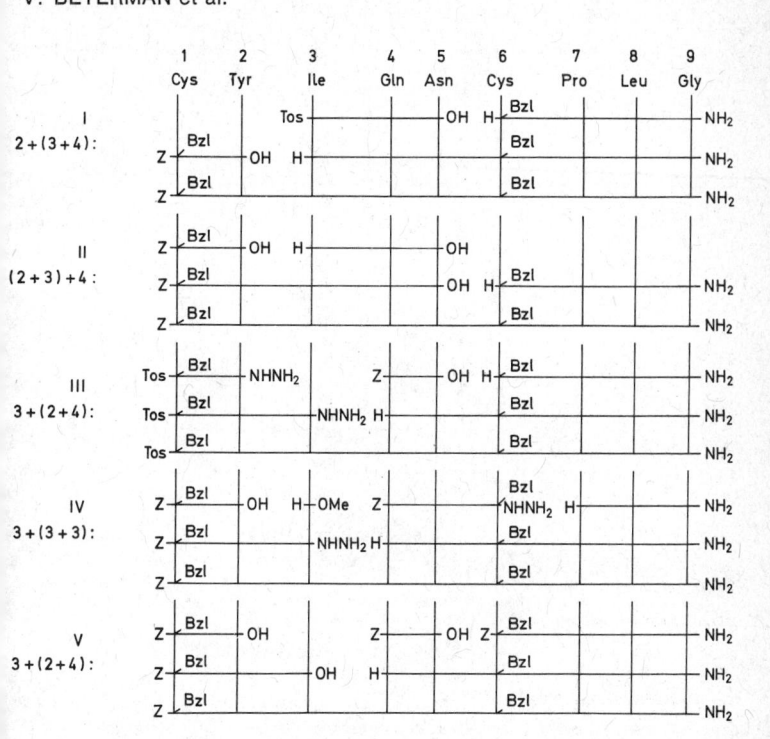

	1 Cys	2 Tyr	3 Ile	4 Gln	5 Asn	6 Cys	7 Pro	8 Leu	9 Gly
I 2+(3+4):		Tos			OH	H—Bzl			NH$_2$
	Z—Bzl	OH	H			Bzl			NH$_2$
	Z—Bzl					Bzl			NH$_2$
II (2+3)+4:	Z—Bzl	OH	H		OH				
	Z—Bzl				OH	H—Bzl			NH$_2$
	Z—Bzl					Bzl			NH$_2$
III 3+(2+4):	Tos—Bzl	NHNH$_2$	Z		OH	H—Bzl			NH$_2$
	Tos—Bzl		NHNH$_2$	H		Bzl			NH$_2$
	Tos—Bzl					Bzl			NH$_2$
IV 3+(3+3):	Z—Bzl	OH	H—OMe	Z		Bzl NHNH$_2$	H		NH$_2$
	Z—Bzl		NHNH$_2$	H		Bzl			NH$_2$
	Z—Bzl					Bzl			NH$_2$
V 3+(2+4):	Z—Bzl	OH		Z		OH Z—Bzl			NH$_2$
	Z—Bzl		OH	H		Bzl			NH$_2$
	Z—Bzl					Bzl			NH$_2$

Synthese von Vasopressin: Synthesen der Vasopressine unterscheiden sich von denen des Oxytocins durch die zusätzliche Schutzgruppe für die basischen Aminosäuren Lysin bzw. Arginin in Position 8, für die vorzugsweise der Tosyl-Rest eingesetzt wird (Schema 25 und 26).

Im Hinblick auf die prinzipiellen Nachteile des S-Benzyl-Schutzes verdienen Oxytocin- bzw. Vasopressin-Synthesen mit anderen Thiol-Schutzgruppen besondere Beachtung. Erfolgreich zur Synthese eingesetzt werden konnten der S-Trityl-Rest, der durch Jodolyse, der S-Äthyl-carbamoyl-Rest, der mit flüssigem Ammoniak (GUTTMANN),

Schema 25. Synthesen von 8-Lysin-Vasopressin

I: DU VIGNEAUD et al.
II: BOISSONNAS u. HUGUENIN

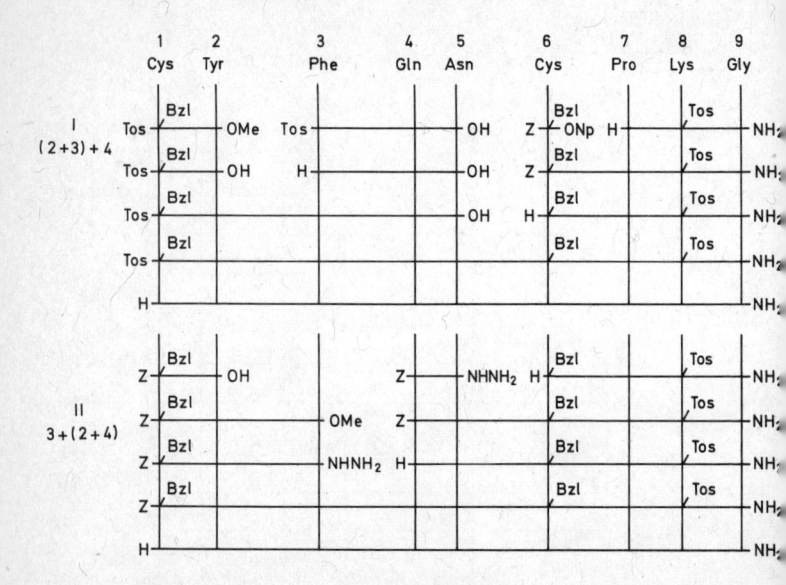

	1 Cys	2 Tyr	3 Phe	4 Gln	5 Asn	6 Cys	7 Pro	8 Lys	9 Gly
I (2+3)+4	Tos–Bzl	–OMe	Tos–		–OH	Z–Bzl–ONp	H–	Tos–	–NH₂
	Tos–Bzl	–OH	H–		–OH	Z–Bzl		Tos–	–NH₂
	Tos–Bzl				–OH	H–Bzl		Tos–	–NH₂
	Tos–Bzl					Bzl		Tos–	–NH₂
	H–								–NH₂
II 3+(2+4)	Z–Bzl	–OH		Z–	–NHNH₂	H–Bzl		Tos–	–NH₂
	Z–Bzl		–OMe	Z–		Bzl		Tos–	–NH₂
	Z–Bzl		–NHNH₂	H–		Bzl		Tos–	–NH₂
	Z–Bzl					Bzl		Tos–	–NH₂
	H–								–NH₂

der S-Äthyl-mercapto-Rest, der durch Sulfitolyse und Reduktion oder durch Mercaptolyse (INUKAI et al.) und der S-4-Methoxybenzyl-Rest der acidolytisch mit Fluorwasserstoff (SAKAKIBARA und NOBUHARA) entfernt wird.

Oxytocine und Vasopressine wurden auch nach der Solid Phase-Peptid-Synthese hergestellt. Nach dem Kettenaufbau erfolgte die Abspaltung vom Träger entweder durch Ammonolyse oder durch Alkoholyse mit anschließender Ammonolyse in Lösung.

Beziehungen zwischen Struktur und Aktivität: In der Literatur sind mehr als 250 Oxytocin- und Vasopressin-Analoga beschrieben. Sie sind ein Beispiel dafür, auf welch vielfältige Weise ein Peptid-Molekül modifiziert werden kann (s. S. 299 ff).

Die 20-gliedrige cyclische Struktur ist für die biologische Aktivität essentiell, d. h. Vergrößerung oder Verkleinerung des Ringes führt zu einem Aktivitätsverlust. Beispiele dafür sind der Einbau zusätzlicher Aminosäuren oder der Fortfall von Aminosäuren, die bei Desamino-Derivaten durchgeführte Verkürzung oder Verlängerung der Thiolalkyl-Seitenkette in der N-terminalen Position oder der Über-

Schema 26. Synthesen von 8-Arginin-Vasopressin

I: DU VIGNEAUD et al.
II: HUGUENIN u. BOISSONNAS
III: STUDER

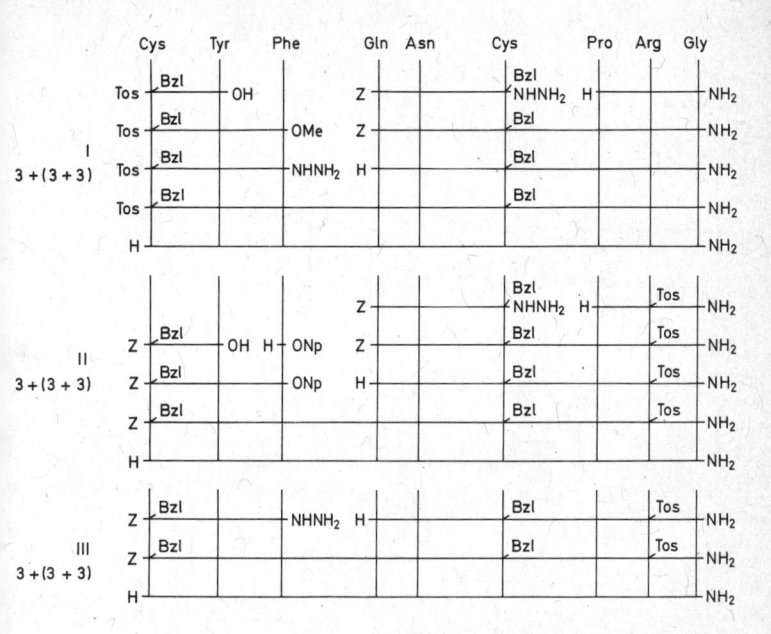

	Cys	Tyr	Phe	Gln	Asn	Cys	Pro	Arg	Gly
I 3+(3+3)	Tos—Bzl	OH		Z		Bzl, NHNH₂ H			NH₂
	Tos—Bzl		OMe	Z		Bzl			NH₂
	Tos—Bzl		NHNH₂	H		Bzl			NH₂
	Tos—Bzl					Bzl			NH₂
	H								NH₂
II 3+(3+3)				Z		Bzl, NHNH₂ H		Tos	NH₂
	Z—Bzl	OH H	ONp	Z		Bzl		Tos	NH₂
	Z—Bzl		ONp	H		Bzl		Tos	NH₂
	Z—Bzl					Bzl		Tos	NH₂
	H								NH₂
III 3+(3+3)	Z—Bzl		NHNH₂	H		Bzl		Tos	NH₂
	Z—Bzl					Bzl		Tos	NH₂
	H								NH₂

gang zum γ-Peptid in Position 4 bzw. β-Peptid in Position 5 (Schema 27). Analoga, bei denen Schwefelatome durch die isostere CH_2-Gruppe ersetzt sind (Carba-Analoga, Schema 28), zeigen noch deutliche biologische Aktivitäten. Die entsprechenden Seleno-Analoga (Schema 28) stellen sogar hochaktive Verbindungen dar. Demgegenüber sind alle nicht-cyclischen Strukturen (Schema 28) unwirksam. Eine Verlängerung am N-Terminus reduziert den biologischen Effekt. Die Substitution der α-Amino-Gruppe kann einen verzögerten Wirkungseintritt oder eine verlängerte Wirkung hervorrufen. Desamino-Analoga haben im Vergleich zu den Naturstoffen höhere Aktivitäten. Die phenolische Hydroxy-Gruppe in Position 2 ist nicht essentiell, der Phenyl-Ring jedoch für die Aktivität erforderlich. Analoga mit aliphatischen Aminosäuren in Position 2 (z. B. [Gly²]-, [Ala²]-, [Leu²]- oder [Ser²]-Analoga) sind inaktiv. Oxytocin-Inhibitor-Eigenschaften wurden bei Derivaten nachgewiesen, die anstelle des Tyr²-Restes 4-Methyl-, 4-Äthyl-phenylalanin- O-Methyl-tyrosin oder O-Äthyl-tyrosin enthielten. Essentiell ist die Carboxamido-Gruppe in

256 Glanduläre Peptid- und Proteohormone

Schema 27. Oxytocin-Analoga mit vergrößerter oder verkleinerter Ringstruktur

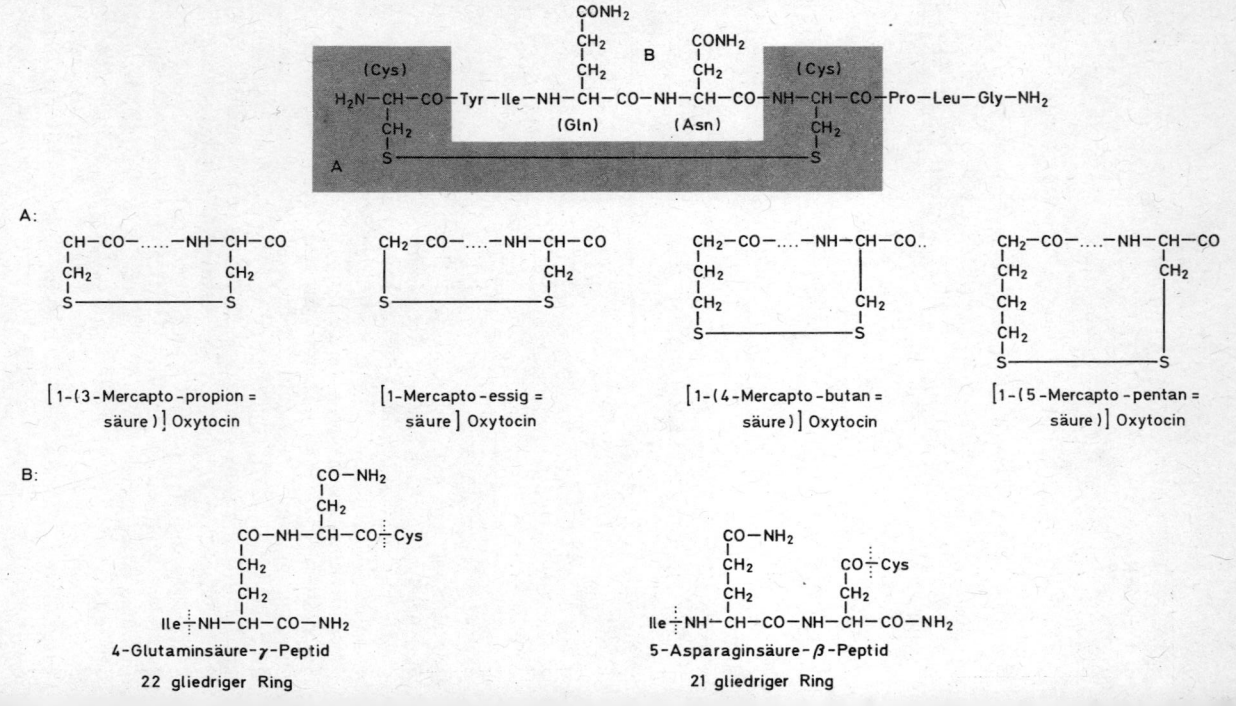

A:

H₂N—CH—CO—Tyr—Ile—NH—CH—CO—NH—CH—CO—NH—CH—CO—Pro—Leu—Gly—NH₂
      | | |
      CH₂   CH₂   CH₂
      | | |
      S————————————————————CH₂   S
      (Cys) | (Cys)
                            CONH₂
                            (Gln)
                                    CH₂
                                    |
                                    CONH₂
                                    (Asn)

```
CH—CO—....—NH—CH—CO          CH₂—CO—....—NH—CH—CO          CH₂—CO—....—NH—CH—CO...          CH₂—CO—....—NH—CH—CO
|              |             |              |              |              |                 |              |
CH₂            CH₂           CH₂            CH₂            CH₂            CH₂               CH₂            CH₂
|              |             |              |              |              |                 |              |
S——————————————S             S——————————————S              CH₂————————————S                 CH₂            S
                                                                                            |
                                                                                            CH₂
                                                                                            |
                                                                                            CH₂
                                                                                            |
                                                                                            S
```

[1-(3-Mercapto-propion =   [1-Mercapto-essig =   [1-(4-Mercapto-butan =   [1-(5-Mercapto-pentan =
säure)] Oxytocin   säure] Oxytocin   säure)] Oxytocin   säure)] Oxytocin

B:

```
            CO—NH₂                                              CO—NH₂
            |                                                   |
            CH₂                                                 CH₂
            |                                                   |
            CH₂                                                 CO—Cys
            |                                                   ⋮
            CO—NH—CH—CO⋮Cys                                     CH₂
                                                                |
Ile⋮NH—CH—CO—NH—CH—CO—NH₂                       Ile⋮NH—CH—CO—NH—CH—CO—NH₂
```

4-Glutaminsäure-γ-Peptid   5-Asparaginsäure-β-Peptid
22 gliedriger Ring   21 gliedriger Ring

Schema 28. Oxytocin-Analoga mit modifiziertem Disulfid-Ring

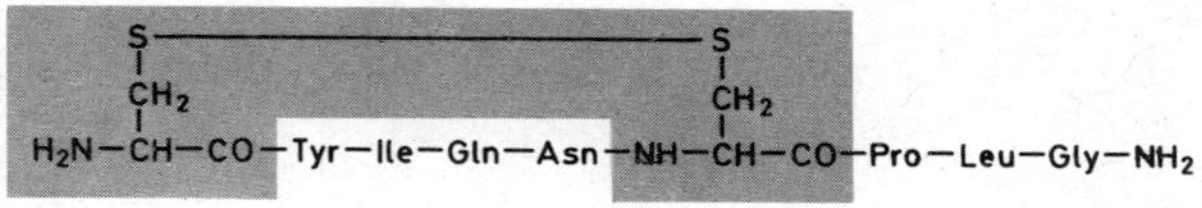

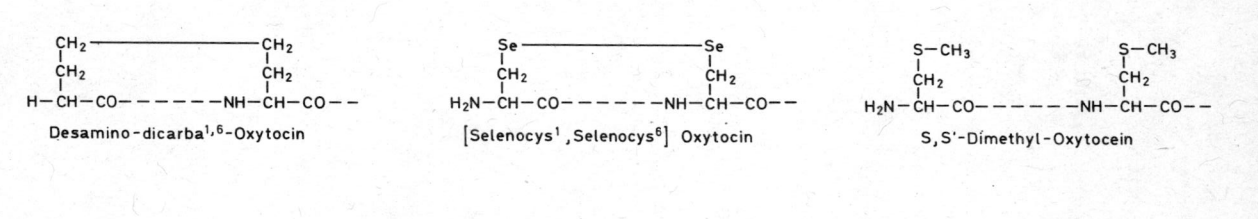

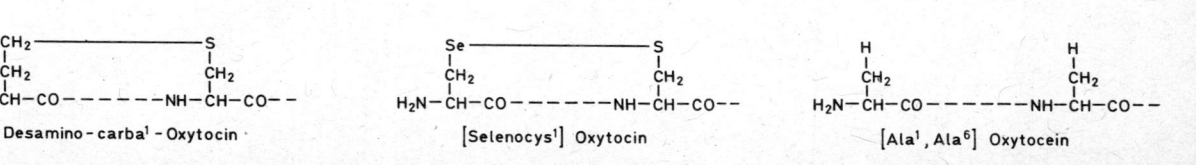

```
        S────────────────────────────────────────────S
        │                                            │
        CH₂                                          CH₂
        │                                            │
   H₂N─CH─CO─Tyr─Ile─Gln─Asn─NH─CH─CO─Pro─Leu─Gly─NH₂
```

```
      S─CH₃              S─CH₃
      │                  │
      CH₂                CH₂
      │                  │
  H₂N─CH─CO─ ─ ─ ─ ─NH─CH─CO─
```
S,S'-Dimethyl-Oxytocin

```
       Se                 Se
       │                  │
       CH₂                CH₂
       │                  │
  H₂N─CH─CO─ ─ ─ ─ ─NH─CH─CO─
```
[Selenocys¹, Selenocys⁶] Oxytocin

```
       Se─────────────────S
       │                  │
       CH₂                CH₂
       │                  │
  H₂N─CH─CO─ ─ ─ ─ ─NH─CH─CO─
```
[Selenocys¹] Oxytocin

```
       H                  H
       │                  │
       CH₂                CH₂
       │                  │
  H₂N─CH─CO─ ─ ─ ─ ─NH─CH─CO─
```
[Ala¹, Ala⁶] Oxytocin

```
   CH₂─────────────────CH₂
   │                   │
   CH₂                 CH₂
   │                   │
   H─CH─CO─ ─ ─ ─ ─NH─CH─CO─
```
Desamino-dicarba¹,⁶-Oxytocin

```
   CH₂─────────────────S
   │                   │
   CH₂                 CH₂
   │                   │
   H─CH─CO─ ─ ─ ─ ─NH─CH─CO─
```
Desamino-carba¹-Oxytocin

Position 5 und die C-terminale Amid-Gruppe, nicht dagegen die Carboxamid-Gruppe in Position 4. Mit dem [Thr⁴]Oxytocin wurde eine Verbindung synthetisiert, die eine höhere und spezifischere oxytocische Wirkung hat als Oxytocin selbst. Die Tab. 5 zeigt, wie sich durch Länge, Polarität und Lipophilität der Seitenkette in einer Position die biologische Aktivität verändert.

Tabelle 5. Biologische Aktivität von Oxytocin-Analoga mit Aminosäure-Austausch in Position 4

	Uterus isoliert Ratte	Blutdruck Hahn	Milchejektion Kaninchen
Oxytocin	450	450	450
[Thr⁴]	890	1487	531
[Ser⁴]	195	230	255
[Val⁴]	139	230	419
[Asn⁴]	108	202	300
[Abu⁴]	72	108	225
[Nva⁴]	61	99	182
[Orn⁴]	58	163	125
[Ile⁴]	37	81	184
[Ala⁴]	36	65	240
[Nle⁴]	21	51	87
[Leu⁴]	13	44	66
[Glu⁴]	1,5	0,5	11

Aminosäuren mit aliphatischen Seitenketten in Positionen 3 und 8 bestimmen den Oxytocin-Charakter, Phenylalanin in Position 3 und basische Aminosäuren in Position 8 den des Vasopressins. Während Oxytocin nur sehr geringe Vasopressin-Aktivitäten und die Vasopressine nur geringe oxytocische Aktivitäten haben, besitzen die beiden möglichen Hybrid-Formen etwa gleich starke oxytocische und vasopressorische Eigenschaften.

In einigen Fällen ist es gelungen, spezifisch wirkende Analoga zu synthetisieren. So besitzt z. B. das [Ala⁴]Oxytocin im Vergleich zum Oxytocin etwa 50 % der Wirkung auf die Milchdrüse, aber weniger als 10 % der uteronischen Aktivität (Tab. 5). In der Vasopressin-Reihe läßt sich eine Differenzierung der Aktivitäten durch Veränderungen der basischen Aminosäure in Position 8 erreichen (Tab. 6). Ornithin, Diaminobuttersäure oder Diaminopimelinsäure führen zu bevorzugt vasopressorischen, basische D-Aminosäuren zu bevorzugt antidiuretischen Verbindungen. Ebenfalls antidiuretische

Tabelle 6. Dissoziation von vasopressorischer und antidiuretischer Aktivität bei Vasopressin-Analoga

Vasopressine	Vasopressor Aktivität Ratte	Antidiurese Aktivität Ratte	Verhältnis: Vasopressor-Aktivität zu antidiuretischer Aktivität
[Arg⁸]	400	430	1 : 1
[D–Arg⁸]	4	114	1 : 28
[Lys⁸]	270	250	1 : 1
[D–Lys⁸]	1	20	1 : 20
[Orn⁸]	360	88	4 : 1
[D–Orn⁸]	0,24	60	1 : 250
[Dbu⁸]	240	140	2 : 1
[D–Dbu⁸]	4	120	1 : 30
[1-Mercaptopropionsäure, Arg⁸]	370	1300	1 : 4
[1-Mercaptopropionsäure, D–Arg⁸]	11	870	1 : 80
[1-Mercaptopropionsäure, Lys⁸]	126	300	1 : 2
[1-Mercaptopropionsäure, D–Lys⁸]	1	4	1 : 4
[1-Mercaptopropionsäure, D–Dbu⁸]	2	360	1 : 180
[Phe², Arg⁸]	122	350	1 : 3
[Phe², Lys⁸]	80	30	3 : 1
[Phe², Orn⁸]	120	0,5	240 : 1
[Ile³, Arg⁸]	245	250	1 : 1
[Ile³, Lys⁸]	130	24	1 : 4
[Ile³, Orn⁸]	103	2,5	40 : 1

Analoga erhält man durch das zusätzliche Weglassen der N-terminalen Amino-Gruppe. Komplizierter werden die Verhältnisse, wenn man Phenylalanin in Position 2 oder Isoleucin in Position 3 einführt. Im Falle der [Phe²]-Analoga wird bei dem [Arg⁸]-Derivat die antidiuretische und bei dem [Lys⁸]- und [Orn⁸]-Derivat die vasopressorische Aktivität hervorgehoben. Analog verhalten sich die entsprechenden Desamino-Derivate ([1-Mercaptopropionsäure]-Derivate).

1.2. Die hypothalamischen Releasing und Release-inhibiting-Faktoren

Die Hormonsekretion der Adenohypophyse wird durch den Hypothalamus gesteuert. Der Beweis für die Existenz vom Hypothalamus sezernierter Kontrollsubstanzen, ihre Reinigung und chemische Charakterisierung haben sich aber als unerwartet schwierig erwiesen. Um einige mg an reinen Substanzen zu erhalten, müssen einige hunderttausende Hypothalami aufgearbeitet werden (für 1mg Thyreotropin Releasing Faktor z. B. etwa 270 000 Hypothalami vom Schaf). Erschwerend ist weiterhin, daß zur Kontrolle der Reinigungsschritte im Verlauf der Isolierung nur aufwendige und häufig nicht sehr charakteristische biologische Teste mit z. T. sehr großem Substanzbedarf zur Verfügung stehen.

Zur Zeit wird die Existenz von 10 hypothalamischen Faktoren (Releasing und Release-Inhibiting Faktoren) diskutiert. Für viele dieser Faktoren konnte sichergestellt werden, daß sie direkt auf die hormonproduzierenden Zellen des Hypophysenvorderlappens einwirken und die Sekretion der Peptid- und Proteohormone steuern. Umgekehrt gilt es als sehr wahrscheinlich, daß der Rückkopplungsmechanismus ebenfalls auf hypothalamischer Stufe wirksam ist. Neben der Bezeichnung „Releasing Faktor" (SAFFRAN et al. 1955) wird in der Literatur für diese Verbindungen auch der Begriff „Releasing Hormone" (SCHALLY et al. 1968) verwendet.

Thyreotropin Releasing Faktor (TRF, TRH): Unabhängig voneinander und praktisch gleichzeitig gelang es den Arbeitsgruppen SCHALLY und GUILLEMIN (1969), den Thyreotropin Releasing Faktor in reiner Form zu isolieren und ihn als ein Peptid, bestehend aus den drei Aminosäuren Glutaminsäure, Histidin und Prolin, zu identifizieren. Durch Synthese aller denkbaren Tripeptid-Sequenzen (GILLESEN et al. 1969) konnte die Struktur als Pyroglutamyl-Histidyl-Prolinamid [1] bewiesen und zusätzlich mit nativem Material durch NMR-Spektrometrie bestätigt werden.

Als besonders interessante biologische Aktivität mit möglicherweise einer therapeutischen Verwendung hat sich die antidepressive Wirkung des TRH erwiesen.

Luteinisierungs-Hormon Releasing Faktor (LRF, LH-RH) und Follikelstimulierendes Hormon-Releasing Faktor (FRF- FSH-RH): Ausgehend von Schweine-Hypothalami konnten SCHALLY et al. (1971) eine Substanz isolieren, die sowohl LH-Releasing als auch FSH-Releasing Aktivität besitzt. Für diese Verbindung wurde die Sequenz:

Pyroglu-His-Trp-Ser-Tyr-Gly-Leu-Arg-Pro-Gly-NH$_2$

vorgeschlagen und durch Synthese bewiesen. Nach SCHALLY soll dieses Decapeptid sowohl die LH- als auch die FSH-Ausschüttung regulieren. Von anderen Autoren wird jedoch vermutet, daß die Verbindung nur den LH-Releasing Faktor darstellt, der eine gewisse FSH-Releasing Aktivität aufweist. Erste Hinweise für einen spezifischen FSH-Releasing Faktor sind vorhanden (FOLKERS 1973). Eine Reihe von Analoga des Releasing Faktors sind synthetisiert, unter ihnen auch Verbindungen mit Inhibitorwirkung.

Prolactin Releasing Faktor (PRF, PR-RH) und Prolactin-Release Inhibiting Factor (PIF, PR-IH): Für das Prolactin scheint ein Inhibiting Faktor mehr gesichert zu sein als ein Releasing Faktor.

Wachstumshormon Releasing Faktor (GRF, GH-RH) und Wachstumshormon Release Inhibiting Faktor (GIF): Als Struktur dieses Releasing Faktors wurde das Decapeptid:

H-Val-His-Leu-Ser-Ala-Glu-Gln-Lys-Glu-Asn-OH

vorgeschagen. Eine Bestätigung steht jedoch noch aus. Demgegenüber konnte die Existenz eines Inhibiting Faktors (Somatostatin):

H-Ala-Gly-Cys⟨S$_3$→S$_{13}$⟩-Lys-Asn-Phe-Trp-Lys-Thr-Phe-Thr-Ser-Cys⟨S$_{13}$→S$_3$⟩-OH

durch Synthese bewiesen werden.

Melanotropin Releasing Faktor (MRF, MSH-RH) und Melanotropin Release Inhibiting Faktor (MIF, MSH-IH): Für beide Faktoren werden Teilsequenzen des Oxytoxins diskutiert. Das C-terminale Tripeptid H-Pro-Leu-Gly-NH$_2$ soll dem Inhibiting Faktor, das N-terminale Hexapeptid des Oxytocins dem Releasing Faktor entsprechen. Ein eindeutiger Beweis liegt noch nicht vor. Auch dem TRF wird eine MSH-Releasing Aktivität zugesprochen.

Corticotropin Releasing Faktoren (CRF, CRH): Bereits seit etwa 1960 werden zwei Corticotropin Releasing Faktoren unterschieden: α-CRF, das ähnlich oder identisch dem α-MSH sein soll, und β-CRF, das strukturell Ähnlichkeiten mit dem Vasopressin haben soll. Versuche, das Vasopressin-Molekül abzuwandeln, haben zwar zu Verbindungen mit geringer CRF-Aktivität geführt, sie sind aber in keinem Fall mit dem nativen Releasing Faktor identisch.

1.3. Peptid-Hormone des Pankreas

Um das exkretorische Pankreasgewebe (Bildung von Verdauungsfermenten: Trypsinogen, Chymotrypsinogen, α-Amylase, Pankreas-Lipase) sind inselartig etwa 1–3 % innersekretorische Zellverbände, die Langerhansschen Inseln, eingelagert, die bei Säugetieren und vielen anderen Tierspezies aus α- und β-Zelltypen bestehen. In den β-Zellen wird das Insulin, in den α-Zellen das Glucagon gebildet.

1.3.1. Insulin

BANTING u. BEST (1921) haben gefunden, daß das Pankreas einen Stoff enthält, der einen durch Pankreatektomie hervorgerufenen Diabetes mellitus kompensieren kann. Mit dieser Entdeckung wurde die Insulin-Forschung und die Diabetes-Therapie eingeleitet. Aus Rinderpankreas können 2000 IE/kg ($\sim$ 75 mg/kg, 27 IE = 1 mg) Insulin isoliert werden. Die Kristallisation des Hormons wird durch zweiwertige Kationen, besonders Zink, erleichtert. Aus saurer Lösung hann Insulin auch Zink-frei als Sulfat kristallisieren (2 Insulin · 12 H_2SO_4). Kristallisiertes Insulin enthält fast immer den natürlichen Insulin-Precursor Proinsulin, Intermediärprodukte der Umwandlung von Proinsulin in Insulin sowie durch partielle Hydrolyse gebildetes Desamidoinsulin.

1955 wurde von SANGER nach zehnjähriger Arbeit die Primärstruktur des Rinderinsulins aufgeklärt. Es besteht aus der A-Kette (acidic) mit 21 Aminosäuren und der B-Kette (basic) mit 30 Aminosäuren, die durch zwei interchenare Disulfid-Brücken verknüpft sind. Die A-Kette enthält ferner einen intrachenaren 20gliedrigen Disulfid-Ring. Die Insuline verschiedener Tierspezies unterscheiden sich in ihren Primärstrukturen (Schema 29). Humaninsulin stimmt mit seiner A-Kette mit den Insulinen z. B. vom Schwein, Kaninchen, Hund, in seiner B-Kette mit dem vom Elefanten überein. Von den therapeutisch verwendeten Insulinen unterscheidet es sich in Pos. 8 und 10 der A-Kette und Pos. 30 der B-Kette (Rinderinsulin) bzw. nur in Pos. 30 der B-Kette (Schweineinsulin). Von D. HODGKIN wurde 1969 die Raumstruktur des Insulins durch Röntgenstrukturanalyse ermittelt (Schema 30, S. 266). Demzufolge steht der Gly^1-Rest der A-Kette in enger Nachbarschaft zum Lys^{29}-Rest der B-Kette, wie durch intramolekulare Vernetzung (ZAHN u. MEIENHOFER 1957; LINDSAY 1971; BRANDENBURG 1972) gezeigt wurde. An der Komplexbildung mit dem Zink-Atom ist der His^{10}-Rest der B-Kette beteiligt. Insulin bildet ein stabiles Dimeres. Drei dieser Dimeren lagern sich zu einem Hexameren zusammen, das zwei Zink-Atome koordinativ fest bindet. Die hexameren Insulin-Einheiten bilden den Kristall.

Insulin ist hitze- und alkaliempfindlich. In verdünnten Säuren findet bei Raumtemperatur eine Desamidierung des C-terminalen Asparagin-Restes der A-Kette statt (Desamido-Insulin). In wasserfreien starken Säuren kann eine N→O-Peptidyl-Verschiebung an Serin- und Threonin-Resten eintreten. Durch schonende Einwirkung von Carboxypeptidase oder Trypsin wird der C-terminale Alanin-Rest der B-Kette (Desalanin-Insulin) ohne Verlust der hormonalen Aktivität entfernt. Die Abspaltung des C-terminalen Asparagin-Restes der A-Kette durch weitere Carboxypeptidase-Einwirkung führt zu einem starken Wirksamkeitsverlust. Bei längerer Trypsin-Einwirkung wird durch Spaltung der B^{22}-B^{23}-Bindung ein biologisch inaktives Desoctapeptid-Insulin gebildet, Chymotrypsin und Leucinaminopeptidase hydrolysieren Insulin nur langsam.

Insulin ist einer Vielzahl von Substitutionsreaktionen zugänglich. Acylierung der Amino-Gruppen beeinträchtigt, abhängig von der Art des Acyl-Restes, die Aktivität nur wenig oder gar nicht. Die Tyrosin- und Histidin-Reste lassen sich leicht jodieren. Mit steigendem Jod-Gehalt sinkt die biologische Aktivität. Vollständig verestertes Insulin ist eine unwirksame Verbindung.

Die Spaltung der Disulfid-Brücken des Insulins ist immer mit einem Verlust der Aktivität verbunden. Durch Persäuren werden die Cystine irreversibel zu Cysteinsäure oxidiert (Schema 31, S. 266, Weg a). Eine Reduktion überführt Insulin in die Thiol-Ketten (Schema 31, S. 266, Weg b), die an der Luft schnell oxidieren. Von besonderem Interesse sind die S-Sulfonate (Schema 31, S. 266, Weg c), die durch oxidative Sulfitolyse von Insulin leicht zugänglich sind. Sie sind wasserlöslich, leicht zu reinigen, im pH-Bereich von 3–9 und gegen Oxidation stabil und lassen sich durch überschüssiges Thiol leicht in die reaktionsfähigen Thiol-Ketten umwandeln. Die Oxidation der Thiol-Ketten läßt theoretisch eine große Zahl von Disulfid-Isomeren aus A- und B-Kette neben einer Vielzahl von Oligomeren und Polymeren einzelner und beider Ketten erwarten (Schema 32, S. 267). Unter bestimmten Bedingungen (Du et al. 1965) werden aus äquimolaren Mengen an A- und B-Kette bei der Kombination Aktivitätsausbeuten zwischen 10 und 20 % erhalten. Angaben über höhere Ausbeuten (25 bis 50 %) sind mit einiger Skepsis zu bewerten. Bei einem 5fach molaren Überschuß an A-Kette wird die energetisch begünstigte Bildung von Polydisulfiden der B-Kette stark zurückgedrängt und die Ausbeute an Insulin-Aktivität verbessert. Zur Kombination kann auch eine Kette in der Thiol-Form mit der anderen in der S-Sulfonat-Form umgesetzt werden (Schema 33, S. 268). Die Reaktion der A-Kette in der Thiol-Form mit der B-Kette in der S-Sulfonat-Form liefert bessere Ausbeuten als umgekehrt.

Ein besonderes Interesse beanspruchen die intramolekular mittels Dicarbonsäuren über die N-terminale Amino-Gruppe der A-Kette

Glanduläre Peptid- und Proteohormone

Schema 29. Struktur des Insulins und Speziesunterschiede

```
Krötenfisch II   H-Gly-Ile-Val-Glu-Gln-Cys-Cys-His-Arg-Pro-Cys-Asp-Lys-

Krötenfisch I    H-Gly-Ile-Val-Glu-Gln-Cys-Cys-His-Arg-Pro-Cys-Asp-Ile-

Angler-Fisch     H-Gly-Ile-Val-Glu-Gln-Cys-Cys-His-Arg-Pro-Cys-Asn-Ile-

Kabeljau         H-Gly-Ile-Val-Asp-Gln-Cys-Cys-His-Arg-Pro-Cys-Asp-Ile-

Huhn, Truthahn   H-Gly-Ile-Val-Glu-Gln-Cys-Cys-His-Asp-Thr-Cys-Ser-Leu-

Meerschweinchen  H-Gly-Ile-Val-Asp-Gln-Cys-Cys-Thr-Gly-Thr-Cys-Thr-Arg-

Ratte 1 und 2    H-Gly-Ile-Val-Asp-Gln-Cys-Cys-Thr-Ser-Ile-Cys-Ser-Leu-

Elefant          H-Gly-Ile-Val-Glu-Gln-Cys-Cys-Thr-Gly-Val-Cys-Ser-Leu-

Rind             H-Gly-Ile-Val-Glu-Gln-Cys-Cys-Ala-Ser-Val-Cys-Ser-Leu-

Pferd            H-Gly-Ile-Val-Glu-Gln-Cys-Cys-Thr-Gly-Ile-Cys-Ser-Leu-


Mensch, Schwein, H-Gly-Ile-Val-Glu-Gln-Cys-Cys-Thr-Ser-Ile-Cys-Ser-Leu-
Kaninchen, Hund,  1   2   3   4   5   6   7   8   9  10  11  12  13
Spermwal, Finwal


                  1   2   3   4   5   6   7   8   9  10  11  12  13
Mensch, Elefant  H-Phe-Val-Asn-Gln-His-Leu-Cys-Gly-Ser-His-Leu-Val-Glu-


Schwein, Pferd,
Rind, Hund,
Spermwal, Finwal H-Phe-Val-Asn Gln-His-Leu-Cys-Gly-Ser-His-Leu-Val-Glu-

Kaninchen        H-Phe-Val-Asn-Gln-His-Leu-Cys-Gly-Ser-His-Leu-Val-Glu-

Ratte 1          H-Phe-Val-Lys-Gln-His-Leu-Cys-Gly-Pro-His-Leu-Val-Glu-

Ratte 2          H-Phe-Val-Lys-Gln-His-Leu-Cys-Gly-Ser-His-Leu-Val-Glu-

Meerschweinchen  H-Phe-Val-Ser-Arg-His-Leu-Cys-Gly-Ser-Asn-Leu-Val-Glu-

Huhn, Truthahn   H-Ala-Ala-Asn-Gln-His-Leu-Cys-Gly-Ser-His-Leu-Val-Glu-

Kabeljau         H-Met-Ala-Pro-Pro-Gln-His-Leu-Cys-Gly-Ser-His-Leu-Val-Asp-

Angler-Fisch     H-Val-Ala-Pro-Ala-Gln-His-Leu-Cys-Gly-Ser-His-Leu-Val-Asp-

Kröten-          H-Met-Ala-Pro-Pro-Gln-His-Leu-Cys-Gly-Ser-His-Leu-Val-Asp-
fisch I

Kröten-          H-Met-Ala-Pro-Pro-Gln-His-Leu-Cys-Gly-Ser-His-Leu-Val-Asp-
fisch II
```

```
-Phe-Asp-Leu-Glu-Ser-Tyr-Cys-Asn-OH
-Phe-Asp-Leu-Glu-Ser-Tyr-Cys-Asn-OH
-Phe-Asp-Leu-Gln-Asn-Tyr-Cys-Asn-OH
-Phe-Asp-Leu-Gln-Asn-Tyr-Cys-Asn-OH
-Tyr-Gln-Leu-Glu-Asn-Tyr-Cys-Asn-OH
-His-Gln-Leu-Glu-Ser-Tyr-Cys-Asn-OH
-Tyr-Gln-Leu-Glu-Asn-Tyr-Cys-Asn-OH
-Tyr-Gln-Leu-Glu-Asn-Tyr-Cys-Asn-OH
-Tyr-Gln-Leu-Glu-Asn-Tyr-Cys-Asn-OH
-Tyr-Gln-Leu-Glu-Asn-Tyr-Cys-Asn-OH

-Tyr-Gln-Leu-Glu-Asn-Tyr-Cys-Asn-OH
 14  15  16  17  18  19  20  21

 14  15  16  17  18  19 / 20  21  22  23  24  25  26  27  28  29  30
-Ala-Leu-Tyr-Leu-Val-Cys-Gly-Glu-Arg-Gly-Phe-Phe-Tyr-Thr-Pro-Lys-Thr-OH


-Ala-Leu-Tyr-Leu-Val-Cys-Gly-Glu-Arg-Gly-Phe-Phe-Tyr-Thr-Pro-Lys-Ala-OH
-Ala-Leu-Tyr-Leu-Val-Cys-Gly-Glu-Arg-Gly-Phe-Phe-Tyr-Thr-Pro-Lys-Ser-OH
-Ala-Leu-Tyr-Leu-Val-Cys-Gly-Glu-Arg-Gly-Phe-Phe-Tyr-Thr-Pro-Lys-Ser-OH
-Ala-Leu-Tyr-Leu-Val-Cys-Gly-Glu-Arg-Gly-Phe-Phe-Tyr-Thr-Pro-Met-Ser-OH
-Thr-Leu-Tyr-Ser-Val-Cys-Gln-Asp-Asp-Gly-Phe-Phe-Tyr-Ile-Pro-Lys-Asp-OH
-Ala-Leu-Tyr-Leu-Val-Cys-Gly-Glu-Arg-Gly-Phe-Phe-Ser-Thr-Pro-Lys-Ala-OH
-Ala-Leu-Tyr-Leu-Val-Cys-Gly-Asp-Arg-Gly-Phe-Phe-Tyr-Asn-Pro-Lys-OH
-Ala-Leu-Tyr-Leu-Val-Cys-Gly-Asp-Arg-Gly-Phe-Phe-Tyr-Asn-Pro-Lys-OH
-Ala-Leu-Tyr-Leu-Val-Cys-Gly-Asp-Arg-Gly-Phe-Phe-Tyr-Asn-Ser-Lys-OH
-Ala-Leu-Tyr-Leu-Val-Cys-Gly-Asp-Arg-Gly-Phe-Phe-Tyr-Asn-Ser-OH
```

266 Glanduläre Peptid- und Proteohormone

Schema 30. Kristallstruktur (Tertiärstruktur) des Insulins

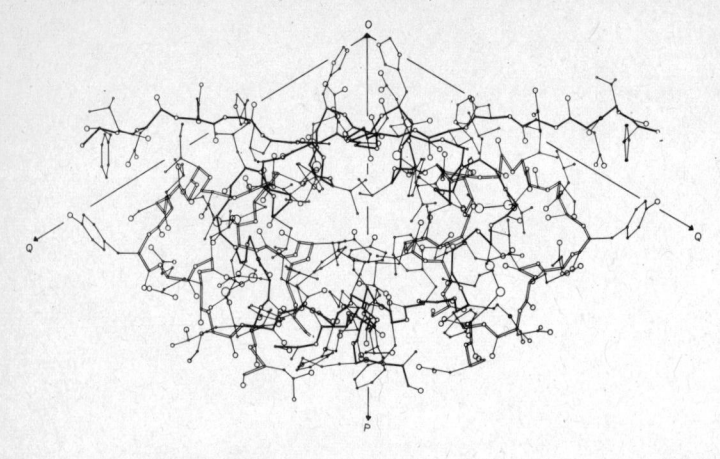

Schema 31. Möglichkeiten zur Spaltung der Disulfid-Brücken im Insulin

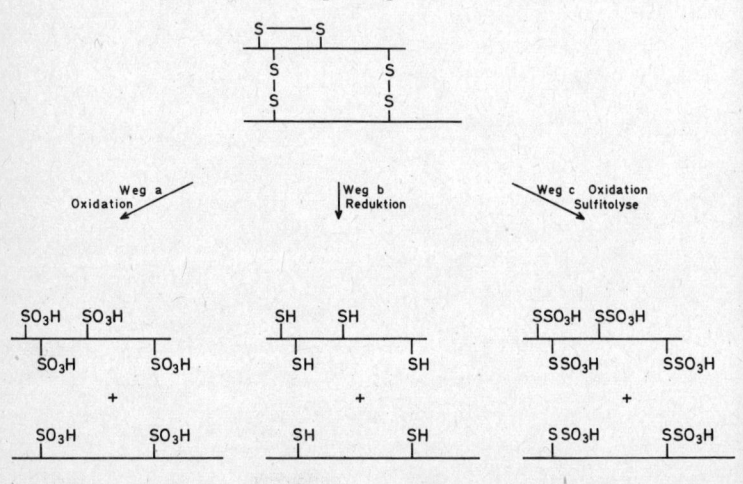

und die ε-Amino-Gruppe des Lysin-Restes der B-Kette vernetzten Insuline.

Diese Vernetzung stabilisiert das Molekül, so daß nach Reduktion der Disulfid-Brücken und Reoxidation weit höhere Ausbeute an Verbindung mit korrekter Lage der Disulfid-Brücken erhalten wird (Robinson 1973). Wird zur Vernetzung eine Diaminodicarbonsäure verwendet, so kann die Brücke durch Edman-Abbau wieder abgespalten

Schema 32. Mögliche Disulfid-Isomere des Insulins

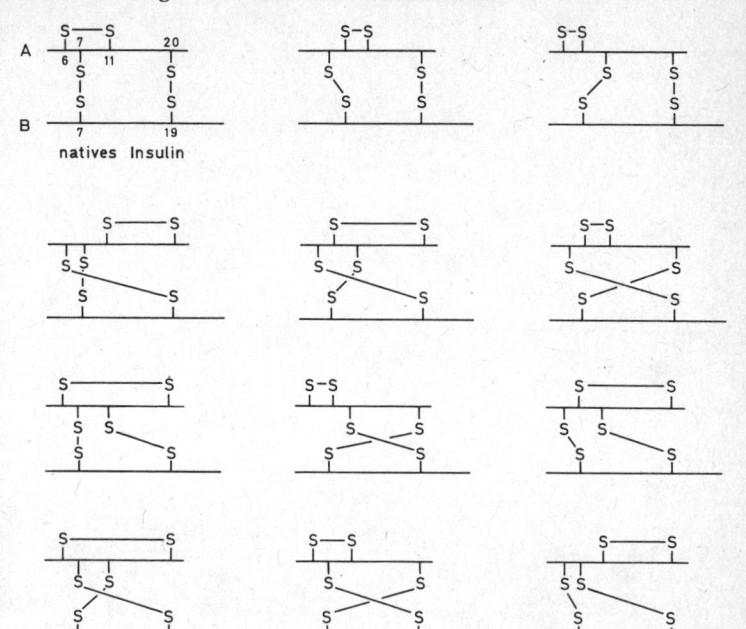

natives Insulin

werden und, bei entsprechender Blockierung der N-terminalen Amino-Gruppe der B-Kette, intaktes Insulin erhalten werden (Brandenburg bzw. Geiger 1973).

Biologische Wirkung: Insulin besitzt keine ausgesprochene Organspezifität, doch sind viele Stoffwechselvorgänge in verschiedenen Organen, bevorzugt in der Leber-, Muskel- und Fettzelle, insulinabhängig. Unter der Wirkung des Insulins wird die Permeabilität der Zellmembran vieler Organe und Gewebe erhöht und der Stofftransport vom Extrazellulärraum in die Zelle vergrößert. Unabhängig von der permeabilitätserhöhenden Wirkung für Glucose, freie Fettsäuren und Aminosäuren hat es einen direkten Einfluß auf den Kohlenhydrat-, Fett- und Protein-Stoffwechsel.

Der Insulin-abhängige Glucose-Einstrom in die Zelle bewirkt einen verstärkten Glucose-Abbau über die Glykolyse-Kette (glykolytischer Abbau des Glucose-6-phosphats) und den Citrat- und Pentosephosphat-Cyclus (oxidativer Abbau des Glucose-6-phosphats). Außerdem ist Insulin als Enzyminduktor an einer Steigerung der Glykolyse beteiligt. Zum anderen steigert es über eine Synthese der Glykogen-Synthetase in der Leber die Glykogenese.

Schema 33. Partialsynthese des Insulins aus seinen Ketten

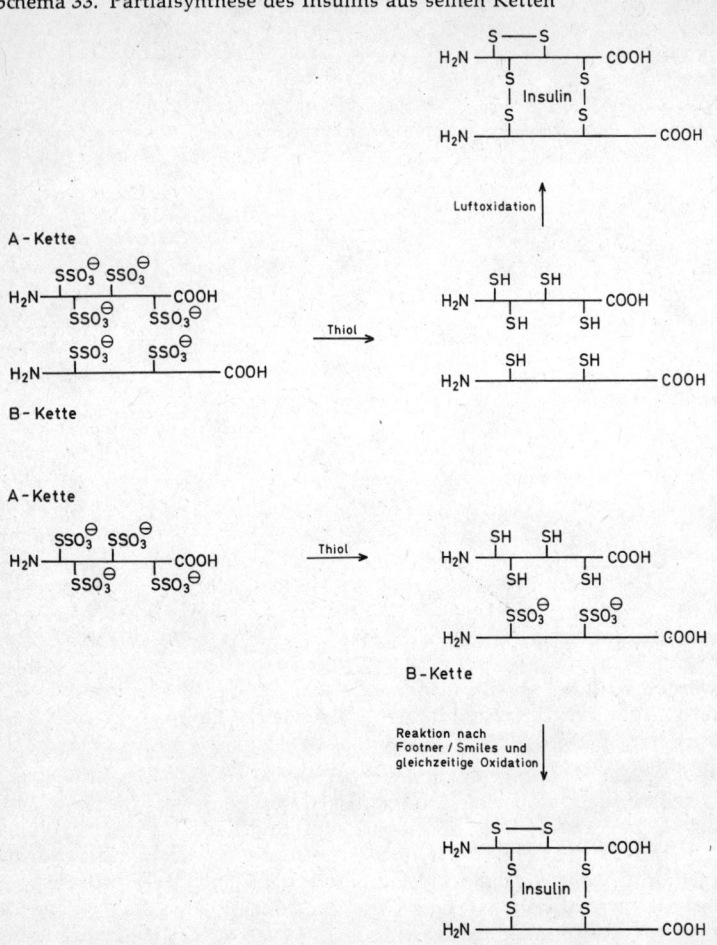

[Schema zeigt A-Kette und B-Kette mit SSO$_3^\ominus$-Gruppen, Umsetzung mit Thiol zu SH-Formen, Luftoxidation bzw. Reaktion nach Footner/Smiles und gleichzeitige Oxidation zum Insulin mit S—S-Brücken.]

Erst in den letzten 10 bis 15 Jahren wurde erkannt, daß der Fettstoffwechsel einer hormonalen Kontrolle unterliegt. Für die Fettsäure-Synthese und den Fettaufbau (Liponeogenese) ist im wesentlichen nur das Insulin (lipogenetische Wirkung) verantwortlich, während der Fettabbau (Lipolyse) von verschiedenen Hormonen (Catecholamine, ACTH, Glucagon, STH) gesteuert wird. Neben der Liponeogenese wird am Fettgewebe unter Insulin-Einwirkung eine erhöhte Aufnahme freier Fettsäuren aus dem Blut beobachtet (lipidanabole Wirkung). Schließlich entfaltet Insulin eine antilipolytische Wirkung, da es die Konzentration des 3'.5'-Adenosinmonophosphats herabsetzt und der durch die lipolytischen Hormone induzierten Bildung freier Fettsäuren (free fatty acids, FFA) entgegenwirkt. Auf den Protein-Stoffwechsel übt Insulin durch eine vermehrte Aufnahme von Aminosäuren infolge seiner Permeabilitätserhöhung der Zellmembran eine Wirkung aus. Unabhängig davon stimuliert es den Einbau von Aminosäuren in Proteine und damit direkt die Protein-Biosynthese.

Mangelnde oder fehlende Insulin-Produktion ist die Ursache des Diabetes mellitus, der sich im akuten Fall in einer Hyperglykämie, Glucosurie, Ketonurie, zellulärer und extrazellulärer Dehydration, Elektrolytmangel und schließlich im diabetischen Coma manifestiert. Ausgangspunkt für die Stoffwechselentgleisung bei Insulin-Mangel ist das Geschehen an der Fettzelle. Eine reduzierte Glucose-Aufnahme in die Zelle führt zum Mangel an Glucose-1-phosphat und $NADPH_2$ und somit zu einer Hemmung der Liponeogenese. Aus dem gehemmten Glucose-Stoffwechsel und dem unveränderten Fettsäure-Abbau resultiert eine Verminderung der Verwertung von Acetyl-CoA und damit eine Bildung von β-Hydroxy-buttersäure, Acetessigsäure und Aceton (Keton-Körper). Eine gesteigerte Lipolyse durch Wegfall der Insulin-Hemmwirkung an der Adenylcyclase bewirkt zusätzlich eine verstärkte Bildung von freien Fettsäuren (Hyperlipacidämie). Die freien Fettsäuren stören ihrerseits die periphere Glucose-Utilisation. Die sich auf diese Weise langsam ausbildende Hyperglykämie führt zu einer permamenten Stimulierung der β-Zellen des Pankreas und zu deren allmählicher Erschöpfung. Folgen der diabetischen Stoffwechsellage sind weiterhin Ablagerungen von Triglyceriden in der Leber, Fettsucht und eine allgemeine Gefäßsklerose.

Biologische Teste: Zur Bestimmung der biologischen Wirksamkeit von Insulin-Präparaten dient der Verlauf des Blutzuckerspiegels beim Kaninchen oder die Ermittlung der Krampfgrenzdosis bei der Maus. Krämpfe sind ein Symptom der Hypoglykämie. Als in vitro-Teste werden die Glucose-Aufnahme im Rattenzwerchfell oder die Glucose-Oxidation im Fettgewebe bzw. in isolierten Fettzellen verwendet. Eine der empfindlichsten Methoden ist der immunologische Test mit Insulin-Antiseren.

Insulin-Biosynthese: Mit dem Nachweis eines einkettigen Insulin-Precursors, dem Proinsulin, durch STEINER (1968) konnte die RNA-gesteuerte Protein-Biosynthese auch für das Insulin bewiesen werden. Das Proinsulin ordnet sich als Einkettenprotein in der für die Schließung der Disulfid-Brücken erforderlichen richtigen räumlichen Form an. Durch enzymatische Spaltung erfolgt dann die Freisetzung von Insulin (s. S. 271). Proinsulin (Rind) enthält 81, Proinsulin (Schwein) 84 und Proinsulin (Mensch) 86 Aminosäuren, wobei ein Peptid-Verbindungsstück von 30, 33 bzw. 35 Aminosäuren den C-Terminus der B-Kette mit dem N-Terminus der A-Kette verknüpft (Schema 34). Die Verbindungs-Peptide im Schweine- und Rin-

270 Glanduläre Peptid- und Proteohormone

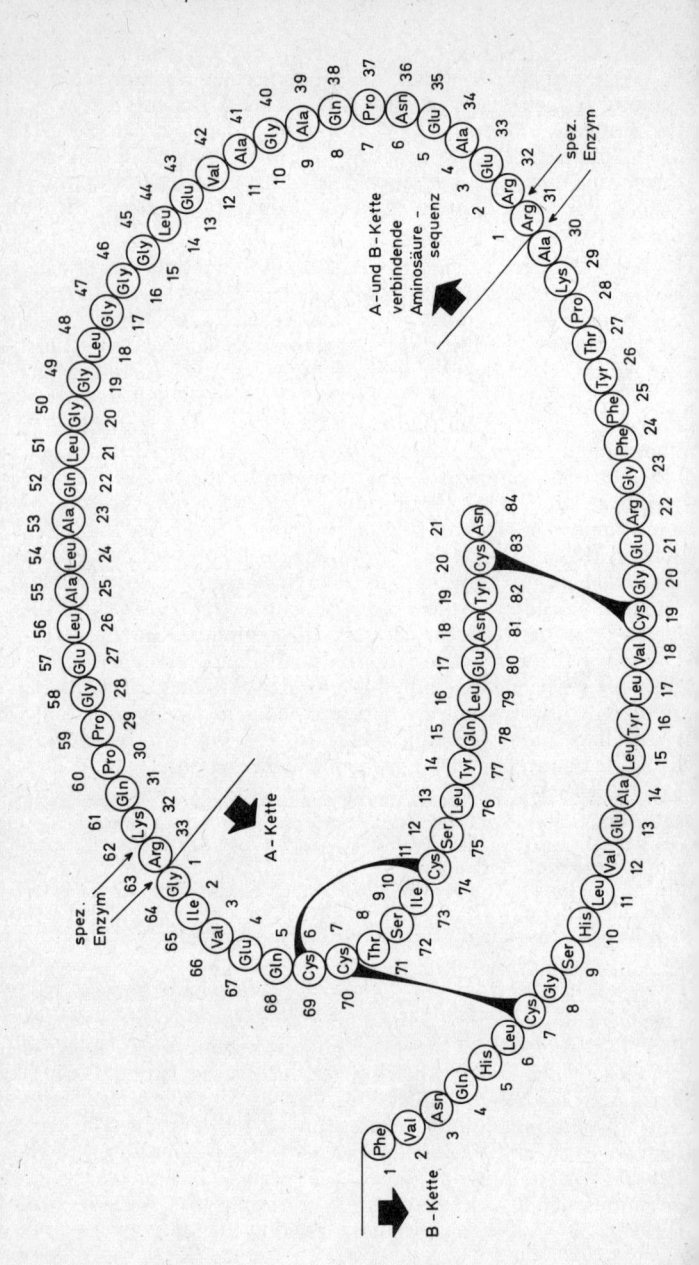

Schema 34. Primärstruktur von Proinsulin (Schwein)

der-Proinsulin (Schema 35) unterscheiden sich von dem des humanen Proinsulins in 10 bzw. 14 Aminosäuren, also wesentlich stärker als die Insuline (1 bzw. 3 Aminosäuren). SCHLICHTKRULL konnte wahrscheinlich machen, daß aufgrund dieses Unterschiedes die Spuren an Proinsulin im kommerziellen Insulin einen Einfluß auf das immunogene Verhalten haben.

Schema 35. Unterschiede in den Sequenzen des Connecting Peptids von Mensch, Schwein und Rind

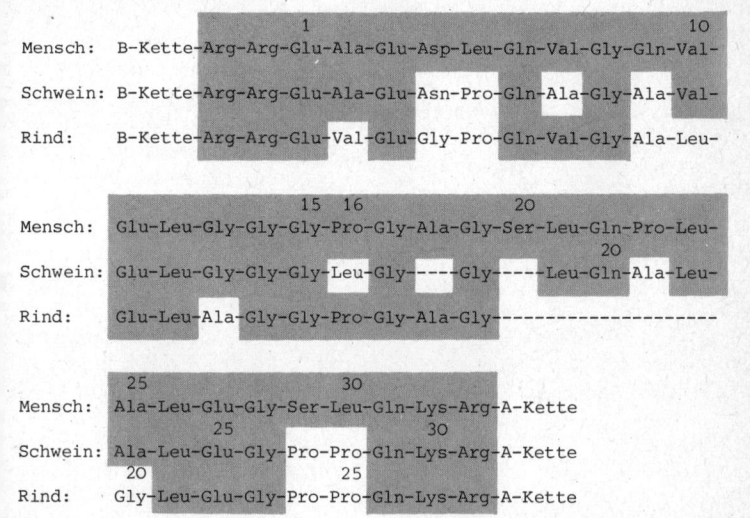

```
                    1                                         10
Mensch:  B-Kette-Arg-Arg-Glu-Ala-Glu-Asp-Leu-Gln-Val-Gly-Gln-Val-

Schwein: B-Kette-Arg-Arg-Glu-Ala-Glu-Asn-Pro-Gln-Ala-Gly-Ala-Val-

Rind:    B-Kette-Arg-Arg-Glu-Val-Glu-Gly-Pro-Gln-Val-Gly-Ala-Leu-


              15  16                 20
Mensch:  Glu-Leu-Gly-Gly-Gly-Pro-Gly-Ala-Gly-Ser-Leu-Gln-Pro-Leu-
                                                 20
Schwein: Glu-Leu-Gly-Gly-Gly-Leu-Gly-----Gly-----Leu-Gln-Ala-Leu-

Rind:    Glu-Leu-Ala-Gly-Gly-Pro-Gly-Ala-Gly---------------------


         25              30
Mensch:  Ala-Leu-Glu-Gly-Ser-Leu-Gln-Lys-Arg-A-Kette
              25              30
Schwein: Ala-Leu-Glu-Gly-Pro-Pro-Gln-Lys-Arg-A-Kette
         20              25
Rind:    Gly-Leu-Glu-Gly-Pro-Pro-Gln-Lys-Arg-A-Kette
```

Durch ein noch unbekanntes spezifisches Trypsin-ähnliches Enzym wird zunächst am N-Terminus der A-Kette die Bindung Arg^{63}-Gly^1 und Lys^{62}-Arg^{63} und am C-Terminus der B-Kette die Arg^{31}-Arg^{32}-Bindung gespalten (Schema 36). Durch Einwirkung einer spezifischen Carboxypeptidase B wird schließlich der C-terminale Arg^{31}-Rest entfernt. Das entstehende Peptid Glu^{33}-Lys^{62} wird C-Peptid (connecting peptide) genannt. Trypsin-Behandlung von Proinsulin führt zur Freisetzung von biologisch vollaktivem Desalanin-Insulin, Arginin, Alanyl-arginin und des C-Peptids. Insulin selbst wird durch gemeinsame Inkubation mit Trypsin und Carboxypeptidase B erhalten.

Synthesen der Insulin-Ketten und ihre Kombination: Die erfolgreiche Resynthese von Insulin aus den aus nativem Insulin zugänglichen Ketten (s. S. 263) war die Voraussetzung für die von drei Arbeitskreisen (ZAHN et al., Aachen; KATSOYANNIS et al., Pittsburgh; NIU, WANG, DU et al., Shanghai, Peking) 1961 begonnenen Insulin-Synthesen. Alle drei Gruppen wählten die Strategie des getrennten Aufbaues von A-

272 Glanduläre Peptid- und Proteohormone

Schema 36. Enzymatische Umwandlung von Proinsulin in Insulin

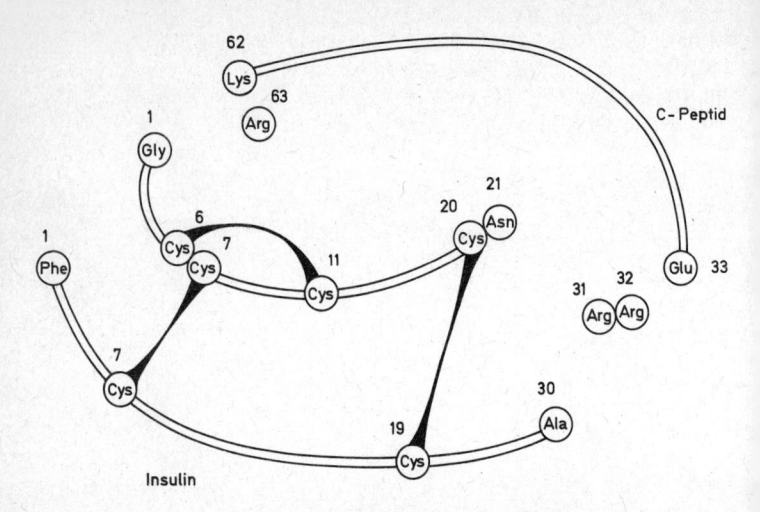

und B-Kette mit gleichen Thiol-Schutzgruppen und eine statistische Kombination der Ketten. In der Taktik, d. h. Wahl der Schutzgruppen, Art der Fragmente und Kupplungsmethoden, Reinigung der Ketten-S-Sulfonate und der Kombinationsbedingungen wurden dagegen verschiedene Varianten bearbeitet. Die Synthese der A-Ketten erfolgte bevorzugt aus zwei etwa gleich großen Fragmenten. Molekülgröße, Ladung und Löslichkeit der Fragmente unterscheiden sich dann von der Gesamtsequenz, um eine erfolgreiche Reinigung zu gewährleisten. Die Herstellung der B-Kette ist durch die größere Kettenlänge und das zusätzliche Vorkommen basischer Aminosäuren erschwert.

Die erste Synthese einer Insulin-Kette, der A-Kette, und ihre Kombination mit aus nativem Insulin zugänglicher B-Kette haben KATSOYANNIS et al. (1963) beschrieben. Die erste Synthese von A- und B-Kette (Schema 37, S. 274) und ihre erfolgreiche Kombination gelang ZAHN et al. (1963). Aus vollsynthetischem Material kristallisiertes, voll wirksames Insulin erhielt 1965 zuerst die chinesische Arbeitsgruppe.

Durch die zahlreichen Kombinationen synthetischer Ketten miteinander bzw. mit nativen Gegenketten konnte gezeigt werden, daß die synthetischen Sequenzen immer weniger Insulin bilden als natürliche und daß synthetische A-Ketten mehr Insulin liefern als entsprechende B-Ketten. Die nach der Solid-Phase-Methode hergestellten Ketten sind in bezug auf die Insulin-Ausbeute den konventionell gewonnenen unterlegen. Diese Befunde erlauben die Schlußfolgerung, daß alle bisher synthetisierten Insulin-Ketten trotz scheinbarer Übereinstimmung analytischer Daten (Chromatographie, Elektrophorese, Aminosäure-Analyse, optische Drehung u. a.) offenbar doch nicht vollständig mit den natürlichen identisch sind. Verantwortlich dafür dürfte im Falle der in Lösung durchgeführten Synthesen die Verwendung des Benzyl-Restes als Thiol-Schutz sein.

Ein völlig neuer Weg zur Synthese der B-Kette unter Verzicht auf den Benzyl-Schutz wurde von ZAHN u. SCHMIDT (1967) beschritten (Schema 38). Schlüsselsubstanzen sind zwei große symmetri-

Schema 38. Synthese der Insulin-B-Kette über symmetrische Cystin-Peptide

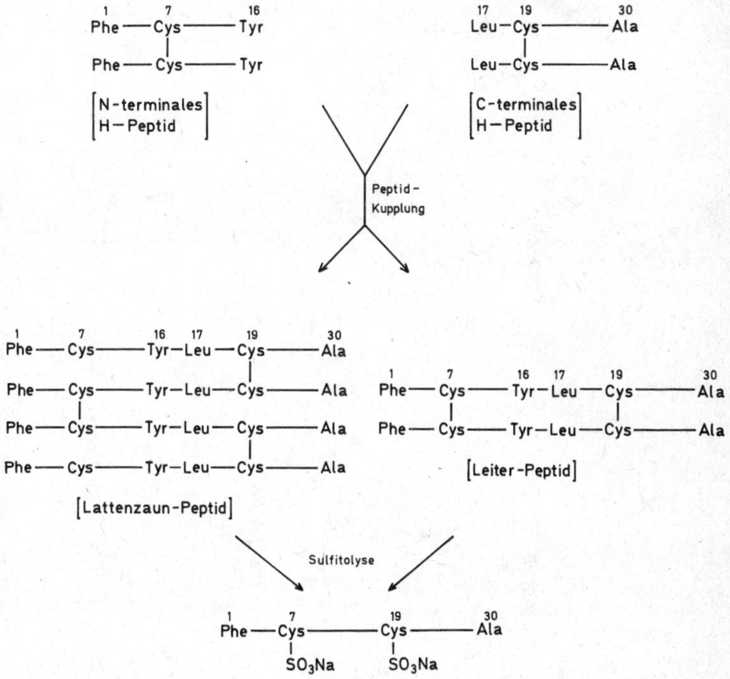

```
   1      7        16              17   19            30
 Phe — Cys ——— Tyr            Leu—Cys ————— Ala
        |                            |
 Phe — Cys ——— Tyr            Leu—Cys ————— Ala

 [N-terminales ]                [C-terminales]
 [H—Peptid    ]                 [H—Peptid   ]
```

Peptid-Kupplung

```
   1      7        16  17   19         30
 Phe — Cys ——— Tyr—Leu—Cys ————— Ala
        |                  |
 Phe — Cys ——— Tyr—Leu—Cys ————— Ala
        
 Phe — Cys ——— Tyr—Leu—Cys ————— Ala
        |                  |
 Phe — Cys ——— Tyr—Leu—Cys ————— Ala
```

[Lattenzaun-Peptid]

```
   1      7        16  17   19         30
 Phe — Cys ——— Tyr—Leu—Cys ————— Ala
        |                  |
 Phe — Cys ——— Tyr—Leu—Cys ————— Ala
```

[Leiter-Peptid]

Sulfitolyse

```
   1      7             19        30
 Phe — Cys ————— Cys ————— Ala
        |              |
       SO_3Na         SO_3Na
```

sche Cystin-Peptide („H-Peptide"), bei denen sich die Cystin-Reste zur Vermeidung einer sterischen Hinderung bei der folgenden Kupplung in der Mitte der jeweiligen Peptide befanden. Bei der Kondensation der beiden Cystin-Peptide wird die B-Kette als Disulfid-Poly-

274 Glanduläre Peptid- und Proteohormone

Schema 37. Synthese der Insulin-Ketten und ihre Kombination zu insulinwirksamen Produkten

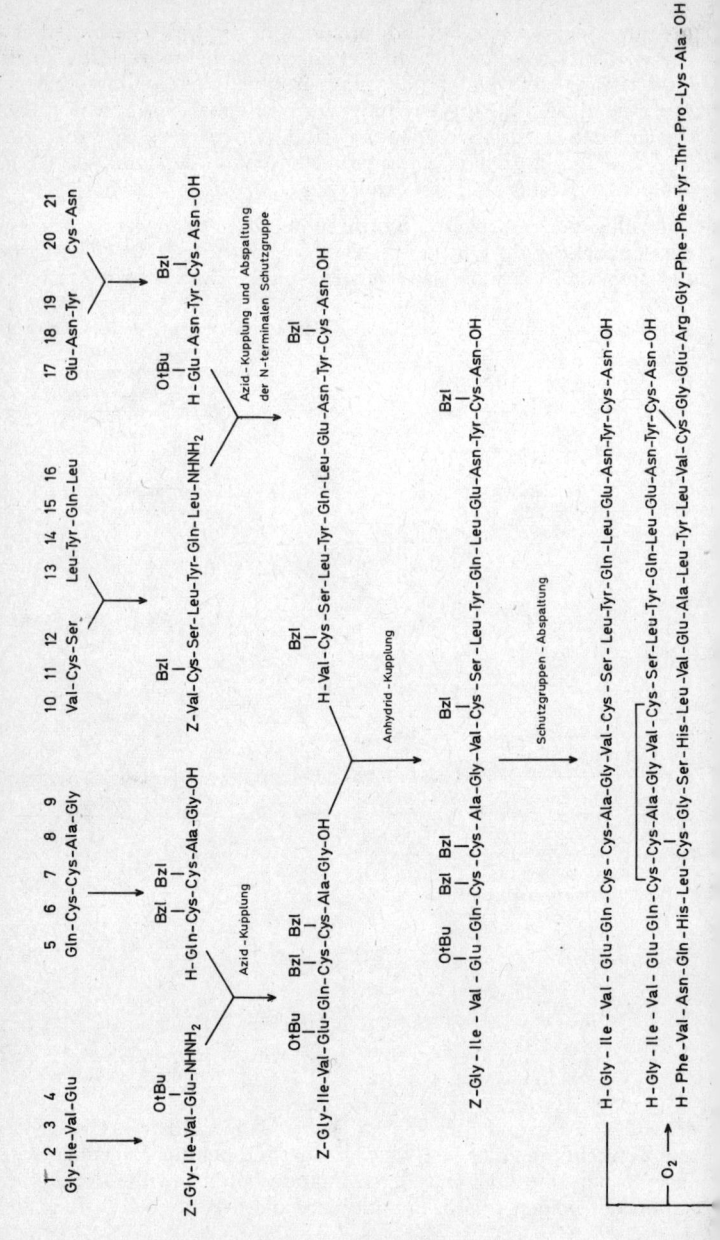

```
  1  2   3   4              5   6   7   8   9          10  11  12        13  14  15  16         17  18  19  20  21
 Gly-Ile-Val-Glu           Gln-Cys-Cys-Ala-Gly         Val-Cys-Ser       Leu-Tyr-Gln-Leu         Glu-Asn-Tyr-Cys-Asn
         ↓                          ↓                         ↓                                          ↓
        OtBu                       Bzl                                                                  Bzl
   Z-Gly-Ile-Val-Glu-NHNH₂   H-Gln-Cys-Cys-Ala-Gly-OH                                      H-Glu-Asn-Tyr-Cys-Asn-OH
                                                                                                      ↑
                        Azid-Kupplung                                                 OtBu
                                                                              Z-Val-Cys-Ser-Leu-Tyr-Gln-Leu-NHNH₂
                      OtBu      Bzl  Bzl                                                        ↓
              Z-Gly-Ile-Val-Glu-Gln-Cys-Cys-Ala-Gly-OH                                Azid-Kupplung und Abspaltung
                                                                                       der N-terminalen Schutzgruppe
                                                                                                      ↓
                                                                                                     Bzl
                                                                              H-Val-Cys-Ser-Leu-Tyr-Gln-Leu-Glu-Asn-Tyr-Cys-Asn-OH
                                              Anhydrid-Kupplung
                      OtBu      Bzl  Bzl                              Bzl
              Z-Gly-Ile-Val-Glu-Gln-Cys-Cys-Ala-Gly-Val-Cys-Ser-Leu-Tyr-Gln-Leu-Glu-Asn-Tyr-Cys-Asn-OH

                                              Schutzgruppen-Abspaltung
                                                        ↓
              H-Gly-Ile-Val-Glu-Gln-Cys-Cys-Ala-Gly-Val-Cys-Ser-Leu-Tyr-Gln-Leu-Glu-Asn-Tyr-Cys-Asn-OH
                                               |
              H-Gly-Ile-Val-Glu-Gln-Cys-Cys-Ala-Gly-Val-Cys-Ser-Leu-Tyr-Gln-Leu-Glu-Asn-Tyr-Cys-Asn-OH
                                                                                                           ↑ O₂
              H-Phe-Val-Asn-Gln-His-Leu-Cys-Gly-Ser-His-Leu-Val-Glu-Ala-Leu-Tyr-Leu-Val-Cys-Gly-Glu-Arg-Gly-Phe-Phe-Tyr-Thr-Pro-Lys-Ala-OH
```

Peptid-Hormone des Pankreas 275

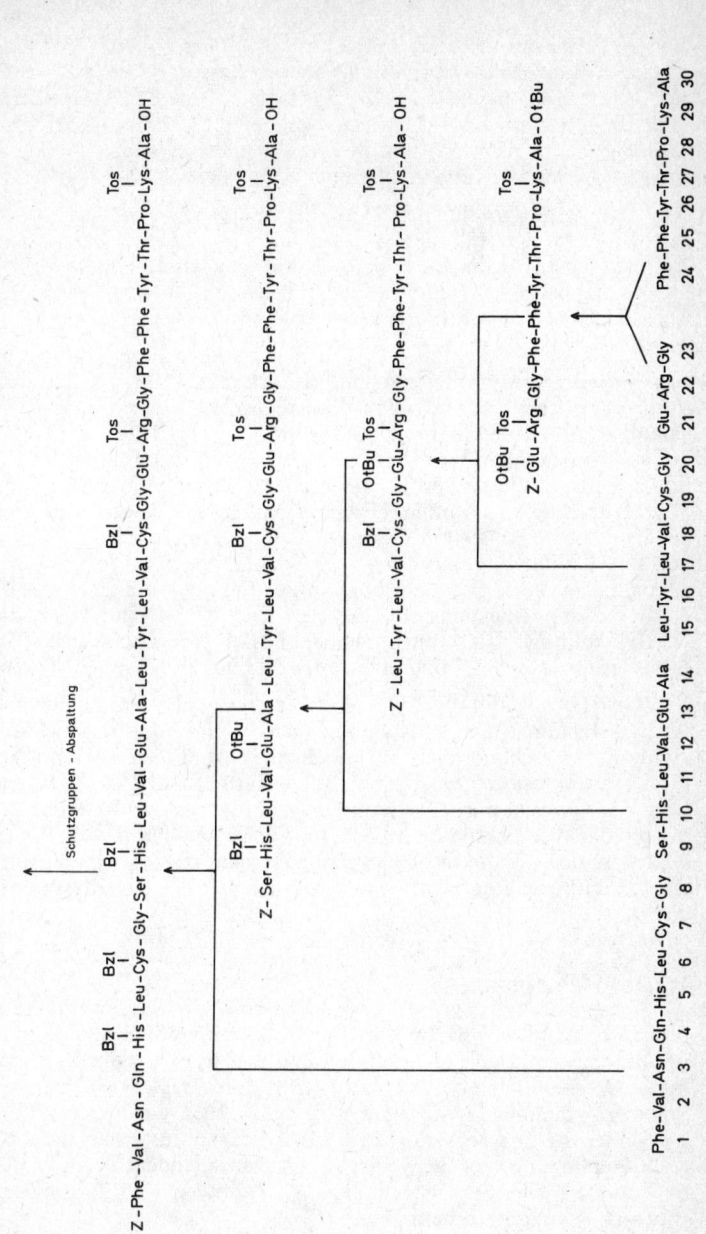

```
                                                                    Bzl                                     Tos
                                                                     |                                       |
         ───  H-Phe-Val-Asn-Gln-His-Leu-Cys-Gly-Ser-His-Leu-Val-Glu-Ala-Leu-Tyr-Leu-Val-Cys-Gly-Glu-Arg-Gly-Phe-Phe-Tyr-Thr-Pro-Lys-Ala-OH
         ↑
         Schutzgruppen-Abspaltung
                                                                    Bzl                                     Tos
                                                                     |                                       |
              Z-Phe-Val-Asn-Gln-His-Leu-Cys-Gly-Ser-His-Leu-Val-Glu-Ala-Leu-Tyr-Leu-Val-Cys-Gly-Glu-Arg-Gly-Phe-Phe-Tyr-Thr-Pro-Lys-Ala-OH

                                              Bzl     OtBu                              Bzl                 Tos
                                               |       |                                 |                   |
                         ←   Z-Ser-His-Leu-Val-Glu-Ala-Leu-Tyr-Leu-Val-Cys-Gly-Glu-Arg-Gly-Phe-Phe-Tyr-Thr-Pro-Lys-Ala-OH

                                                                Bzl     OtBu Tos
                                                                 |       |    |
                                           ←   Z-Leu-Tyr-Leu-Val-Cys-Gly-Glu-Arg-Gly-Phe-Phe-Tyr-Thr-Pro-Lys-Ala-OH

                                                    OtBu Tos
                                                     |    |
                                      Z-Glu-Arg-Gly-Phe-Phe-Tyr-Thr-Pro-Lys-Ala-OtBu
                                         ↑
                              ┌──────────┴──────────┐
           Leu-Tyr-Leu-Val-Cys-Gly   Glu-Arg-Gly   Phe-Phe-Tyr-Thr-Pro-Lys-Ala
            15  16  17  18  19  20    21  22  23   24  25  26  27  28  29  30

Phe-Val-Asn-Gln-His-Leu-Cys-Gly  Ser-His-Leu-Val-Glu-Ala
 1   2   3   4   5   6   7   8    9  10  11  12  13  14
```

meres (Lattenzaun-Peptid) und nicht als dimeres Leiter-Peptid erhalten. Schutzgruppenabspaltung und oxidative Sulfitolyse lieferte das B-Ketten-bis-S-Sulfonat. Der Verzicht auf die Schutzgruppenabspaltung mit Natrium in flüssigem Ammoniak könnte die Erklärung dafür sein, daß diese B-Kette in ihrer Insulin-bildenden Potenz der einer natürlichen B-Kette vergleichbar war.

Die erste Synthese einer A-Kette, die analytisch und in bezug auf ihre Kombination mit der B-Kette mit einer natürlichen A-Kette identisch war, wurde durch Fragmentkondensation mit dem 4-Methoxybenzyl-Rest als Thiol-Schutz und dessen Abspaltung mit flüssigem Fluorwasserstoff (Schema 39) erreicht.

Insulin-Totalsynthese: Eine eigentliche Totalsynthese des Insulins, d. h. getrennter Aufbau der A- und B-Kette mit selektiv entfernbaren Thiol-Schutzgruppen und somit die Möglichkeit einer gezielten, aufeinanderfolgenden Bildung der einzelnen Disulfid-Brücken, ist bisher noch nicht gelungen. Ein Prinzip, das die Voraussetzungen einer Totalsynthese erfüllt, ist von HISKEY et al. (1968) anhand eines Modell-Peptids erarbeitet worden (Schema 40). Ausgehend von einem N-terminalen „A-Ketten-Fragment" mit geschlossenem kleinem „6.11"-Disulfid-Ring wurde ein A-Ketten-Modell mit differenziert abspaltbaren Thiol-Schutzgruppen in Position „7" und „20" erhalten. Nach Bildung eines unsymmetrischen „A^{20}-B^{19}"-Disulfids entstand das „Insulin-Modell" durch rhodanolytische Spaltung der Thiol-Schutzgruppen in „A^7" und „B^7" unter Bildung der Disulfidbrücke.

Synthese von Insulin-Analoga: Von WEITZEL et al. wurden eine große Anzahl Insulin-Analoga bevorzugt nach der Solid-Phase-Methode synthetisiert (Aminosäure-Austausch in A- und/oder B-Kette, Fortfall von Aminosäuren in A- und/oder B-Kette). Nach der statistischen Kombination und partieller Reinigung wurden an den Rohprodukten die biologischen Aktivitäten bestimmt. Solange allerdings keine analytisch reinen Produkte vorliegen, kann den abgeleiteten Struktur-Aktivitäts-Beziehungen nur ein begrenzter Wert zugemessen werden.

1.3.2. Glucagon

Nicht vollständig reine Insulin-Präparate verursachen eine Senkung des Blutzuckerspiegels erst nach anfänglicher hyperglykämischer Wirkung. Diese initiale Hyperglykämie wird durch das ebenfalls aus dem Pankreas stammende Glucagon verursacht. 1953 gelang STAUB et al. die Isolierung und Kristallisation des Glucagon aus einer bei der Insulin-Herstellung aus Schweinepankreas anfallenden amorphen Nebenfraktion. Glucagon ist ein lineares Peptid aus 29 Aminosäuren (BROMER et al. 1956; Schema 41).

Schema 39. Synthese der Insulin-A-Kette mit der 4-Methoxybenzyl-Schutzgruppe als Thiol-Schutz (Mob = 4-Methoxybenzyl)

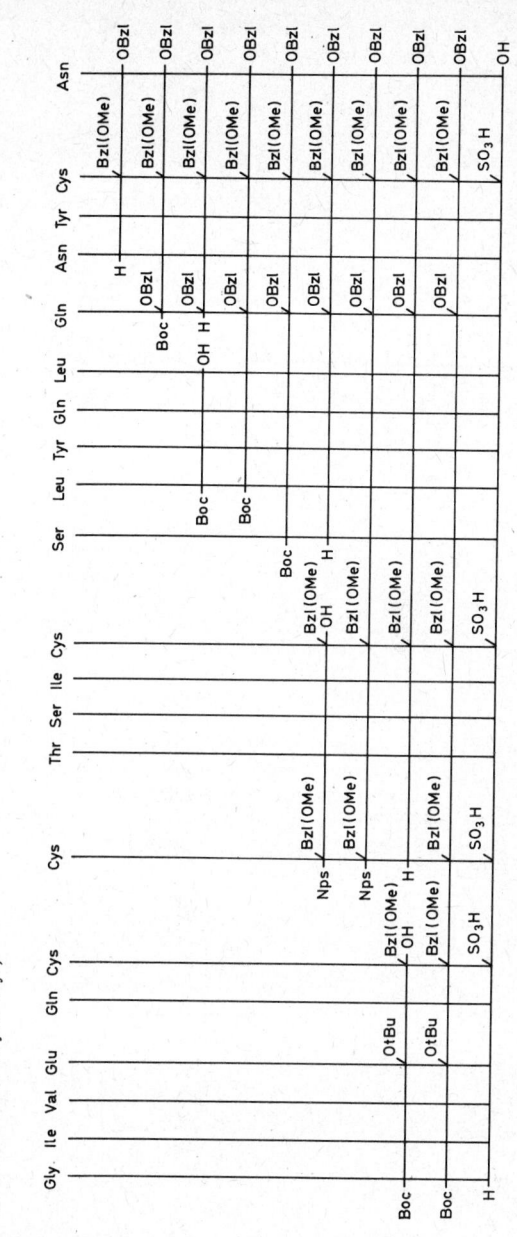

	Gly	Ile	Val	Glu	Gln	Cys	Cys	Thr	Ser	Ile	Cys	Ser	Leu	Tyr	Gln	Leu	Gln	Asn	Tyr	Cys	Asn
																	Boc			Bzl(OMe)	OBzl
														Boc			OH H			Bzl(OMe)	OBzl
						Bzl(OMe)	Bzl(OMe)					Boc								Bzl(OMe)	OBzl
						OH H	Nps													Bzl(OMe)	OBzl
				OtBu		Bzl(OMe)	Bzl(OMe)				Bzl(OMe)	Boc					OBzl			Bzl(OMe)	OBzl
				OtBu		Bzl(OMe)	Nps				Bzl(OMe)						OBzl			Bzl(OMe)	OBzl
Boc						Bzl(OMe)	Bzl(OMe)				Bzl(OMe)						OBzl			Bzl(OMe)	OBzl
Boc						Bzl(OMe)	Bzl(OMe)				Bzl(OMe)						OBzl			Bzl(OMe)	OBzl
H						SO₃H	SO₃H				SO₃H									SO₃H	OH

278 *Glanduläre Peptid- und Proteohormone*

Schema 40. Synthese eines Tris-Disulfid-Peptids mit insulinartiger Struktur

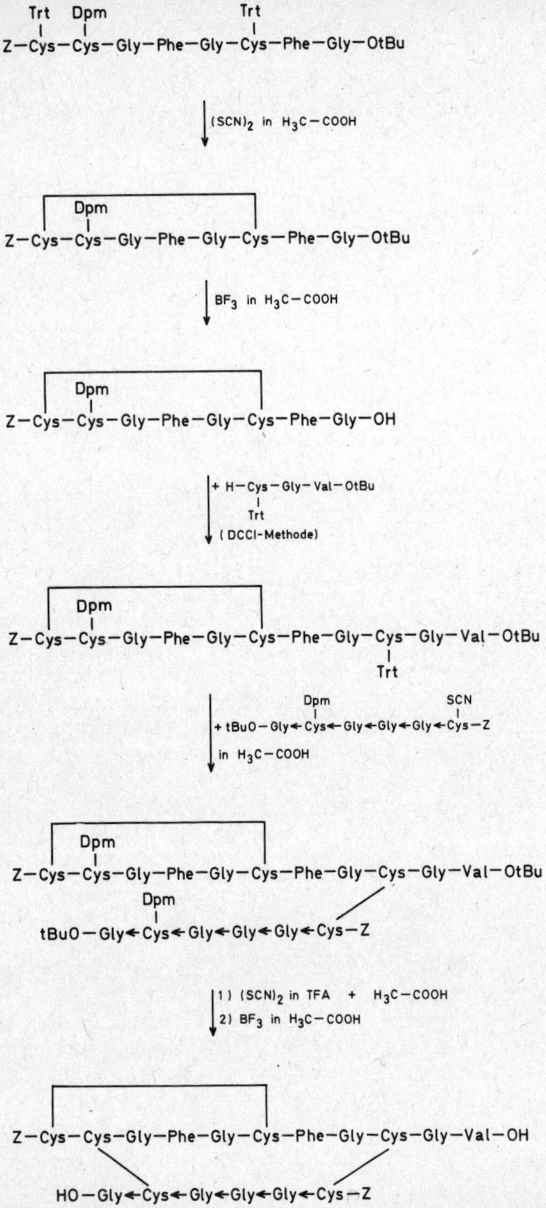

Schema 41. Aminosäure-Sequenz des Glucagons und seine enzymatische Spaltung mit Subtilisin (S), Trypsin (T) und Chymotrypsin (C)

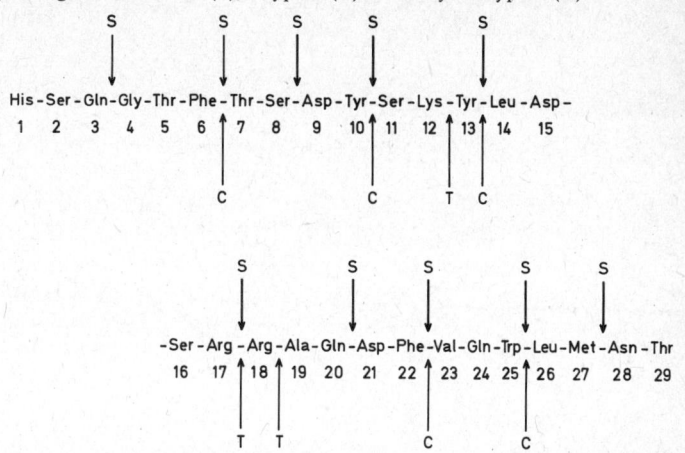

```
        S         S         S         S                   S
        ↓         ↓         ↓         ↓                   ↓
His-Ser-Gln-Gly-Thr-Phe-Thr-Ser-Asp-Tyr-Ser-Lys-Tyr-Leu-Asp-
 1   2   3   4   5   6 ↑ 7   8   9  10↑11  12  13↑14  15
                  C         C       T  C
```

```
                         S              S         S              S              S
                         ↓              ↓         ↓              ↓              ↓
  -Ser-Arg-Arg-Ala-Gln-Asp-Phe-Val-Gln-Trp-Leu-Met-Asn-Thr
   16  17↑18↑19  20  21  22↑23  24  25↑26  27  28  29
        T   T              C              C
```

Biologische Wirkung: Glucagon wirkt durch Stimulierung der Glycogenolyse und der Gluconeogenese blutzuckersteigernd. Adäquater Reiz für die Glucagon-Produktion ist ein Blutglucose-Abfall. Aus dem Pankreas gelangt das Glucagon über die Pfortader in die Leber. Hier wird über eine Aktivierung der Adenylcyclase die Bildung des cyclischen Adenosinmonophosphats (s. S. 213) gefördert. Dieses stimuliert eine Phosphorylase, die Glykogen unter phosphorolytischer Spaltung zu Glucose abbaut (Glykogenolyse). Durch die Bereitstellung von Glucose, d. h. die Substraterhöhung für eine Insulin-Wirkung, hat Glucagon einen insulinsynergistischen Effekt. In analoger Weise wie Glucagon wirken auch Adrenalin und ACTH. Glucagon stimuliert die Phosphorylase in der Leber und dem Fettgewebe, Adrenalin außerdem noch im Skelettmuskel. Durch ACTH findet eine Aktivierung in der Nebennierenrinde statt. Neben der Erhöhung der Blutglucose fördert Glucagon die Gluconeogenese in der Leber (Umwandlung glucoplastischer Aminosäuren in Kohlenhydrate). Auf die periphere Glucose-Utilisation am Muskel und Fettgewebe hat Glucagon keinen direkten Einfluß.

Im Fettgewebe stehen dem fettaufbauenden (lipogenetischen) Hormon Insulin die fettabbauenden (lipolytischen) Hormone Adrenalin, Noradrenalin, Glucagon und ACTH als Antagonisten gegenüber. Glucagon wirkt durch Aktivierung der in der Fettzelle vorhandenen Adenylcyclase über das c-AMP auf die Triglyceridlipase.

Therapeutisch wird Glucagon bei hypoglykämischen Zuständen infolge einer Insulin-Überdosierung oder eines Hyperinsulinismus oder bei Glykogenspeicherkrankheiten verwendet.

Schema 42. Synthese von Glucagon

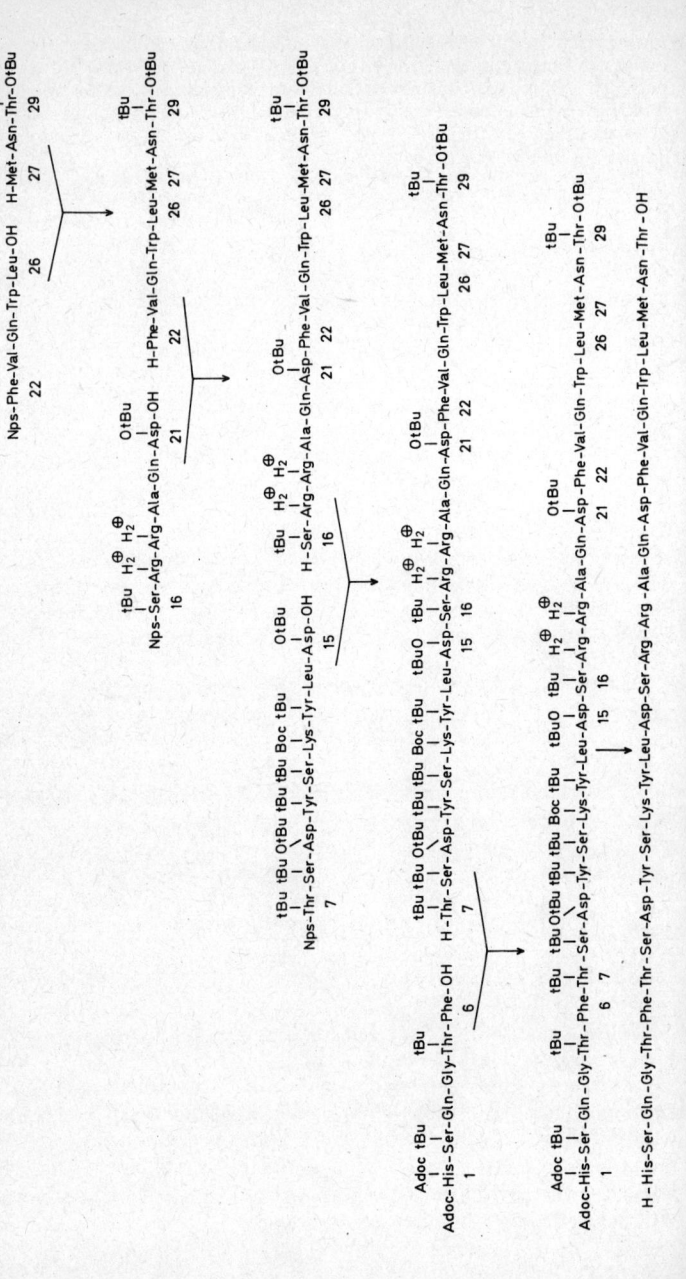

```
                    tBu
                     |
Adoc-His-Ser-Gln-Gly-Thr-Phe-OH
 1                            6
```

```
                    tBu                         tBu  tBu OtBu tBu tBu Boc  tBu
                     |                           |    |    |    |    |    |    |
Adoc-His-Ser-Gln-Gly-Thr-Phe-OH      H-Thr-Ser-Asp-Tyr-Ser-Lys-Tyr-Leu-Asp-OH
 1                            6      7                                        15
                                    ⎫
                                    ⎬→
                                    ⎭
```

```
                                                          OtBu
                                                           |
                tBu  ⊕   ⊕                    Nps-Ser-Arg-Arg-Ala-Gln-Asp-OH
                 |   H₂  H₂                    16                         21
Nps-Thr-Ser-Asp-Tyr-Ser-Lys-Tyr-Leu-Asp-OH
 7                                       15
```

```
                                                                        OtBu                            tBu
                                                                         |                               |
         tBu tBu OtBu tBu tBu Boc  tBu     tBuO tBu ⊕   ⊕                         Nps-Phe-Val-Gln-Trp-Leu-OH   H-Met-Asn-Thr-OtBu
          |   |   |    |    |    |    |     |    |  H₂  H₂                         22                     26    27
Adoc-His-Ser-Gln-Gly-Thr-Phe-Thr-Ser-Asp-Tyr-Ser-Lys-Tyr-Leu-Asp-OH   H-Ser-Arg-Arg-Ala-Gln-Asp-OH                              ⎫
 1                                                                15   16                         21                            ⎬→
                                                                                                                                ⎭
```

```
                                                                                                                       tBu
                                                                                                                        |
                                                                                         OtBu                           H-Phe-Val-Gln-Trp-Leu-Met-Asn-Thr-OtBu
                                                                                          |                              22                              29
                tBu                                                tBuO tBu ⊕   ⊕
                 |                                                  |    |  H₂  H₂
Adoc-His-Ser-Gln-Gly-Thr-Phe-Thr-Ser-Asp-Tyr-Ser-Lys-Tyr-Leu-Asp-Ser-Arg-Arg-Ala-Gln-Asp-Phe-Val-Gln-Trp-Leu-Met-Asn-Thr-OtBu
 1                            6   7                                15  16                21  22                          29
                                                                                                                              →
```

```
H-His-Ser-Gln-Gly-Thr-Phe-Thr-Ser-Asp-Tyr-Ser-Lys-Tyr-Leu-Asp-Ser-Arg-Arg-Ala-Gln-Asp-Phe-Val-Gln-Trp-Leu-Met-Asn-Thr-OH
```

Biologische Teste: Zur biologischen Testung von Glucagon-Präparaten dient die Bestimmung der Hyperglykämie an der anästhetisierten Katze nach i. v. Injektion. Vorhandenes Insulin wird durch Zugabe von Cystein inaktiviert. In vitro läßt sich die glykogenolytische Wirkung des Glucagons an Leberschnitten (Ratte, Kaninchen) bestimmen. Besonders empfindlich ist ein immunologischer Test.

Synthese des Glucagon: Die spezielle Aminosäure-Anordnung im Glucagon-Molekül bietet einer Totalsynthese erhebliche Schwierigkeit. Der hohe Gehalt an den Hydroxyaminosäuren Serin und Threonin, die Anwesenheit von Tryptophan und Methionin, das Vorkommen einer Arginyl-Arginyl-Sequenz, einer alkalilabilen Asparaginyl-Threonin-Bindung, N-terminales Histidin, C-terminales Threonin und das Vorliegen von drei β-Carboxy-Gruppen (Asparaginsäure-Reste) und schließlich das Fehlen racemisierungsfreier Schnittstellen (nur ein Glycin-Rest in Position 4) sind Gründe für viele Syntheseprobleme. Erst nach mehrjähriger Arbeit konnte 1967 von WÜNSCH et al. ein synthetisches Glucagon erhalten und somit der Sequenzvorschlag von BROMER bestätigt werden (Schema 42). Für die Synthese wurden alle funktionellen Gruppen der Seitenketten (Hydroxy, Carboxy und Amino) durch Schutzgruppen vom tert.-Butyl-Typ geschützt. Als selektiv abspaltbarer Schutz der α-Amino-Gruppe diente der 2-Nitro-phenylsulfenyl-Rest, bei kürzeren noch nicht Methionin-haltigen Teilsequenzen auch der Benzyloxycarbonyl-Rest. Der Aufbau der Teilsequenzen erfolgte bevorzugt schrittweise.

1.4. Schilddrüsen- und Nebenschilddrüsenhormone

Neben den Aminosäure-Hormonen der Schilddrüse (s. S. 31), die einen Einfluß auf den Grundumsatz (Energieproduktion bei völliger Körperruhe in nüchternem Zustand), den Kohlenhydrat-, Protein- und Lipid-Stoffwechsel haben, wird in den parafollikulären Zellen (C-Zellen) der Schilddrüse von Säugetieren das Peptid-Hormon Thyrocalcitonin (Thyreocalcitonin, Calcitonin) und in der Nebenschilddrüse (Epithelkörperchen) das Parathormon (parathyroid hormone) gebildet. Beide Wirkstoffe sind an der Regulierung des Calcium- und Phosphat-Stoffwechsels beteiligt.

1.4.1. Parathormon

Der Zusammenhang zwischen Nebenschilddrüse und Calcium-Stoffwechsel wurde bereits 1909 erkannt. Die Reindarstellung des Hormons gelang RASMUSSEN u. CRAIG (1961). Das Parathormon ist ein lineares Polypeptid aus 84 Aminosäuren (POTTS, Jr. et al. sowie BREWER u. RONAN 1970, Schema 43).

Schema 43. Aminosäure-Sequenz des Parathormons

H–Ala–Val–Ser–Glu–Ile–Gln–Phe–Met–His–Asn–Leu–Gly–Lys–His–Leu–Ser–Ser–Met–Glu–Arg–Val–
 10 20

Glu–Trp–Leu–Arg–Lys–Lys–Leu–Gln–Asp–Val–His–Asn–Phe–Val–Ala–Leu–Gly–Ala–Ser–Ile–Ala–
 30 40

Tyr–Arg–Asp–Gly–Ser–Ser–Gln–Arg–Pro–Arg–Lys–Glu–Asp–Asn–Val–Leu–Val–Glu–Ser–His–
 50 60

Gln–Lys–Ser–Leu–Gly–Glu–Ala–Asp–Lys–Ala–Asp–Val–Asp–Val–Leu–Ile–Lys–Ala–Lys–Pro–Gln–OH
 70 80 84

Biologische Wirkung: Das Parathormon erhöht den Calcium-Gehalt und erniedrigt den Phosphat-Gehalt des Blutes als Folge einer direkten Wirkung auf Skelett, Niere und Gastrointestinaltrakt. Am Skelett wird durch das Hormon über eine Stimulierung der Osteoklastenbildung (Knochen-resorbierende Zellen) eine erhöhte Löslichkeit des extracellulären Hydroxylapatits und ein Anstieg des Blutcalciums hervorgerufen. Eine Hemmung der Rückresorption von Phosphat im proximalen Tubulus der Niere bzw. eine Erhöhung der aktiven Sekretion von Phosphat im distalen Tubulus senkt den Blutphosphat-Spiegel.

Bei einer Überfunktion der Nebenschilddrüse (Hyperparathyreoidismus) kommt es durch die erhöhte Parathormon-Bildung zu einer Entmineralisierung des Skeletts (Störung des Mineralstoffwechsels). Bei einer Unterfunktion der Nebenschilddrüse (Hypoparathyreoidismus) sinkt der Calcium-Gehalt des Blutes durch einen Phosphat-Anstieg (verminderte Phosphat-Ausscheidung über die Niere) und Deponierung von Calciumphosphat im Skelett ab. Als Folge tritt eine Veränderung im Ionenmilieu der Muskel- und Nervenzellen auf, die zu tetanischen Krämpfen führt. Calcium oder das dem Parathormon z. T. in seiner Wirkung ähnliche Vitamin D bzw. Dihydrotachysterin können den Blutcalcium-Spiegel wieder normalisieren.

Synthese des N-terminalen Tetratriacontapeptids des Parathormons: Von Potts et al. (1970) wurde die N-terminale Aminosäure-Sequenz 1–34 nach der Solid-Phase-Methode synthetisiert. Die spezifische Aktivität dieses Peptids am Knochen und an der Niere ist qualitativ mit der des natürlichen Hormons identisch. Die für die biologische Aktivität essentiellen Strukturelemente sind also im N-terminalen Bereich des Moleküls lokalisiert.

1.4.2. Thyrocalcitonin

Thyrocalcitonin wurde erst 1962 durch Copp et al. nachgewiesen. Ursprünglich wurden die Nebenschilddrüsen als Bildungsort für dieses Hormon angenommen. Neuere Untersuchungen ergaben jedoch, daß die als Bildungsort lokalisierten C-Zellen in den Schilddrüsen von Säugetieren aus dem ultimobranchialen Gewebe stammen, das bei anderen Wirbeltieren eine gesonderte Drüse bildet.

Aus Schweineschilddrüsen wurde das Hormon unabhängig von vier Arbeitskreisen (Beesley et al.; Merck, Sharp and Dohme – Bell et al.; Lederle – Neher et al.; Ciba AG – Potts Jr. et al., Nat. Inst. of Health) isoliert und 1968 in der Struktur aufgeklärt. Wenig später wurde es auch aus Rinder- und Lachs-Schilddrüsen gewonnen. Ein Thyrocalcitonin M, das von einem Dimeren (Thyrocalcitonin D) begleitet ist, wurde von Neher et al. (1968) aus einem Mediastinal-Tumor (medulläres Thyroidcarcinom) erhalten (Schema 44). Thy-

Glanduläre Peptid- und Proteohormone

Schema 44. Primärstruktur des Thyrocalcitonins

```
                                                     10                           15
Schwein                  H-Cys-Ser-Asn-Leu-Ser-Thr-Cys-Val-Leu-Ser-Ala-Tyr-Trp-Arg-Asn-Leu-
Rind                     H-Cys-Ser-Asn-Leu-Ser-Thr-Cys-Val-Leu-Ser-Ala-Tyr-Trp-Lys-Asp-Leu-
Lachs                    H-Cys-Ser-Asn-Leu-Ser-Thr-Cys-Val-Leu-Gly-Lys-Leu-Ser-Gln-Glu-Leu-
Mediastinal-
Tumor, Mensch            H-Cys-Gly-Asn-Leu-Ser-Thr-Cys-Met-Leu-Gly-Thr-Tyr-Thr-Gln-Asp-Phe-

                                       20                          25                          30
Schwein                  Asn-Asn-Phe-His-Arg-Phe-Ser-Gly-Met-Gly-Phe-Gly-Pro-Glu-Thr-Pro-NH₂
Rind                     Asn-Asn-Tyr-His-Arg-Phe-Ser-Gly-Met-Gly-Phe-Gly-Pro-Glu-Thr-Pro-NH₂
Lachs                    His-Lys-Leu-Gln-Thr-Tyr-Pro-Arg-Thr-Asn-Thr-Gly-Ser-Gly-Thr-Pro-NH₂
Mediastinal-
Tumor, Mensch            Asn-Lys-Phe-His-Thr-Phe-Pro-Gln-Thr-Ala-Ile-Gly-Val-Gly-Ala-Pro-NH₂
```

Schema 45. Synthese des Thyrocalcitonins

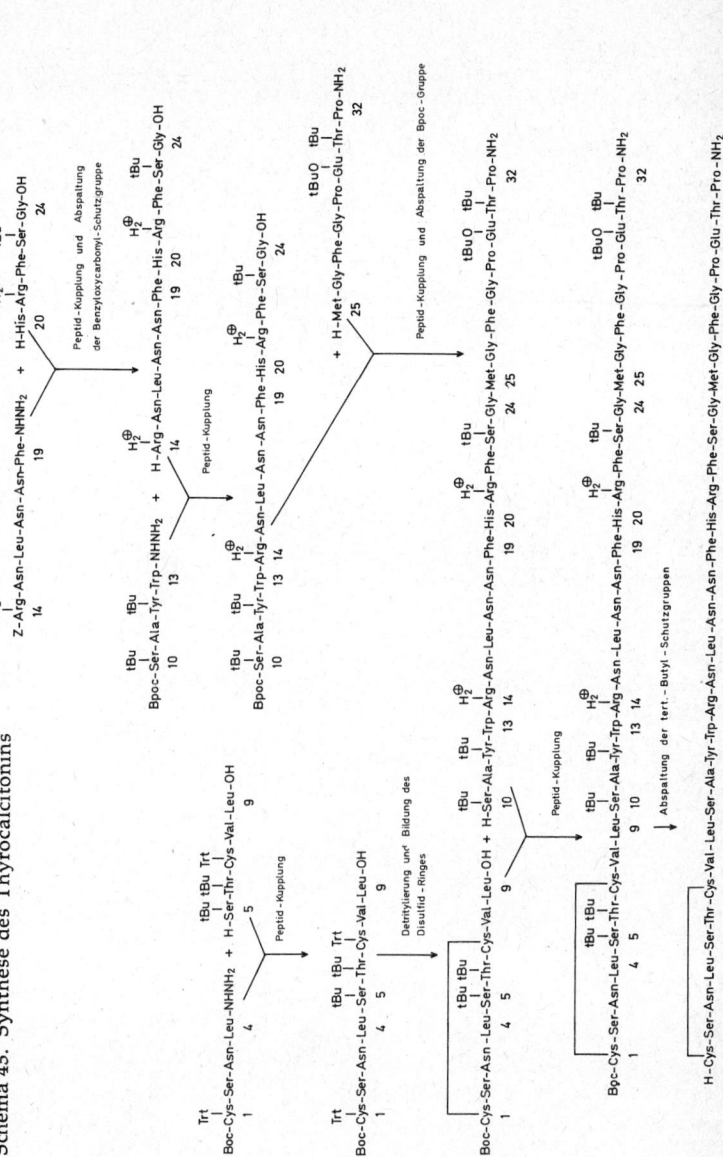

```
                Trt
                 |
Boc-Cys-Ser-Asn-Leu-NHNH₂   +   H-Ser-Thr-Cys-Val-Leu-OH
 1              4                 5                    9
                        |
                        | Peptid-Kupplung
                        ↓
              Trt       tBu tBu Trt
               |         |   |   |
          Boc-Cys-Ser-Asn-Leu-Ser-Thr-Cys-Val-Leu-OH
           1              4   5                   9
                        |
                        | Detritylierung und Bildung des
                        | Disulfid-Ringes
                        ↓
               ┌──────────────────────┐
               |     tBu tBu          |
               |      |   |           |
          Boc-Cys-Ser-Asn-Leu-Ser-Thr-Cys-Val-Leu-OH
           1              4   5                   9
```

```
          tBu                                              H₂⊕
           |                                               |
Bpoc-Ser-Ala-Tyr-Trp-NHNH₂   +   H-Arg-Asn-Leu-Asn-Asn-Phe-His-Arg-Phe-Ser-Gly-OH
 10              13 14            14                          19  20           24
                        |
                        | Peptid-Kupplung
                        ↓
          tBu                       H₂⊕
           |                         |
Bpoc-Ser-Ala-Tyr-Trp-Arg-Asn-Leu-Asn-Asn-Phe-His-Arg-Phe-Ser-Gly-OH
 10              13  14                       19  20           24
```

```
            H₂⊕
            |
Z-Arg-Asn-Leu-Asn-Asn-Phe-NHNH₂   +   H-His-Arg-Phe-Ser-Gly-OH
14                       19          20                   24
                 |
                 | Peptid-Kupplung und Abspaltung
                 | der Benzyloxycarbonyl-Schutzgruppe
                 ↓
                            H₂⊕          tBu
                            |             |
          H-Arg-Asn-Leu-Asn-Asn-Phe-His-Arg-Phe-Ser-Gly-OH
          14                      19  20              24
```

```
                                                    tBuO tBu
                                                     |    |
      +   H-Met-Gly-Phe-Gly-Pro-Glu-Thr-Pro-NH₂
          25                                32
                 |
                 | Peptid-Kupplung und Abspaltung der Bpoc-Gruppe
                 ↓
        tBu                    H₂⊕          tBu            tBuO tBu
         |                      |            |              |    |
H-Ser-Ala-Tyr-Trp-Arg-Asn-Leu-Asn-Asn-Phe-His-Arg-Phe-Ser-Gly-Met-Gly-Phe-Gly-Pro-Glu-Thr-Pro-NH₂
 10              13  14                      19  20           24  25                         32
```

```
                 + (Cys-peptide above, residues 1–9)
                        |
                        | Peptid-Kupplung
                        ↓
    ┌──────────────────────────────────────────────────────────────────────────┐
    |      tBu tBu                  tBu            H₂⊕          tBu            tBuO tBu        |
    |       |   |                    |              |            |              |    |         |
Bpoc-Cys-Ser-Asn-Leu-Ser-Thr-Cys-Val-Leu-Ser-Ala-Tyr-Trp-Arg-Asn-Leu-Asn-Asn-Phe-His-Arg-Phe-Ser-Gly-Met-Gly-Phe-Gly-Pro-Glu-Thr-Pro-NH₂
 1              4   5                 9  10              13  14                  19  20           24  25                         32
                        |
                        | Abspaltung der tert.-Butyl-Schutzgruppen
                        ↓
    ┌──────────────────────────────────────────────────────────────────────────┐
H-Cys-Ser-Asn-Leu-Ser-Thr-Cys-Val-Leu-Ser-Ala-Tyr-Trp-Arg-Asn-Leu-Asn-Asn-Phe-His-Arg-Phe-Ser-Gly-Met-Gly-Phe-Gly-Pro-Glu-Thr-Pro-NH₂
```

rocalcitonine sind lineare Peptide aus 32 Aminosäuren mit einem N-terminalen, intrachenaren 23gliedrigen Disulfid-Ring. Während sich Schweine- und Rinderhormone nur in drei Aminosäuren unterscheiden, besteht zwischen der Schweine- und Human-Sequenz ein Unterschied in 18 und zwischen der Schweine- und Lachs-Sequenz ein Unterschied in 19 Aminosäuren. Schweine-, Rinder- und Humanhormon sind mit 150–200 E/mg äquipotent. Das Lachshormon hat dagegen eine Aktivität von 2500 E/mg. Seine Wirkungsdauer ist etwa 5mal länger als die des Schweinehormons.

Biologische Wirkung: Das Thyrocalcitonin bewirkt über eine Stimulierung der Osteoblasten (Knochen-bildende Zellen) eine Deponierung von Calciumphosphat im Skelett und damit eine Erniedrigung des Calcium- und Phosphat-Spiegels im Blut. Der hypocalcämische Effekt kommt auch nach Nephrektomie und Entfernung des Gastrointestinaltraktes zustande, d. h. der Angriff findet direkt am Knochen statt. Bereits 5 ng verursachen eine Senkung des Calcium-Gehaltes um 1 mg %. Für eine entsprechende Erhöhung wird 200–400mal mehr Parathormon benötigt. Vom Thyrocalcitonin erhofft man therapeutische Erfolge bei der Osteoporose (Schwund der Knochenmasse).

Synthesen von Thyrocalcitonin: Die von RINIKER et al. (1968) publizierte Synthese des Schweinehormons wurde nach der Methode der Fragmentkondensation durchgeführt (Schema 45, S. 285). Im Vergleich zu anderen cyclischen Disulfiden (Oxytocine, Vasopressine), bei denen der Disulfid-Ring erst nach Abspaltung aller Schutzgruppen am Ende der Synthese geschlossen wird, wurde hier das N-terminale Nonapeptid als Fragment mit bereits gebildeter Disulfid-Brücke zur Kupplung eingesetzt.

2. Aglanduläre Peptid-Hormone (Gewebshormone)

Unter der Bezeichnung „Gewebshormone" werden Peptid-Wirkstoffe verstanden, die nicht von einer speziellen Drüse sezerniert, sondern aus inaktiven Vorläufern im Blutplasma (γ-Globulinfraktionen) enzymatisch freigesetzt oder in bestimmten Gewebebereichen (Magen- oder Darmschleimhaut, Zentralnervensystem) gebildet werden. Zu den Gewebshormonen werden die Peptid-Hormone des Gastrointestinaltraktes, die Angiotensine und die Plasmakinine gerechnet.

2.1. Peptid-Hormone des Magen-Darm-Traktes

In den Schleimhäuten des Magen-Darm-Traktes werden Peptide gebildet, deren Wirkungen den normalen Ablauf des Verdauungsprozesses ermöglichen. Gut untersucht sind bisher Gastrin, Secretin und Cholecystokinin-Pankreozymin.

Der Gastrointestinaltrakt enthält noch eine Reihe weiterer Peptid-Wirkstoffe, wie z. B. das Enterogastron und das aus Harn isolierbare Urogastron, die antagonistisch zum Gastrin wirken. In ihrer Struktur bekannt sind das Gastrin-Inhibitor-Peptid (GIP, 43 Aminosäure-Reste), ein vasoaktives Intestinal-Peptid (VIP, 28 Aminosäure-Reste) und ein die Motilität beeinflussendes Peptid (Motilitin, 22 Aminosäure-Reste).

2.1.1. Gastrin

60 Jahre nach der Beobachtung von EDKINS (1905), daß Extrakte der Pylorusschleimhaut eine Stimulation der Magensekretion hervorrufen, wurden durch GREGORY u. TRACY (1964) aus der Antrumschleimhaut des Magens (Schwein) zwei für diese Wirkung verantwortliche Peptide, Gastrin I und Gastrin II, isoliert. Die Strukturaufklärung durch GREGROY et al. ergab für Gastrin I ein Heptadecapeptidamid mit N-terminalem Pyroglutamyl-Rest (Schema 46). Gastrin II ist das Tyr^{12}-O-Sulfat des Gastrin I. Die Gastrine vom Menschen, Hund, Rind, Schaf und Katze sind ebenfalls Heptadecapeptide ähnlicher Sequenz. In allen Spezies wurden Gastrin I und II nachgewiesen.

Biologische Wirkung: Die Freisetzung der Gastrine unterliegt bevorzugt einer nervösen Kontrolle, zum Teil auch einem Reiz durch Acetylcholin. Diese Peptide werden in den basalen Schichten der Antrumschleimhaut gebildet und nach ihrer Sekretion über den Pfortaderkreislauf auf arteriellem Weg zum Wirkort, dem Magenfundus, transportiert. Sie bewirken eine starke Stimulation der Säuresekretion im Magen und der Enzymsekretion im Pankreas sowie eine Stimulation der Magenmotilität. Die Beeinflussung der Pepsinsekretion ist nur gering. Gastrin oder synthetische, vorzugsweise verkürzte Analoga lassen sich für diagnostische Zwecke zur Überprüfung der Magen-Darm-Funktionen verwenden.

Synthesen der Gastrine: Die von KENNER et al. und MORLEY et al. (1964–1969) durchgeführten Synthesen der Gastrine verschiedener Spezies unterscheiden sich durch die Lage der Schnittstellen und durch den Schutz der Carboxy-Funktionen der Glutaminsäure-Reste im letzten Syntheseschritt (Schema 47). Infolge einer verminderten sterischen Hinderung verliefen die Endkupplungen bei Salzbildung

288 Aglanduläre Peptid-Hormone (Gewebshormone)

Schema 46. Aminosäure-Sequenzen der Gastrine

	1				5					10					15		
Mensch	Pyroglu	Gly	Pro	Trp	Leu	Glu	Glu	Glu	Glu	Glu	Ala	Tyr	Gly	Trp	Met	Asp	Phe-NH$_2$
Schwein	Pyroglu	Gly	Pro	Trp	Met	Glu	Glu	Glu	Glu	Glu	Ala	Tyr	Gly	Trp	Met	Asp	Phe-NH$_2$
Hund	Pyroglu	Gly	Pro	Trp	Met	Glu	Glu	Ala	Glu	Glu	Ala	Tyr	Gly	Trp	Met	Asp	Phe-NH$_2$
Rind, Schaf	Pyroglu	Gly	Pro	Trp	Val	Glu	Glu	Glu	Ala	Glu	Ala	Tyr	Gly	Trp	Met	Asp	Phe-NH$_2$
Katze	Pyroglu	Gly	Pro	Trp	Met	Glu	Glu	Glu	Ala	Glu	Ala	Tyr	Gly	Trp	Met	Asp	Phe-NH$_2$

Schema 47. Synthesen von Gastrin

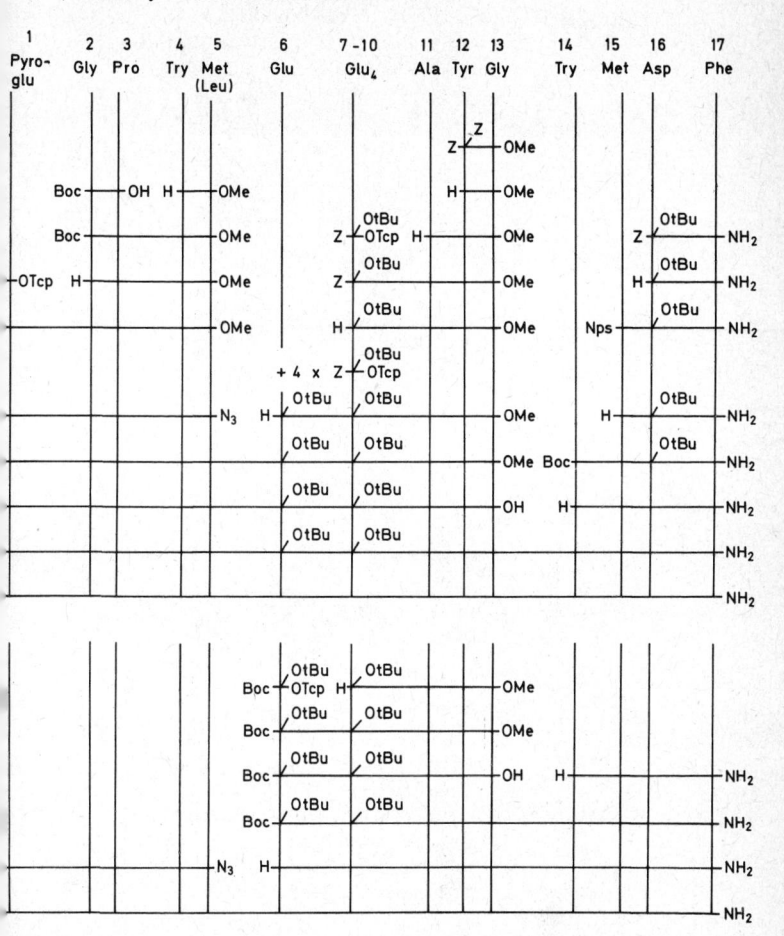

1 Pyro-glu	2 Gly	3 Pro	4 Try	5 Met (Leu)	6 Glu	7-10 Glu$_4$	11 Ala	12 Tyr	13 Gly	14 Try	15 Met	16 Asp	17 Phe
								Z—⌐Z	—OMe				
	Boc—	—OH H—	—OMe				H—	—OMe					
	Boc—			—OMe	Z—⌐OtBu⌐OTcp H—			—OMe		Z—⌐OtBu		—NH$_2$
—OTcp H—				—OMe	Z—⌐OtBu			—OMe		H—⌐OtBu		—NH$_2$
				—OMe	H—⌐OtBu			—OMe	Nps—⌐OtBu		—NH$_2$
					+ 4 × Z—⌐OtBu⌐OTcp						
		—N$_3$ H—		⌐OtBu	⌐OtBu			—OMe	H—⌐OtBu		—NH$_2$
					⌐OtBu	⌐OtBu			—OMe Boc—⌐OtBu		—NH$_2$
					⌐OtBu	⌐OtBu		—OH H—			—NH$_2$
					⌐OtBu	⌐OtBu					—NH$_2$
											—NH$_2$

					Boc—⌐OtBu⌐OTcp H—	⌐OtBu			—OMe			
					Boc—⌐OtBu	⌐OtBu			—OMe			
					Boc—⌐OtBu	⌐OtBu		—OH H—			—NH$_2$
					Boc—⌐OtBu	⌐OtBu					—NH$_2$
		—N$_3$ H—									—NH$_2$
											—NH$_2$

der ω-Carboxy-Funktionen mit besseren Ausbeuten als mit tert.-Butylester-geschützten Glutaminsäure-Resten. Eine Umwandlung des Gastrin I in Gastrin II gelang durch Reaktion mit einem Pyridin-Schwefeltrioxyd-Komplex bei pH 10.

Beziehungen zwischen Struktur und Aktivität: Bereits die C-terminale Tetrapeptid-Sequenz H-Trp-Met-Asp-Phe-NH$_2$ besitzt die physiologische Wirkung des natürlichen Hormons. Dieser Befund veranlaßte die Synthese einer Vielzahl von Analoga durch Morley et al.

Innerhalb des Tetrapeptidamids kann ein Aminosäure-Austausch des Tryptophans, Methionins oder Phenylalanins vorgenommen werden, ohne daß die Aktivität verloren geht. Eine Veränderung des Asparaginsäure-Restes bzw. zum Teil auch der C-terminalen Amid-Funktion führt jedoch immer zu einem Aktivitätsverlust.

2.1.2. Secretin

Secretin wird in der Schleimhaut (Mucosa) des Zwölffingerdarms gebildet. Es wurde 1961 von JORPES u. MUTT aus Schweinedarm in reiner Form isoliert und 1966 in der Struktur aufgeklärt. Secretin ist ein lineares Heptacosapeptid (Schema 48), das in 14 Aminosäuren mit dem Glucagon übereinstimmt.

Schema 48. Vergleich der Aminosäure-Sequenzen von Secretin und Glucagon

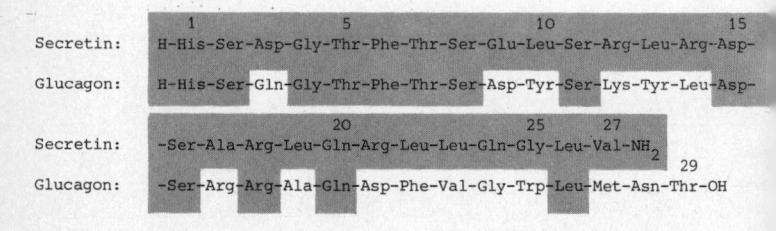

```
                  1             5              10                15
Secretin: H-His-Ser-Asp-Gly-Thr-Phe-Thr-Ser-Glu-Leu-Ser-Arg-Leu-Arg-Asp-

Glucagon: H-His-Ser-Gln-Gly-Thr-Phe-Thr-Ser-Asp-Tyr-Ser-Lys-Tyr-Leu-Asp-

                           20              25    27
Secretin: -Ser-Ala-Arg-Leu-Gln-Arg-Leu-Leu-Gln-Gly-Leu-Val-NH_2
                                                               29
Glucagon: -Ser-Arg-Arg-Ala-Gln-Asp-Phe-Val-Gly-Trp-Leu-Met-Asn-Thr-OH
```

Biologische Wirkung: Secretin wird in der Dünndarmschleimhaut durch den Übertritt des sauren Mageninhalts in das Duodenum freigesetzt. Über die Blutbahn gelangt es zum Wirkort, dem Pankreas. Es stimuliert Produktion und Abgabe eines hydrogencarbonathaltigen Pankreassekrets, wobei nur dessen Volumen, nicht aber die Enzymmenge erhöht wird (s. Cholecystokinin-Pancreozymin). Durch Secretin findet auch eine Erhöhung des Galleflusses statt. Es kann zur Pankreasfunktionsprüfung verwendet werden.

Synthese von Secretin: Das Secretin mit 27 Aminosäuren ist die längste Peptid-Kette, die ausschließlich schrittweise aufgebaut wurde (BODANSZKY et al. 1967). Zur Kupplung wurde die Methode der aktivierten Ester verwendet. Der Schutz der α-Amino-Funktion erfolgte mit der Benzyloxycarbonyl-Gruppe, im späteren Verlauf der Synthese mit der tert.-Butyloxycarbonyl-Gruppe. Ein vollwirksames Produkt wurde auch durch Fragmentkondensation der Partialsequenzen 9–13 und 14–27 und weitere Kettenverlängerung mit 5–8 und 1–4 erhalten.

2.1.3. Cholecystokinin-Pancreozymin

IVY u. OLDBERG haben den Namen Cholecystokinin für eine in Rohextrakten der Intestinalmucosa vorkommende Substanz vorgeschlagen, die die Kontraktion der Gallenblase anregt und damit den Gallefluß erhöht. 15 Jahre später wurde von HAPER und RAPER in gleichen Extrakten die Existenz eines Pancreozymin beschrieben, das die Enzymsekretion aus den Pankreasacini stimuliert und den Enzymgehalt erhöht. 1964 gelang JORPES et al. der Nachweis, daß beide Aktivitäten durch *ein* Peptid hervorgerufen werden, für das die Bezeichnung Cholecystokinin-Pancreozymin vorgeschlagen wurde. Das aus 33 Aminosäure-Resten bestehende Peptid-Horman (MUTT u. JORPES 1968, Schema 49) hat im C-terminalen Bereich eine auffallende Übereinstimmung mit den entsprechenden Sequenzen des Gastrins (s. S. 287)

Schema 49. Aminosäure-Sequenz des Cholecystokinin-Pankreozymin und Vergleich mit Gastrin und Caerulein

Cholecystokinin - Pancreozymin:

Lys—Ala—Pro—Ser—Gly—Arg—Val—Ser—Met—Ile—Lys—Asn—Leu—Gln—Ser—Leu—
1   5   10   15

—Asp—Pro—Ser—His—Arg—Ile—Ser—Asp—Arg—Asp—Tyr(SO_3H)—Met—Gly—Trp—Met—Asp—Phe—NH_2
             20   25   30

C-terminales
Decapeptid von   —Glu—Glu—Glu—Ala—Tyr(SO_3H)———Gly—Trp—Met—Asp—Phe—NH_2
Gastrin I

Caerulein   Pyr—Glu—Asp—Tyr(SO_3H)—Thr—Gly—Trp—Met—Asp—Phe—NH_2

und Caeruleins (s. S. II, 8). Das C-terminale Dodecapeptid des Cholecystokinin-Pancreozymin synthetisierten ONDETTI et al. (1970). Es zeigt alle biologischen Eigenschaften des natürlichen Hormons. Das nicht sulfonierte Peptid hat nur 1/300 der Aktivität der sulfonierten Sequenz.

2.2. Angiotensine

Durch Einwirkung von Renin, eines in den juxtaglomerulären Zellen der Niere gebildeten und in die Blutbahn abgegebenen proteolytischen Enzyms, wird aus einem im Plasma vorhandenen Protein der α_2-Globulin-Fraktion, dem Angiotensinogen, unter Spaltung einer Leu-Leu-Bindung ein biologisch inaktives Decapeptid, das Angiotensin I, freigesetzt (Schema 50). Unter dem Einfluß eines ebenfalls im

Schema 50. Das Renin/Angiotensin-System

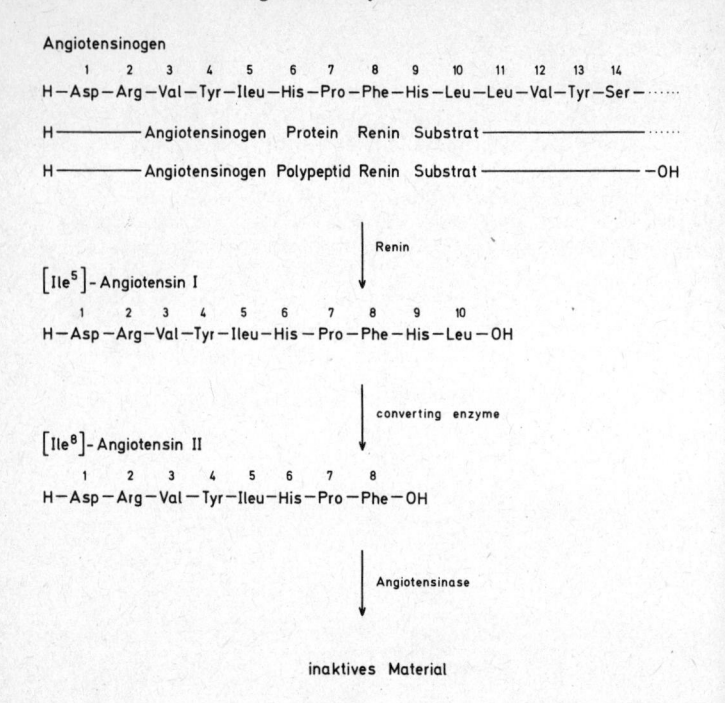

Angiotensinogen

```
   1    2    3    4    5    6    7   8    9   10   11  12  13   14
H—Asp—Arg—Val—Tyr—Ileu—His—Pro—Phe—His—Leu—Leu—Val—Tyr—Ser— ......

H————————Angiotensinogen Protein Renin Substrat———————— ......

H————————Angiotensinogen Polypeptid Renin Substrat————————————OH
```

$\downarrow$ Renin

[Ile^5]- Angiotensin I

```
   1    2    3    4    5   6    7   8    9   10
H—Asp—Arg—Val—Tyr—Ileu—His—Pro—Phe—His—Leu—OH
```

$\downarrow$ converting enzyme

[Ile^8]- Angiotensin II

```
   1    2    3    4   5    6   7    8
H—Asp—Arg—Val—Tyr—Ileu—His—Pro—Phe—OH
```

$\downarrow$ Angiotensinase

inaktives Material

Plasma vorkommenden „converting enzyme" wird aus dem Angiotensin I durch Abspaltung des C-terminalen Dipeptids H-His-Leu-OH der biologisch aktive Wirkstoff Angiotensin II gebildet. Nach tryptischem Abbau einer Globulin-Fraktion konnte eine Partialsequenz des Angiotensinogens, das „Polypeptid-Renin-Substrat" (ein Tetradecapeptid), isoliert, in seiner Struktur aufgeklärt und synthetisiert werden (SKEGGS 1958). Ile^5-Angiotensin I und II wurden aus Pferde-, Schweine- und Humanplasma, ein Val^5-Angiotensin I aus Rinderplasma gewonnen (SKEGGS et al. bzw. ELLIOTT et al. 1956; ARAKAWA et al. 1967).

Biologische Wirkung: Angiotensin II ist die stärkste heute bekannte blutdrucksteigernde Substanz. Durch eine direkte Wirkung auf die Nebenniere stimuliert es die Aldosteronproduktion. Bei normalem Blutdruck und bei erhöhtem Blutdruck hemmt Angiotensin II die tubuläre Natriumrückresorption. Es besitzt ferner eine starke Wirkung auf die glatte Muskulatur von Darm und Uterus, die jedoch ohne physiologische Bedeutung ist. Die physiologische Rolle des Renin-

Angiotensin-Systems für die Blutdruckregulation und beim renalen Hochdruck (erhöhter Renin-Plasmaspiegel bei Nierenerkrankungen) ist im einzelnen noch wenig geklärt.

Therapeutisch findet Angiotensin II bei postoperativem Kreislaufkollaps zur Wiederherstellung des normalen Blutdrucks Anwendung.

Synthese der Angiotensine: Die 1957/58 von SCHWYZER et al. durchgeführten Synthesen von Ile^5- und Val^5-Angiotensin II bzw. von Val-^{5}-Angiotensin I (bzw. der entsprechenden Asn^1-Analoga) gehören neben den Oxytocin- und Vasopressinsynthesen von DU VIGNEAUD zu den ersten Erfolgen in der Chemie der Peptid-Wirkstoffe. Als Beispiele sind in Schema 51 die Synthesen von Ile^5-Angiotensin II

Schema 51. Synthese von Angiotensin I und II

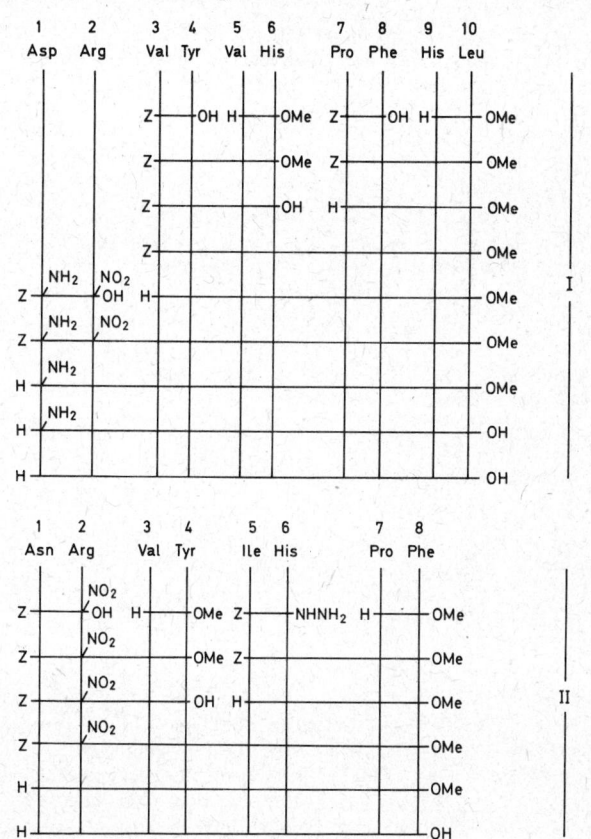

und Val⁵-Angiotensin I aufgeführt. Bei späteren Synthesen dieser Verbindungen und Analoga wurde nach der Strategie der Fragmentkondensation oder der schrittweisen Methode und nach der Solid-Phase-Methode gearbeitet.

Beziehungen zwischen Struktur und Aktivität: Etwa 200 Analoga der Ile⁵- und Val⁵-Angiotensine ermöglichen folgende Struktur-Aktivitätsbeziehung abzuleiten: Die β-Carboxy-Gruppe des Asp¹-Restes kann als Amid-Gruppe vorliegen, ohne daß ein Wirkungsverlust eintritt. Ein Austausch des Asp¹-Restes gegen Glutaminsäure, Glutamin oder Pyroglutaminsäure führt zu vollaktiven Derivaten; ein Austausch gegen Glycin oder sogar ein Fehlen des Asp¹-Restes liefert Verbindungen mit 30–50 % der Aktivität des natürlichen Wirkstoffes. Wirkungssteigerungen wurden mit [D-Asp¹]-, [D-Asn¹] Angiotensin und mit Octapeptiden erzielt, bei denen der Asp¹- bzw. ein D-Asp¹-Rest über die β-Carboxy-Gruppe mit der restlichen Peptid-Kette verknüpft ist. Die höhere Aktivität bei diesen Derivaten wird auf einen verminderten Abbau durch Aminopeptidasen zurückgeführt. Das erklärt auch eine protrahierte Wirkung der Verbindungen. Bei Blockierung der Guanido-Gruppe des Arg²-Restes durch eine Nitro-Gruppe tritt nur ein geringer Wirkungsverlust ein. Aktivitäten von 20 % wurden bei einem Austausch des Arg²-Restes durch Lysin und Ornithin nachgewiesen. Die C-terminale Carboxy-Gruppe des Angiotensins darf nicht substituiert sein. Veränderungen der Positionen 3 und 5 sind ohne größeren Wirkungsverlust möglich. Der His⁶-, Pro⁷- und Phe⁸-Rest scheinen für die biologische Aktivität essentiell zu sein. Inhibitorwirkung konnte für Angiotensin II-Analoga nachgewiesen werden, die in Position 8 anstelle des Phenylalanins Tyrosin oder eine aliphatische Aminosäure (Alanin, Isoleucin) haben.

2.3. Plasmakinine (Bradykinin-Gruppe)

1925 entdeckte FREY im Harn eine hochmolekulare, blutdrucksenkende Substanz, die im Pankreas gebildet wird und als Kallikrein bezeichnet wurde. 1936 fand WERLE, daß Kallikrein als Enzym bei Einwirkung auf das Serum als Substrat eine Substanz freisetzt, die eine starke Blutdrucksenkung hervorruft und auf den isolierten Meerschweinchendarm eine kontrahierende Wirkung ausübt. Sie wurde Kallidin und das Kallikrein-Substrat entsprechend Kallidinogen genannt. ROCHA E SILVA wies 1949 durch Behandlung von Serum mit Schlangengift (Bothrops jararaca) oder Trypsin eine weitere blutdrucksenkende Substanz, das Bradykinin, nach. Bradykinin und Kallidin stammen aus demselben Substrat im Plasma (WERLE 1950). Durch Isolierung und Strukturaufklärung von Bradykinin (ELLIOTT et al.

1961) und Kallidin (WERLE et al. bzw. PIERCE u. WEBSTER 1961) wurde geklärt, daß es sich um zwei ähnliche Substanzen handelt. Bradykinin ist ein lineares Nonapeptid (Kinin-9), Kallidin ein Decapeptid (Kinin-10, Lysyl-Bradykinin). Nach Verdünnen von Plasma wird neben Kallidin und Bradykinin ferner spontan ein Methionyl-Lysyl-Bradykinin (Kinin-11) (ELLIOTT 1963) freigesetzt (Schema 52).

Kallikreine kommen im Organismus als Organ-Kallikreine (Kallikreine des Pankreas, der Niere, der Mundspeicheldrüse, der Lunge, des Darmes sowie als Harn- und Plasma-Kallikreine vor. Die aus den unterschiedlichen inaktiven Vorstufen (Praekallikreine, Kallikreinogene) im Blut und Pankreas entstehenden Kallikreine unterscheiden sich durch ihre Spezifität. So hydrolysiert Plasma-Kallikrein eine Lysyl-arginyl-Bindung unter Bildung von Bradykinin, Pankreas-Kallikrein dagegen eine Methionyl-Lysyl-Bindung unter Bildung von Kallidin. Die Aktivierung des Praekallikreins ist ein proteolytischer Vorgang (Trypsin, Plasmin). Kallikreine sind Glykoproteine. Ein Pankreas-Kallikrein-Präparat enthält nach WERLE 288 Aminosäuren, 6—7 Glucosamin- und 7 Hexose-Reste. Kallikreine können durch natürliche Inhibitoren gehemmt werden. Aus Rinderorganen (Parotis, Leber, Milz, Lunge, Niere, Lymphknoten) konnte ein Kallikrein-Inhibitor isoliert und kristallisiert werden, der in seiner Sequenz (ANDERER et al. bzw. LASKOWSKI et al. 1965) mit dem Trypsin-Inhibitor von KUNITZ u. NORTHROP (1936) identisch ist s. S. II, 51).

Die biologisch inaktive Vorstufe, aus der durch Trypsin oder Kallikrein (Kininogenasen) die Kinine freigesetzt werden, ist das im Serum vorhandene Kininogen (früher als Bradykininogen und Kallidinogen differenziert).

Ähnlich wie Praekallikrein und Kininogen unterliegen auch die Kinine selbst einem biologischen Fließgleichgewicht, d. h. nach ihrer Bildung einem enzymatischen Abbau zu inaktiven Produkten. Diese Kinin-abbauenden, im Blut und Gewebe vorkommenden Enzyme werden Kininasen genannt (s. Schema 52).

Biologische Wirkung: Die pharmakologischen Wirkungen der verschiedenen Kinine unterscheiden sich nur quantitativ (Tab. 7). Die Wirkungen setzen unmittelbar ein und klingen infolge eines raschen Abbaues durch Kininasen sehr schnell ab. Die wichtigste Eigenschaft der Kinine ist die Erweiterung der Arteriolen und Kapillaren mit einer verbesserten Durchblutung von Haut, Muskulatur, Gehirn, Lunge und Coronargefäßen. Die Durchblutung der Niere und die Diurese werden gesteigert, die Natrium-, Chlorid- und Kalium-Ausscheidungen erhöht. Durch intracutane Injektion wird die Kapillarpermeabilität vergrößert.

In vitro tritt eine Darm- und Uterus-kontrahierende Wirkung auf. In vivo besteht eine wesentlich geringere Empfindlichkeit dieser Organe. Auf die Basis einer Kantharidenblase beim Menschen appliziert, lösen Kinine bereits mit 100 μg/ml eine Schmerzreaktion aus.

Über die physiologische Rolle des Kinin-Systems (der Kallikreine-Kinine) herrscht noch keine völlige Klarheit. Die Kallikreine in Pankreas, Niere,

296 Aglanduläre Peptid-Hormone (Gewebshormone)

Schema 52. Das Kallikrein/Kinin-System

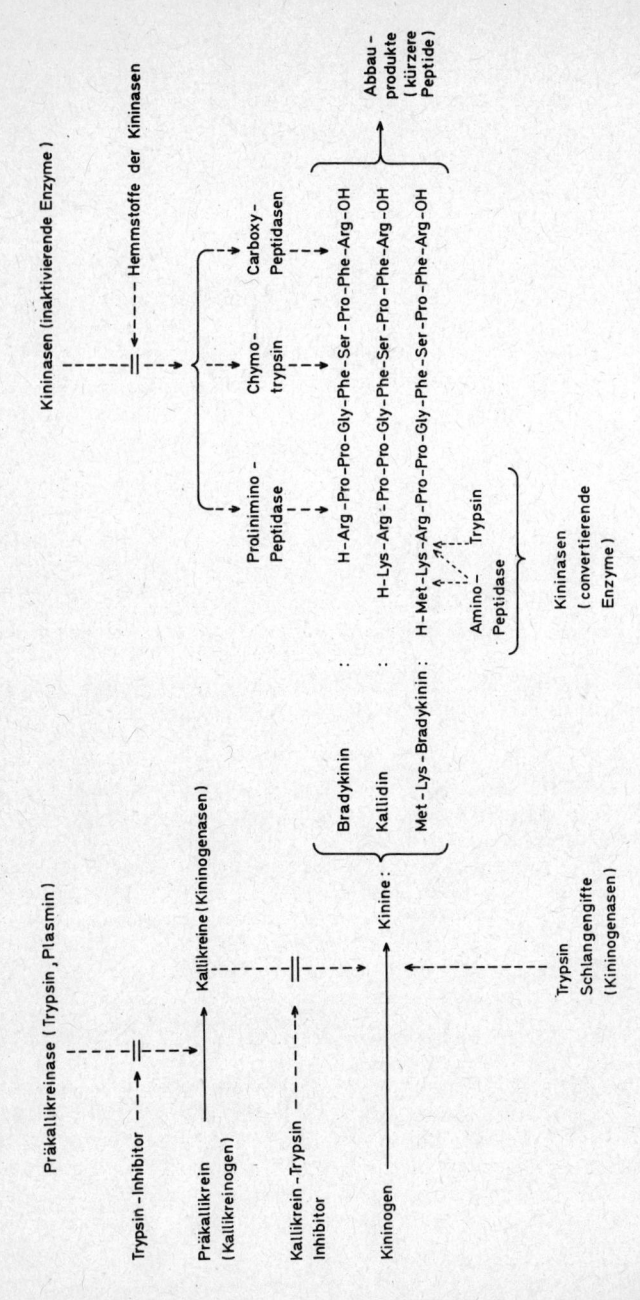

```
Trypsin-Inhibitor ----‖--→  Präkallikreinase (Trypsin, Plasmin)
                                    ↓
Präkallikrein                  Kallikreine (Kininogenasen)
(Kallikreinogen)
                                    ↓
Kallikrein-Trypsin- ----‖--→
Inhibitor
                                    ↓
Kininogen          ←----  Trypsin
                          Schlangengifte
                          (Kininogenasen)

                   Kinine:  Bradykinin      : H–Arg–Pro–Pro–Gly–Phe–Ser–Pro–Phe–Arg–OH
                            Kallidin        : H–Lys–Arg–Pro–Pro–Gly–Phe–Ser–Pro–Phe–Arg–OH
                            Met-Lys-Bradykinin : H–Met–Lys–Arg–Pro–Pro–Gly–Phe–Ser–Pro–Phe–Arg–OH
                                                        ↑ Trypsin
                                                   Amino-
                                                   Peptidase
                                                                    Kininasen
                                                                    (convertierende
                                                                    Enzyme)

Hemmstoffe der Kininasen ----‖--→  Kininasen (inaktivierende Enzyme)
                                    ↓
                          Prolinimino-   Chymo-    Carboxy-
                          Peptidase      trypsin   Peptidasen
                                    ↓        ↓        ↓
                                         Abbau-
                                         produkte
                                         (kürzere
                                         Peptide)
```

Tabelle 7. Relative biologische Aktivität der Kinine (Bradykinin = 100)

Testobjekt	Kallidin	Met–Lys–Bradykinin
Isol. Meerschweinchenileum	33 ±8	25–35
Isol. Rattenduodenum	50	25
Isol. Rattenuterus	60	25–35
Blutdruck Katze	60 ±12	25–30
Blutdruck Kaninchen	190 ±40	200–300
Blutdruck Ratte	330 ±80	–
Kapillarpermeabilität	100	–
Bronchokonstriktion	30–35	25

Mundspeicheldrüse, Darm haben vermutlich nur eine örtlich begrenzte Bedeutung (z. B. Adaptierung der Durchblutung an besondere lokale Erfordernisse, Beteiligung bei Resorptionsvorgängen im Darm). Die Plasma-Kallikreine beeinflussen den Gesamtorganismus (Regulierung der Durchblutung in verschiedenen Gefäßgebieten und der Kapillarpermeabilität). Bei pathophysiologischen Prozessen wie z. B. entzündlichen Reaktionen, anaphylaktischem und traumatischem Schock, rheumatischen Erkrankungen, Allergien, Asthma, Migräne, Schmerzreaktionen bei Entzündungen und schließlich den Vorgängen bei der Pankreatitis wurde eine Beteiligung des Kininsystems nachgewiesen bzw. diskutiert.

Synthesen der Kinine: Bradykinin wurde von BOISSONNAS et al. (1960) durch Fragmentkondensation, von NICOLAIDES und DE WALD mit Benzyloxycarbonyl-aminosäure-4-nitro-phenylestern nach der schrittweisen Methode erhalten. Für die Synthese des Kallidins wurde von PLESS et al. auf das vollgeschützte Bradykinin zurückgegriffen und nach Decarbobenzoxylierung mit HBr/Eisessig mit α, ε-Dibenzyloxycarbonyl-lysin-4-nitro-phenylester das geschützte Decapeptid aufgebaut, aus dem durch katalytische Hydrierung das freie Decapeptid gewonnen wurde. Die Synthese des Methionyl-lysyl-bradykinins gelang durch Umsetzung von Boc-L-Met-L-Lys(Boc)-azid mit Bradykinin-Dihydrochlorid.

Beziehungen zwischen Struktur und Aktivität: Die im wesentlichen von den Peptid-Arbeitsgruppen BODANSZKY et al. NICOLAIDES et al., SCHRÖDER et al., STEWART et al. und STUDER et al. (1961–1967) durchgeführten Synthesen der etwa 200 Analoga der Plasmakinine erbrachten folgende Kenntnisse: Die terminalen Arginin-Reste können durch Lysin oder Citrullin unter Erhalt einer relativ hohen Aktivität ausgetauscht werden. Daß die Basizität nicht allein ausschlaggebend ist, zeigt eine nur geringe Aktivität der [Orn¹]- und [Orn⁹]-Derivate. Der Austausch der Arginin-Reste gegen neutrale Aminosäuren führt zum Verlust der Wirkung. Dem Arg^1-Rest scheint eine größere Bedeutung als dem Arg^9-Rest zuzukommen. Durch Substitution des Phe^8-Restes mit einer Fluor- oder Trifluormethyl-Gruppe, ja sogar durch Einbau eines D-Phenylalanin-Restes wird ein Erhalt, zum Teil eine geringe Steigerung der Wirkung beobachtet. Veränderungen in Position 6 können ohne bedeutenden Wirkungsverlust durchgeführt werden, wie der Ersatz des Serin-Restes gegen Glycin, Alanin und Threonin zeigt. Ein Austausch der Pro^2-, Pro^3- und Pro^7-Reste gegen Sarcosin ergab aktive Derivate, wobei die Aktivität in der Reihe Sar^3⟩ Sar^2⟩ Sar^7 abfällt. Das Depsipeptid-Analogon 6-Glycin, [8-Phenylmilchsäure]-Bradykinin löst am Kaninchen bei doppelter Aktivität einen 2–3mal länger dauernden Depressoreffekt aus. Dieser Befund wird auf eine durch den Austausch Amid- gegen Ester-Bindung erklärbare 20–35% geringere Abbaurate des Peptids durch Kaninchenserum-Kininase zurückgeführt. Verkürzung des Bradykinin-Moleküls am N- oder C-Terminus bedeutet einen Aktivitätsverlust.

Analoga des Kallidins und Met-Lys-Bradykinins entsprechen in ihrer Wirksamkeit etwa den Bradykinin-Analoga. Eine 2–10mal höhere Aktivität konnte bei einigen Analoga des Met-Lys-Bradykinins gefunden werden, bei denen das N-terminale Methionin gegen andere Aminosäuren, z. B. Lysin oder Phenylalanin ausgetauscht wurde.

2.4. Substanz P

Bereits 1931 beschrieben EULER und GADDUM eine darmerregende und blutdrucksenkende Substanz, die aus Dünndarmmuskulatur oder aus dem Gehirn isoliert werden kann. Jedoch gelang es erst CHANG und LEEMAN (1970, 1971), aus Rinderhypothalami einen Peptid-Wirkstoff zu isolieren und in der Struktur aufzuklären (Schema 53). Seine biologischen Wirkungen waren qualitativ und in ihrer Relation zueinander von denen früherer Substanz P-Präparate nicht zu unterscheiden. Das gleiche Peptid konnte auch aus anderen Teilen des Gehirns isoliert werden.

Schema 53. Aminosäure-Sequenz von Substanz P und Vergleich mit den Sequenzen von Physalaemin und Eledoisin

Substanz P: H–Arg–Pro–Lys–Pro–Gln–Gln–Phe–Phe–Gly–Leu–Met–NH$_2$
Physalaemin: Pyroglu–Ala–Asp–Pro–Asn–Lys–Phe–Tyr–Gly–Leu–Met–NH$_2$
Eledoisin: Pyroglu–Pro–Ser–Lys–Asp–Ala–Phe–Ile–Gly–Leu–Met–NH$_2$

Substanz P zeigt die typischen Kinin-Wirkungen, Stimulation der glatten Muskulatur und eine durch Vasodilatation bedingte Blutdrucksenkung. Darüber hinaus wird eine speichelflußerregende (sialagoge) Wirkung beobachtet. Das Peptid ist damit nicht nur in seiner Struktur, sondern auch in dem biologischen Verhalten dem Eledoisin bzw. Physalaemin sehr ähnlich. Sein Vorkommen in verschiedenen Bereichen des Gehirns läßt eine allgemeine neurale Funktion vermuten.

Substanz P wurde von TREGEAR et al. (1971) nach der Solid Phase-Methode ausgehend von einem Benzhydrylamin-Polymeren synthetisiert. Schutzgruppenabspaltung mit Fluorwasserstoff lieferte direkt das Peptidamid.

3. Beziehungen zwischen Struktur der Peptid-Wirkstoffe und ihren biologischen Wirkungen

Zur Kenntnis der Beziehungen zwischen Struktur und biologischer Aktivität sind die biologischen Daten von möglichst vielen Abwandlungen des betreffenden Wirkstoffes erforderlich. Dazu kann der aus natürlichen Quellen isolierte Wirkstoff modifiziert werden. Dieser Weg setzt voraus, daß ausreichende Substanzmengen zugänglich sind, daß die Veränderungen selektiv und unter analytischer Kontrolle durchgeführt werden können und daß vor der biologischen Auswertung der modifizierte Wirkstoff in reiner Form isolierbar ist. Da diese Voraussetzungen fast nie vollständig erfüllt sind, werden auf diese Weise nur sehr bedingt Erkenntnisse zu erwarten sein. Darüber hinaus sind bei Peptid-Wirkstoffen und Proteinen die strukturellen Veränderungen auf einen partiellen Abbau oder eine selektive Spaltung der Peptid-Kette und auf die Modifizierung funktioneller Gruppen beschränkt (Tab. 8). Trotzdem ist dieser Weg in den Fällen, wo der Wirkstoff nicht synthetisch zugänglich ist, der einzige Anhaltspunkt, Auskünfte über die für eine biologische Wirkung essentiellen Teile des Moleküls zu erhalten.

Wesentlich aussagekräftiger ist die gezielte Synthese von Analoga. Im Gegensatz zur Modifizierung sind hierbei die Variationsmöglichkeiten vielfältiger (Tab. 8). In den letzten 20 Jahren sind fast 50 native Peptid-Wirkstoffe und mehr als 1000 Analoga dieser Wirkstoffe zugänglich gemacht worden. Dabei lag der Schwerpunkt auf dem Gebiet der Peptid-Hormone. Weiterhin wurden Amphibien-Peptide und Antibiotika eingehender untersucht. Mit den Ergebnissen konnten physiologische, pharmakologische, biochemische und molekularbiologische Kenntnisse der Peptid-Wirkstoffe erweitert werden. Ein weiteres Ziel der Bemühungen waren Derivate, die im Vergleich zum natürlichen Wirkstoff verbesserte Eigenschaften haben oder die bei gleichen Eigenschaften synthetisch leichter zugänglich sind. Neben

Tabelle 8. Möglichkeiten zur Darstellung von Peptidwirkstoffanaloga

I. Modifizierung der nativen Wirkstoffe
1. Partieller Abbau mit spezifischen proteolytischen Enzymen
   a) mit Exopeptidasen
   b) mit Endopeptidasen
2. Partieller Abbau durch spezifische chemische Spaltungen
3. Selektive Modifizierung funktioneller Gruppen
   a) Substitution
   b) Eliminierung
   c) Überführung in eine andere

II. Totalsynthese von Analoga
1. Veränderung der Kettenlänge
   a) terminal verkürzte oder verlängerte Sequenzen
   b) durch Weglassen oder Einfügen von Aminosäuren innerhalb der Peptid-Kette verkürzte oder verlängerte Sequenzen
2. Selektive Modifizierung funktioneller Gruppen
   a) Substitution
   b) Eliminierung
   c) Überführung in eine andere
   d) Einführung neuer funktioneller Gruppen
3. Austausch von Aminosäuren
   a) Austausch gegen eine isostere Aminosäure
   b) Austausch gegen eine isofunktionelle Aminosäure
4. Veränderung der sterischen Konfiguration
5. Modifizierung des Peptid-„backbone".

einem rein empirischen Vorgehen und vielen Zufallsbefunden sind Molekülveränderungen oft nach einem rationalen Konzept (Drug Design) durchgeführt worden.

Die vielfältigen Ergebnisse über Beziehungen zwischen Struktur und Aktivität lassen sich in den folgenden Punkten zusammenfassen:

Das biologische Profil eines Peptid-Wirkstoffes läßt sich zur Zeit noch nicht an seiner Aminosäure-Sequenz erkennen. Wirkstoffe mit unterschiedlichen Sequenzen können qualitativ gleiche biologische Wirkungen haben, ebenso wie Wirkstoffe mit sehr ähnlichen Sequenzen durchaus unterschiedliche Wirkungen haben können.

Die biologische Aktivität eines Peptid-Wirkstoffes ist nicht an die originale Sequenz gebunden. Von fast allen Wirkstoffen sind Analoga bekannt, die bei zum Teil wesentlichen Veränderungen die volle biologische Aktivität haben.

Die Struktur jedes Peptid-Wirkstoffes kann aber auch so verändert werden, daß die biologischen Eigenschaften nicht mehr mit denen des originalen Moleküls übereinstimmen. Abhängig davon, wo und wie modifiziert wird, sind nicht nur Abschwächung oder Verlust, sondern auch Verstärkung oder Verlängerung der Aktivität oder eine Dissoziation der Wirkungen gefunden worden.

Fast immer können die für die biologische Wirkung erforderlichen aktiven Zentren (active sites) angegeben und oft auch von den Bereichen des Moleküls unterschieden werden, die für den Transport, für die Bindung an den Receptor (binding sites) oder für die immunologischen Eigenschaften verantwortlich sind.

Im folgenden sollen die Abwandlungen, die bei den einzelnen Peptid-Wirkstoffen zu vergleichbaren oder auch zu sehr unterschiedlichen Veränderungen der biologischen Aktivität geführt haben, zusammenfassend betrachtet werden.

3.1. Veränderungen der Kettenlänge

Von den meisten Peptid-Wirkstoffen liegen Angaben über die für die biologische Aktivität erforderlichen Kettenlängen vor (Tab. 9). Darüber hinaus sind in vielen Fällen biologische Daten verlängerter Sequenzen vorhanden.

Tabelle 9. Einfluß der Kettenlänge auf die biologische Aktivität

Peptid-Wirkstoffe mit biologisch aktiven N-terminalen Partialsequenzen	Peptid-Wirkstoffe mit biologisch aktiven C-terminalen Partialsequenzen	Peptid-Wirkstoffe, die für die volle biologische Aktivität die vollständige Sequenz erfordern
ACTH	Gastrin	Bradykinin
Parathormon	Secretin	Oxytocin
	Cholecystokinin-	Vasopressin
	Pancreozymin	Calcitonin
	Eledoisin	
	Angiotensin	
	Physalaemin	

3.1.1. Verkürzung der Peptid-Kette am N- und C-Terminus

Nur bei einigen Peptid-Wirkstoffen ist eine Verkürzung der Sequenz ohne Verlust der Aktivität ausgeschlossen (Thyrocalcitonin, Oxytocin, Vasopressin, Bradykinin). Sehr oft sind bereits Teilsequenzen, häufig sogar relativ kurzkettige, biologisch wirksam.

Das klassische Beispiel für die C-terminale Verkürzung eines Peptid-Hormons unter Erhalt der biologischen Aktivität ist das ACTH, das bereits als Tricosa- bzw. Tetracosapeptid die volle Wirksamkeit des natürlichen Nonatriacontapeptids zeigt (s. S. 244). Ein zweites Peptid-Hormon, bei dem ein großer C-terminaler Bereich nicht essentiell ist, ist das Parathormon (s. S. 281). Auffallend ist, daß fast alle Wirkstoffe mit C-terminalem Amid (Gastrin, Secretin, Calcitonin, Oxytocin, Vasopressin, Eledoisin) ihre Wirkung bei Spaltung der Amid-Bindung verlieren.

Zu den Verbindungen, die im N-terminalen Bereich entbehrliche Aminosäuren haben, gehören Gastrin, Cholecystokinin-Pancreozymin und das Eledoisin. Vom Gastrin (17 Aminosäuren) ist nur die C-terminale Tetrapeptid-Sequenz für die biologische Aktivität erforderlich (s. S. 287). Vom Cholecystokinin-Pancreozymin (33 Aminosäuren) ist bereits ein C-terminales Dodecapeptid wirksam. Für das Undecapeptid Eledoisin genügt die C-terminale Heptapeptid-Sequenz für die volle biologische Aktivität. Am Angiotensin kann der N-terminale Asparaginsäure-Rest ohne größeren Wirksamkeitsverlust entfernt werden. Ein Beispiel für den Erhalt der biologischen Funktion bei Entfernung N- und C-terminaler Aminosäuren ist das α-MSH. Hier besitzt die mittelständige Heptapeptid-Sequenz 5–11 noch einen Einfluß auf die Melanophoren.

3.1.2. Verlängerung der Peptid-Kette am N- und C-Terminus

Eine Reihe von Peptid-Wirkstoffen wird aus Vorstufen durch eine enzymatische Spaltung freigesetzt. Diese Vorstufen (Proinsulin, s. S. 269, Angiotensinogen, s. S. 292, Kininogen, s. S. 296) können als N- oder C-terminal verlängerte Analoga angesehen werden. Aufgrund ihrer Aufgabe als Speicher- oder Depot-Form sind sie biologisch nicht oder nur schwach aktiv.

Am N-Terminus um ein bzw. zwei Aminosäuren verlängerte Bradykinine sind Kallidin bzw. Met-Lys-Bradykinin. Sie sind in ihrem biologischen Verhalten qualitativ vom Bradykinin nicht unterscheidbare, natürlich vorkommende Analoga mit anderer Kettenlänge. Ein N-terminal um 9 Aminosäuren verlängertes Bradykinin, das Polisteskinin (s. S. II, 111), und ein C-terminal um zwei Aminosäuren verlängertes Bradykinin, das Phyllokinin (s. S. II, 10), sind zwei weitere native, bradykininartige Analoga.

Die Hormone der α- und β-Melanotropin/Corticotropin/Lipotropin-Gruppe sind formal Analoga eines für die Wirkung essentiellen „Core". So können α- und β-MSH als über das aktive Zentrum Met-Glu-His-Phe-Arg-Trp-Gly verlängerte Analoga mit gleicher Wirkung angesehen werden. In den links und rechts vom aktiven Zentrum angeordneten Aminosäuren lokalisieren sich lediglich Artspezifitäten. Das Human-β-MSH mit 22 Aminosäuren trägt im Vergleich zum β-MSH vom Affen am N-Terminus weitere 4 Aminosäuren. Die Verlängerung des α-MSH am C-Terminus mit den ACTH-spezifischen Aminosäuren bei gleichzeitiger Entfernung des N-terminalen Acetyl-Restes reduziert den melanocytenstimulierenden und erhöht den adrenocorticotropen Effekt. Während die MSH-Aktivität vom Hexadecapeptid ab konstant bleibt, erreicht die ACTH-Aktivität erst bei einer Kettenlänge von 23–24 Aminosäuren die volle Stärke (s. S. 244). Die Verlängerung des humanen β-MSH am N-Terminus mit den Aminosäuren des Lipotropins verschiebt die biologische Wirkung in Richtung auf eine lipolytische Funktion.

3.1.3. Einfügung oder Entfernung spezieller Aminosäuren innerhalb der Peptid-Kette

Verlängerungen oder Verkürzungen der Aminosäure-Sequenz durch Eingriffe innerhalb der Peptid-Kette wurden am ACTH, Angiotensin, Bradykinin, Oxytocin oder Vasopressin bearbeitet. Bei diesen Verbindungen tritt ein starker Abfall der biologischen Aktivität ein. Offenbar sind die Veränderungen ein so drastischer Eingriff in die Konformation des Moleküls, daß die räumliche Anordnung nicht mehr der Topographie von Wirkungszentrum und Bindungszentren des Receptors entspricht.

3.2. Veränderungen an individuellen Aminosäuren

3.2.1. Systematischer Aminosäure-Austausch

Ein Weg, den „Wert" der einzelnen Aminosäuren in einem Peptid-Wirkstoff zu beurteilen, besteht in der Synthese von Analoga, bei denen nacheinander alle Positionen des Wirkstoffes jeweils durch ein und dieselbe Aminosäure ersetzt werden. So wurden z. B. alle 9 möglichen Alanin-Analoga des Bradykinins synthetisiert und für den Einfluß der einzelnen Aminosäuren auf die biologische Aktivität folgende Reihe abgeleitet:

$Pro^7 \rangle Phe^8 \rangle Arg^1 \rangle Arg^9 \rangle Phe^5 \rangle Gly^4 \rangle Pro^2 \rangle Pro^3 \rangle Ser^6$

Dieser Befund zeigt den essentiellen Charakter des Pro^7- und Phe^8-Restes und die größere Wichtigkeit des Arg^1-Restes gegenüber dem Arg^9-Rest. Die volle biologische Aktivität von [Ala^3]-und [Ala^6]-Bradykinin beweist den für die Wirkung nur geringen Wert des Pro^3- und Ser^6-Restes. Ein Austausch der Prolin-Reste gegen Sarcosin liefert in Analogie zu den Alanin-Derivaten ebenfalls die Reihenfolge $Pro^7 \rangle Pro^2 \rangle Pro^3$. Infolge der größeren Ähnlichkeit von Prolin/Sarcosin als von Prolin/Alanin besitzen die Sarcosin-Derivate jedoch eine höhere spezifische Aktivität als die Alanin-Derivate.

Auch für das Angiotensin liegen Alanin-Analoga vor, aus denen für die Bedeutung der Aminosäuren 3–8 die Reihenfolge His^6⟩ Pro^7⟩ Phe^8⟩ Tyr^4⟩ Ile^5⟩ Val^3 abgeleitet werden kann (BUMPUS et al. 1961–1971).

3.2.2. Modifikation terminaler Amino- oder Carboxy-Gruppen

Substitution und Entfernung der terminalen Amino-Gruppen lieferte bei den einzelnen Peptid-Wirkstoffen ein sehr unterschiedliches Ergebnis. Im allgemeinen wird durch Substitution der N-terminalen Amino-Gruppe die biologische Aktivität reduziert oder sogar aufgehoben (ACTH, Bradykinin, Oxytocin, Vasopressin). Im Gegensatz dazu führt ein Wegfall der N-terminalen Amino-Gruppe (Desamino-Analoga) fast immer zu hochwirksamen Derivaten (Oxytocin, Vasopressin), zum Teil unter Dissoziation der Wirkungen (s. S. 259).

Eine Blockierung der C-terminalen Carboxy-Gruppe bewirkt bei Angiotensin und Bradykinin eine Inaktivierung. Ein anderes Verhalten zeigen ACTH-Sequenzen. Da der C-terminale Peptid-Teil (Aminosäuren 20–39) nicht essentiell ist, wird durch Amidierung keine funktional wichtige Carboxy-Gruppe eliminiert, sondern infolge erschwerten enzymatischen Abbaus die Aktivität erhöht bzw. verlängert.

3.2.3. Modifikation funktioneller Gruppen in Aminosäure-Seitenketten

Eine Substitution funktioneller basischer Gruppen wie z. B. der ε-Amino-Gruppe des Lysins oder der Guanido-Gruppe des Arginins innerhalb der Peptid-Kette reduziert gewöhnlich den biologischen Effekt, wie die Beispiele des N$^\varepsilon$-Formyl-Derivates des [Lys^8]-Vasopressins, des [Arg(NO$_2$)^1, Arg(NO$_2$)^2]Bradykinins und von N$^\varepsilon$-Formyl-ACTH-Partialsequenzen zeigen.

Ähnlich wie eine Deblockierung der terminalen Carboxamid-Funktion bei den meisten Peptid-Hormonen einen starken Aktivitätsverlust hervorruft, führt eine gleiche Modifikation auch bei mittelständigen Glutamin- bzw. Aparagin-Resten (z. B. Oxytocin, C-terminales Tetrapeptid des Gastrins) zu inaktiven Derivaten.

Methylierung oder Äthylierung der phenolischen Hydroxy-Gruppen des Oxytocins oder Vasopressins liefert Analoga mit Inhibitorwirkung. Durch eine O-Acetylierung des Serins im α-MSH und Bradykinin wird die biologische Aktivität reduziert. Oxidation des Methionins zum Sulfoxid ist fast immer mit einer Inaktivierung verbunden (ACTH, Eledoisin). Eine Ausnahme ist das Calcitonin vom Rind, dessen S-Sulfoxid im Gegensatz zu dem des humanen Hormons weitgehend aktiv ist.

Eine Entfernung ω-funktioneller Gruppen ist für das Lysin (α-Amino-capronsäure = Norleucin) oder Arginin (α-Amino-buttersäure = Norvalin) noch nicht durchgeführt worden. Dagegen liegen Beispiele für den Fortfall der Hydroxy-Gruppe (Phenylalanin anstelle von Tyrosin, Alanin anstelle von Serin) vor. [Phe^2]Oxytocin, [Phe^4]Angiotensin, [Phe^2]ACTH-(1–29), [Ala^6]Bradykinin, [Ala^3]ACTH-(1–29) sind Analoga, die noch eine mäßige bis gute Aktivität aufweisen und somit den häufig nicht essentiellen Charakter der Hydroxy-Gruppe demonstrieren.

3.2.4. Modifikation nicht-funktioneller Aminosäure-Seitenketten

Der Einfluß der Seitenkette einer Aminosäure läßt sich durch Verlängerung oder Verkürzung oder durch vollständige Eliminierung ermitteln. Die aliphatischen Aminosäuren Valin, Leucin, Isoleucin sind bis zu einem gewissen Maße austauschbar (Tab. 10). Besonders gut ist die Bedeutung des für die oxytocische Aktivität charakteristischen Ile^3-Restes im Oxytocin untersucht worden. Ein Austausch gegen das isomere Leucin, das stereoisomere *allo*-Isoleucin oder das

Tabelle 10. Austauschbarkeit von Leucin, Valin und Isoleucin in Peptid-Wirkstoffen

Originale Aminosäure	Peptid-Wirkstoff und Position	Austausch gegen	Wirkung %
Val	Angiotensin Position 3	Leu	100
	Angiotensin Position 5	Ile Leu	100 10
	Antamanid Position 1	Ile Leu	100 100
Ile	Angiotensin Position 5	Val Leu	100 10
	Eledoisin Position 8	Val Leu	100 10
	Oxytocin Position 3	Val Leu	10 ?
Leu	Eledoisin Position 10	Val	1
	Oxytocin Position 8	Val Ile	50 50

isostere O-Methylthreonin ebenso wie gegen die um eine CH$_2$-Gruppe kürzeren Analoga Valin (γ-Desmethyl-Derivat) und Norvalin (β-Desmethyl-Derivat) führt zu Aktivitäten von weniger als 10%. Dagegen besitzen die um eine CH$_2$-Gruppe längeren Analoga β,β-Diäthyl-alanin und Cyclopentylglycin 50 bis 100% der biologischen Aktivität. Die Tatsache, daß sich diese zum Teil sehr geringen Änderungen so unterschiedlich auswirken, deutet auf eine Funktionalität der Seitenkettentopographie in dieser Position hin (Schema 54).

Schema 54. Austauschbarkeit des Isoleucin-Restes in Position 3 des Oxytocins gegen ähnliche Aminosäuren

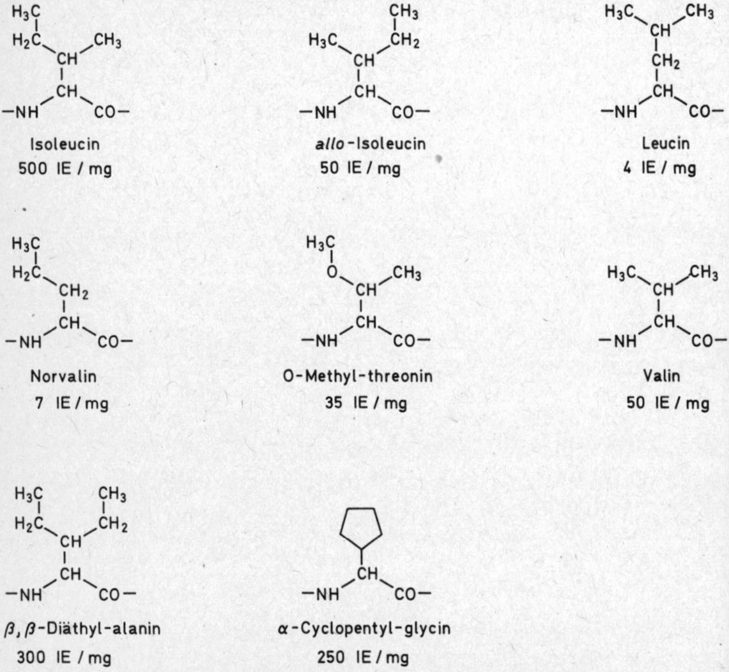

Isoleucin	allo-Isoleucin	Leucin
500 IE / mg	50 IE / mg	4 IE / mg

Norvalin	O-Methyl-threonin	Valin
7 IE / mg	35 IE / mg	50 IE / mg

β,β-Diäthyl-alanin	α-Cyclopentyl-glycin
300 IE / mg	250 IE / mg

3.2.5. Modifikation durch isofunktionellen oder isosteren Aminosäure-Austausch

Bei einem isofunktionellen Aminosäure-Austausch (Tab. 11) kann der Einfluß der Seitenkettenlänge untersucht werden. Ein nur partieller isofunktioneller Austausch informiert auch über die Bedeutung der funktionellen Gruppe. Analoga mit isosteren Aminosäuren (Sche-

Tabelle 11. Isofunktionelle Aminosäuren

	isofunktionell	partiell isofunktionell
Lysin	Ornithin Diaminobuttersäure	Arginin Homoarginin Histidin
Arginin	Homoarginin	Lysin Ornithin Diaminobuttersäure
Histidin	–	Lysin Ornithin Diaminobuttersäure
Glutaminsäure	Asparaginsäure	–
Asparaginsäure	Glutaminsäure	–
Tyrosin	–	Serin Threonin
Serin	Threonin	Tyrosin
Threonin	Serin	Tyrosin

ma 55) geben darüber Auskunft ob die biologische Aktivität von der Struktur der Seitenkette oder ihrer chemischen Funktion bestimmt wird. Beispiele für einen isofunktionellen Austausch bieten die ACTH-Partialsequenzen, bei denen die Arg^{17}- und Arg^{18}-Reste praktisch ohne Aktivitätsverlust durch Ornithin oder Lysin ersetzt werden können. Ein analoges Vorgehen am Arg^8-Rest liefert dagegen inaktive Derivate. Am Vasopressin zeigen die Lys^8- und Orn^8-Analoga im Vergleich mit der Arg^8-Verbindung eine reduzierte Aktivität. Ein Ersatz durch das isostere Citrullin dagegen führt zu einem fast inaktiven Derivat.

Ein isofunktioneller Austausch Asparaginsäure gegen Glutaminsäure ist am Angiotensin II (Position 1) und Eledoisin (Position 5) ohne Aktivitätsverlust möglich, allerdings gehören diese Positionen bei beiden Peptiden nicht zum essentiellen Molekülbereich. Ein Oxytocin-Analogon mit Asparagin in Position des Gln^4-Restes ist eine noch etwas wirksame Verbindung während umgekehrt Glutamin anstelle

Schema 55. Isostere Aminosäuren

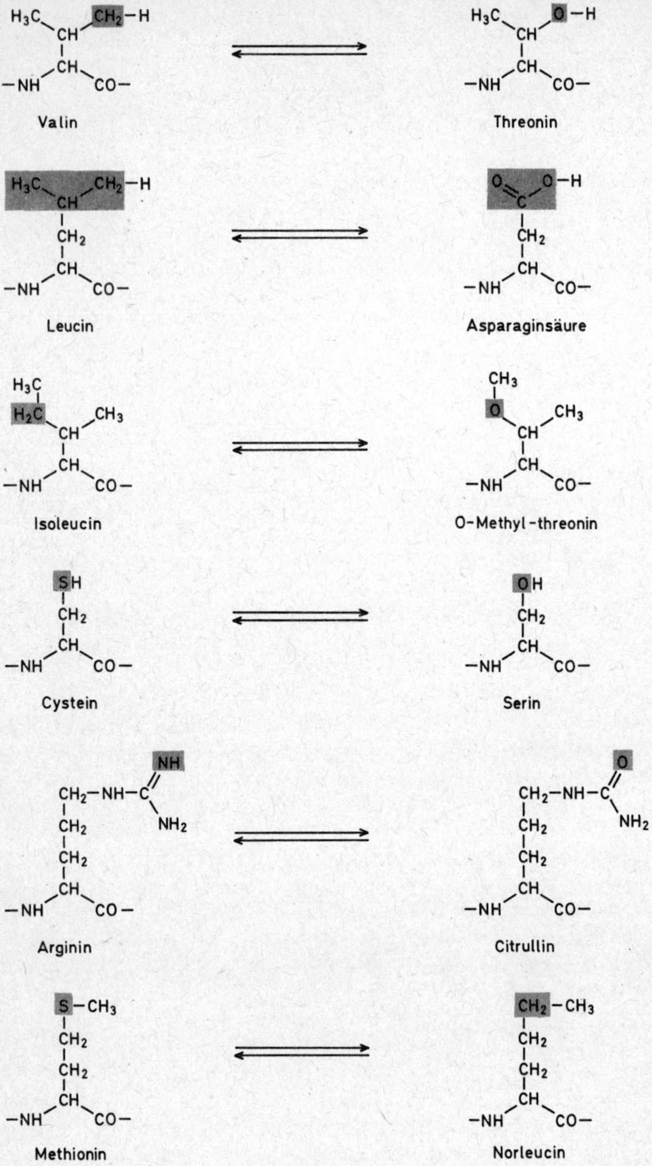

Valin	Threonin
Leucin	Asparaginsäure
Isoleucin	O-Methyl-threonin
Cystein	Serin
Arginin	Citrullin
Methionin	Norleucin

Schema 55. (Fortsetzung)

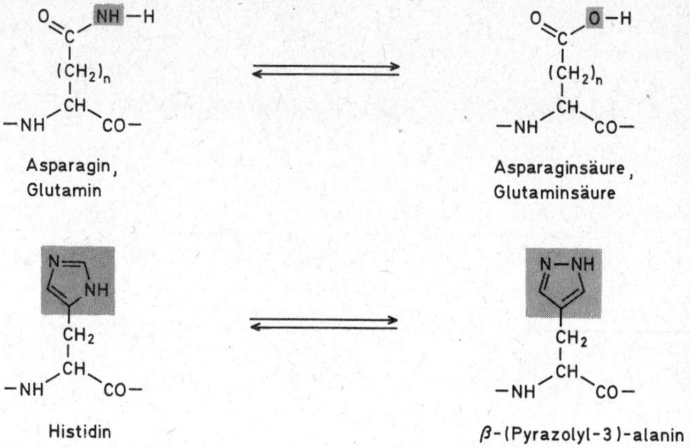

Asparagin, Glutamin ⇌ Asparaginsäure, Glutaminsäure

Histidin ⇌ β-(Pyrazolyl-3)-alanin

des Asn⁵-Restes einen Verlust der Aktivität bedeutet. Das größere Gewicht der Asparagin-Seitenkette ist auch durch den systematischen Austausch beider Aminosäuren gegen Alanin bekannt. Wird der Gln⁴-Rest durch die isostere Glutaminsäure ersetzt, so entsteht ein unwirksames Analogon.

Eine besondere Stellung unter den Protein-Aminosäuren nimmt das Histidin mit seiner Funktion als Protonen-Acceptor oder -Donator und mit seiner katalytischen Funktion bei verschiedenen Enzymen ein (s. S. II, 30). Ein Ersatz in verschiedenen Peptid-Hormonen durch aliphatische, aromatische oder basische Aminosäuren hatte durchweg einen Aktivitätsverlust zur Folge, so daß wohl mehr die sterischen als die basischen Eigenschaften des Imidazol-Ringes als essentiell anzusehen sind. Mit der Einführung des mit dem Histidin isosteren β-(3-Pyrazolyl)-alanin konnten ein Angiotensinogen-Analogon und eine ACTH-Teilsequenz mit hoher Aktivität synthetisiert werden.

Oxidation des Methionin-Restes zum Sulfoxid bewirkt meistens einen Aktivitätsverlust. Die trotzdem nicht essentielle Bedeutung der Methylmercapto-Gruppe konnte an ACTH-Partialsequenzen und an der C-terminalen Tetragastrin-Sequenz durch Austausch gegen das isostere Norleucin bewiesen werden. In beiden Fällen wurden vollaktive Derivate erhalten. Mit einem Aktivitätsverlust dagegen reagieren Eledoisin und Physalaemin bei entsprechender isosterer Veränderung. Der isofunktionelle Austausch des Methionin-Restes im Eledoisin gegen Äthionin führt zu einer hochwirksamen Verbindung.

Interessante Ergebnisse bietet der isostere Austausch der Schwefel-Atome im Oxytocin und den Vasopressinen gegen Methylen-Gruppen und der isofunktionelle Ersatz gegen Selen-Atome. Monocarba- und Dicarbaoxytocine haben bis zu 30% und die Seleno-Analoga bis zu 100% der Aktivität der Naturprodukte. Die Disulfid-Brücke ist demnach für den hormonalen Effekt nicht erforderlich (s. S. 257).

3.2.6. Modifikation der sterischen Konfiguration

Ein Austausch gegen D-Aminosäuren wurde bei den einzelnen Peptid-Hormonen bevorzugt an den Positionen vorgenommen, bei denen durch Peptidasen eine hydrolytische Spaltung stattfinden kann. Wegen einer Resistenz gegen Enzyme lassen sich Veränderungen am Metabolismus und der Verteilung im Organismus erwarten. Synthetische ACTH-Sequenzen mit N-terminalem D-Serin haben gegenüber dem natürlichen ACTH eine prolongierte und zum Teil höhere Aktivität.

Sehr widersprüchliche Ergebnisse wurden beim Angiotensin II beobachtet. Während ein Ersatz des L-Asparagyl-Restes in Position 1 durch D-Asparaginsäure eine protrahierte und verstärkte hypertensive Wirkung hervorruft, hat das D-Asparagin-Analogon ein normales Verhalten, obwohl auch dieses Derivat einem erschwerten Angriff durch Aminopeptidasen unterliegen sollte. [D-Phe^8]- und [D-Tyr^4]-Angiotensin, Verbindungen, die gegen Carboxypeptidasen und Chymotrypsin resistent sein sollten, haben nur eine sehr niedrige und qualitativ nicht veränderte Aktivität. Bradykinin wird im Organismus durch Carboxypeptidasen, Chymotrypsin und Iminopeptidasen abgebaut. Der Einbau von D-Aminosäuren an die entsprechenden hydrolysierbaren Positionen Phe^5, Ser^6 und Phe^8 liefert zwar noch wirksame Derivate, jedoch ohne protrahierten Effekt. Ähnlich negativ verlief ein Konfigurationswechsel am N-terminalen Cystein-Rest im Oxytocin zur Verhinderung einer Inaktivierung durch die spezifische Serumoxytocinase.

Die Einführung von D-Aminosäuren in Position 8 der Vasopressine bzw. Desamino-Vasopressine bewirkt eine starke Differenzierung von vasopressorischer und antidiuretischer Aktivität zugunsten der antidiuretischen.

Durch Einbau von D-Aminosäuren in Peptid-Hormone oder Partialsequenzen konnten in begrenztem Maße auch Inhibitorwirkungen festgestellt werden.

3.3. Veränderungen am Peptid-„backbone"

Eine N-Methylierung der Peptid-Bindung (Ersatz durch entsprechende N-Methyl-aminosäuren), die in verschiedenen Positionen bei Oxytocin, Vasopressin, Bradykinin und Gastrin-Partialsequenzen vorgenommen wurden, führt jeweils zu einer starken Reduktion oder einem Verlust der Aktivität (Schema 56). Als Ursache müssen sterische

Schema 56. Veränderungen am Peptid-„backbone"

natürlicher Peptid-„backbone"	$-NH-\underset{\underset{}{\overset{R}{|}}}{CH}-CO-NH-\underset{\underset{R^1}{|}}{CH}-CO-$	
Methylierung einer NH-Gruppe	$-NH-\underset{\underset{}{\overset{R}{|}}}{CH}-CO-\underset{\underset{R^1}{|}}{\overset{CH_3}{N}}-CH-CO-$	
Einschiebung einer Methylen-Gruppe	$-NH-\underset{\underset{}{\overset{R}{|}}}{CH}-CH_2-CO-NH-\underset{\underset{}{\overset{R^1}{|}}}{CH}-CO-$ $-NH-CH_2-\underset{\underset{R}{|}}{CH}-CO-NH-\underset{\underset{R^1}{|}}{CH}-CO-$	β-subst. β-Alaninpeptide oder α-subst. β-Alaninpeptide
Einschiebung einer Imino-Gruppe	$-NH-NH-\underset{\underset{R}{|}}{CH}-CO-NH-\underset{\underset{R^1}{|}}{CH}-CO-$ $-NH-\underset{\underset{R}{|}}{CH}-NH-CO-NH-\underset{\underset{R^1}{|}}{CH}-CO-$	Hydrazinopeptide oder Harnstoff-peptide (Homo-α-aza-peptid)
Austausch einer CH(R)-Gruppe gegen eine N(R)-Gruppe	$-NH-\underset{\underset{R}{|}}{N}-CO-NH-\underset{\underset{R^1}{|}}{CH}-CO-$	Azapeptide
α-Alkyl-substituierte Peptide	$-NH-\underset{\underset{}{\overset{R^1}{|}}\underset{}{\overset{}{R}}}{C}-CO-NH-\underset{\underset{R^1}{|}}{CH}-CO-$	
Austausch einer Peptid-Bindung gegen eine Esterbindung	$-NH-\underset{\underset{}{\overset{R}{|}}}{CH}-CO-O-\underset{\underset{R^1}{|}}{CH}-CO-$	Depsipeptide
Umkehr der Peptid-Bindung	$-OC-\underset{\underset{}{\overset{R}{|}}}{CH}-NH-OC-\underset{\underset{R^1}{|}}{CH}-NH-$ ← $-NH-\underset{\underset{}{\overset{R^1}{|}}}{CH}-CO-NH-\underset{\underset{R}{|}}{CH}-CO-$	Retropeptide

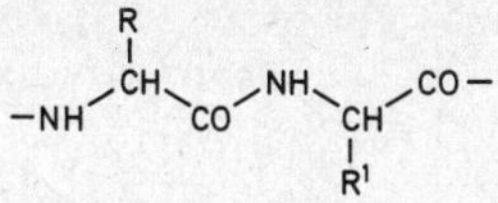

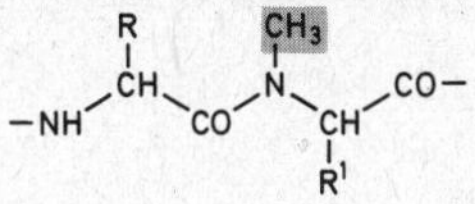

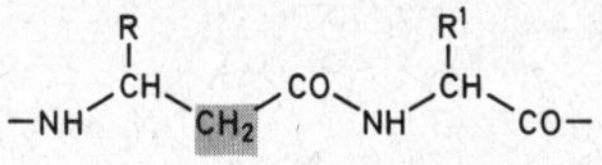

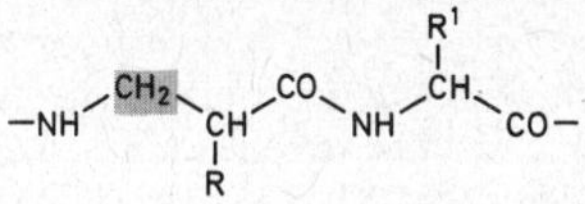

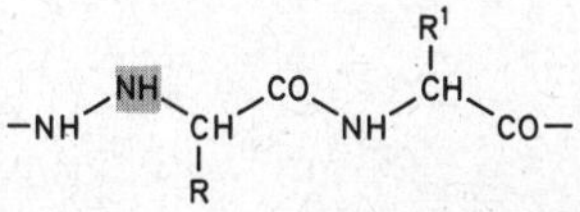

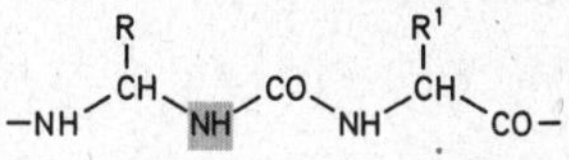

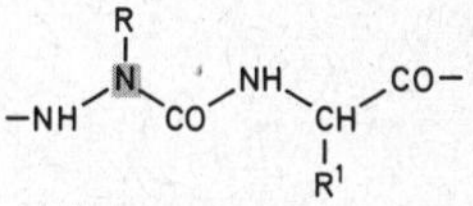

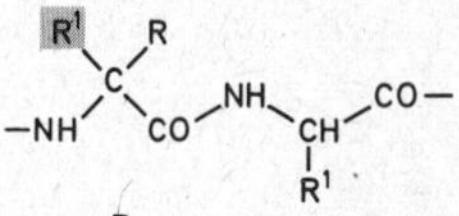

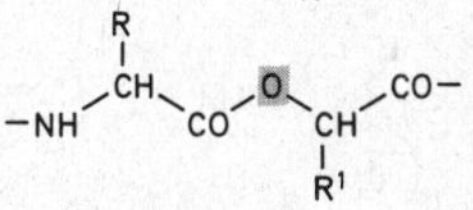

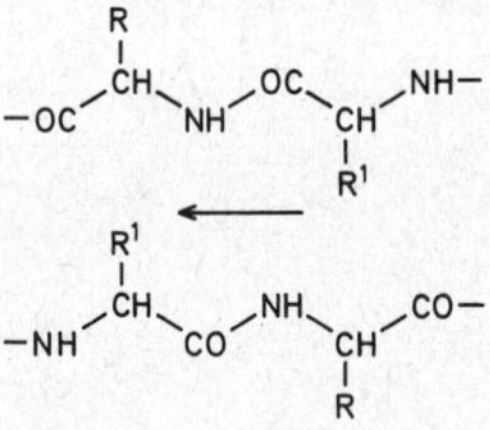

Gründe und eine veränderte Tendenz zur Bildung von Wasserstoffbrücken angenommen werden. Der Austausch von Prolin gegen Sarcosin, der oft aktive Derivate liefert (Bradykinin, Oxytocin), ist keine „backbone"-Modifikation sondern eine Seitenkettenverkürzung.

Eine Substitution des α-C-Atoms ist bisher nur in Position 1 des ACTH (Austausch gegen α-Amino-isobuttersäure) unter Erhalt der biologischen Aktivität durchgeführt worden. Die Einfügung einer Methylen-Gruppe zwischen α-C-Atom und Amino-Gruppe (Übergang zu β-Aminosäure) wurde infolge schwerer Zugänglichkeit von α-substituierten β-Alaninen nur mit β-Alanin selbst untersucht. Lediglich bei Einbau eines β-Alanin-Restes in nicht-essentielle Strukturbereiche eines Peptid-Wirkstoffes (Position 1 im ACTH oder Position 6 des Eledoisins) werden potente Analoga erhalten. Einschiebungen einer CH_2- oder CH_2-CH_2-Gruppe zwischen α-C-Atom und CO-Gruppe können durch Einbeziehung der ω-Carboxy-Gruppen der Asparaginsäure bzw. Glutaminsäure in eine Peptid-Bindung realisiert werden. Alle diese Analoga waren unwirksam. Durch die Ausdehnung des Aminosäure-„backbone" durch Methylen-Gruppen und einen damit verbundenen größeren Abstand der Aminosäure-Seitenketten voneinander wird die Konformation und damit die biologische Aktivität entscheidend beeinflußt.

Die Einfügung einer Imino-Gruppe zwischen Amino-Gruppe und α-C-Atom (Hydrazinosäure) ergab im Falle des [9-Hydrazinoessigsäure]Oxytocins und einer [7-α-Hydrazino-β-phenylpropionsäure]-Eledoisin-Teilsequenz Derivate mit sehr niedriger Aktivität. Demgegenüber wurde bei Einschiebung der Imino-Gruppe zwischen α-C-Atom und Carboxy-Gruppe (Harnstoff-Derivat) am Beispiel des Angiotensins eine relativ hohe Aktivität gefunden. Ein Ersatz der α-CH-Gruppierung durch ein Stickstoffatom liefert die mit dem normalen backbone isosteren α-Aza-Analoga (s. S. 68). Das [9-Azaglycin]-Oxytocin und ein [5-Azaasparagin]Eledoisin-(4—11) stellen aktive Derivate dar, während ein [4-Azatyrosin]Angiotensin-II praktisch unwirksam ist.

Veränderungen des Peptid-„backbone" durch Umwandlung einer Peptid-Bindung in eine Esterbindung sind aus der Antibiotica-Reihe (z. B. den natürlich vorkommenden Depsipeptiden, s. S. II, 133) bekannt. Ein [8-β-Phenylmilchsäure]-Analogon des Bradykinins hatte bei voller biologischer Wirkung einen protrahierten Effekt, während ein [4-Glycolsäure]Bradykinin um zwei Zehnerpotenzen weniger aktiv war. Amid- und Esterbindungen sind also nicht in jedem Falle austauschbar.

Während bei Enantiomeren bei gleichem backbone die Aminosäure-Seitenketten in die entgegengesetzte Richtung zeigen, haben Retro-enantio-Analoga die gleiche Topographie der Seitenketten wie das originale Molekül und einen durch Umkehrung der Peptid-Bindung (HN-OC statt CO-NH) veränderten backbone. Mit Acetyl-Leu-Tyr-N-Methylamid wurde deutlich gemacht, daß die gleiche Topographie von L-L-Form (Schema 57/II) und Retro-D-D-Form (Schema 57/I) zu einer identischen Bindung der Verbindungen als Substrat an z. B. Pepsin oder Chymotrypsin führt. Da aufgrund der Stereospezifität der proteolytischen Enzyme Ac-D-Tyr-D-Leu-NHMe jedoch nicht abgespalten wird, ist dieses Dipeptid ein kompetitiver Inhibitor (Ovchinnikov et al.). Die enantiomere Form (Schema 57/III) hat eine deutlich unterschiedliche Lage der Seitenketten, wird weniger stark an das Enzym gebunden und ist daher auch kein kompetitiver Inhibitor.

Schema 57. Enantio- und Retro-enantio-Form von Acetyl-L-leucyl-L-tyrosin-N-methylamid

H₃C—NH←D-Leu←D-Tyr—Ac
Retro-enantio-Form

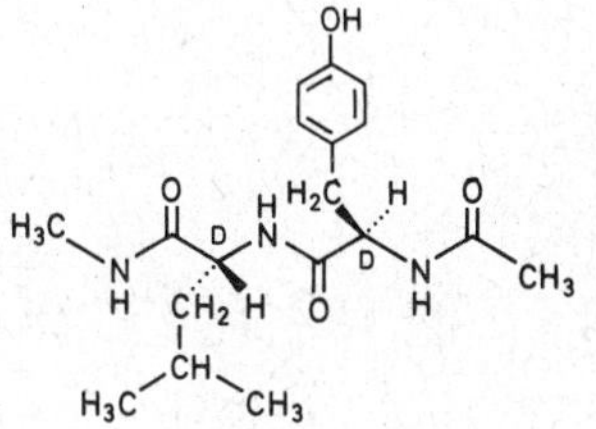

I

Ac—L—Leu—L—Tyr—NH—CH₃
originales Molekül

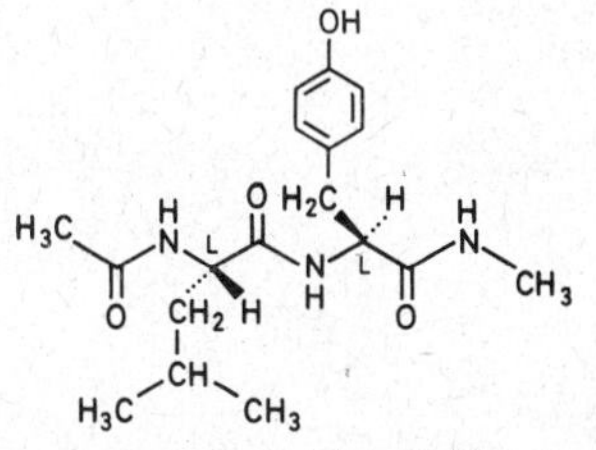

II

Ac—D—Leu—D—Tyr—NH—CH₃
Enantio-Form

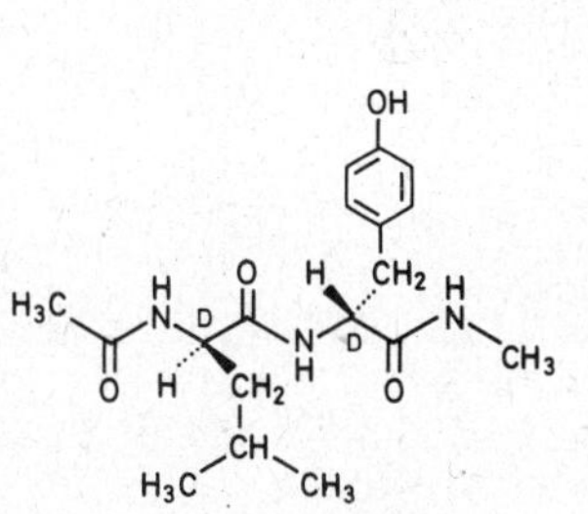

III

Im Falle des Bradykinins sind sowohl das Retro- als auch das Retro-enantio-Analogon biologisch unwirksam. Zwei Gründe können für die Inaktivität des Retro-enantiomeren verantwortlich sein. Für die biologische Wirkung von Bradykinin sind die terminalen Funktionen (Amino- und Carboxy-Gruppe) essentiell und diese liegen in der Retro-enantio-Form nicht an den entsprechenden Stellen des Moleküls (Schema 58). Weiterhin ist der Pyrrolidin-Ring der Prolin-Reste

Schema 58. Topographie von Retro-enantio-Bradykinin

Bradykinin

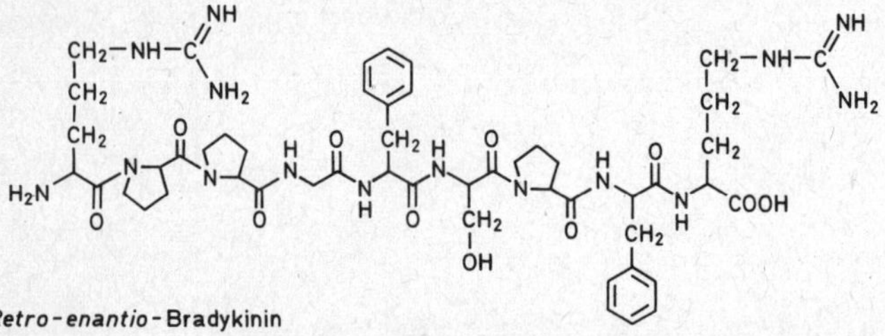

Retro-enantio-Bradykinin

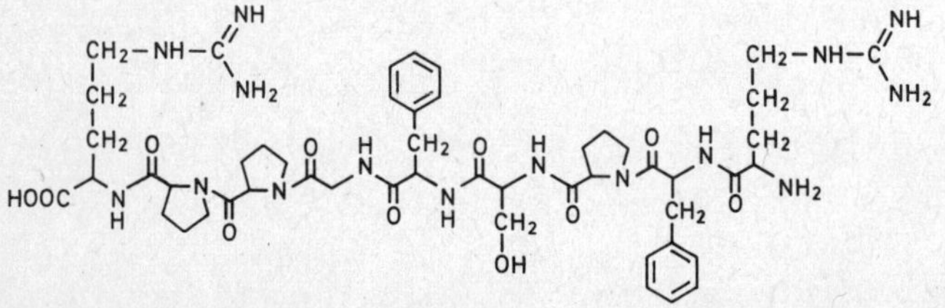

verschoben. Bei Prolin-freien cyclischen Peptiden sollte eine ideale topographische Übereinstimmung von originaler Form und Retro-enantio-Form zu erwarten sein. Tatsächlich ist auch das Retro-enantiomere des [Gly^5, Gly^{10}]Gramicidin S biologisch wirksam (Aoyagi et al. 1965).

Schließlich konnte der Einfluß der Topographie auf die biologische Wirkung auch an Beispielen in der Depsipeptid-Reihe bewiesen werden (Ovchinnikov, Shemyakin et al.). Das Hexapeptolid Enniatin B (Schema 59) enthält abwechselnd eine D-Hydroxysäure und eine L-Aminosäure, wobei beide Säuren eine Isopropyl-Seitenkette haben. Daher hat das Enantiomere, wenn es um 60° gedreht wird, die gleiche Topographie wie das Originalmolekül (Schema 59). Die D-Aminosäure des Enantiomeren nimmt dann die Stelle der D-Hydroxysäure und die L-Hydroxysäure die Stelle der L-Aminosäure ein. Verändert d. h. vertauscht ist nur im backbone die Lage der Ester- und N-Methyl-Peptid-Bindungen.

Schema 59. Topographie von Enantio-Enniatin

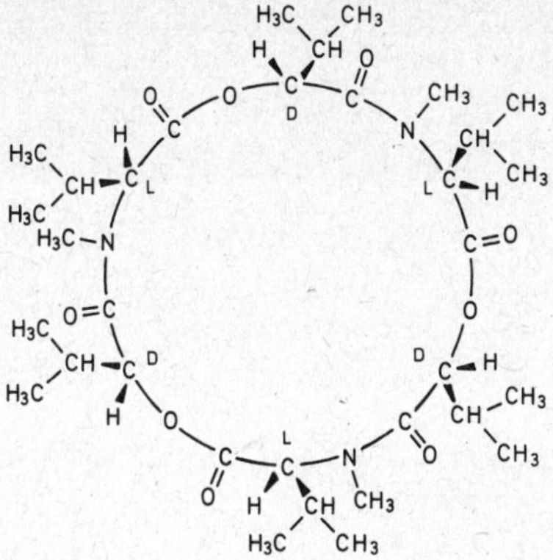

Enniatin B

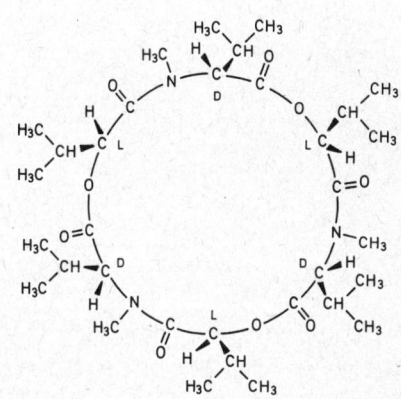

enantio-Enniatin B

Weiterführende Literatur zu Kapitel III

R. Acher, Neurophysin and Neurohypophysial Hormones, Proc. Roy. Soc. Ser. B. *170*, 7 (1968).

O. K. Behrens u. E. L. Grinnan, Polypeptide Hormones, Ann. Rev. Biochem. *38*, 83 (1969).

Neurohypophysial Hormones and Similar Polypeptides in B. Berde *Handbuch der experimentellen Pharmakologie*, Vol. XXIII, Springer-Verlag Berlin 1968.

T. A. Bewley, J. S. Dixon u. C. H. Li, Sequence Comparison of Human Pituitary Growth Hormone, Human Chorionic Somatomammotropin, and Ovine Pituitary Growth and Lactogenic Hormones, Int. J. Peptide Protein Res. *4*, 281 (1972).

M. Bodanszky u. A. Bodanszky, Structure and Biological Activity Interrelationships in Peptides, Ann. Rep. Med. Chem. *1969*, 266.

W. Bromer, *Glucagon: Chemistry and Action* in L. Zechmeister *Fortschritte der Chemie organischer Naturstoffe*, Vol. *28*, 429, Springer-Verlag, Wien. New York 1970.

R. Burgus u. R. Guillemin, Hypothalamic Releasing Factors, Ann. Rev. Biochem. *39*, 499 (1970).

K. J. Catt, *An ABC of Endocrinology*, Little, Brown & Co., Boston 1971.

D. H. Copp, Calcitonin and Parathyroid Hormone, Ann. Rev. Pharmacol. *9*, 327 (1969).

P. Cuatrecasas, The Insulin Receptor, Diabetes *21*, Suppl. 2, 396 (1972).

W. H. Daughaday u. L. S. Jacobs, Human Prolactin, Ergebnisse d. physiol. biol. Chem. exp. Pharmakol. *67*, 169 (1972).

Insulin in E. Dörzbach, *Handbuch der experimentellen Pharmakologie*, Bd. XXXII/1, Springer-Verlag Berlin, Heidelberg, New York, 1971.

Bradykinin, Kallidin und Kallikrein in E. G. Erdös u. A. F. Wilde, *Handbuch der experimentellen Pharmakologie*, Bd. XXV, Springer-Verlag Berlin, Heidelberg, New York, 1970.

K. Folkers, Hypothalamic Neurohormones, Intra-Science Chemistry Reports *5*, 263 (1971).

E. K. Frey, H. Kraut, E. Werle, R. Vogel, G. Zickgraf-Rüdel u. I. Trautschold, *Das Kallikrein-Kinin-System und seine Inhibitoren*, 2. Ed., F. Enke, Stuttgart 1968.

R. Geiger, Die Synthese physiologisch wirksamer Peptide, Angew. Chem. *83*, 155 (1971).

P. F. Hirsch u. P. L. Munson, Thyrocalcitonin, Physiol. Rev. *49*, 548 (1969).

W. Kemmler, J. D. Peterson, A. H. Rubenstein u. D. F. Steiner, On the Biosynthesis Intracellular Transport and Mechanism of Conversion of Proinsulin to Insulin and C-Peptide, Diabetes *21*, Suppl. 2, 572 (1972).

G. W. Kenner, The Chemistry of Gastrin, a Peptide Hormone, Chemistry and Industry *20*, 791 (1972).

H. Klostermeyer u. R. E. Humbel, Chemie und Biochemie des Insulins, Angew. Chem. *78*, 871 (1966).

S. Lande u. A. B. Lerner, The Biochemistry of Melanotropic Agents, Pharmacol. Rev. *19*, 1 (1967).

K. Lübke u. H. Klostermeyer, *Synthese des Insulins, Anfänge und Fortschritte*, in E. F. Nord, *Advances in Enzymology*, Vol. 33, S. 445, Interscience Publishers, a Div. of J. Wiley a. Sons, Inc. New York, London, Sydney, Toronto 1970.

A. Miles, A History and Review of the Kinin System, Proc. Roy. Soc. Ser. B. *173*, 341 (1969).

J. G. Pierce, Eli Lilly Lecture: The Subunits of Pituitary Thyrotropin – Their Relationship to Other Glycoprotein Hormones, Endocrinology *89*, 1331 (1971).

W. S. Peart, A History and Review of the Renin-Angiotensin System, Proc. Roy. Soc. Ser. B. *173*, 317 (1969).

J. Rudinger, *The Design of Peptide Hormone Analogs*, in E. J. Ariens, *Drug Design*, Vol. 11/II von Medicinal Chemistry, A Series of Monographs, Academic Press, New York, London 1972.

G. E. Sander u. C. G. Huggins, Vasoactive Peptides, Ann. Rev. Pharmacol. *12*, 227 (1972).

M. Schachter, Kallikrein and Kinins, Physiol. Rev. *49*, 509 (1969).

A. V. Schally, A. J. Kastin u. A. Arimura, Hypothalamic Follicle-stimulating Hormone (FSH) and Luteinizing Hormone (LH)-Regulating Hormone: Structure, Physiology, and Clinical Studies, Fertility a. Sterility *22*, 703 (1971).

Synthesis, Occurrence, and Action of Biologically Active Polypeptides in E. Schröder u. K. Lübke, *The Peptides*, Bd. II, Academic Press, New York, London 1966.

D. F. Steiner, J. L. Clark, C. Nolan, A. H. Rubenstein, E. Margoliash, B. Aten u. P. E. Oyer, *Proinsulin and the Biosynthesis of Insulin*, in: *Recent Progress in Hormone Research* Vol. 25, 207, Academic Press, New York, London 1969.

J. M. Stewart, J. W. Hinman u. R. M. Morell, Peptide Hormones, Ann. Rep. Med. Chem. *1969*, 210.

R. O. Studer u. H. Steiner, Hypothalamische Releasing-Hormone, Schweiz. Med. Wochenschr. *102*, 1270 (1972).

J. C. Thompson, Gastrin and Gastric Secretion, Ann. Rev. Med. *20*, 291 (1969).

M. Tausk, *Pharmakologie der Hormone*, G. Thieme Verlag Stuttgart 1970.

A. C. Trakatellis u. G. P. Schwartz, *Insulin: Structure, Synthesis and Biosynthesis of the Hormone*, in L. Zechmeister *Fortschritte der Chemie organischer Naturstoffe* 26, S. 120, Springer-Verlag, Wien, New York 1968.

R. Walter, J. Rudinger u. I. L. Schwartz, Chemistry and Structure-Activity Relations of the Antidiuretic Hormones, Amer. J. Med. *42*, 653 (1967).

K. F. Weinges, *Glucagon*, G. Thieme Verlag Stuttgart 1968.

E. Werle, *Entwicklungslinien und Ergebnisse der Kallikrein-Kininforschung*. Münch. Med. Wochenschr. *115*, 225 (1973).

C. Werning, *Das Renin-Angiotensin-Aldosteron-System*, G. Thieme Verlag Stuttgart 1972.

Gesamtsachverzeichnis für Bd. I und II

Band I bzw. II wird durch römische Ziffern vor der Seitenzahl kenntlich gemacht.

A

Abbau der Peptidkette, schrittweise II 192 ff
— vom Aminoende II 193
— vom Carboxyende II 194
Ablesefehler II 79
Acetamidomethyl-Rest I 131, 133
Acetoacetyl-Rest I 106
N-Acetyl-α-aminoketon I 78
α1-Acid Glycoprotein II 67
Acidolyse I 108, 109, 119, 123, 130, 132, 148
— differenzierte I 182
ACTH s. Adrenocorticotropin
ACTH-Releasing Faktor I 216, 261
Actinomycine I 207, II 136
Acylaminoäther I 78
O-Acyl-isoharnstoff I 144
N→O-Acyl-Shift I 89, 130, II 202
O→N-Acyl-Shift I 130, 145, II 202
Adamantyloxy-carbonyl-Rest I 117
Adenin I 188
Adenosinmonophosphat II 119
— cyclisches I 211
Adenosinphosphat I 188
Adenosintriphosphat II 42, 95
S-Adenosyl-methionin I 33, II 41
Adenylcyclase I 211
Adiuretin s. Vasopressin
Adjuvantien II 88
Adrenalin I 31
Adrenocorticotropin I 214, 215, 238 ff, 301, 302, 307, 312
— Synthesen I 240 ff
Adrenodoxin II 97
Adsorbens II 152
Adsorptionschromatographie II 152 f, 155, 166
Affinitätschromatographie II 160 ff
Agargel II 169
Agarose II 162, 163
Agglutination II 76
Akromegalie I 236
Aktivatoren II 47
Aktivierte-Ester-Methode I 137, 143, 155, 157, 185
Aktivierungsenergie II 19, 25

Alanin I 3, 16, 20, 26, 39, 42, 46
Albumin II 60
Aldosteron I 292
Alizarin-Saphirol B II 175
Alkaloide, Biosynthese I 36
Alkoholyse I 128
Alkylkohlensäure-anhydride s. Anhydrid-Methode
Alkylthio-phenylester I 127
Allosterie II 23, 55, 103, 229
Allotypen II 76
Alytensin II 9
Amanitin II 114
Amatoxine II 114
Amide als Carboxy-Schutz I 118
Amidoschwarz II 175
Amine, biogene I 27
Aminoacyl-Einlagerung I 94
Aminoacyl-RNA-Synthetase I 201
S-(2-Amino-äthyl)-cystein II 207
Aminogruppe, chem. Reaktionen I 73
— Metabolismus I 26
— Salzbildung I 101
Aminolyse aktivierter Ester I 204
Aminopeptidasen II 192
Aminosäure-Analoga I 65
Aminosäure-Analyse II 166, 187
Aminosäure-Antagonisten I 37 ff
Aminosäure-Derivate zur Peptidsynthese I 99 ff
Aminosäureester, Synthese I 120
Aminosäuren I 1 ff
— Backbone I 65
— Bausteine der Proteine I 2
— Biochemie I 11 ff
— Biosynthese I 17 ff
— Chemie I 43, 73
— C-terminale, Bestimmung der II 190
— Cyclisierung I 85
— Dissoziation I 53
— essentielle I 12
— fermentative Synthese I 64
— glycogene I 26
— isofunktionelle I 307
— isostere I 309
— ketogene I 26

Aminosäuren, Konfiguration I 43
— Metabolismus I 26 ff
— nicht-essentielle I 12
— Nomenklatur I 7
— N-terminale, Bestimmung der II 188
— Oxidation I 78
— Rolle bei Ernährung I 11
— Synthesen I 56
— α, β-ungesättigte I 57, 68
— Vorkommen I 2
— Zwitterionen I 53
β-Aminosäuren I 71
Aminosäureoxidase I 17, 27, 53, II 186
Amino-Schutzgruppen I 100, 102
Ampholyte II 171
tert.-Amyloxycarbonyl-Rest I 110
Anabasin I 36
Anderson-Callahan-Test II 186
Androgene I 224
Angiotensine I 291 ff, 304, 305, 307, 312
Angiotensinogen I 291, 302
Angiolid II 140
Anhydrid-Bildung I 76
Anhydrid-Methode I 136, 141, 142, 151, 155, 157, 184, 185
Anpassung, induzierte II 24, 102
Antamanid I 305, II 115
Antibiotika I 38, 206, II 119 ff
α1-Antichymotrypsin II 61
Anticodon I 201
Antigen II 73, 88
Antigenität II 73
Antikörper II 83, 88
Antiparallel Pleated Sheet II 223
α1-Antitrypsin II 61
Apamin II 110
Apoferritin II 68
Arginin I 5, 16, 19, 26, 33, 39, 41, 189, II 177
Arginyl-Bindung, Spaltung durch Trypsin II 207
Ascorbic-Acid-Depletion Test I 240
Asparagin I 4, 46, II 197
Asparaginsäure I 4, 16, 19, 26, 29, 39, 55, 64, 91, II 197
Asparaginsäure-Transcarbamylase II 229
Asparagyl-Bindung, selektive Spaltung II 205
Äthoxyacetylen-Methode I 137

Äthylaminocarbonyl-Rest I 132
Äthylester I 119, 122
Äthylmercapto-Rest I 132
Atmungsferment II 94, 95
Atmungskette II 93, 94 ff
ATP s. Adenosintriphosphat
α-Aza-aminosäuren I 68
α-Aza-peptide I 311
Azaserin I 207
Azetidin-2-carbonsäure I 38, 43
Azid-Methode I 135, 136, 152, 155, 157, 184, 185
Azlacton I 51, 57, 68, 77, 78, 85
Azurin II 98

B

Bacitracine II 127
Backbone, Aminosäuren I 65
— Peptide I 65, 310
Backing-off-Verfahren I 122, 124, 139
Bamberger Spaltung I 84
Basedowsche Krankheit I 219
Beauvericin II 140
Bence-Jones-Protein II 68
Benzhydrylester I 119, 124
Benzolsulfochlorid-Methode I 142
Benzoyl-Rest I 132
Benzylester I 123
Benzylmercaptomethyl-Rest I 131
Benzyloxycarbonyl-Rest I 109, 117, 132
Benzyl-Rest I 117, 130, 131
O-Benzyl-DL-Serin I 79
Berberin I 36
Betaine I 71, 72
Betonicin I 72
Beugungsreflexe II 244
Beweglichkeit, elektrophoretische II 159
Bienengift-Peptide II 110
Bilirubin II 68
Bindungsabstände II 219
Bindungswinkel II 219
Biogel II 155
Biogene Amine I 27
Biosynthese, Alkaloide I 36
— Aminosäuren I 17 ff
— Immunglobuline II 78
— Insulin I 269
— Peptidantibiotika II 119
— Proteine I 185 ff
— Thyroxin I 31

Biphenyl-isopropyloxy-carbonyl-Rest I 110
2-Biphenyl-4-propyl-2-Rest I 131
Biuret-Reaktion II 175
Blutgerinnung II 71
Bombesin II 9
Bombinin II 114
Bradykinin I 295, 301, 303, 312, 314
Bradykinin-Peptide aus Amphibien II 10
Bromcyan, Aktivierung von Kohlenhydraten II 162
— Spaltung der Cystein-Bindung II 203
— — der Methionyl-Bindung II 199, 213
N-Bromsuccinimid II 213
Bronchokonstriktion I 297
Bufotenin I 29
Bunte-Salz I 81
tert.-Butylester I 119, 122
tert.-Butylmercapto-Rest I 132
tert.-Butyloxy-carbonyl-Rest I 110, 117
iso-Butoxymethyl-Rest I 131
tert.-Butyl-Rest I 130, 131
— Butyrobetain I 72

C

Caerulein I 291, II 8
Calcitonin s. Thyrocalcitonin
Calcium-Stoffwechsel I 281
Canavanin I 40
Capreomycin II 128
Carbamoylierung II 189
Carbodiimid-Methode I 137, 142, 144, 155, 157, 183, 185
N-Carbonsäureanhydride I 77, 112, 146
N-Carbonsäureanhydrid-Methode I 146, 152
Carboxy-Gruppe, chemische Reaktionen I 75 ff
— Metabolismus I 27
— Titration nach Sörensen I 74
Carboxypeptidase II 30, 192
Carboxy-Schutzgruppen I 100, 118
Cardiotoxine II 107
Carnitin I 72
Carzinostatin II 119
CBG II 67

Chain Terminating Triplet I 204
Chinolinsäure I 29
Chinomycine II 136
Chiralität II 237
Chloramin T I 84
Chloramphenicol I 206
Chlorocruorin II 106
Cholecystokinin-Pancreozymin I 290
Chorion-Gonadotropin I 216, 224, 227
Chorion-Somatomammotropin I 224
Chorisminsäure I 24
Chromatin I 209
Chromatophoren I 245
Chymopapain II 206
Chymotrypsin II 29, 39, 51, 206, 213, 214, 226
Chymotrypsinogen II 51
Cinnamycin II 124
Circulardichroismus II 237
Circuline II 131
Citronensäurecyclus I 17
Citrullin I 7, 19, 33
Clonal Selection Theory II 79
Code, genetischer I 189 ff
Codon I 189
Coenzym s. Cosubstrat
Coenzym A II 42
Coenzym Q II 95
Coeruloplasmin II 61
Colistine II 130
Collagen II 223, 227, 228
Coniin I 36
Connecting Peptid I 271
Converting Enzym I 292
Copolymerisation I 155
Corpus luteum I 224, 226
Corticisteroid-bindendes Globulin II 67
Corticotropin s. Adrenocorticotropin
Cosubstrat II 19, 23, 40 ff
— Energie-liefernde II 42
— Gruppen-übertragende II 41
— Prosthetische Gruppe II 42
— Wasserstoff-übertragende II 41
Cosubstrat Q II 95
Cotton-Effekt II 240
Crossover II 68
Crotonbetain I 72
Curtius-Abbau I 59
Cyanamid-Methode I 137

Cyanmethylester-Methode I 138
Cyclisierung, Aminosäuren I 85
— Peptide s. Cyclo-Peptide
Cycloheptamycin II 135
Cycloheximid I 206
N-Cyclohexyl-N'-(4-diäthylamino-
  cyclohexyl)-carbodiimid I 145
N-Cyclohexyl-N'-(2-morpholinyl-
  äthyl)-carbodiimid I 145
Cyclol-Umlagerung I 95
Cyclo-Peptide I 157, II 115, 124, 230, 232
Cystathionin I 20, 83
Cystein I 5, 20, 26, 46, 81, II 168, 180, 182
Cystein-Bindung, selektive Spaltung II 202
Cysteinsäure I 81, II 195
Cystein-S-Sulfonat I 81
Cystin I 16, 81
— unsymmetrische Derivate I 133
Cystinmonosulfon I 81
Cystin-Peptide I 163
Cytidinphosphat I 189
Cytochrome I 196, 198, II 45, 95 ff
Cytochromoxidase II 43, 95, 96
Cytochrom-Reduktase II 96
Cytosin I 188

N,N-Dibenzyl-aminosäuren I 112
N,N'-Dicyclohexyl-carbodiimid I 145
Diffusionskonstante II 183
Dihydroxyuracil I 203
Dimerisierung I 159
4-Dimethylamino-benzaldehyd II 178
5-Dimethylamino-naphthalin-1-sulfonsäurechlorid II 188
Dimethylguanin I 203
Dimethyl-propiothetin I 72
2,4-Dinitrophenyl-Rest I 117, II 188, 214
Dioxopiperazin I 76, 78, 85, 95, II 230
Diphenylmethyl-Rest I 131, 133
Diskelektrophorese II 169
Dispersionskonstante II 239
Dissoziationskonstante I 54
Disulfid-Austausch I 81
Disulfid-Bildung I 161
— als Thiol-Schutz I 133
— unsymmetrische I 133
Disulfid-Brücken, Spaltung II 195
Djenkolsäure I 83
Dodecylsulfat II 185, 236
Doppelantikörper-Methode II 91
Doricin II 135
Druck, onkotischer II 63
— osmotischer II 62
Drudesche Gleichung II 238
Dünnschichtchromatographie II 166
Dünnschichtelektrophorese II 168
Duramycin II 124
Durchflußelektrophorese II 159, 160

D

Dansyl-aminosäuren II 189
Decarboxylierung I 27, 73
Deletion I 192
Denaturierung II 26, 226, 235
Depsipeptide I 165, 311, II 133 ff
Desaminierung, oxidative I 17, 27
Desoxyribonucleinsäuren I 186
Determinanten, antigene II 83
— immunogene II 73
Diabetes mellitus I 27, 236, 269
— insipidus I 251
Diacylimide I 93
Dialyse II 155
Diaminocarbonsäuren, Synthese I 62
Diaminodicarbonsäuren, schwefelhaltige I 82
Diazoessigsäure I 167
Diazofettsäureester I 74
6-Diazo-5-oxo-norleucin I 207

E

Echtrot A II 175
Edman-Abbau II 166, 193 f, 215
Effektoren, allosterische I 213
Elastase II 29, 206
Eledoisin I 298, 301, 305, 307, 312, II 4
Elektrofocussierung II 171
Elektronendichte-Verteilung II 244
Elektrophorese II 158, 168
β-Eliminierung I 51, 130, II 168, 202, 205
Elution II 153
Elutionsvolumen II 149, 157, 184

Elutrope Reihe der Lösungsmittel II 153
Enamine I 114
Enantiomere I 313
Endgruppenbestimmung II 166, 188 ff
Endosmose II 169
Enduracidine II 133
Enniatine I 314, II 140
Enolamine I 74
Enterogastron I 287
Entzündungshemmung I 238
Enzyme II 13 ff
— aktives Zentrum II 27
— allosterisches Zentrum II 55
— katalytisches Zentrum II 29
— Klassifizierung II 17
— Nomenklatur II 17
— Steuerung II 40, 46 ff, 48, 49, 55, 56
— Synthese II 36
— trägergebundene II 15
— Verwendung II 13, 14
Enzymeinheiten II 24
Enzymhemmung, Kinetik II 59
Enzyminduktion I 204
Enzyminhibitoren II 160
Enzymkinetik II 18 ff
Enzymmechanismus II 25 ff
— Carboxypeptidase II 31
— Chymotrypsin II 28
— Dehydrogenasen II 41, 42
— Papain II 30
— Pepsin II 32
— pH-Abhängigkeit II 26
— Ribonuclease II 33
— Temperaturabhängigkeit II 26
— Transaminasen II 44
Enzymmodelle II 36, 39
Enzymogen II 49
Enzym/Produkt-Komplex II 20
Enzymrepression I 204
Enzym/Substrat-Komplex II 20, 22, 25
Epiphyse I 232
Epiphysenschluß I 224, 232, 236
Erbanlagen I 187
Ergothionein I 72
Erythrocruorin II 106
Ester, aktivierte s. Aktivierte Ester-Methode
— — Aminolyse I 204
— als Carboxylschutz I 118

Etamycin II 133
Evolution I 191, II 68, 78, 79, 96, 99, 107
Evolutionsperiode der Proteine I 198

F

Fab II 75
FAD II 45
Failure Sequences I 151
Faltblattstruktur II 182, 222, 223, 232
Farbreaktionen II 175
Faser-Proteine II 227
Fc II 76
Fearon-Reaktion II 177
Feedback-Mechanismus I 213, 223, 238, II 55
Fehl-Sequenzen I 151
Ferredoxin II 97
Ferritin II 68
Festphasen-Peptidsynthese s. Solid Phase Peptidsynthese
Fettstoffwechsel I 236, 238, 268, 279
Fibrin II 71
Fibrinogen II 61, 71, 222
Fibrinolyse II 72
Fibrinolysin II 72
Fibrinopeptide I 198, II 72
Ficin II 206
Ficksche Gesetz II 183
Fingerprint-Methoden II 171
Flavin-Adenin-Dinucleotid II 45
Flavoenzyme II 45
Flavoproteine II 97
Fließgleichgewicht II 21 f
Fluorescein-isothiocyanat II 193
5-Fluoruracil I 207
Fluorwasserstoff I 115, 118, 123, 130, 133, 148
Focussierung, isoelektrische II 171
Folienelektrophorese II 168
Folins-Reagens II 177
Follikelsprung I 226
Follikelstimulierendes Hormon I 215, 221, 224, 226
Formyl-Gruppe I 105
Formyl-Kynurenin II 195
Formyl-Melittin II 111
Fourier-Synthese II 244
Fragment, Antigen Binding II 75
— Crystallizable II 76
Fragmentierung II 212 f
— überlappende II 213, 215

Fragmentkondensation I 175
FSH s. Follikelstimulierendes Hormon
FSH-Releasing Faktor I 216, 261
Fungisporin II 124
Furanomycin I 43

G

β-Galactosidase-Repressor II 48
Gallefluß I 290, 291
Gaschromatographie II 166, 167 f, 186, 187
Gastrin I 287, 301
Gastrin-Inhibitor Peptid I 287
Gegenstromverteilung II 150
Gelchromatographie II 166, 184
Gelelektrophorese II 169
Gelfiltration II 155
Gen II 226
Gewebshormone I 211, 286 ff
Gigantismus I 236
Globuline II 60
Glucagon I 179, 214, 216, 276, 290
Gluconeogenese I 27, 279
Glucose-6-phosphat, Abbau I 267
Glucosurie I 269
Glumitocin I 199, 200, 249
Glutamin I 4, 41
Glutaminsäure I 4, 16, 26, 91
Glutamin-Synthetase II 57
Glutamyl-Bindung, selektive Spaltung II 205
Glycerinaldehyd-3-phosphat-dehydrogenase II 229
Glycin I 3, 16, 20, 26, 42
Glykogenolyse I 279
Glykogenoneogenese I 267
α1-Glykoprotein, saures II 61
Glyoxalsäure II 178
Gonadotropine I 220 ff
Gramicidin S I 314, II 124
Gramicidine A, B und C II 119
Griselimycin II 133
Growth Hormon s. Somatotropin
Guanidiniumchlorid II 236
Guanido-Aminosäuren, Synthese I 62
Guanido-Funktion, Schutz I 115
Guanin I 188
Guanosinphosphat II 188

H

Halluzinogene I 29
Häm II 96, 101, 105
Hämagglutination-Inhibitions-Test II 91
Hämerythrin II 106
Hämocyanin II 106
Hämoglobin I 198, II 99 ff, 229
— anomale II 100
— Katabolismus II 67
Hämostase II 71
Haptene II 73, 83, 88, 162
Haptoglobin II 61, 67
Harnstoff I 35, II 236
Harnstoff-Cyclus I 35
Harnstoffderivate, Bildung I 152
HCG s. Human Chorionic Gonadotropin
HDL II 66
Helix II 182, 222
Hemmung, Enzyme II 59
— Protein-Biosynthese I 204
Herzynin I 72
High Density Lipoprotein II 66
Hinderung, sterische II 220
Hinge Region II 83
Histamin II 100
Histidin I 5, 16, 22, 26, 31, 117, II 29, 39, 177, 180
Histidyl-Bindung, selektive Spaltung II 199
Histone I 198, 209
H-Kette II 75, 80
Hochspannungselektrophorese II 169
Hodenfunktion I 224
Hofmann-Abbau I 59
Homobetain I 72
Homocystein I 25
Homoserin I 7, 19
HPL s. Chorion-Somatomammotropin
Human Chorionic Gonadotropin I 224, II 91
Human Placental Lactogen s. Chorion-Somatomammotropin
Hyaluronidase II 110
Hydantoine I 56, 68, 78, 88, II 189
Hydrazinolyse I 128, II 190
Hydrierung, katalytische I 109, 117, 123, 124, 130

Hydrolasen II 17
Hydrolyse I 105, 119
N-Hydroxy-benzotriazol I 146
Hydroxylasen II 97
2-Hydroxy-5-nitro-benzylbromid II 178
3-Hydroxy-4-oxo-3,4-dihydro-benzo-1,2,3-triazin I 146
Hydroxyprolin I 16
Hydroxy-Schutzgruppen I 100
N-Hydroxy-succinimid I 146
Hypaphorin I 72
Hyperglykämie I 269
Hyperlipacidämie I 269
Hyperthyreose I 219
Hypophysenhormone I 214 ff
— Wirkung und Steuerung I 217
Hypophyseninsuffizienz I 238
Hypothalamus I 249, 260, 298

I

ICSH s. Interstitialzellen-stimulierendes Hormon
Identitätsperiode II 222
Imidazol-Funktion, Schutzgruppen I 117
Imidazolidindione I 56, 88
Imidazolid-Methode I 137
Imide, cyclische I 92
Immunelektrophorese II 172
Immunglobuline II 72 ff
— Biosynthese II 78
— Evolution II 78, 79
— Klassifizierung II 74, 76
— Struktur II 75
Immunität II 72, 73
Immunogen II 73, 83
Indol I 31
Induktion II 47, 48
Infantilismus I 236
Information, genetische I 186
Inhibitoren I 38, II 47
Insektengift-Peptide II 110
Inselzellen I 262
Insertion I 192
Insulin I 216, 262 ff, II 226, 229
— Biosynthese I 269
— Synthesen I 271
— Totalsynthese I 276
— Vernetzung I 266
Insulin-B-Kette, enzymatische Spaltung II 206
— Partialhydrolyse II 197

Interferon II 72
Interstitialzellen I 224
Interstitialzellen-stimulierendes Hormon I 214, 215, 221, 224, 226
Inosin I 203
Ionenaustauschchromatographie II 153, 158, 166, 187
Ionen-Bindung II 226
Ionenstärke II 159
IR-Spektrum II 237
Isariin II 142
Isarolide II 142
Isobutoxymethyl-Rest I 133
Isochinolin-Alkaloide I 36
Isocyancarbonsäureester I 69, 74, 167
Isoelektrische Focussierung II 171
Isoelektrischer Punkt I 54, II 150, 158, 159, 171
Isoleucin I 3, 16, 22, 26, 40, 41, 64
Isomerasen II 17
Isopelletierin I 36
Isotocin I 199, 200, 249
Isotypen II 76

J

Jodmangel-Kropf I 219
Jodolyse I 133

K

Kallidin I 294
Kallidinogen I 294
Kallikrein I 294, 295
Kallikrein-Inhibitor I 295
Kapillarpermeabilität I 297
Katal II 24
Katalase II 43
Kathepsin D II 206
Keratin II 223, 227
Kettenlänge, Einfluß auf die biologische Wirkung I 301
Ketonurie I 269
Kininasen I 295
Kinine s. Plasmakinine
Kininogen I 296, 302, II 10
Kininogenasen I 295
Knollenblätterpilz-Peptide II 114
Kohlenhydrat-Stoffwechsel I 238, 267
Komplementbindung II 76

Komplementbindungs-Test II 93
Komplementsystem II 85 ff
Kondensation von Aminosäuren s.
  Kupplungsmethoden
Konfiguration der Aminosäuren I
  43, 46, 48, 49
Konformation I 65, II 27, 154, 182,
  218
— Bestimmung II 186, 236 ff
— Insulin I 262
— Myoglobin II 104
— Ribonuclease II 38
Kreuzreaktion II 73
Kristallisation II 149
Krötengift-Peptide II 114
Kupplungsmethoden I 134 ff
— Taktik I 182
Kynurenin I 29, 85

L

Lac-Repressor II 48
Lactame I 93
Lactatdehydrogenase II 229
Lactogenes Hormon s. Luteotropin
β-Lactoglobulin II 235
Lactone I 92, 165, II 133
Langerhanssche Inseln I 262
Lanthionin I 82, II 123
LDL II 66
Leuchssche Anhydride s. N-Carbonsäureanhydride
Leucin I 3, 16, 22, 26, 39, 40, 41, 42, 64, 189
Leucinaminopeptidase II 215
LH-Releasing Faktor I 216, 261
LH-Sephadex II 157
Lichtwellen, polarisierte II 237
Ligasen II 17
Lipide II 66
Lipolyse I 268
Liponeogenese I 268
α1-Lipoprotein II 61
β-Lipoprotein II 61
Lipoproteine II 65
Lipotropin I 215, 236 f, 302
L-Kette II 75, 80
Long Acting Thyroid Stimulator I 219
Low Density Lipoprotein II 66
Lowry-Färbung II 175
LTH s. Luteotropin

Luteinisierungshormon s. Interstitialzellen-stimulierendes Hormon
Luteotropin I 215, 221
Lyasen II 17
Lysin I 4, 16, 20, 26, 36, 41, II 55
Lysozym II 30, 235
Lysyl-Bindung, Spaltung durch
  Trypsin II 207

M

Makrofibrille II 228
α2-Makroglobulin II 61
Malformin II 115
Malonester-Methode I 60, 66
Massenspektrometrie II 209 ff
Mastzellen-degranulierendes Peptid
  II 110
Melanin I 31, 247
Melanocyten-stimulierendes Hormon I 215, 245 ff, 302
Melatonin I 29, 247
Meldolasblau II 175
Mellitin II 110
Menstruation I 224, 226
Mercaptolyse I 108
Merrifield-Synthese s. Solid Phase
  Peptid-Synthese
Mescalin I 29, 36
Mesotocin I 199, 249
Messenger-RNA I 189, 201
Metabolismus, Aminosäuren I 26
Methämoglobin II 101
Methionin I 5, 16, 20, 26, 33, 39, 42, 83, 189, II 55, 180
Methionin-sulfon I 83
Methionin-sulfoxid I 83
Methionyl-Bindung, selektive Spaltung II 199
Methionyl-Lysyl-Bradykinin I 295
4-Methoxybenzylester I 119, 124
4-Methoxybenzyl-Rest I 131, 133
N-Methylaminosäure I 69
Methylenblau II 175
Methylester I 119, 122
Methylgruppen-Donator I 31, 35
Methylguanin I 203
Methylinosin I 203
Methylisothiocyanat II 193
Michael Addition I 58
Michaelis-Konstante II 21, 22, 59
Michaelis-Menten Gleichung II 20, 102

Mikamycin II 135
Mikrofibrille II 228
Milchsekretion I 221
Mineralstoffwechsel I 283
Modifizierung nativer Wirkstoffe I 300
Moffit-Gleichung II 239
Molekulargewichtsbestimmung II 154, 183
Monamycine II 142
Motilin I 287
MSH s. Melanocyten-stimulierendes Hormon
MSH-Inhibiting Faktor I 216, 261
MSH-Releasing Faktor I 216, 261
Multi-Gen-Hypothese II 79
Mutation I 187, 191, 192, II 68, 79
Mycobacillin II 127
Myoglobin II 99, 105, 222, 243
Myosin II 223, 227

N

NAD II 41
Nebennierenfunktion I 240
Nebennierenrinde I 238
Nebenschilddrüse I 281
Neocarcinostatin II 121
Nernstsche Verteilungssatz II 150
Neurohypophyse, Hormone I 195
Neurophysin I 249
Neurotoxine II 107
Nicotin I 36
Nicotinsäure I 29
Nicotinsäureamid-Adenin-Dinucleotid II 41
Niederspannungselektrophorese II 165
Nieren-Acylase I 53
Ninhydrin-Färbung I 74, II 173, 176
Nisin II 123
4-Nitro-benzylester I 119, 123
4-Nitro-benzyl-Rest I 131
2-Nitro-phenoxyacetyl-Rest I 106
2-Nitro-phenylsulfenyl-Rest I 107, II 179
Nomenklatur, Aminosäuren und Derivate I 7
— Enzyme II 17
— Peptide I 7
Nonsense Triplets I 189
Noradrenalin I 31
Norphalloin II 115

O

Onkotischer Druck II 63
Operator-Gen I 206
Operon I 206
Ornithin I 7, 19, 33, 36
Osmol II 62
Osmotischer Druck II 62
Osteoblasten I 286
Osteoklasten I 283
Osteoporose I 286
Ostreogrycin II 135
Ovulation I 221, 226
Oxazolidin I 89
Oxazolidindion I 87, 112, 146
Oxazolidinon I 86, II 167
Oxazolinon I 51, 57, 85
Oxazolium-Methode I 137
Oxidation, biologische II 93, 99
Oxidoreduktasen II 17, 94
3-Oxo-butanoyl-Rest I 107
Oxytocin I 199, 215, 249 ff, 301, 305, 306, 312

P

Pairing Rule I 186
Pancreozymin s. Cholecystokinin-Pankreozymin
Pankreas, Peptidhormone I 262 ff
Pankreassekret I 290
Papain II 30, 75
Papaverin I 36
Papierchromatographie II 165
Papierelektrophorese II 168
Parathormon I 214, 216, 281, 301
Parathyroidhormon s. Parathormon
Partialhydrolyse II 197
Passerini-Reaktion I 167
Pauly-Färbung II 173, 177
Pellotin I 36
Pepsin II 30, 50, 75, 76, 206, 213
Pepsinogen II 50
Peptidanalytik II 164 ff
Peptid-Antibiotika II 119 ff
Peptid-Bindung, Konformation II 219
— UV-Absorption II 182, 240
cis-Peptid-Bindung II 230
Peptide, cyclische s. Cyclo-Peptide
— heteromere I 159
— homöomere I 159
Peptid-Hormone I 211 ff

Peptid-Hormone, aglanduläre I 286
— glanduläre I 213
— Magen-Darm-Trakt I 287
Peptidlactone I 166, II 133
Peptid-Synthese I 97 ff, 134
— an fester Phase I 147, 171
— Fragmentkondensation I 175
— in homogener Lösung I 171
— schrittweise Methode I 173
— Strategie und Taktik I 97, 169 ff
Peptid-Toxine II 106
Peptolide I 165, 166, II 140 ff
Peptone I 2
Phagozytose II 73
Phallacidin II 114
Phallicin II 114
Phalloidin II 114
Phalloin II 114
Phallotoxine II 114
Phasengeschwindigkeit II 237
Phasenverschiebung II 244
Phenacylester I 119
Phenylalanin I 6, 16, 23, 26, 31, 40, 41, 64, 84, II 180
Phenylalanyl-Bindung, selektive Spaltung II 201
— — mit Chymotrypsin II 207
Phenylisothiocyanat II 193
Phenylthiohydantoine II 166, 168, 193
Phospholipase II 107, 110
Phosphooxychlorid-Methode I 136
Phosphorylierung, oxidative II 42, 95
Phosphorsäureester, energiereiche II 19
Phthalyl-Rest I 106
Phyllocaerulein II 8
Phyllokinin I 302, II 10
Phyllomedusin II 4, 6
Phylogenese I 193, II 10
Physalaemin I 289, 301, II 4, 6
Phytotoxine II 114
Picolylester I 120, 124
Pigmentverteilung I 245
Piperidin-Alkaloide I 36
Piperidinocarbonyl-Rest I 117
pK-Werte, Aminosäuren I 55
— ionisierbare Gruppen II 27
Placenta I 224
Plasma II 60
Plasma-Kallikrein I 295
Plasmakinine I 294 ff

Plasmaproteine II 60 ff
Plasmin I 295, II 29, 72
Pleated Sheet-Struktur II 222
Polisteskinin I 302, II 111
Polyacrylamid II 161, 169
Polyaminosäuren I 152, II 83
Polykondensation I 76
Polymerisationsgrad I 155
Polymyxine II 129
Polypeptide, sequenzpolymere I 155
Polypeptid-Renin-Substrat I 292
Polysom I 204
Präalbumin II 61
Präkallikrein I 295
Prephensäure I 24
Primärstruktur II 218
Pristinamycin II 135
Produkthemmung II 55
Proenzym II 49
Progesteron II 88
Proinsulin I 262, 269, 302
Prolactin s. Luteotropin
Prolactin-Inhibiting Faktor I 216, 261
Prolin I 5, 16, 19, 26, 40, 61, 65
— Ninhydrinfärbung II 176
Promellitin II 110
Protamine I 209
Protein-Aminosäuren I 2, 7, 65
Proteinanalytik II 164 ff
Proteinbindung, Affinität II 65
Protein-Biosynthese I 201 ff, 269
— Hemmung I 204, II 138
Proteine, biologische Oxidation II 93
— Biosynthese I 201
— Evolutionsperiode I 198
— Milieubedingungen II 1
— Plasma II 60
— Sauerstoff-Transport II 99
— Transport II 65
Protein-Färbungen II 173, 175
Protein-Toxine II 106 ff
Proteohormone I 211 ff
— glanduläre I 213
Protofibrille II 228
Protonisierung I 55, 101, 102
Pseudo-Oxazolone II 167
Pseudouracil I 203
Psilocin I 29
Psilocybin I 29
Punktmutation I 192
Puromycin I 206

Pyrazolid-Methode I 138
Pyridoxalphosphat II 42
Pyroglutaminsäure I 90
Pyroglutamyl-Peptide I 129
Pyrrolidon-carbonsäure I 90

Q

Quartärstruktur II 218, 226
Quinomycine II 136

R

Racematspaltung I 49, 51, 60
Racemisierung I 49 f, 86, 107, 135, 143, 185, II 185, 186
Radioimmunotest II 88
Ramachandran-Plot II 220
Ranatensin II 9
Random Coiled Struktur II 222
Rauschgifte I 29
Reaktionen, Aminogruppe I 73
— Carboxygruppe I 75
— α-C-Atom I 78
— schwefelhaltige Aminosäuren I 80
Reaminierung I 17
Reduktion mit Na/NH₃ s. Spaltung mit Na/NH₃
Reduplikation I 186, 187, 191
Regulation, Enzymwirkung II 46
— Hodenfunktion I 224
— Nierenfunktion I 240
— Protein-Biosynthese I 204
— Schilddrüsenfunktion I 220
— Wachstum I 232
— weibliche Sexualvorgänge I 224
Regulator-Gen I 206
Reibungskoeffizient II 158
Release-Inhibiting Faktoren I 260
Releasing Faktoren I 216, 260 ff
Renin I 292
Replikation s. Reduplikation
Repressoren II 47, 49
Reticulum, endoplasmatisches I 204
Retroaldoladdition I 132
Retropeptid I 311
R$_F$-Wert II 149, 165, 185
Rhodanolyse I 133, 165
Ribonuclease II 30, 33, 36, 235, 243
Ribonuclease A II 36
Ribonuclease S II 37, 160
Ribonuclease-Fragment, teilgeschütztes I 179

Ribosomen I 204
Rifamycin I 207
m-RNA s. Messenger-RNA
t-RNA s. Transfer-RNA
Röntgenstrukturanalyse II 244 ff
Rotationsdispersion II 237
Rotationskonstante II 238
Rubredoxin II 97
Rückkopplung, genetische I 213
— negative I 213, II 55
Rufomycin II 127
Rumpf-Sequenzen I 151

S

Sakaguchi-Färbung II 177
Salzkupplung I 101
Sammelgel II 169
Sauerstoff-Speicherung II 99
Sauerstoff-Transport II 93, 99
Säurechlorid-Bildung I 76
Säurechlorid-Methode I 136
Schiffsche Basen I 74, 80, 113
Schilddrüsenfunktion I 220
Schilddrüsenhormone I 31, II 66
Schlangengift-Peptide II 107
Schutz durch Salzbildung I 101
Schutzgruppen, Aminofunktion I 102
— Carbonsäureamide I 127
— Carboxyfunktion I 118
— Guanidofunktion I 115
— Hydroxyfunktion I 127
— Imidazolfunktion I 117
— intermediäre I 178
— konstante I 178
— Thiolfunktion I 130
Schutzgruppen-Kombination I 179
Schutzgruppen-Taktik I 177
Schutzimpfung II 73
Schwangerschaft I 226
Schwangerschaftstest I 227, II 91
Scotophobin II 3
Sedimentationskonstante II 183
Seidenfibroin II 223, 228
Seitenketteneliminierung II 211
Sekretin I 290, 301
— Sequenzanalyse II 214
Sekundärstruktur II 218, 221
Sephadex II 155
Sequenzanalyse II 166, 168, 186
— Strategie II 212
Sequenzpolypeptide I 152, 155

Sericin II 228
Serin I 3, 16, 20, 26, 39, 42, 189, II 29, 39, 168, 197
Serin-Bindung, selektive Spaltung II 202
Serin-Hydrolasen II 29
Serotonin I 29
Serratamolid II 140
Serum II 60
Serumalbumin II 65
Sex Hormone Binding Globulin II 67
Sexualvorgänge I 224
Shikimisäure I 24
Sichelzellanämie II 100
Skatol I 31
Skleroproteine II 1, 223, 227
Skorpiongift-Peptide II 107
Solid Phase Peptid-Synthese I 129, 147 ff, 157, 171, 204, II 36
Solvolyse I 105, 108, 112
Somatotropes Hormon s. Somatotropin
Somatotropin I 215, 221, 228 ff
Spaltung, acidolytisch s. Acidolyse
— Disulfidbrücken II 195
— mit Na/fl. NH₃ I 107, 115, 117, 118, 130, 132
— Peptid-Backbone II 196 ff
Spermatogenese I 221, 224
Spezies-Differenzen I 191, 233, 237, 239, 249, 264, 271, 284, II 82, 108
Sporidesmolide II 142
Stachydrin I 72
Staphylokokken-Nuclease II 39
Staphylomycin II 135
Start-Codon I 204
Stendomycin II 133
Stereospezifität II 13
STH s. Somatotropin
STH-Releasing Faktor I 216, 261
Stickstoff-Bilanz I 15
Stoffwechselhormone I 211
Strategie, Peptidsynthese I 97, 169
— Sequenzanalyse II 212
Strecker-Synthese I 56, 66
Streptomycin I 206
Struktur/Aktivitäts-Beziehungen I 65, 241, 247, 254, 289, 294, 297, 299 ff, II 6, 36, 83, 145
Struktur der Proteine II 218 ff
Struktur-Gen I 206
Substanz A II 121

Substanz P I 298
Substrathemmung II 60
Substratspezifität II 13
Subtilisin II 29, 36, 123, 206
Succinimid-Derivate I 129
Sulfitolyse I 81, 263, II 195
Synthese, Aminosäureester I 120
— Aminosäuren I 56
— β-Aminosäuren I 71
— α-Azaaminosäuren I 68
— O-Benzyl-DL-Serin I 79
— α,β-Dehydroaminosäuren I 68
— N-Methylaminosäuren I 69
— Proteine I 204
— C_α-substituierte Aminosäuren I 66
— unsymmetrische Cystin-Derivate I 82, 133

T

Tabakmosaikvirus-Protein II 215, 229
Taktik, Kupplungsmethoden I 182
— Peptidsynthese I 97, 169, 177, 182
— Schutzgruppen I 177
Taubenkropf-Test I 232
TBG II 66
TBPA II 66
Telomycin II 133
Tertiärstruktur II 218, 226
Testmethoden, immunologische II 88
Tetracyclin I 206
Tetrahydrofolsäure I 31
Tetrahydropyranyl-Rest I 131
Tetrajod-thyronin I 31
Thalassämie II 100
Thermolysin II 206
Thialysin II 207
Thiazolidine I 89
Thiolactone I 92
Thiol-Disulfid-Austausch II 235
Thiol-Schutzgruppen I 100, 130, 133
Thiothiazolidinone I 88
Threonin I 3, 16, 20, 26, II 55, 168, 197
Threonin-Bindung, selektive Spaltung II 202
Thrombin II 29, 71, 72, 215
Thrombokinase II 71
Thrombozyten II 71
Thymin I 188

Thyreoglobulin I 219
Thyreotropes Hormon s. Thyreotropin
Thyreotropin I 214, 215
Thyreotropin-Releasing Faktor I 216, 260
Thyrocalcitonin I 216, 283, 301
Thyroxin I 31, 219
Thyroxin-bindendes Globulin II 66
Thyroxin-bindendes Präalbumin II 66
Tibia-Test I 232
Titation, spektrophotometrisch, Cystein II 189
— — Tryptophan II 189
Toluolsulfonyl-Rest I 107, 117
Totalhydrolyse II 187
Totalsynthese von Analoga I 300
Toxoide II 73
Trägerampholyte II 171
Transaminierung I 17, 19, 26
Transcortin II 67
Transferasen II 17, 41
Transfer-RNA I 201
Transferrin II 61, 71
Transkription I 186, 204, 206
Translation I 204, II 79
Transpeptidierung I 92, 93, 129, II 30
Transport-Proteine II 65
Trenngel II 169
Trennmethoden, analytische II 164 ff
— präparative II 149 ff
Trennung aufgrund unterschiedlicher Ladungen II 157
— — — Löslichkeiten II 149
— — — Molekülgröße II 154 ff, 166, 169
— — — Polarität II 152 ff
— zweidimensionale II 171 ff
Trifluoracetyl-Rest I 105, II 167, 211
Trijod-thyronin I 31, 219
Trimethyl-benzylester I 119, 124
2.4.6-Trinitrobenzolsulfonsäure II 177
Triostine II 136
Tripelhelix II 228
Triphenylmethyl s. Trityl
Triplett I 189
TRT-Technik II 173
Trityl-Rest I 112, 131, 133
Trunk-Sequences I 151

Trypsin I 295, II 29, 50, 206, 213, 214, 215, 226
Trypsin-Inhibitor I 295, II 51
Trypsinogen II 50
Tryptamin I 29
Tryptophan I 6, 16, 23, 29, 189, II 178, 179, 180, 182
Tryptophyl-Bindung, selektive Spaltung II 199
TSH s. Thyreotropin
Tuberactinomycin II 128
Turicin I 72
Tyrocidine II 124
Tyrosin I 6, 16, 23, 26, 31, 36, 84, II 177, 180
Tyrosyl-Bindung, selektive Spaltung II 199
— — mit Chymotrypsin II 207

U

Ubichinon II 95
Ultrafiltration II 155
Ultrazentrifuge II 183
Umlagerung, Azid I 152
Untereinheiten I 215, 221, 224, II 229
Uracil I 189
Urea-Cyclus I 33
Urethan I 75, 93
Uridinphosphat I 189
Urogastron I 287
UV-Absorption II 180, 237

V

Valin I 3, 16, 22, 26, 42, 64
Valinomycin II 140
Vasoaktives Intestinal-Peptid I 287
Vasodilatation I 295, 298
Vasopressine I 199, 214, 215, 249 ff, 301
Vasotocin I 198, 199, 249
Veresterung, partielle I 55, 80
Vernamycin II 135
Verseifung I 80, 122
— partielle I 55, 80
Verteilung II 150
Verteilungschromatographie II 152, 153, 157, 165, 166, 167
Verteilungskoeffizient II 149, 150, 152, 157, 165

Very Low Density Lipoproteine II 66
Vinylester I 137
Viomycin II 128
Viscosin II 133
Viscotoxin II 117
VLDL II 66

W

Wachstum, Regulation I 232
Wachstumshormon s. Somatotropin
Waldensche Umkehr I 46, 61
Wanderungsgeschwindigkeit II 149
— elektrophoretische II 158, 159, 168, 185
— Ultrazentrifuge II 183
Wasserstoff-Brücken II 221, 226, 232, 237
Wechselzahl II 24
Wespengift-Peptid II 111
Wolle II 227
Woodward-Methode I 137

Z

Zellatmung II 93, 99
Zelldifferenzierung I 209
Zellen, immunkompetente II 78 f
Zellspezifität I 211
Zentrum, aktives I 301, II 27
— allosterisches II 55
— Bindungs II 29
— katalytisches II 29
Zootoxine II 107
Zwergenwachstum I 236

Kurzes Lehrbuch der Biochemie

für Mediziner und Naturwissenschaftler

Von Prof. Dr. Dr. h. c. P. KARLSON, Marburg/L.
Geleitwort von Prof. Dr. A. Butenandt, München

9., neubearbeitete Auflage

1974. XII, 412 Seiten, 90 Abbildungen
287 Formelbilder u. Schemata, 23 Tabellen
1 Falttafel, Format $17,5 \times 26$ cm
Kartoniert DM 34,–
ISBN 3 13 357809 X

Dynamic Sterochemistry of Pentacoordinated Phosphorus and Related Elements

By Dr. R. LUCKENBACH, Mainz

1973. VIII, 259 pages, 357 formulae and figures
including 64 two-colored, $15,5 \times 23$ cm
⟨Thieme Edition⟩ paperbound DM 48,–
ISBN 3 13 456801 2

Distribution for Japan by Maruzen Co. Ltd., Tokyo/Japan.
In USA and Canada by Publishing Sciences Group, Inc.
Acton/Mass.

MOELWYN-HUGHES Physikalische Chemie

Bearbeitete Übersetzung von
Prof. Dr. W. JAENICKE, und
Prof. Dr. H. GÖHR, Erlangen

Unter besonderer Mitwirkung von H.-D. Sabel
Schwalbach/Ts.

1970. XXIV, 714 Seiten, 269 Abbildungen
309 Tabellen, Format $17,5 \times 26$ cm
Ganzleinen DM 68,–
ISBN 3 13 378301 7

Diels-Alder-Reaktion

Von Dr. H. WOLLWEBER, Wuppertal-Elberfeld

1972. VIII, 271 Seiten, 42 Tabellen
Format $24,5 \times 17$ cm, Ganzleinen DM 88,–
ISBN 3 13 486901 2

Georg Thieme Verlag Stuttgart

SYNTHESIS

International Journal of Methods in Synthetic Organic Chemistry

Editors:
G. SCHILL, Freiburg/Br.
G. SOSNOVSKY, Milwaukee/Wis.
H. J. ZIEGLER, Basel

Advisory Board:
F. Asinger, Aachen
D. H. R. Barton, London
E. D. Bergmann, Jerusalem
H. C. Brown, Lafayette/Ind.
H. Hellmann, Marl
O. Isler, Basel
M. I. Kabachnik, Moscow
K. Ley, Leverkusen
J. Mathieu, Romainville
Eu. Müller, Tübingen
W. P. Neumann, Dortmund
R. Oda, Kyoto
G. A. Olah, Cleveland/O.
E. G. Rozantsev, Moscow
H. E. Simmons, Wilmington/Del.
F. Sondheimer, London
F. Sorm, Prague
H. A. Staab, Heidelberg
A. Steinhofer, Ludwigshafen/Rh.
E. E. van Tamelen, Stanford/Calif.
K. Weissermel, Frankfurt/M.
R. West, Madison/Wis.
G. Wilke, Mülheim/Ruhr

Editorial Office:
R. E. Dunmur and W. Lürken,
Stuttgart

Reviews and Communications
are published in English
or German;
Abstracts appear only in English

Published monthly.
Annual subscription price
(1975) DM 198,—
plus forwarding charges

As a matter of necessity, there is a contribution deadline for each voluminous scientific work. But, you as an organic chemist want to stay abreast of methods which are published after the deadline. The journal SYNTHESIS will keep you up to date. By requesting a sample copy you can form your own ideas on the germane selection of topics presented in SYNTHESIS, the practical reactions published in survey articles, original papers and reports on current topics. If your work lies in the field of organic preparation, the material presented in SYNTHESIS is of prime importance to you.

Georg Thieme Publishers Stuttgart
Academic Press New York · London